"十二五"国家重点图书出版规划项目

高等学校经典畅销教材

电工与电子技术基础

（第4版）

毕淑娥　主编
丁继盛　主审

BASIC ELECTRICAL ENGINEERING AND ELECTRONIC TECHNOLOGY

哈尔滨工业大学出版社
HARBIN INSTITUTE OF TECHNOLOGY PRESS

内 容 提 要

本书作为电工理论与技术的基础教材,其内容包括六大部分:电路基础;变压器、电动机及其控制;模拟电子电路;数字电子电路;应用电路举例;附录。

本书每章有简明的小结,例题、思考题、习题难易适中,全书内容叙述深入浅出,便于教学与自学。

本书是高等工科学校电工与电子技术课程的本科教材,可供高等工科院校非电类各专业使用。本书也可作为其他各类院校、函授大学、远程教育等相应专业的教材或参考书。

图书在版编目(CIP)数据

电工与电子技术基础/毕淑娥主编. —4 版. —哈尔滨:
哈尔滨工业大学出版社,2013.7(2020.8 重印)
ISBN 978 - 7 - 5603 - 1118 - 0

Ⅰ.①电…　Ⅱ.①毕…　Ⅲ.①电工技术-高等学校-教材
②电子技术-高等学校-教材　Ⅳ.①TM ②TN

中国版本图书馆 CIP 数据核字(2013)第 160671 号

责任编辑　王桂芝　黄菊英
封面设计　卞秉利
出版发行　哈尔滨工业大学出版社
社　　址　哈尔滨市南岗区复华四道街 10 号　邮编 150006
传　　真　0451-86414749
网　　址　http://hitpress.hit.edu.cn
印　　刷　哈尔滨经典印业有限公司
开　　本　787mm×1092mm　1/16　印张 27.75　字数 706 千字
版　　次　2013 年 7 月第 4 版　2020 年 8 月第 4 次印刷
书　　号　ISBN 978 - 7 - 5603 - 1118 - 0
定　　价　48.00 元

第 4 版前言

按照教育部(前国家教育委员会)颁发的电工技术(电工学Ⅰ)和电子技术(电工学Ⅱ)两门课程的教学基本要求,根据我国目前高等工科院校的教学改革要求和教材的实际使用情况,本书在第 3 版的基础上进行了再次修订。

本书是一本阐述用电理论和应用技术的教材,可供高等院校非电类本科与专科(机械工程、动力工程、车辆工程、制冷工程、化学工程、食品工程、生物工程、环境工程、工业装备与控制工程和计算机应用等各类专业)使用,根据各专业的需求,可按 50 ~ 90 学时组织教学(不含实验)。本书也可作为职技大学、函授大学、高等远程教育等相应专业学生的教材和教学参考书。

本书在保证教材系统性的同时,注重理论联系实际,叙述由浅入深,通俗易懂,内容循序渐进,阶梯式上升,符合学生的认知规律;每章均有简明的小结,例题、思考题和习题难易适中,便于读者自学。各章的内容安排既联系紧密,又相对独立,便于教师取舍,因材施教,进行分层次教学。教材打 * 号的章节,可根据专业要求选用。

本次修订基本框架没变,主要是对教材内容进行调整。此次修订做了以下几方面工作:

(1)对基本内容和重点内容进行了调整、整合和补充,删减了非重点内容。

(2)调整了例题和习题,增加了实际应用例题与习题的比例。其中,基本题的比例为45%、中等题的比例为35%、稍难题的比例为20%。书后有比较详细的参考答案,便于教师选留习题和学生自测。

(3)增加的内容有:电路基础增加了最大功率传输定理、电桥电路及应用、诺顿定理、并联谐振电路及应用等内容;模拟电子电路增加了三角波振荡电路;数字电子电路增加了组合逻辑电路和时序逻辑电路的典型应用电路等内容;附录中增加了色环电阻的识别法。

本教材最初由丁继盛、赵焕庆编写,1984 年开始作为哈尔滨工业大学的校内教材。1990 年由丁继盛主编,赵文华、毕淑娥参编,再次修改。1995 年由毕淑娥主编,丁继盛主审,哈尔滨工业大学出版社出版,1996 年 4 月面向全国高校发行(第 1 版)。2004 年 3 月第 2 版出版发行,2008 年 6 月第 3 版出版发行,2013 年 7 月第 4 版发行,至今已经重印 16 次,发行量大,使用面广。

这次参加修订的教师是:毕淑娥(第 1、2、3、4、9、13、17 章);杜芸强(第 5 章);高瑞荣(第 6、8 章和附录 5);文小琴(第 7 章和附录 1、2、3、4、6);刘希(第 10、16 章);秦丹阳(第 11 章);徐秀平(第 12 章);曾军(第 14、15 章)。丘晓华参与制定全书的具体修改方案。全书由毕淑娥主编。

多年来,本教材在编写和使用过程中,一直得到哈尔滨工业大学、华南理工大学、五邑大学、华南理工大学广州学院从事电工学教学的老师们的支持与帮助;尤其是丁继盛教授,对本教材的编写和修订提出许多具体的指导性意见,并再次主审了全书,编者在此一并表示衷心的感谢。

受编者学识水平所限,虽然是再次修订,仍难免有疏漏和不足之处,恳切希望使用本教材的师生和其他读者提出宝贵的批评和意见,以便改进提高。批评和意见可发送邮件至sebi@ scut. edu. cn。

编　者
2013 年 7 月

目　　录

第一部分　电路基础

第二部分　变压器、电动机及其控制

第三部分　模拟电子电路

第四部分　数字电子电路

第五部分　应用电路举例

附　录

第一部分 电路基础

第 *1* 章

电路的基本概念与基本定律

电路的一些知识已在物理课中学过,这是学习本章的基础。在此起点上,本章首先从实际应用电路出发,由浅入深地综合讨论电路的基本概念与基本定律,从而奠定分析电路和计算电路的初步基础。

1.1 电路的作用与组成

1.1.1 电路的作用

电路是由一些电气设备和元器件按一定目的和方式连接而成。电路的种类繁多,用途各异,但其主要作用可以概括为两大类,下面通过实例进行说明。

1. 实现电能的输送和转换

图 1.1(a)是电力系统输送电能的电路示意图。其中发电机发出电能(电源);经过升压变压器升压,输电线传输,再经过降压变压器降压等过程(中间环节);最后到达用户(负载),将电能转换为光能、机械能、热能等,实现了电能的输送和转换。

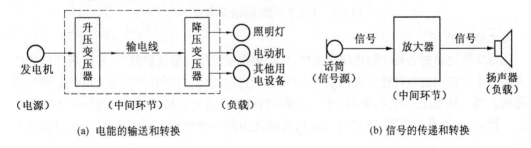

(a) 电能的输送和转换   (b) 信号的传递和转换

图 1.1 电路的作用

电源是电路的能源。凡能将各种非电的能量(例如机械能、热能、水能、风能、光能与核能等)转换为电能的设备称为电源 。能将一种形式的电能转换为另一种形式的有特殊用途的电能的设备也称为电源,例如,整流电源、稳压电源、变频电源以及应用于计算机网络、通信和航天领域等的 UPS 不间断电源等。

负载是用电设备,类型各式各样,它们能将电能转化为人们所需要的其他形式的能量。

2. 实现电信号的输送和转换

图 1.1(b)是扩音机电路示意图。其中话筒将声音信息转换为电信号,经过放大器,信号被放大,并传递到负载扬声器,还原为原来的声音信息。这里,话筒源源不断地发出电信号,因而话筒是信号源。

信号源也是一种电源,但它不同于发电机和蓄电池等产生电能的一般电源,其产生的信号,或以电压信号为主,或以电流信号为主。

各种非电的信息和参量(例如语言、音乐、图像、温度、压力、位移、速度与流量等)均可通过相应的变换装置或传感器转换为电信号进行传递和转换。电路的这一作用广泛应用于电子技术、测量技术、通讯技术和自动控制技术等许多领域。

实际上,在许多电气设备中,既含有输送电能的电路,又含有传递电信号的电路,两种电路并存构成一个有机的整体。在我们的生活和工作中,有很多这方面的应用实例,可自行列举之。

1.1.2 电路的组成

1. 实际电路

图 1.2(a)是一个实际的手电筒电路。小灯泡由干电池供电,手电筒的筒体起导线的作用,筒体上的按钮就是开关。其中干电池是电源,小灯泡是负载,导线和开关构成中间环节。无论电路的作用如何,结构多么复杂,它们都是由电源、负载和中间环节三个基本部分组成的。

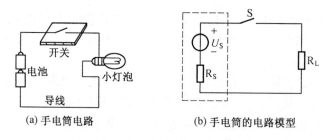

(a) 手电筒电路　　　　　　(b) 手电筒的电路模型

图 1.2　手电筒电路及其电路模型

2. 电路模型

组成实际电路的各种实际电路元器件,它们的电磁性质一般比较复杂,难以用简单的数学关系表达它们的物理特性。以白炽灯为例,当通过电流时,它除有产生热量消耗电能呈现电阻的主要特性外,还会产生磁场,具有电感的特性。但这个磁场很弱,电感极小,可以忽略不计。因此,在通常条件下,白炽灯可以近似地认为是一个电阻元件。电阻元件用字母 R 表示。

同理,电感线圈可以近似认为是电感元件(产生磁力线,形成磁场,储存磁场能量),用字母 L 表示。两块相对的金属极板,可以近似认为是电容元件(能充、放电,储存电荷,形成电场,储存电场能量),用字母 C 表示。

在大型的实际电路中,除 R、L、C 元件外,还含有许多诸如晶体管、变压器、发电机和电动机等器件以及控制和保护装置等等。

为了便于对实际电路进行分析和数学描述,可以将各种实际电路元器件理想化(或称模型化),即在一定的工程条件下,只考虑它们的主要电磁性质,忽略次要因素,把它们近似地看成理想电路元器件。由一些理想电路元器件所组成的电路,就是实际电路的理想电路模型,简称电路模型。对电路模型可以方便地进行数学描述,建立数学模型(数学关系式),显然,这是对实际电路进行科学抽象和概括的结果。图 1.2(b)所示电路,就是图 1.2(a)手电筒实际电路的电路模型。干电池的电路模型用一个理想的电压源 U_S 和内电阻 R_S 串联来表示[①],灯泡用电阻 R_L 表示,开关用 S 表示。

本书后续章节所画电路,均属电路模型。

顺便说明连接导线和开关。常用的导线有铜质和铝质两种,它们都是良好的导体,均有数值很小的电阻。开关也是由良好导体制成,它闭合时有数值很小的接触电阻。在电路模型中,导线和开关均被看成是理想的(导线电阻为零,开关接触电阻为零)。

1.2　电路的基本物理量

在本节中主要讨论五个问题:电路的基本物理量;电流和电压的实际方向;电流和电压的参考方向;电压和电流的关联参考方向;电路中电位的计算。

1.2.1　电路的基本物理量

电路中有许多物理量,其中最基本的是电流、电动势、电压和电位这几个物理量,物理课中已讨论过它们的具体定义,这里不再重复。为了计算的需要,在此给出它们的单位和换算关系。

在国际单位制中[②],电流的单位为安培(A),简称安。对于较小的电流,可以用毫安(mA)或微安(μA)为单位,其关系为

$$\begin{cases} 1 \ \text{mA} = 10^{-3} \ \text{A} \\ 1 \ \mu\text{A} = 10^{-6} \ \text{A} \end{cases}$$

电压、电位和电动势的单位为伏特(V),简称伏。当电压、电位和电动势的数值较大时,可用千伏(kV)作单位;数值较小时,可用毫伏(mV)和微伏(μV)作单位,其关系为

$$\begin{cases} 1 \ \text{kV} = 10^{3} \ \text{V} \\ 1 \ \text{mV} = 10^{-3} \ \text{V} \\ 1 \ \mu\text{V} = 10^{-6} \ \text{V} \end{cases}$$

1.2.2　电流和电压的实际方向

在图 1.3 所示电路中,电源的电动势 E 在大多数情况下,是已知量(已知其大小和极

---

① 参阅第 2 章 2.2 节。

② 本书采用国际单位制,见附录 1。

性)。图中,a 为正极,极性为"+",b 为负极,极性为"-"。

由物理学可知,电流是带电粒子的定向运动。电流的实际方向被规定为正电荷的运动方向(即:正电荷从电源的正极 a 出发,经过外电路,回到电源的负极 b),如图 1.3 中箭头所示,这就是电流 I 的实际方向。

电源内部的电源力(在发电机中是电磁力,在化学电池中是化学力)把回到负极的正电荷经过电源内部再送到正极,保持正电荷源源不断地从正极流出,定向流动。电动势是反映电源力把正电荷由负极送回正极这种能力的物理量,因此就把这个方向(由"-"极指向"+"极)规定为电动势 E 的实际方向,如图 1.3 所示。

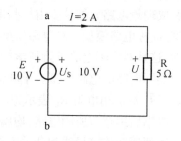

图 1.3　电流和电压的实际方向

电源正负两极 a、b 之间的电位差也称为电源电压,我们把电位降低的方向(由"+"极指向"-"极)规定为电源电压 U_S 的实际方向,如图 1.3 所示。显然,电源电压 U_S 的实际方向与电源电动势 E 的实际方向刚好相反,前者是电位降低的方向,后者是电位升高的方向。

对图 1.3 所示电路而言,由于电源电动势 E 的大小和实际极性已知,在计算过程中只需考虑电流 I 和电源电压 U_S 的实际方向即可。

电流通过负载电阻 R 时,会产生电位降(也称电压降)。在图 1.3 所示电路中,负载电阻 R 两端的电位极性和电源一样,也是上正下负,是电位降低的方向,我们把这个方向规定为负载电压降 U 的实际方向。因为忽略了导线电阻,所以电阻 R 上的电压降等于电源电压,即 $U=U_S$。

规定电流和电压实际方向的目的是为了便于对电路的分析计算。对图 1.3 所示简单电路来说,因为已知电源电动势的大小和极性,电流和电压的实际方向很容易确定,计算也是很简单的。可是,我们在以后的学习中,会遇到比较复杂的电路,虽然已知电源的实际极性,但电路中某些支路的电流实际方向却不好判断,使分析计算难以进行,例如图 1.4 是一个复杂电路,R_3 中的电流实际方向是从 a 流向 b,还是从 b

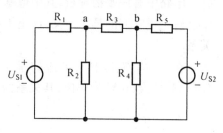

图 1.4　复杂电路举例

流向 a 是很难判断的。可见,只有电流、电压实际方向的概念是不够的。为此,我们引入参考方向的概念。

1.2.3　电流和电压的参考方向

所谓电流的参考方向,顾名思义,就是不管电流的实际方向如何,任意选取一个方向,作为参考方向,如图 1.5(a)、(b)所示。当然,选取的参考方向不一定就是电流的实际方向。但可以知道:当电流的参考方向与实际方向一致时,电流 I 为正值($I>0$);当电流的参考方向与实际方向相反时,电流 I 为负值($I<0$)。

采用了电流参考方向以后,电流就变为代数量了,它有正值和负值的区别,于是就可根据电流数值的正与负,判别电流的实际方向。

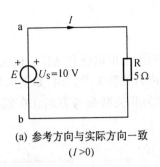

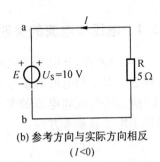

(a) 参考方向与实际方向一致
(I>0)

(b) 参考方向与实际方向相反
(I<0)

图 1.5　电流参考方向与实际方向

【例 1.1】　在图 1.6 所示电路中,已知电源电动势 $E=12$ V,负载电阻 $R=3$ Ω。电流和电源电压的参考方向如图所示,试计算电源电压 U_S 和电流 I 的数值。

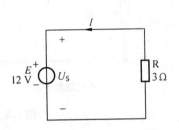

图 1.6　例 1.1 的电路

解　(1)电源电压 U_S

电源电压 U_S 的参考方向与实际方向一致,所以

$$U_S = E = 12 \text{ V}$$

(2)电流 I

电流 I 的参考方向与实际方向相反,所以

$$I = -\frac{U_S}{R} = -\frac{12}{3} = -4 \text{ A}$$

在上例中,由于电流的参考方向选得与实际方向相反,所以计算结果为负值,出现了不必要的负号。因此,在分析计算中,选择电流参考方向时,尽可能使它与实际方向一致。只有在不能确知电流实际方向时,参考方向才任意选择。

两点间电压的参考方向有三种表示法,如图 1.7(a)、(b)、(c)所示。在图(a)中,正负号"+"、"−"表示电位降低的方向,所以电压 $U=12$ V;在图(b)中,双下标 a、b 表示电位降低的方向,U_{ab} 也是 12 V;在图(c)中,用箭头表示电位降低的方向,所以电压 $U=12$ V。

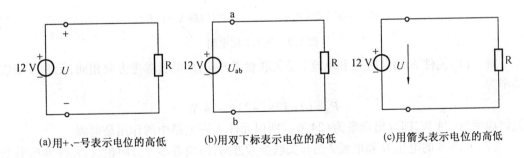

(a)用+、−号表示电位的高低　　(b)用双下标表示电位的高低　　(c)用箭头表示电位的高低

图 1.7　电压参考方向的三种表示法

三种表示法各有所长,在不同的情况下,采用不同的表示法。这就是:当两点距离很近时,采用第一种表示法较好(常用于表示电源电压和负载电压),也可用第二种表示法;当两点距离较长时,采用第三种表示法较好(箭头可以画得很长),看起来很清晰且直观。本书将按此原则采用以上三种表示法。

1.2.4　电压和电流的关联参考方向

同一个电路元件,其电压和电流的参考方向,原则上可以任意选择。但为了分析问题的方便,常将它的电压和电流的参考方向选得一致,称为关联参考方向,如图1.8(a)所示。而图1.8(b)所示的电压和电流的参考方向相反,称为非关联参考方向。在以后的电路分析中,我们均采用关联参考方向。

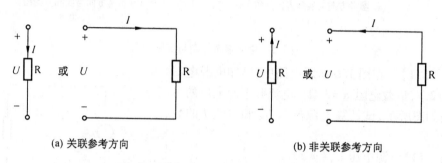

(a) 关联参考方向　　　　　　　　(b) 非关联参考方向

图1.8　关联参考方向和非关联参考方向

在图1.8(a)中,负载R吸收的功率为

$$P = UI$$

在图1.8(b)中,由于电压、电流为非关联参考方向,则上式中应加负号,即 $P = -UI$。

【例1.2】　在图1.9所示电路中,元件A和元件B的电流、电压参考方向分别如图(a)和图(b)所示。若 $U = 12$ V,$I = -2$ A,试判别元件A、B在电路中的作用是电源？还是负载？

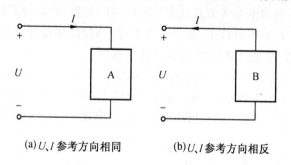

(a) U、I 参考方向相同　　　　　　(b) U、I 参考方向相反

图1.9　例1.2的电路

解　(1)元件A的电压 U 和电流 I 是关联参考方向,即两者参考方向相同,元件A吸收功率为

$$P_A = UI = 12 \times (-2) = -24 \text{ W}$$

吸收功率为-24 W,即发出功率为+24 W。所以元件A在电路中的作用是电源。

(2)元件B的电压 U 和电流 I 是非关联参考方向,即两者参考方向相反,元件B吸收功率为

$$P_B = -UI = -12 \times (-2) = 24 \text{ W}$$

吸收功率为24 W,说明元件B在电路中的作用是负载。

1.2.5 电路中电位的计算

电位在物理学中称为电势。电位是一个相对物理量,即某点电位的高低和数值的大小是相对于参考点而言的,犹如水位的高低和数值的大小是相对于水位的基准点一样。电位参考点的电位称为参考电位,通常设参考电位为零,所以参考点又称零电位点。

在电路中,参考点可以任意选取,用接地符号⊥表示(所谓"接地",并不一定真与大地相接)。在电子电路中,常取公共点或机壳作为电位参考点。一些常用电路,虽然不需要接地,但为了分析问题的方便,也可以设一个参考点,使概念更加清晰,计算得到简化。

在图 1.10(a)中,如果选取点 c 为参考点(即 $V_c = 0$ V),那么点 a 和点 b 的电位分别是

$$V_a = U_S = 8 \text{ V} \qquad V_b = IR_2 = 1 \times 5 = 5 \text{ V}$$

如果选取点 b 为参考点(即 $V_b = 0$ V),如图 1.10(b)所示,那么点 a 和点 c 的电位分别是

$$V_a = IR_1 = 1 \times 3 = 3 \text{ V} \qquad V_c = -I \times R_2 = -1 \times 5 = -5 \text{ V}$$

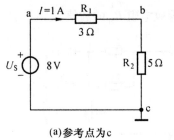 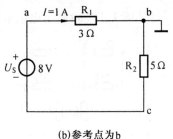

(a)参考点为c 　　　　　(b)参考点为b

图 1.10　参考点与电位

由上分析可见,电路中某一点的电位等于该点与参考点之间的电压;选取的参考点不同,电路中各点相应的电位也不同。但是参考点一经选定,则电路中各点的电位就被惟一地确定了。所以,电路中某点电位的高低及其数值大小是相对的。

电路中任意两点电位之差称为电位差,又称电压。在图 1.10(a)中,a、b 两点间的电压

$$U_{ab} = V_a - V_b = 8 - 5 = 3 \text{ V} \qquad (\text{点 c 为参考点})$$

在图 1.10(b)中,a、b 两点间的电压

$$U_{ab} = V_a - V_b = 3 - 0 = 3 \text{ V} \qquad (\text{点 b 为参考点})$$

由此可见,电路中两点间的电压值不会因选取不同的参考点而改变。简而言之,电压与参考点无关,电压值是一个绝对量。

电位虽然是对某一点而言,但实质上还是指两点间的电位差,只是其中一点(参考点)的电位被预先指定为零而已。

【例 1.3】 在图 1.11 中,设点 d 为电位参考点,计算 a、b、c 三点的电位,并注意电位计算与所选计算路径无关。

解 (1)先将电流 I、I_1 和 I_2 计算出来。图中 R_3 和 R_4 串联,然后又与 R_2 并联,这一部分的等效电阻为 5 Ω。总电流 I 和两个分电流 I_1、I_2 的数值为

$$I = \frac{U_S}{R_1 + 5} = \frac{12}{5 + 5} = 1.2 \text{ A}$$

$$I_1 = I_2 = \frac{I}{2} = \frac{1.2}{2} = 0.6 \text{ A}$$

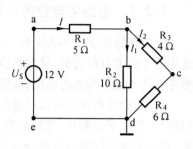

图 1.11 例 1.3 的电路

（2）a、b、c 三点的电位为：

① 可以直观地看出

$$V_a = U_S = 12 \text{ V}$$

② 点 b 的电位比点 a 的电位低（比点 a 降低了 IR_1），即

$$V_b = V_a - IR_1 = 12 - 1.2 \times 5 = 6 \text{ V}$$

或者

$$V_b = I_1 R_2 = 0.6 \times 10 = 6 \text{ V}$$

③ 点 c 电位可通过两个路径计算，第一路径是 d→e→a→b→c；第二路径是 d→c。可见，第二路径短，所遇元件数量少，计算简单。现按第二路径计算，即

$$V_c = I_2 R_4 = 0.6 \times 6 = 3.6 \text{ V}$$

【例 1.4】 计算图 1.12(a)所示电阻电路的等效电阻 R_{ae} 的数值。

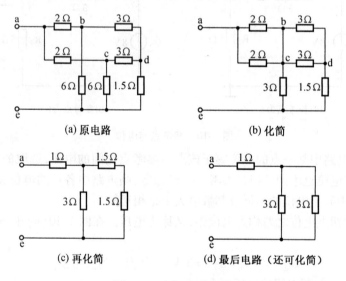

(a) 原电路

(b) 化简

(c) 再化简

(d) 最后电路（还可化简）

图 1.12 例 1.4 的电路

解 本题电路从结构和参数上看，有一定的对称性（2 Ω、3 Ω、6 Ω 两套电阻构成相同的两个 T 型电路）。因此当电路通电时，b、c 两点是自然等电位点（不是人为假设的）。将等电位点用导线连接起来，电路如图 1.12(b)所示，两个 6 Ω 电阻并联的等效电阻为 3 Ω。由于图 1.12(b)可继续化简，电路变为图 1.12(c)、(d)。可以看出图 1.12(a)电路的等效电阻 R_{ae} 为 2.5 Ω。

由此例得到的启示是：如果已知或能判断出电路中某两点（或多点）电位相等，即可将它们用导线相连（称为短接），对化简电路可以起到关键作用。

思 考 题

1.1　电压和电流的实际方向是怎样规定的？什么是电压和电流的关联参考方向和非

关联参考方向?

1.2 在图1.7(b)中,电源电压为U_{ab},是否意味着a点电位高于b点电位?如果已知$U_{ab}=-10$ V,那么a、b两点哪点电位高?高多少?

1.3 在电路中,为什么说某点电位的高低是相对的,而两点间的电压是绝对的?计算电位时,为什么只需考虑参考点的选择,而与计算路径无关?

1.3 电路的基本定律

欧姆定律和基尔霍夫定律是电路的两个基本定律,此二定律揭示了电路基本物理量之间的关系(大小与参考方向),是电路分析计算的基础和依据。

1.3.1 欧姆定律

欧姆定律的研究对象是:一个电阻元件上电流与电压之间的关系。

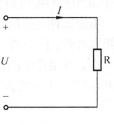

图1.13 欧姆定律

欧姆定律:流过电阻元件的电流与其两端的电压成正比。在图1.13所选定的电压、电流关联参考方向的情况下,欧姆定律可以表示为

$$I=\frac{U}{R} \quad 或 \quad U=RI \tag{1.1}$$

当电流、电压取非关联参考方向时(电流I的参考方向与图示相反),则式(1.1)出现负号,即

$$I=-\frac{U}{R} \quad 或 \quad U=-RI$$

式(1.1)确定了电阻元件的电流I与电压U的关系。

【例1.5】 在图1.14中,已知$I=-5$ A,$R=2$ Ω。试问:各图中U、I的参考方向是否为关联参考方向?计算电压U。

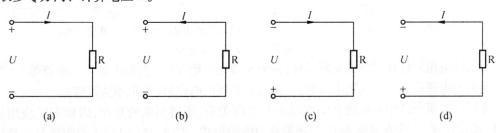

图1.14 例1.5的电路

解 (1)是否为关联参考方向

图1.14(a)与图1.14(d)是关联参考方向,图1.14(b)与图1.14(c)不是。

(2)电压U的计算

图1.14(a) $\qquad\qquad U=IR=(-5)\times2=-10$ V

图1.14(b) $\qquad\qquad U=-IR=-(-5)\times2=10$ V

图1.14(c) $\qquad\qquad U=-IR=-(-5)\times2=10$ V

图1.14(d) $\qquad\qquad U=IR=(-5)\times2=-10$ V

式(1.1)中,电阻 R 的单位是欧姆(Ω),简称欧。电阻数值很大时,则以千欧($k\Omega$)或兆欧($M\Omega$)为单位,即

$$1\ k\Omega = 10^3\ \Omega$$
$$1\ M\Omega = 10^6\ \Omega$$

下面介绍电阻元件。

多数金属,其电阻值是不随电流、电压而变的(电阻为定值),用这类金属材料制成的电阻元件称为线性电阻元件。线性电阻元件中电流与其端电压的关系如图1.15(a)所示,是直线关系,直线上每一点都遵循式(1.1)所表示的欧姆定律。图中两个坐标轴分别表示电压 U(单位为 V)和电流 I(单位为 A),所以称为伏安特性。实验证明,导体电阻的大小决定于导体材料的成分、几何尺寸和导体的温度等因素。对于一根材料均匀、截面积为 $S(mm^2)$、长度为 $l(m)$ 的导体来说,它的电阻 $R(\Omega)$ 按下式计算,即

$$R = \rho\frac{l}{S} \tag{1.2}$$

式中,ρ 为材料的电阻率,单位为 $\Omega \cdot mm^2/m$。

电阻元件上一般都标有电阻的数值,称为标称值,还标有电阻的误差和额定功率。选用电阻元件时,不仅应使电阻值符合要求,而且还必须使它在实际工作时消耗的功率不超过额定功率。在电路中还常用一种三端可调式电阻,设其三端为 a、c、b,a、b 是固定端,c 端位于中间,能在 a 和 b 之间滑动。这种电阻元件可用做可调电阻或电位器(见习题1.4中10 kΩ 电阻)。

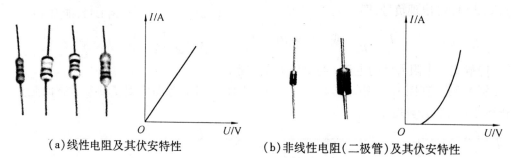

（a)线性电阻及其伏安特性　　　　　（b)非线性电阻(二极管)及其伏安特性

图1.15　电阻元件及其伏安特性

与线性电阻元件相对应的电阻元件,称为非线性电阻元件(例如半导体二极管等)。当流过不同的电流或加上不同的电压时,它们就有不同的电阻值(电阻不为定值)。

非线性电阻元件中的电流和端电压不是直线关系,不遵循欧姆定律,因而不能应用式(1.1)进行计算,通常表示成 $I = f(U)$ 函数或曲线的形式。图1.15(b)所示曲线就是半导体二极管加正向电压时的伏安特性曲线(半导体二极管可认为是非线性电阻元件)。

关于含有非线性电阻元件的非线性电路的分析与计算,将在本书后续的电子电路中讨论。

1.3.2　基尔霍夫定律

基尔霍夫定律的研究对象是:分支电路中的某些电流之间的关系和某些电压之间的关系。

从结构上看,电路可分为无分支电路(即单一的闭合电路)和有分支电路(简称分支电路)。图1.16(a)所示电路就是一个分支电路。它有三个支路,分别流过电流 I_1、I_2、I_3(图上

所标均为参考方向);两个结点(a 和 b);三个回路(左右两个小回路和外围一个大回路)。

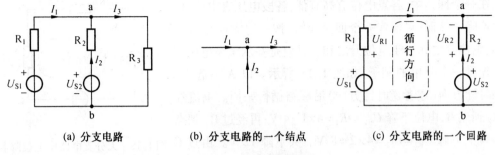

(a) 分支电路　　　　(b) 分支电路的一个结点　　　　(c) 分支电路的一个回路

图 1.16　基尔霍夫定律

基尔霍夫定律包括基尔霍夫电流定律和基尔霍夫电压定律两部分内容。前者是针对结点的,确定了流入、流出某结点的各支路电流之间的关系;后者是针对回路的,确定了某回路中各段电压之间的关系。

1. 基尔霍夫电流定律(KCL)

在一个结点上,各支路的电流有流入的、有流出的。然而,对于任何一个结点而言,流入电流之和等于流出电流之和。这就是基尔霍夫电流定律。以图 1.16(b)为例,由于电流通过结点时电荷不会发生堆积现象,流入结点 a 的电荷总量必等于同一时间流出结点 a 的电荷总量。这就是基尔霍夫电流定律的物理依据。对结点 a,可以写出

$$I_1 + I_2 = I_3$$
$$I_1 + I_2 - I_3 = 0$$

即
$$\sum I = 0 \tag{1.3}$$

由式(1.3),基尔霍夫电流定律又可表述为:任何一个结点,流入电流的代数和恒等于零。所谓代数和,就是要考虑各电流的正负号。如果规定流入结点的电流取正号,那么流出结点的电流就取负号。

【例 1.6】 在图 1.17 所示电路中,电路 A 和电路 B 是两个独立的电路系统。现用两条导线把它们连接起来,试分析导线中电流 I_1 和 I_2 的关系。

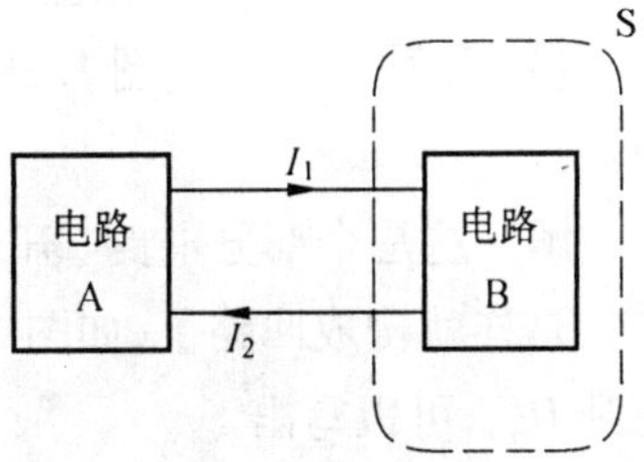

解 我们设想把电路 B 用一封闭面 S 包围起来,把 S 看成一个结点,有 $\sum I = 0$,即

$$I_1 - I_2 = 0$$

所以
$$I_1 = I_2$$

图 1.17　例 1.6 的电路

即两条连接导线中的电流相等。如果其中一条断线,例如下面一条(其中电流 I_2 为零),根据基尔霍夫结点电流定律 $\sum I = 0$ 可知,$I_1 = 0$。这就是我们经常说的不构成回路电流等于零的道理。通过上例可得到如下推论。

基尔霍夫电流定律的推论:基尔霍夫电流定律可推广应用于包围部分电路的假设的封闭面。

2. 基尔霍夫电压定律(KVL)

在一个回路中,各点电位有高有低,各段电压有电位升,有电位降。然而,对任何一个回路而言,按一定方向循行一周,则电位降之和等于电位升之和。这就是基尔霍夫电压定律。先看一个简单的例子,如图 1.18 所示。以 A 为起点,按顺时针方向(或者逆时针方向)沿回路循行一周。电流经过 R_1 到点 B,电位下降 $U_{R1} = IR_1 = 4 \times 1 = 4$ V;再经过 R_2 到点 C,电位又下降 $U_{R2} = IR_2 = 4 \times 2 = 8$ V。共下降 12 V。由点 C 到点 D,电位升高 $U_{S1} = 3$ V;由点 D 回到点 A,电位又升高 $U_{S2} = 9$ V。共升高 12 V。沿回路循行一周,电位有降有升,

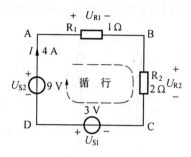

图 1.18   无分支电路中电位降与电位升的关系

总和都是12 V。所以沿回路ABCDA的电位降之和等于电位升之和。这一结论对分支电路中的回路也是适用的。再看图1.16(c)所示回路,从电源 U_{S1} 的正极开始按顺时针方向沿回路循行一周,有两处电位降低,即 I_1R_1 和 U_{S2};有两处电位升高,即 I_2R_2 和 U_{S1}。因而可以写为

$$\underbrace{I_1R_1 + U_{S2}}_{\text{电位降}} = \underbrace{I_2R_2 + U_{S1}}_{\text{电位升}}$$

根据电阻两端电位的极性,上式中的电阻压降可以写成

$$I_1R_1 = U_{R1}$$
$$I_2R_2 = U_{R2}$$

于是前式可以表示为

$$U_{R1} + U_{S2} = U_{R2} + U_{S1}$$
$$U_{R1} + U_{S2} - U_{R2} - U_{S1} = 0$$

即

$$\sum U = 0 \qquad\qquad (1.4)$$

由式(1.4),基尔霍夫电压定律又可表述为:任何回路,按一定方向沿回路循行一周,电压降的代数和恒等于零。如果电压降取正号,电位升则取负号。

【例 1.7】   试写出图 1.19(a)所示电路中电流的表达式。图中已给出电流 I 的参考方向。

解   这是个部分电路(开口电路),可以在 1 与 2 之间设电压 U 的参考方向(+、- 符号),这样就构成回路了,如图 1.18(b)所示。若按顺时针方向循行,则有电压降 IR 和 U,电位升 U_S。可以写出

$$IR + U = U_S$$

所以

$$I = \frac{U_S - U}{R}$$

【例 1.8】   试求图 1.20 所示电路中 BD 两点之间的电压 U_{BD}。

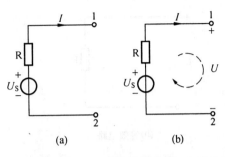

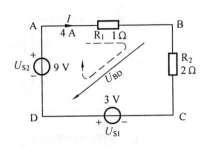

图 1.19 例 1.7 的电路   图 1.20 例 1.8 的电路

解 原电路中不存在相应的回路。可将所求 BD 两点间的电压 U_{BD} 的参考方向画出（图 1.20 中的长箭头），便得到假想的回路 ABDA（也可用 BCDB 回路），如图 1.20 所示的标注。若按顺时针方向循行一周，则有

$$IR_1 + U_{BD} = U_{S2}$$

$$U_{BD} = U_{S2} - IR_1 = 9 - 4 \times 1 = 5 \text{ V}$$

通过此例可得到如下推论。

基尔霍夫电压定律的推论：基尔霍夫电压定律可推广应用于任何假设的回路。

思 考 题

1.4 应用基尔霍夫定律的两个推论，在图 1.21(a)、(b) 所示电路中，分别计算电流 I 和电压 U_{ab}。

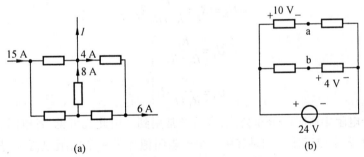

图 1.21 思考题 1.4 的电路

1.4 电路的基本连接方式

一个电源一般不仅仅给一个负载供电，而往往是给许多负载供电。众多负载是如何连接起来的？连接的方式很多，其中最常用的是串联与并联，以及星形连接和三角形连接，在用于测量的电路中还有桥式连接。

1.4.1 电阻的串联

由两个或更多个电阻一个接一个地连接，组成一个无分支电路，这样的连接方式称为电阻的串联。图 1.22(a) 是两个电阻 R_1 和 R_2 的串联电路，其等效电路如图 1.22(b) 所示。对串联电路的理解，要注意以下四点。

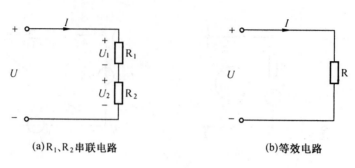

(a)R₁、R₂串联电路　　　　　　　　(b)等效电路

图 1.22　电阻的串联

（1）电阻串联的特点为：各电阻通过同一电流。

（2）电阻串联的等效电阻为

$$R = R_1 + R_2 \tag{1.5}$$

（3）电阻串联有分压作用。在图示电压、电流参考方向的情况下，由基尔霍夫电压定律可以写出

$$U_1 + U_2 - U = 0$$

即
$$U = U_1 + U_2 \tag{1.6}$$

式（1.6）表明了串联电阻 R_1 与 R_2 的分压作用，其中

$$U_1 = IR_1 = \frac{U}{R_1 + R_2} R_1$$

$$U_2 = IR_2 = \frac{U}{R_1 + R_2} R_2$$

分压公式为
$$\left. \begin{array}{l} U_1 = \dfrac{R_1}{R_1 + R_2} U \\[2mm] U_2 = \dfrac{R_2}{R_1 + R_2} U \end{array} \right\} \tag{1.7}$$

式（1.7）是两个电阻串联时的分压公式，今后经常用到。由此式可见，各电阻上的电压分配与各电阻阻值的大小成正比。如果其中一个电阻阻值比另一个电阻阻值小得多，则小电阻值电阻分得的电压也小得多。在作近似计算时，这个小阻值电阻的分压作用可忽略不计。

（4）电阻串联的应用。串联方式有很多应用。例如，电源电压若高于负载电压时，可与负载串联一个适当大小的电阻，以降低部分电压。这个电阻称为降压电阻。

1.4.2　电阻的并联

由两个或更多个电阻连接在两个公共结点之间，组成一个有两个分支或多个分支的电路，这样的连接方式称为电阻的并联。图 1.23（a）是两个电阻 R_1 和 R_2 的并联电路，其等效电路如图 1.23（b）所示。对并联电路的理解，也要注意以下四点。

（1）电阻并联的特点为：各电阻两端承受同一电压。

（2）电阻并联的等效电阻：如果是两个电阻并联，则有

$$\frac{1}{R} = \frac{1}{R_1} + \frac{1}{R_2} \tag{1.8}$$

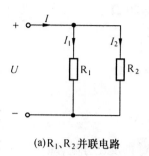
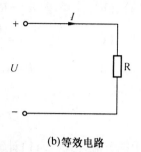

$(a)R_1、R_2$并联电路　　　　　　　　　　(b)等效电路

图1.23　电阻的并联

或者
$$R = \frac{R_1 R_2}{R_1 + R_2} \qquad\qquad (1.9)$$

式(1.9)是两个电阻并联时等效电阻的常用计算公式。

（3）电阻并联有分流作用。在图示电压、电流参考方向的情况下，由基尔霍夫电流定律可以写出

$$I - I_1 - I_2 = 0$$

即
$$I = I_1 + I_2 \qquad\qquad (1.10)$$

式(1.10)表明了并联电阻 R_1 和 R_2 的分流作用，其中

$$I_1 = \frac{U}{R_1} = \frac{IR}{R_1} = \frac{R_1 R_2}{R_1(R_1 + R_2)}I$$

$$I_2 = \frac{U}{R_2} = \frac{IR}{R_2} = \frac{R_1 R_2}{R_2(R_1 + R_2)}I$$

分流公式为

$$\left.\begin{array}{l} I_1 = \dfrac{R_2}{R_1 + R_2}I \\[2mm] I_2 = \dfrac{R_1}{R_1 + R_2}I \end{array}\right\} \qquad\qquad (1.11)$$

式(1.11)是两个电阻并联时的分流公式，今后经常用到。由此式可知，各电阻中的电流分配与各电阻阻值的大小成反比（即按电阻值的大小反比分配）。如果其中一个电阻阻值比另一个电阻阻值大得很多，则大电阻值电阻分得的电流就小得多，在作近似计算时，大阻值电阻的分流作用可忽略不计。

（4）电阻并联的应用。和串联方式一样，电阻并联方式应用得也很广泛。例如，工厂里的单相动力负载、民用电器和照明负载等等，都是以并联方式接到电网上的。再例如，电流表测量电流时，如果线路中的电流值大于电流表的量程，可在电流表的两端并联一个合适的电阻进行分流。这样就扩大了电流表的量程。此时的并联电阻称为分流电阻或分流器。

【例1.9】　图1.24(a)是由电阻串联和并联组成的混联电路，其中 $R_1 = 21\ \Omega$、$R_2 = 8\ \Omega$、$R_3 = 12\ \Omega$、$R_4 = 5\ \Omega$，电源电压 $U = 125$ V。试求 I_1、I_2 和 I_3。

解　图1.24(a)电路的化简顺序如图1.24(b)、(c)、(d)所示。

计算过程如下：

（1）计算各等效电阻

由图 1.24(a)、(b) $R_{23} = R_2 + R_3 = 8 + 12 = 20\ \Omega$

由图 1.24(b)、(c) $R_{ab} = \dfrac{R_{23}R_4}{R_{23} + R_4} = \dfrac{20 \times 5}{20 + 5} = 4\ \Omega$

由图 1.24(c)、(d) $R = R_1 + R_{ab} = 21 + 4 = 25\ \Omega$

(2)计算各电流

$$I_1 = \frac{U}{R} = \frac{125}{25} = 5\ A$$

I_2 和 I_3 可根据分流公式(1.11)计算,按 R_{23} 和 R_4 的反比分配,即

$$I_2 = \frac{R_4}{R_{23} + R_4}I_1 = \frac{5}{20 + 5} \times 5 = 1\ A$$

$$I_3 = I_1 - I_2 = 5 - 1 = 4\ A$$

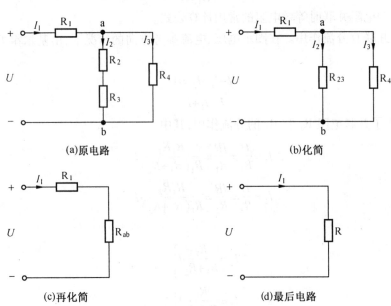

(a)原电路   (b)化简

(c)再化简   (d)最后电路

图 1.24   例 1.9 的电路及其化简

1.4.3   电阻的星形连接和三角形连接

在工厂里大量使用三相动力负载,它们都是采用星形连接或三角形连接(见 4.2 节或 4.3 节),分析计算时经常用到这两种接法的等效变换。下面以三相电阻炉为例,分析星形连接(Y)的对称电路(三个电阻 R_Y 相等)和三角形连接(△)的对称电路(三个电阻 $R_\triangle$ 相等)的等效变换,如图 1.25(a)、(b)所示。

两个电路的等效变换的条件是:

(1)对应端(a、b、c)流入(或流出)的电流 I_a、I_b、I_c 应当对应相等;

(2)对应端(a、b、c)之间的电压 U_{ab}、U_{bc}、U_{ca} 应当对应相等。

若满足上述条件就相当于满足如下条件:对应端(a、b、c)之间的电阻应对应相等。推导如下:

设两个电路的 c 端开路,因为满足上面条件,它们 a、b 两点间的电阻必然相等,可列出

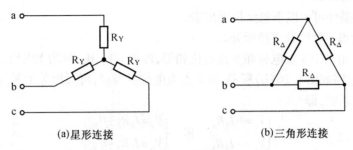

(a)星形连接　　　　　　(b)三角形连接

图 1.25　Y/△等效变换

如下等式

$$R_Y + R_Y = \frac{R_\triangle(R_\triangle + R_\triangle)}{R_\triangle + R_\triangle + R_\triangle} = \frac{2}{3}R_\triangle$$

即

$$2R_Y = \frac{2}{3}R_\triangle$$

同理,两个电路的 a 端和 b 端开路时,结果也是如此,即

$$2R_Y = \frac{2}{3}R_\triangle$$

$$R_Y = \frac{1}{3}R_\triangle \quad 或 \quad R_\triangle = 3R_Y \tag{1.12}$$

当 R_Y 和 $R_\triangle$ 的数值关系满足式(1.12)时,图 1.25(a)、(b)所示两个电路等效。

例如,在图 1.25(a)中,若 $R_Y = 2\ \Omega$,则在图 1.25(b)中,$R_\triangle = 3\times2 = 6\ \Omega$。

星形与三角形不对称电路也可进行等效变换,但因变换公式较为复杂,不在这里讨论,需要了解时,可参阅有关书籍。

1.4.4　电阻的桥式连接

1.电桥电路

电阻的桥式连接典型电路如图 1.26(a)所示,称为电桥电路,简称电桥。电桥有三个主要特点:一是它有四个臂电阻 R_1、R_2、R_3、R_4;二是它有两条对角线,对角线 cd 接入电源 U_S,对角线 ab 接入检流计 G,其内阻为 R_G;三是它在用于测量时必须满足电桥的平衡条件,满足电桥平衡条件的标志是检流计电流 $I_G = 0$。

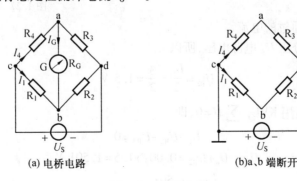

(a) 电桥电路　　　　　　(b)a、b 端断开

图 1.26　电桥电路

2. 电桥的平衡条件

电桥的平衡条件可由以下思路推导出来。

(1) $I_G = 0$ 相当于检流计支路断开。

(2) $I_G = 0$ 也相当于 a 点电位和 b 点电位相等，即 $V_a = V_b$，R_G 两端无电压。

$I_G = 0$ 时的电路如图 1.26(b) 所示，取 c 点为电位参考点，可写出关于 V_a 和 V_b 的左右两个路径的电位关系式，即

$$\begin{cases} V_a = -I_4 R_4 \\ V_b = -I_1 R_1 \end{cases} \quad \text{和} \quad \begin{cases} V_a = I_4 R_3 - U_S \\ V_b = I_1 R_2 - U_S \end{cases}$$

因为 $V_a = V_b$，故

$$I_4 R_4 = I_1 R_1$$
$$I_4 R_3 = I_1 R_2$$

两式相除，得

$$\frac{R_4}{R_3} = \frac{R_1}{R_2}$$
$$R_1 R_3 = R_2 R_4$$

上式就是电阻电桥的平衡条件。即当电桥相对臂电阻的乘积相等时，电桥平衡($I_G = 0$)。

设电阻 R_4 为未知的待测电阻 R_x，则其数值为

$$R_x = \frac{R_1}{R_2} R_3 = K R_3$$

比例常数 $K = \dfrac{R_1}{R_2}$，称为比率，可从 0.001、0.01、0.1 和 1、10、1 000 等中任选。R_3 为标准电阻。

【例 1.10】 图 1.27 是电阻应变仪的电桥原理电路。其中 a、b 两端断开，输出电压为 U_o。R_x 是电阻应变片，粘贴在被测零件上。当零件因温度或压力等因素发生变形(伸长或缩短)时，R_x 的阻值随之改变，输出电压 U_o 发生变化。

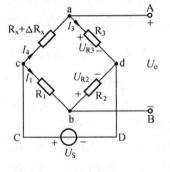

图 1.27　例 1.10 的电路

设电源电压 $U_S = 3$ V，$R_1 = R_2 = 200\ \Omega$，$R_3 = 100\ \Omega$，测量前 $R_x = 100\ \Omega$，满足 $R_1 R_3 = R_2 R_x$ 平衡条件，$U_o = 0$。

测量时，应变片发生变化，电桥不平衡，电压 $U_o = +1$ mV。试计算应变电阻 R_x 的增量 ΔR_x，应变片是伸长了，还是缩短了？

解 (1) 应变片通过的电流

因 $R_1 = R_2$，串联分压 U_S 电源电压，所以

$$U_{R2} = \frac{U_S}{2} = \frac{3}{2} = 1.5 \text{ V}$$

在 ABbdaA 回路中，运用 KVL，$\sum U = 0$，即

$$U_o + U_{R2} - U_{R3} = 0$$
$$U_{R3} = U_o + U_{R2} = 0.001 + 1.5 = 1.501 \text{ V}$$
$$I_3 = \frac{U_{R3}}{R_3} = \frac{1.501}{100} = 0.015\ 01 \text{ A}$$

通过应变片的电流为

$$I_4 = I_3 = 0.015\ 01\ \text{A}$$

（2）应变片上的电压

在 CcadDC 回路中，运用 KVL，$\sum U = 0$，即

$$(U_{Rx} + U_{\Delta Rx}) + U_{R3} - U_S = 0$$

式中，$U_{\Delta R_x}$ 是应变片电阻 R_x 的变化量 ΔR_x 上的电压。所以

$$U_{Rx} + U_{\Delta Rx} = U_S - U_{R3} = 3 - 1.501 = 1.499\ \text{V}$$

（3）应变片的阻值为

$$R_x + \Delta R_x = \frac{U_{Rx} + U_{\Delta Rx}}{I_4} = \frac{1.499}{0.015\ 01} = 99.867\ \Omega$$

可以看出，应变片的电阻从 100 Ω 变为 99.867 Ω（增量 ΔR_x 为负值），表示电阻应变片变短，即被测零件尺寸缩短了。

$$\Delta R_x = 99.867 - R_x = 99.867 - 100 = -0.133\ \Omega$$

思 考 题

1.5　计算图 1.28 所示电路的等效电阻 R_{ab}。

1.6　何谓电阻的分压作用和分流作用？试写出当两个电阻 R_1、R_2 串联和并联时的分压公式和分流公式。

1.7　电桥电路的主要特点是什么？电桥的平衡条件是什么？

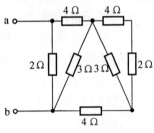

图 1.28　思考题 1.5 的电路

1.5　电路的基本工作状态①

电路有三种基本工作状态，即有载状态、开路状态和短路状态。在图 1.29（a）中，电源开关 S 闭合，电源不断地向负载输送电流和电能。这就是电路的有载状态，由于种种原因，工作于有载状态的电路也可能转化为开路状态或短路状态，如图 1.29（b）、（c）所示。

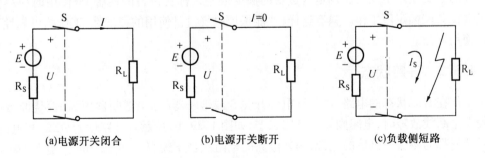

（a）电源开关闭合　　　　　（b）电源开关断开　　　　　（c）负载侧短路

图 1.29　电路的有载、开路和短路状态

---

① 这里是指电路处于稳定时的工作状态。实际上，有的电路在达到稳定状态之前，还存在"暂态"，详见第 5 章。

1.5.1　有载状态

将图 1.29(a)所示电路的电源开关 S 合上,电源与负载接通,电路则处于有载状态。电路中的电流为

$$I = \frac{E}{R_{S} + R_{L}} \qquad (1.13)$$

式中,E 为电源电动势;R_{S} 为电源内阻。E 与 R_{S} 一般为定值。可见,负载电阻 R_{L} 愈小,则电流 I 愈大。式(1.13)的另一种形式为

$$E = IR_{L} + IR_{S} = U + IR_{S}$$

所以 $\qquad\qquad U = E - IR_{S} \qquad (1.14)$

由式(1.14)可做出电源的伏安特性(一般称为电源的外特性),如图 1.30 所示。由图可知,在有载情况下,电源的端电压 U 恒小于电源的电动势 E,差值为电源内阻电压降 IR_{S}。电流 I 愈大,IR_{S} 愈大,电源的端电压 U 下降愈多。

电源发出的功率为

$$P = UI = (E - IR_{S})I = EI - I^{2}R_{S} \qquad (1.15)$$

式中,EI 为电源产生的功率;$I^{2}R_{S}$ 为电源内阻 R_{S} 上损耗的功率。内阻上的功率损耗有害无益,致使电源发热。

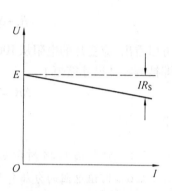

图 1.30　电源的外特性

在国际单位制中,功率的单位为瓦特(W)或千瓦(kW),瓦特简称瓦(W)。就式(1.15)来看,如果发电机的端电压 U 和流出的电流 I 都较小,则发出功率就小,发电机没有充分利用,是一种浪费。为使发电机多发电,是否可以任意提高发电机的端电压和流出的电流呢? 我们从两方面看:电压若过高,发电机的绝缘材料有可能被击穿;电流若过大,发电机内阻损耗增加,温度过高,因而发电机有被烧毁的危险。负载也是这样。例如白炽灯,如果通入电流太大,必然烧断灯丝。就是连接导线也要合理使用,否则会因其中电流过大,烧焦绝缘外皮,造成事故。

任何一种电气设备工作时都有规定的电压值 U_{N}、电流值 I_{N} 或功率值 P_{N},这些值称为电气设备的额定值。工业与民用电气设备的额定值通常标在设备的铭牌上,使用时应尽量保证电气设备按额定值工作。只有这样,才能保证电气设备使用的经济性、工作的可靠性和正常的使用寿命。

1.5.2　开路状态

工作在有载状态的电路,当拉开电源开关 S 或熔断器(图中熔断器未画出)烧断或电路某处发生断线故障时,电路则转为开路状态,如图 1.29(b)所示。开路后的负载,其电流、电压和功率都为零。开路后的电源,因外电路的电阻相当于无穷大,电流为零。电源的端电压

$$U = E - IR_{S} = E$$

显然,因电流为零,内阻上无电压降,电源的端电压 U 等于电动势 E。此时的端电压称为电源的开路电压,用 U_{o} 表示,即

$$U_{o} = E \qquad (1.16)$$

式(1.16)给我们提供了一个测量电源电动势的简便方法,即用电压表测量电源的开路电压

$U_。$，所得之值就等于电源的电动势 E。

开路时，因电流为零，电源不输出电功率。

1.5.3　短路状态

工作在有载状态的电路，当电路绝缘损坏或接线不当或操作不慎时，都会在负载两端或电源两端造成电源线直接触碰或搭接，电路则转为短路状态，如图 1.29(c)所示(图中画出的是负载侧短路)。被短路后的负载，电流、电压和功率都为零；与此同时电源也被短路，短路后的电源，电源两极间的外电路的电阻为零，电源自成回路，其电流为

$$I = \frac{E}{R_S + R_L} = \frac{E}{R_S}$$

因 R_S 很小，所以电流 I 很大。此时的电流称为电源的短路电流，用 I_S 表示，即

$$I_S = \frac{E}{R_S} \tag{1.17}$$

I_S 在电源内部产生的功率损耗为 $I_S{}^2 R_S$，使电源迅速发热。如不立即排除短路故障，电源将被烧毁。

电源的短路电流虽然很大，但因外电路电阻为零，所以电源的端电压为零。电源此时无电压输出，自然也就无电功率输出了。

如上所述，电路发生短路通常是一种严重事故。为防止短路事故所引起的后果，一般在供电电路中均接入熔断器或自动断路器，以便在发生短路时迅速自动切断故障电路与电源的联系。

应当指出，短路并不都是事故。例如，电焊机工作时，焊条与工作面接触也是短路，但不是事故。另外，有时为了某种需要(例如，调节电路中的电压或电流)，也常常将电路中某段电路短路(也称为短接)，此种场合的短路也属电路的正常工作状态。

综上所述，在电路的三种状态中，有载状态是电路的基本工作状态，而开路状态和短路状态只是电路的两个特殊状态。从电源方面看，开路状态相当于外电路电阻 R_L 为无穷大的情况；短路状态相当于外电路电阻 R_L 为零的情况。这两者之间的有载状态便相当于外电路电阻 R_L 为一般数值($\infty > R_L > 0$)的情况。

【例 1.11】　有一个 220 V、60 W 的白炽灯，接在 220 V 的电源上。试求通过白炽灯的电流和白炽灯在 220 V 电压工作状态下的电阻。如果每晚用电 3 h(小时)，那么一个月消耗多少电能？一个月按 30 d(天)计算。

解　白炽灯电流

$$I = \frac{P}{U} = \frac{60}{220} = 0.273 \text{ A}$$

白炽灯电阻

$$R = \frac{U}{I} = \frac{220}{0.273} = 806 \text{ } \Omega \quad (也可用 R = \frac{P}{I^2} 或 R = \frac{U^2}{P} 计算)$$

一个月用电

$$W = Pt = 60 \times 3 \times 30 = 5.4 \text{ kW} \cdot \text{h}$$

【例 1.12】　一直流发电机，额定功率 $P_N = 10$ kW，额定电压 $U_N = 220$ V，内阻 $R_S = 0.6$

Ω,负载电阻 $R_L = 10$ Ω,电路如图 1.31 所示。试求：

(1)发电机的额定电流和电动势；

(2)当发电机带一个负载时,发电机的输出电流、端电压和输出功率；

(3)当发电机带五个这样的负载时(并联),发电机的电流、端电压和输出功率。

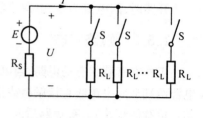

图 1.31 例 1.12 的电路

解 (1)发电机的额定电流和电动势

$$I_N = \frac{P_N}{U_N} = \frac{10 \times 10^3}{220} = 45.45 \text{ A}$$

由式(1.14)可知,电动势为

$$E = U_N + I_N R_S = 220 + 45.45 \times 0.6 = 220 + 27.27 = 247.27 \text{ V}$$

(2)发电机带一个 10 Ω 的负载时

输出电流 $\quad\quad I = \frac{E}{R_S + R_L} = \frac{247.27}{0.6 + 10} = 23.33 \text{ A} < 45.45 \text{ A}$

端电压 $\quad U = E - I R_S = 247.27 - 23.33 \times 0.6 = 247.27 - 14 = 233.27 \text{ V}$

输出功率 $\quad P = UI = 233.27 \times 23.33 = 5\ 442.19 \text{ W} \approx 5.4 \text{ kW} < 10 \text{ kW}$

可见发电机未达到额定状态,处于轻载状态。

(3)发电机带五个 10 Ω 的负载时

$$I = \frac{E}{R_S + \dfrac{R_L}{5}} = \frac{247.27}{0.6 + \dfrac{10}{5}} = 95.10 \text{ A} > 45.45 \text{ A}$$

$$U = E - I R_S = 247.27 - 95.10 \times 0.6 = 247.27 - 57.06 = 190.21 \text{ V}$$

$$P = UI = 190.21 \times 95.10 = 18\ 088.97 \text{ W} \approx 18 \text{ kW} > 10 \text{ kW}$$

此时发电机的输出电流和输出功率均大大超过其额定值,发电机处于过载状态,长时间运行将导致烧毁。同时可看到,过载运行时,因电流较大,电源内阻压降 IR_S 增大,造成发电机端电压 U 明显下降,这一点对负载的工作也是不利的。

通过以上并联供电一例,我们可以明确以下几个问题：

①一般电源因含有内阻,其端电压 U(即输出电压)是随负载电流的增加而下降的。如果输电线路较长,导线电阻不能忽略时,输电线上还会产生电压损失,电源的端电压将下降更多。

②如果电源内阻和导线电阻极小,可以忽略不计时,电源的端电压可认为基本不变,各并联负载则彼此独立。其中任何一个负载的工作状态可认为不影响其他负载的工作(但这一负载不得短路)。

③随着并联负载的增多(称为负载增加),线路上的总电阻减小,电源输出电流和输出功率相应增大。换句话说,电源究竟输出多少电流和功率,这决定于负载的大小。一般情况下,负载需要多少,电源就供给多少,电源能自动适应负载的需要。但为了经济和安全,电源最好工作在额定状态。

【例 1.13】 在图 1.32 所示电路中,已知各元件的端电压和通过的电流(数值标在图上)。试求：

（1）指出哪些元件是电源？哪些元件是负载？为什么？

（2）检验功率是否平衡。

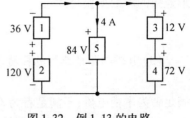

图 1.32 例 1.13 的电路

解 （1）在 5 个元件中,只有元件 2 电流是从其高电位端流出的。由此可知元件 2 是电源（发出功率）,其余元件均为负载（吸收功率）。

（2）元件 2 发出的功率为

$$P_2 = -120 \times 18 = -2\ 160\ \text{W}$$

其余元件吸收的功率为

$$P_1 + P_3 + P_4 + P_5 = 36 \times 18 + 12 \times 14 + 72 \times 14 + 84 \times 4 = 2\ 160\ \text{W}$$

两者功率平衡。

思 考 题

1.8 一台发电机,额定电流 100 A,只接了 60 A 的负载,还有 40 A 的电流流到哪里去了?

1.9 你是否注意到,电灯在深夜一般要比晚上七八点钟亮一些? 这个现象的原因是什么?

本 章 小 结

本章各部分内容联系紧密,有较强的系统性,可概括为两大基本问题。

一、电路的基本概念

1. 电路的作用与组成

简单说,电路的作用是输送电能或传递信号。任何电路都是由电源、负载和中间环节三个基本部分组成。

2. 电路的基本物理量

电流、电压、电位和电动势是电路的基本物理量。在电流、电压实际方向的基础上,又引入了参考方向和关联参考方向的概念。参考方向可以任意假设,一经设定,上述各物理量之间便有了确定的关系。在学习实践中,需注意参考方向和关联参考方向的细微差别。

3. 电路的基本连接方式

（1）串联与并联是电路最常见的连接方式。若是两个电阻串联或并联时,则等效电阻分别为

$$R = R_1 + R_2 \qquad R = \frac{R_1 R_2}{R_1 + R_2}$$

分压与分流公式分别为

$$\begin{cases} U_1 = \dfrac{R_1}{R_1 + R_2} U \\ U_2 = \dfrac{R_2}{R_1 + R_2} U \end{cases} \qquad \begin{cases} I_1 = \dfrac{R_2}{R_1 + R_2} I \\ I_2 = \dfrac{R_1}{R_1 + R_2} I \end{cases}$$

（2）星形与三角形连接是工业负载的基本连接方式,若为对称电阻负载时,星形与三角形连接的等效变换公式为

$$R_Y = \frac{1}{3} R_\Delta$$

（3）电桥电路是典型的检测电路,对电阻电桥而言,平衡条件是

$$R_1 R_3 = R_2 R_4$$

满足者为平衡电桥,不满足者为不平衡电桥。

4. 电路的基本工作状态

有载状态是电路的基本工作状态;额定状态是电路有载时的最佳状态。开路状态与短路状态是电路的两个特殊状态。各状态的电流与电压分别为

$$\text{有载状态}\begin{cases} I = \dfrac{E}{R_S + R_L} \\ U = E - IR_S \end{cases} \qquad \text{开路状态}\begin{cases} I = 0 \\ U_o = E \end{cases} \qquad \text{短路状态}\begin{cases} I_S = \dfrac{E}{R_S} \\ U = 0 \end{cases}$$

二、电路的基本定律

欧姆定律和基尔霍夫定律是电路的两大基本定律,它们揭示了电路基本物理量之间的关系,是电路分析计算的基础。它们的基本关系式分别为

$$I = \frac{U}{R} \qquad \begin{cases} \sum I = 0 \ (\text{KCL}) \\ \sum U = 0 \ (\text{KVL}) \end{cases}$$

欧姆定律确定了一个电阻元件的电流与电压之间的关系,适用于线性电阻电路的分析计算。基尔霍夫两条定律分别确定了结点上各电流之间的关系、回路中各电压之间的关系,适用于各种电路的分析计算,具有普遍意义。

习　题

1.1　在题图 1.1(a)、(b)、(c)所示电路中,已给出电压、电流的参考方向和它们的数值。试求:

(1)电压、电流的参考方向是否为关联参考方向?

(2)计算各电路的功率,并指出是吸收功率还是发出功率? 是负载性的还是电源性的?

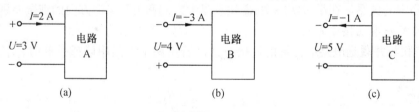

题图 1.1

1.2　在题图 1.2(a)、(b)、(c)所示支路中,分别计算电阻 R_x、电压 U_x 和电流 I_x。

1.3　在题图 1.3 中,计算 A、B、C、D 各点电位,电路中 C 端开路。

1.4　题图 1.4 是由两只电位器 R_1 和 R_2 构成的调压电路,试分析输出电压 U_o 的变化范围。

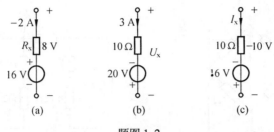

题图 1.2

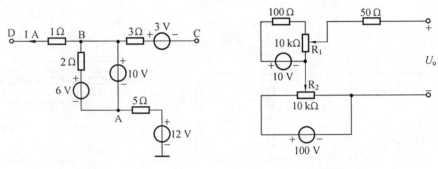

题图 1.3　　　　　　　　　　　　　　　　题图 1.4

1.5　在题图 1.5 中,当电位器调到 $R_1 = 3$ kΩ,$R_2 = 7$ kΩ 时,试求:

(1)电压 U_{R1} 和 U_{R2};

(2)A、B、C 各点电位。

1.6　在题图 1.6 中,两只 10 kΩ 的可变电阻构成同轴电位器(两个触头同步滑动)。当滑动触头调到左端、中间、右端时,输出电压 U_o 为多少伏?

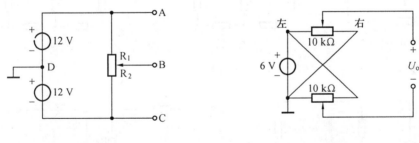

题图 1.5　　　　　　　　　　　　　　　　题图 1.6

1.7　在题图 1.7(a)、(b)所示电路中,求电流 I 和电压 U_{ab}。

1.8　在题图 1.8(a)、(b)、(c)所示电路中,分别计算等效电阻 R_{ab}。

1.9　在题图 1.9(a)、(b)、(c)中,利用其中的自然等电位点化简电路,求它们的等效电阻 R_{ab}(设每只电阻为 R)。

1.10　在题图 1.10 所示电路中,计算电流 I_1、I_2 和 I,并按给定的电位参考点计算 a、b 两点的电位差。

1.11　在题图 1.11 中,已知 $U_1 = 100$ V,$U_{S1} = 40$ V,$U_{S2} = 10$ V,$R_1 = 1$ kΩ,$R_2 = 5$ kΩ,$R_3 = 2$ kΩ,1、2 两点之间开路。当电位器 R_2 的触头由下端滑向上端时,计算开路电压 U_2 的变化范围。

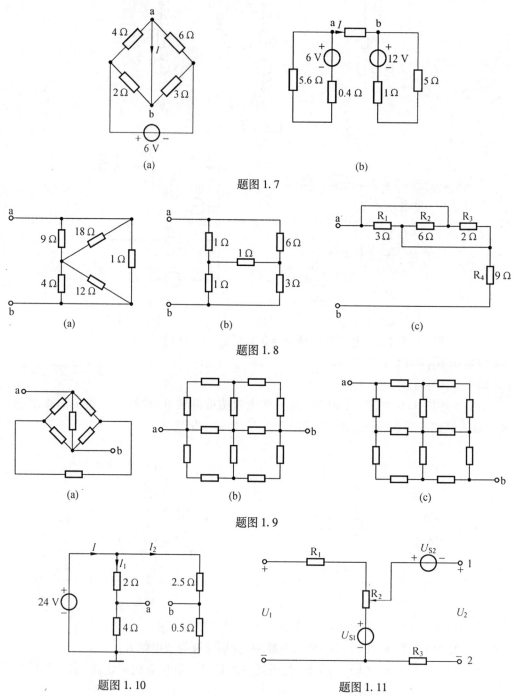

题图 1.7

题图 1.8

题图 1.9

题图 1.10   题图 1.11

1.12   在题图 1.12 所示电路中,试计算 12 V 电源流出的电流 I。

1.13   计算题图 1.13 所示电路中的电压 U_{ab} 和 U_{cd}。

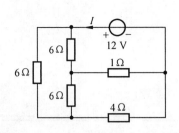

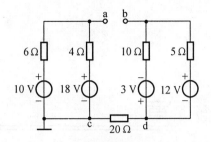

题图 1.12   题图 1.13

1.14 在题图 1.14 所示桥式电路中,已知 $R_1 = 50\ \Omega$,$R_2 = 100\ \Omega$,$R_3 = 20\ \Omega$,$U_S = 100\ V$。试求:

(1)R_4 为何值时,电压 $U_o = 0$?

(2)若 $R_4 = 20\ \Omega$ 时,$U_o = ?$

1.15 有一台直流稳压电源,其输出的额定电压为 $U_N = 30\ V$,额定电流为 $I_N = 2\ A$,从空载到额定负载,其输出电压的变化率为 0.1%(即 $\Delta U = \dfrac{U_o - U_N}{U_N} \times 100\% = 0.1\%$)。试计算该电源的内阻 R_S(参阅 1.5.1 节和 1.5.2 节及图 1.30 所示电源外特性坐标图)。

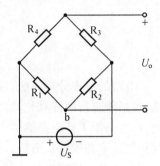

题图 1.14

第 2 章

电路的基本分析方法

电路的基本分析方法,包括简单电路的分析方法和复杂电路的分析方法。所谓简单电路,是指能进行串并联化简的电路,计算比较简单。这种电路的分析方法是最基本、最重要的,在本书第 1 章电路的基本连接方式中,已进行过分析和学习。为避免重复,本章只重点讨论复杂电路的分析方法。所谓复杂电路,是指不能用串并联化简的电路,这类电路在实际应用中也是普遍存在的。复杂电路的分析方法很多,这里只讨论几种常见的分析方法。本章最后简单讨论最大功率传输定理和受控电源电路。

2.1 支路电流法

重新画出图 1.16(a)所示电路,如图 2.1 所示。该电路的结构虽然比较简单,但其中的三个电阻既不是串联关系,也不是并联关系,不能用串并联化简的方法进行计算,因而它是一个复杂电路。

在本电路中,待求电流的支路数 $b=3$,结点数 $n=2$,需要列出三个独立方程求解。支路电流法,顾名思义,就是以待求支路电流为未知量,按一定规则列方程求解的方法。规则如下:

(1)首先按 KCL 列结点电流方程。

点 a　　　　　　　$I_1+I_2=I_3$

点 b　　　　　　　$I_3=I_1+I_2$

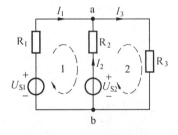

图 2.1　支路电流法

两个电流方程中,有一个不是独立方程。独立方程的数目等于 2-1=1 个。一般来说,若结点数为 n,独立方程数则为 $(n-1)$ 个。

(2)接着按 KVL 列回路电压方程。

所列独立电压方程数应为 $b-(n-1)=3-(2-1)=2$ 个,任意选取两个回路列 2 个独立电压方程即可。通常为了简单,可取单孔回路(也称为网孔)列方程,这样列出的方程是独立方程。

根据电路图上所标电源电压和电流的参考方向,按顺时针方向对网孔列回路电压方程,有:

网孔 1　　　　　　　$\underbrace{U_{S1}+I_2R_2}_{\text{电位升}}=\underbrace{U_{S2}+I_1R_1}_{\text{电位降}}$

网孔 2　　　　　　　$\underbrace{U_{S2}}_{\text{电位升}} = \underbrace{I_2R_2 + I_3R_3}_{\text{电位降}}$

整理,可得

$$I_1R_1 - I_2R_2 = U_{S1} - U_{S2}$$
$$I_2R_2 + I_3R_3 = U_{S2}$$

(3)将独立的电流方程和独立的电压方程联立求解,即

$$\begin{cases} I_1 + I_2 = I_3 \\ I_1R_1 - I_2R_2 = U_{S1} - U_{S2} \\ I_2R_2 + I_3R_3 = U_{S2} \end{cases} \tag{2.1}$$

所得结果为 I_1、I_2 和 I_3。若它们的数值为正,则电路图上所设电流的参考方向与实际方向一致;若它们的数值为负,则电路图上所设电流的参考方向与实际方向相反。

综上所述,采用支路电流法的步骤是:

① 在电路图上标出电源电压和电流的参考方向;

② 判别电路的支路数 b 和结点数 n;

③ 列结点独立电流方程($n-1$)个;

④ 列回路独立电压方程[$b-(n-1)$]个,或按网孔数列独立电压方程;

⑤ 将独立电流方程和独立电压方程联立求解。

【例 2.1】　在图 2.1 中,若 $U_{S1} = 120$ V,$U_{S2} = 72$ V,$R_1 = 2\ \Omega$,$R_2 = 3\ \Omega$,$R_3 = 6\ \Omega$,求各支路电流。

解　将已知数据代入式(2.1)中,得

$$\begin{cases} I_1 + I_2 = I_3 \\ 2I_1 - 3I_2 = 120 - 72 \\ 3I_2 + 6I_3 = 72 \end{cases}$$

化简,得

$$\begin{cases} I_1 + I_2 = I_3 \\ 2I_1 - 3I_2 = 48 \\ I_2 + 2I_3 = 24 \end{cases}$$

解之,得

$$I_1 = 18\ \text{A} \quad I_2 = -4\ \text{A} \quad I_3 = 14\ \text{A}$$

I_2 为负值,说明它的实际方向与所设的参考方向相反(即 I_2 不是从该支路电源的正极流出,而是从正极流入)。此时该支路的电源不是发出电能,而是吸收电能,相当于负载。

2.2　电压源与电流源的等效变换

一个实际的电源,通常习惯用电动势 E(或恒定电压 U_S)和内阻 R_S 串联的电路来表示,如图 2.2(a)所示。电源的端电压

$$U = U_S - IR_S \tag{2.2}$$

把式(2.2)和图 2.2(a)对照起来看,可以认为,该电源是以电压 U 的形式向负载 R_L 供电,

负载功率为 $P=\dfrac{U^2}{R_{\mathrm{L}}}$，只与电压 U 有关。

从电压的角度看，可以把图 2.2(a) 中虚线框内的电源称为电压源。

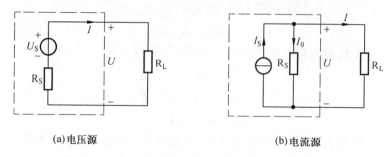

(a) 电压源　　　　　　　　　(b) 电流源

图 2.2　电压源与电流源的等效变换

把式 (2.2) 的形式变换一下，原电源的性质和功能并不改变，可以写为

$$I=\frac{U_{\mathrm{S}}-U}{R_{\mathrm{S}}}$$

即

$$I=\frac{U_{\mathrm{S}}}{R_{\mathrm{S}}}-\frac{U}{R_{\mathrm{S}}}$$

式中，$\dfrac{U_{\mathrm{S}}}{R_{\mathrm{S}}}$ 和 $\dfrac{U_{\mathrm{S}}}{R_{\mathrm{S}}}$ 两部分的量纲都是电流，若分别用 I_{S} 和 I_0 表示，可以写为

$$I=I_{\mathrm{S}}-I_0 \tag{2.3}$$

式 (2.3) 具有新的意义，由此式可对应画出如图 2.2(b) 所示的等效电路。把式 (2.3) 和图 2.2(b) 对照起来看，可以认为，该电源是以电流 I 的形式向负载供电，负载功率为 $P=I^2 R_{\mathrm{L}}$，只与电流 I 有关。

从电流的角度看，可以把图 2.2(b) 中虚线框内的电源看作电流源。其中 $I_{\mathrm{S}}=\dfrac{U_{\mathrm{S}}}{R_{\mathrm{S}}}$ 是电源内部产生的恒定电流，数值上等于相对应的电压源的短路电流。I_{S} 的表示符号如图 2.2(b) 所示 (圆形符号表示该恒定电源能产生恒定电流 I_{S})。I_{S} 的一部分 $I_0=\dfrac{U}{R_{\mathrm{S}}}$，在电源内部被内阻 R_{S} 分流，其余部分 $I=I_{\mathrm{S}}-I_0$ 流出电源，供给负载。

由此可知，一个实际的电源既可以表示成电压源 (U_{S} 和 R_{S} 串联)，也可以表示成电流源 (I_{S} 和 R_{S} 并联)。对电源外部的负载而言，两种形式是等效的。简单地说，为了计算的需要，电压源和电流源可以等效变换。它们等效变换的条件是

$$I_{\mathrm{S}}=\frac{U_{\mathrm{S}}}{R_{\mathrm{S}}} \quad 或 \quad U_{\mathrm{S}}=I_{\mathrm{S}} R_{\mathrm{S}} \tag{2.4}$$

要注意，在变换过程中，电压源的 U_{S} 和电流源的 I_{S} 方向必须一致，使负载电流的方向保持不变。

【例 2.2】 已知电压源的电压 $U_{\mathrm{S}}=6$ V，内阻 $R_{\mathrm{S}}=0.2$ Ω。求与其等效的电流源。

解 等效电流源的两个参数为

$$I_{\mathrm{S}}=\frac{U_{\mathrm{S}}}{R_{\mathrm{S}}}=\frac{6}{0.2}=30 \text{ A} \qquad R_{\mathrm{S}}=0.2 \text{ Ω}$$

两种等效的电源形式如图 2.3(a)、(b)所示。

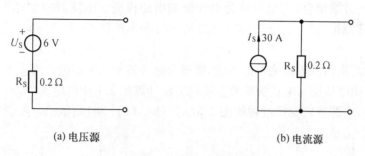

(a) 电压源　　　　　　　　(b) 电流源

图 2.3　例 2.2 的电路

　　下面再讨论电压源和电流源的特殊情况:恒压源和恒流源。如果电压源的内阻 $R_S = 0$（理想情况），则由式(2.2)和图 2.2(a)可知，此时电压源内阻电压降为零，电源的端电压 U恒等于 U_S，即

$$U = U_S$$

电源的端电压与负载电流大小无关。这种理想的电压源称为恒压源，如图 2.4(a)所示。恒压源能否变换为等效的电流源呢? 根据等效条件，则

$$I_S = \frac{U_S}{R_S} = \infty$$

这样的电流源是不存在的，显然，恒压源不能变换为等效的电流源。

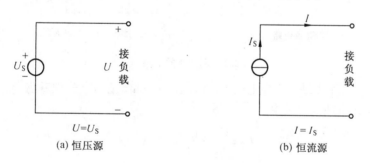

$U = U_S$　　　　　　　　$I = I_S$
(a) 恒压源　　　　　　　　(b) 恒流源

图 2.4　恒压源与恒流源

　　同样道理，如果电流源的内阻 $R_S = \infty$（理想情况），则由式(2.3)及图 2.2(b)可知，此时通过电流源内阻的电流为零，I_S 全部供给负载，即

$$I = I_S$$

这种理想的电流源称为恒流源，如图 2.4(b)所示。恒流源能否变为等效的电压源呢? 根据等效条件，恒流源若变为电压源，则

$$U_S = I_S R_S = \infty$$

显然，恒流源也不能变换为等效的电压源。于是得到一条结论:恒压源或者恒流源不能进行等效变换。但是，如果在恒压源 U_S 所在支路中有其他串联电阻 R 时，根据计算的需要可把 R 当做内阻看待，与 U_S 一起变换成相应的电流源。同样，如果恒流源 I_S 所在支路两端有其他并联电阻 R 时，也可把 R 当做内阻看待，与 I_S 一起变换成相应的电压源。

　　电压源与电流源的电路模型:电压源(U_S、R_S)可以认为是一个恒压源 U_S 与一个电阻

R_S 的串联组合,该组合称为电压源的电路模型;电流源(I_S,R_S)可以认为是:一个恒流源 I_S 与一个电阻 R_S 的并联组合,该组合称为电流源的电路模型。电压源模型和电流源模型如图 2.2(a)、(b)虚线框内所示。恒压源模型($R_S = 0$)和恒流源模型($R_S = \infty$)如图 2.4(a)、(b)所示。

应用电压源与电流源等效变换的方法,能够简化一些复杂电路的计算。

【例 2.3】　用电压源与电流源等效变换的方法计算例 2.1 中的电流 I_3。

解　本题中,电源等效变换过程如图 2.5(a)、(b)、(c)、(d)所示。

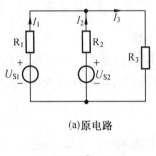

(a)原电路

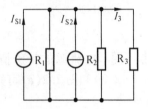

(b)将原电路中的两个电压源化为两个电流源

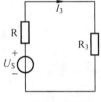

(d)等效电路

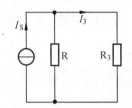

(c)两个电流源化为一个电流源

图 2.5　例 2.3 的电路

(1)把图(a)中的恒压源 U_{S1} 和电阻 R_1、恒压源 U_{S2} 和电阻 R_2 分别看做是电压源,它们的等效电流源如图(b)所示,其中

$$I_{S1} = \frac{U_{S1}}{R_1} = \frac{120}{2} = 60 \text{ A}$$

$$I_{S2} = \frac{U_{S2}}{R_2} = \frac{72}{3} = 24 \text{ A}$$

I_{S1} 和 I_{S2} 方向相同,两者且为并联关系。R_1 和 R_2 也为并联关系。

(2)图(b)中两个电流源可化为图(c)中一个等效电流源,其中

$$I_S = I_{S1} + I_{S2} = 60 + 24 = 84 \text{ A}$$

$$R = \frac{R_1 R_2}{R_1 + R_2} = \frac{2 \times 3}{2 + 3} = 1.2 \text{ } \Omega$$

由分流公式得

$$I_3 = \frac{R}{R + R_3} I_S = \frac{1.2}{1.2 + 6} \times 84 = 14 \text{ A}$$

当然,图(c)中的电流源也可化为图(d)中的等效电压源,其中

$$U_S = I_S R = 84 \times 1.2 = 100.8 \text{ V}$$

由欧姆定律得

$$I_2 = \frac{U_S}{R+R_3} = \frac{100.8}{1.2+6} = 14 \ A$$

两种计算结果均与前面所得结果相同。

思　考　题

2.1　（1）电路如图 2.6(a)所示，恒压源并联了一个电阻 R，如果将 R 除去（R 开路）对负载电阻 R_L 上的电压和电流有无影响？为什么？

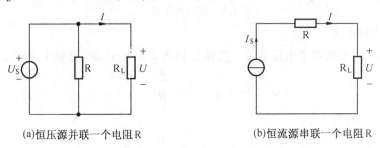

(a)恒压源并联一个电阻R　　　　　　　(b)恒流源串联一个电阻R

图 2.6　思考题 2.1 的电路

（2）电路如图 2.6(b)所示，恒流源串联了一个电阻 R，如果将 R 除去（R 短路）对负载电阻 R_L 上的电压和电流有无影响？为什么？

2.2　（1）电路如图 2.7(a)所示，恒流源(10 A)和恒压源(10 V)并联，负载电阻(5 Ω)。试分析：①负载电阻的电压与电流各为多少？②恒流源和恒压源是发出功率还是吸收功率？③功率是否平衡？

（2）电路如图 2.7(b)所示，恒流源(10 A)和恒压源(10 V)串联，负载电阻(5 Ω)。试分析：①负载电阻的电压与电流各为多少？②恒流源和恒压源是发出功率还是吸收功率？③功率是否平衡？

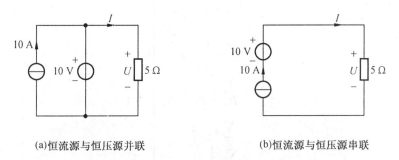

(a)恒流源与恒压源并联　　　　　　　(b)恒流源与恒压源串联

图 2.7　思考题 2.2 的电路

2.3　结点电压法

结点电压法特别适用于如图 2.8(a)所示的只有两个结点的这类并联电路，已知 I_{S0}、U_{S1}、U_{S2} 及 R_1、R_2、R_3，求各支路的电流。

结点电压法的思路是：首先在图 2.8(a)所示电路的两端 a、b 之间设定一个电压 U（称为结点电压），然后找出结点电压 U 与电路中各已知量之间的关系，最后根据结点电压 U 的

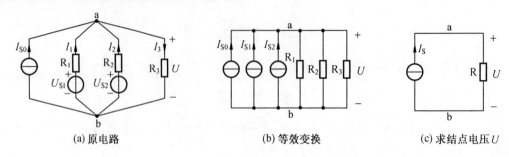

(a) 原电路　　　　(b) 等效变换　　　　(c) 求结点电压 U

图 2.8　结点电压法

关系式求出各支路电流。

图 2.8(a) 电路中的两个电压源等效变换后如图 2.8(b) 所示,这是个并联电路,其中

$$I_{S1} = \frac{U_{S1}}{R_1} \qquad I_{S2} = \frac{U_{S2}}{R_2}$$

在图 2.8(c) 中,有

$$I_S = I_{S0} + I_{S1} + I_{S2} = I_{S0} + \frac{U_{S1}}{R_1} + \frac{U_{S2}}{R_2}$$

$$\frac{1}{R} = \frac{1}{R_1} + \frac{1}{R_2} + \frac{1}{R_3}$$

$$R = \frac{1}{\dfrac{1}{R_1} + \dfrac{1}{R_2} + \dfrac{1}{R_3}}$$

结点电压为

$$U = RI_S$$

所以

$$\left. U = \frac{I_{S0} + I_{S1} + I_{S2}}{\dfrac{1}{R_1} + \dfrac{1}{R_2} + \dfrac{1}{R_3}} \right\}$$

或者

$$U = \frac{I_{S0} + \dfrac{U_{S1}}{R_1} + \dfrac{U_{S2}}{R_2}}{\dfrac{1}{R_1} + \dfrac{1}{R_2} + \dfrac{1}{R_3}}$$

或者

$$U = \frac{\sum I_S}{\sum \dfrac{1}{R}} \tag{2.5}$$

在上面三式中,要注意:分子取代数和。在结点电压 U 已设定的参考方向条件下[见图 (2.8(a))],凡恒压源上端为正号者,恒压源取正号;反之取负号。凡恒定电流流向点 a 者, 取正号;反之取负号。

返回原电路求各支路电流。设点 b 为参考点,则

$$I_1 = \frac{U_{S1} - U}{R_1}$$

$$I_2 = \frac{U_{S2} - U}{R_2}$$

$$I_3 = \frac{U}{R_3}$$

(2.6)

【例 2.4】　在图 2.8(a)电路中,已知 $U_{S1} = 100$ V, $U_{S2} = 90$ V, $I_{S0} = 4$ A, $R_1 = 4$ Ω, $R_2 = 2$ Ω, $R_3 = 4$ Ω。求支路电流 I_1、I_2、I_3。

解　(1)结点电压 U 为

$$U = \frac{I_{S0} + \dfrac{U_{S1}}{R_1} + \dfrac{U_{S2}}{R_2}}{\dfrac{1}{R_1} + \dfrac{1}{R_2} + \dfrac{1}{R_3}} = \frac{4 + \dfrac{100}{4} + \dfrac{90}{2}}{\dfrac{1}{4} + \dfrac{1}{2} + \dfrac{1}{4}} = 74 \text{ V}$$

(2)电流 I_1、I_2、I_3 为

$$I_1 = \frac{U_{S1} - U}{R_1} = \frac{100 - 74}{4} = 6.5 \text{ A}$$

$$I_2 = \frac{U_{S2} - U}{R_2} = \frac{90 - 74}{2} = 8 \text{ A}$$

$$I_3 = \frac{U}{R_3} = \frac{74}{4} = 18.5 \text{ A}$$

(3)验算

$$\sum I = 0$$

$$I_{S0} + I_1 + I_2 - I_3 = 0$$

$$4 + 6.5 + 8 - 18.5 = 0$$

【例 2.5】　试求图 2.9 所示电路中电位 V_A 及电流 I_{A0}。

解　+6 V、-8 V、-4 V 三端是三个电压源各自的一个电极的电位,三个电压源的另一电极均接地。该电路也只有两个结点,电位 V_A 实际上就是点 A 与地之间的电压 U_{A0},利用两结点电压公式,得

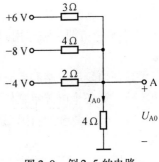

图 2.9　例 2.5 的电路

$$V_A = U_{A0} = \frac{\dfrac{6}{3} - \dfrac{8}{4} - \dfrac{4}{2}}{\dfrac{1}{3} + \dfrac{1}{4} + \dfrac{1}{2} + \dfrac{1}{4}} = -1.5 \text{ V}$$

即点 A 电位比地电位低 1.5 V,所求电流为

$$I_{A0} = \frac{-1.5}{4} = -0.375 \text{ A}$$

2.4   叠加定理

在图 2.10(a)的电路中,含有两个恒压源,各支路中的电流实际上是由这两个恒压源共同作用产生的。为了把复杂电路的计算化为简单电路的计算,可以这样认为,每一支路中的电流是由各个恒压源单独作用产生的电流的代数和。这就是叠加定理。应用叠加定理,原先的复杂电路图(a)就转化为图(b)和图(c)两个简单电路。

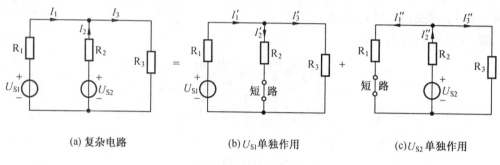

(a) 复杂电路   (b) U_{S1} 单独作用   (c) U_{S2} 单独作用

图 2.10   叠加定理

由图 2.10(b)算出 I'_1、I'_2 和 I'_3,它们是由 U_{S1} 单独作用时在各支路产生的分电流。

由图 2.10(c)算出 I''_1、I''_2 和 I''_3,它们是由 U_{S2} 单独作用时在各支路产生的分电流。

叠加得

$$I_1 = I'_1 - I''_1$$

$$I_2 = -I'_2 + I''_2$$

$$I_3 = I'_3 + I''_3$$

式中,因 I''_1 的参考方向与 I_1 的参考方向相反,所以为负号。同样,I'_2 也为负号。

应用叠加定理的步骤是:

(1)把含有若干个电源的复杂电路分解为若干个恒压源或恒流源单独作用的分电路。

注意:

①当某个电源单独作用时,假设其余电源均被置零(将恒压源短路,其电压为零;将恒流源开路,其电流为零)。其余电源被置零,称为"除源"。

②当某个电源单独作用时,原复杂电路中的所有电阻(包括被置零电源的内阻)应当保留。

(2)在原复杂电路和各分电路中标出电流的参考方向。

(3)计算各个电源单独作用时的各分电路中的电流。

(4)将分电流叠加,计算原复杂电路中的待求电流。叠加时应注意各分电流前面的正负号。

叠加定理只适用于线性电路,不适用于含有非线性元件的电路。这是因为在非线性电路中,电流和电压之间不是线性关系。但是在非线性元件的伏安特性曲线上如果有一段是直线(或者近似为直线),那么当元件工作在这一区段时,叠加定理仍然是适用的。在晶体管电路中,我们会看到这种情况。

在线性电路中,叠加定理也只适用于计算电流和电压,不适用于计算功率。因为功率是与电流或电压的平方成正比的,不是线性关系。

叠加定理不仅可用来计算复杂电路,也是分析计算线性问题的普遍定理。

【例 2.6】 用叠加定理计算例 2.1。具体电路如图 2.10(a)、(b)、(c)所示。

解 在图 2.10(b)中,电阻 R_2 和 R_3 是并联关系,其等效电阻再与 R_1 串联。因此有

$$I_1' = \frac{U_{S1}}{R_1 + \frac{R_2 R_3}{R_2 + R_3}} = \frac{120}{2 + \frac{3 \times 6}{3 + 6}} = 30 \text{ A}$$

$$I_2' = \frac{R_3}{R_2 + R_3} I_1' = \frac{6}{3 + 6} \times 30 = 20 \text{ A}$$

$$I_3' = I_1' - I_2' = 30 - 20 = 10 \text{ A}$$

在图 2.10(c)中,电阻 R_1 和 R_3 是并联关系,其等效电阻再与 R_2 串联。因此有

$$I_2'' = \frac{U_{S2}}{R_2 + \frac{R_1 R_3}{R_1 + R_3}} = \frac{72}{3 + \frac{2 \times 6}{2 + 6}} = 16 \text{ A}$$

$$I_1'' = \frac{R_3}{R_1 + R_3} I_2'' = \frac{6}{2 + 6} \times 16 = 12 \text{ A}$$

$$I_3'' = I_2'' - I_1'' = 16 - 12 = 4 \text{ A}$$

所以

$$I_1 = I_1' - I_1'' = 30 - 12 = 18 \text{ A}$$

$$I_2 = -I_2' + I_2'' = -20 + 16 = -4 \text{ A}$$

$$I_3 = I_3' + I_3'' = 10 + 4 = 14 \text{ A}$$

可见 I_1、I_2 和 I_3 与前面计算结果相同。

【例 2.7】 用叠加定理计算图 2.11(a)中各支路电流。

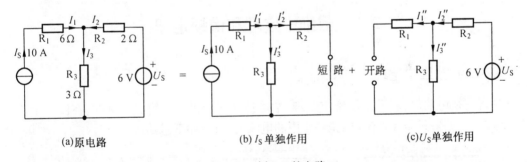

(a)原电路　　　　　　　(b) I_S 单独作用　　　　　　　(c) U_S 单独作用

图 2.11　例 2.7 的电路

解 在图 2.11(a)中,含有恒流源和恒压源两个电源,恒流源 I_S 和恒压源 U_S 单独作用的电路如图 2.11(b)、(c)所示,电流的参考方向已标在两个分电路图中。

(1)当恒流源 I_S 单独作用时,恒压源短路,如图 2.11(b)所示。由于 R_1 与恒流源串联,所以 R_1 中的电流为 I_S,即

$$I_1' = I_S = 10 \text{ A}$$

根据分流公式有

$$I_2' = \frac{R_3}{R_2 + R_3} I_1' = \frac{3}{2 + 3} \times 10 = 6 \text{ A}$$

$$I_3' = \frac{R_2}{R_2 + R_3} I_1' = \frac{2}{2 + 3} \times 10 = 4 \text{ A}$$

（2）当恒压源 U_S 单独作用时，恒流源开路，如图2.11（c）所示。由于 R_1 支路开路，所以 R_1 中电流为零，即

$$I''_1 = 0$$

R_2 与 R_3 相当于串联，则

$$I''_2 = I''_3 = \frac{U_S}{R_2 + R_3} = \frac{6}{2+3} = 1.2 \text{ A}$$

（3）两个电源共同作用时，由图2.11（a）、（b）、（c）可得

$$\begin{cases} I_1 = I'_1 - I''_1 = I'_1 - 0 = I'_1 = I_S = 10 \text{ A} \\ I_2 = -I'_2 + I''_2 = -6 + 1.2 = -4.8 \text{ A} \\ I_3 = I'_3 + I''_3 = 4 + 1.2 = 5.2 \text{ A} \end{cases}$$

实际上，I_1 的数值不必计算，从图2.11（a）就可看出来。因为 R_1 与恒流源 I_S 串联，其中电流恒为 I_S，等于 10 A。

I_2 等于负值，说明其实际方向与假设的参考方向相反。此时恒压源处于负载状态（吸收能量）。

思 考 题

2.3 分析线性电路时，叠加定理为什么只适用于计算电压和电流，而不适用于计算功率？

2.4 当电压或电流各分量进行叠加计算时，怎样注意其参考方向和正负号？电源不起作用应如何处理？

2.5　戴维宁定理和诺顿定理

2.5.1　戴维宁定理

分析复杂电路时，若采用戴维宁定理，常能使计算变得十分简捷。例如，在图2.12（a）所示电路中，如果只需计算流过电阻 R_3 中的电流 I_3，可按如下思路进行。

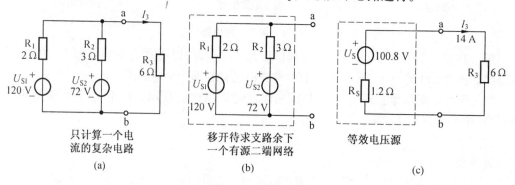

图2.12　戴维宁定理

对 R_3 而言，其左部电路从本质上说就是 R_3 的供电电源。把 R_3 暂时移开，单独研究左部电路，其左部电路如图2.12（b）所示，这是一个有源二端网络（一般有源二端网络内含多

个电源和多个电阻)。这个有源二端网络对 R_3 的作用与一般电源相同,可以用一个等效电压源来代替,如图 2.12(c)所示,根据戴维宁定理(见下所述)可知其 $U_S = 100.8$ V,$R_S = 1.2$ Ω。

把 R_3 移回,可得 $I_3 = 14$ A。那么,U_S 和 R_S 的数值究竟是怎样算出来的?对此,戴维宁定理表述如下。

任何一个有源二端网络(线性)ab,都可以用一个等效的电压源来代替。其中,电压源的电压 U_S 等于有源二端网络 ab 的开路电压 U_o,电压源的内阻 R_S 等于有源二端网络 ab 除源(将其中恒压源全部短路,恒流源全部开路)后所得到的无源二端网络 a、b 两端之间的等效电阻 R_{ab}。

【例 2.8】　试用戴维宁定理计算图 2.12(b)所示有源二端网络的等效电压源的电压 U_S 和内阻 R_S。在等效电压源作用下,图 2.12(c)中电阻 R_3 流过的电流是多少?

解　(1)计算有源二端网络的开路电压 U_o。图 2.12(b)有源二端网络 ab 重新画出,如图2.13(a)所示。能否准确地计算 U_o,关键在于对"开路"两字的理解。在图 2.13(a)中,所谓开路,是指 a、b 开口处是断开的,a、b 两条引线中无电流。因而图 2.13(a)是一个由 U_{S1}、R_1、R_2、U_{S2} 构成的串联回路。计算电压 U_o 的方法很多,这里采用结点电压法最为适宜。结点 a、b 间的电压为

$$U_o = \frac{\dfrac{U_{S1}}{R_1} + \dfrac{U_{S2}}{R_2}}{\dfrac{1}{R_1} + \dfrac{1}{R_2}} = \frac{\dfrac{120}{2} + \dfrac{72}{3}}{\dfrac{1}{2} + \dfrac{1}{3}} = 100.8 \text{ V}$$

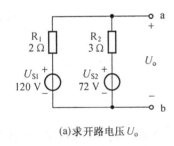
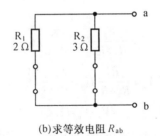
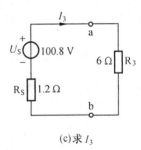

(a)求开路电压 U_o　　　　(b)求等效电阻 R_{ab}　　　　(c)求 I_3

图 2.13　例 2.8 的电路

(2)求有源二端网络除源后的等效电阻 R_{ab}。本题电路中的两个电源都是恒压源,为求 R_{ab},须将它们短路(除源),如图 2.13(b)所示。图中,R_1 与 R_2 并联,则

$$R_{ab} = \frac{R_1 R_2}{R_1 + R_2} = \frac{2 \times 3}{2 + 3} = 1.2 \text{ }\Omega$$

(3)等效电压源 $U_S = U_o = 100.8$ V,$R_S = R_{ab} = 1.2$ Ω。流过电阻 R_3 的电流为

$$I_3 = \frac{U_S}{R_S + R_3} = \frac{100.8}{1.2 + 6} = 14 \text{ A}$$

【例 2.9】　在图 2.14(a)所示桥式电路中,若 $U_S = 6$ V,$R_1 = 4$ Ω、$R_2 = 6$ Ω、$R_3 = 12$ Ω、$R_4 = 8$ Ω。中间支路是一电流计,其电阻为 $R_G = 16.8$ Ω。试求电流计中的电流 I_G。

解　本题可以采用支路电流法,列 6 个方程,解出 6 个电流来,但其中只有 I_G 是所求的,其他 5 个电流都是多余的,所以此法对本题不是最好。若采用戴维宁定理,只求一个电

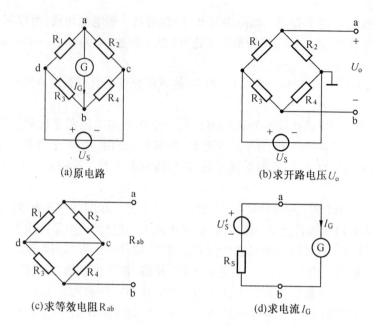

图 2.14　例 2.9 的电路

流 I_G，是最适宜的。

（1）把电流计支路抽出并暂时断开，得图 2.14（b）所示有源二端网络。

（2）计算开路电压 U_o。因 a、b 两条线中无电流，所以 R_1、R_2 是串联的，R_3、R_4 也是串联的，这两条支路并联到电源 U_S 上。为求 U_o，设参考点如图 2.14（b）所示，则 a、b 两点的电位分别为

$$V_a = \frac{R_2}{R_1 + R_2} U_S = \frac{6}{4+6} \times 6 = 3.6 \text{ V}$$

$$V_b = \frac{R_4}{R_3 + R_4} U_S = \frac{8}{12+8} \times 6 = 2.4 \text{ V}$$

开路电压为　　　　　　$U_o = U_{ab} = V_a - V_b = 3.6 - 2.4 = 1.2 \text{ V}$

（3）计算等效电阻 R_{ab}。本题中的电源是恒压源，除源后电路如图 2.14（c）所示，是个简单电路，R_1 与 R_2 并联，R_3 与 R_4 并联，而后两者再串联。所以等效电阻为

$$R_{ab} = \frac{R_1 R_2}{R_1 + R_2} + \frac{R_3 R_4}{R_3 + R_4} = \frac{4 \times 6}{4+6} + \frac{12 \times 8}{12+8} = 7.2 \ \Omega$$

（4）计算电流 I_G，电路如图 2.14（d）所示。因为 $U_S' = U_o = 1.2 \text{ V}$，$R_S = R_{ab} = 7.2 \ \Omega$，所以

$$I_G = \frac{U_S'}{R_S + R_G} = \frac{1.2}{7.2 + 16.8} = 0.05 \text{ A}$$

至此，我们比较全面地讨论了戴维宁定理的内容和应用。综上所述，采用戴维宁定理的步骤是：

（1）把待求电流的支路暂时移开（开路），得一有源二端网络。此网络可等效为一个电压源。

（2）根据有源二端网络的具体结构，用适当方法计算 a、b 两点间的开路电压 U_o（即等效电压源的电压）。

（3）将有源二端网络除源，计算有源二端网络的等效电阻 R_{ab}（即等效电压源的内阻）。

（4）画出由等效电压源（$U'_S = U_o$、$R_S = R_{ab}$）和待求电流的负载电阻组成的简单电路，计算待求电流。

2.5.2　诺顿定理

前面已讨论过，一个电源可以表示成电压源，也可以表示成电流源。与此类似，一个有源二端网络既可以用一个等效电压源代替，也可以用一个等效电流源代替。用等效电压源代替的定理称为戴维宁定理，用等效电流源代替的定理称为诺顿定理。诺顿定理的具体表述如下。

任何一个有源二端网络（线性）ab，都可以用一个电流为 I_S、内阻为 R_S 的等效电流源来代替，等效电流源的恒定电流 I_S 等于有源二端网络 ab 的短路电流（即将 a、b 两端短路后其中的电流），等效电流源的内阻 R_S 等于有源二端网络 ab 除源（恒压源全部短路，恒流源全部开路）后所得到的无源二端网络 ab 两端之间的等效电阻 R_{ab}。

【例 2.10】　试用诺顿定理计算图 2.12(b) 所示有源二端网络的等效电流源的恒定电流 I_S 和内阻 R_S。在等效电流源作用下，电阻 R_3 中电流是多少？

解　（1）求有源二端网络的短路电流 I_S

图 2.12(b) 有源二端网络如图 2.15(a) 所示，为求短路电流，已将其 a、b 两端短路，短路电流为

$$I_S = \frac{U_{S1}}{R_1} + \frac{U_{S2}}{R_2} = \frac{120}{2} + \frac{72}{3} = 84 \ \text{A}$$

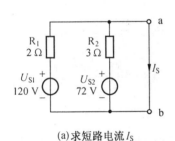

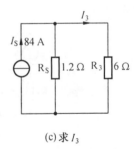

(a)求短路电流 I_S　　　　(b)求等效电阻 R_{ab}　　　　(c)求 I_3

图 2.15　例 2.10 的电路

（2）求有源二端网络除源后的等效电阻 R_{ab}

在图 2.15(b) 中

$$R_{ab} = \frac{R_1 R_2}{R_1 + R_2} = \frac{2 \times 3}{2 + 3} = 1.2 \ \Omega$$

（3）等效电流源 $I_S = 84$ A，$R_S = R_{ab} = 1.2 \ \Omega$，如图 2.15(c) 所示，待求电流为

$$I_3 = \frac{R_S}{R_S + R_3} I_S = \frac{1.2}{1.2 + 6} \times 84 = 14 \ \text{A}$$

与采用戴维宁定理的计算结果完全相同。

通过以上几例可以看出，戴维宁定理和诺顿定理是分析复杂电路的有效方法。其中的开路电压 U_o、短路电流 I_S 和等效电阻 R_{ab}，概念简单，计算方便。

只要能看出复杂电路中的有源二端网络,应用此二定理即可将其化为一个电压源或电流源。于是,复杂电路就立即变为简单电路了。

尤其值得指出的是,当只需在复杂电路中计算一个未知电流时,此二定理显得特别适用。

思 考 题

2.5 电压源的开路电压 U_o 和短路电流 I_S 如图 2.16(a)、(b)所示,试证明电压源的内阻 $R_S = \dfrac{U_o}{I_S}$。推而广之,有源二端网络的等效电阻是否也可按此式计算?

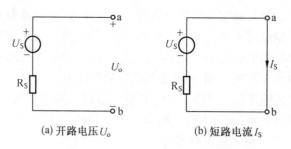

(a) 开路电压 U_o (b) 短路电流 I_S

图 2.16 思考题 2.5 的电路

2.6 在图 2.17 中,(1)图(a)是一个电压源,其开路电压 U_o =? 如果带上 $R = 1\ \Omega$ 的负载,电源输出电压 U_{ab} =? 两者是否相等? 哪个较小? (2)图(b)是一个有源二端网络,其开路电压 U_o =? 如果带上 $R = 6\ \Omega$ 的负载,有源二端网络输出电压 U_{ab} =? 两者是否相等? 哪个较小?

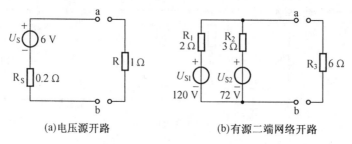

(a)电压源开路   (b)有源二端网络开路

图 2.17 思考题 2.6 的电路

2.6 最大功率传输定理

一个实际电源或等效电源产生的功率被分配为两部分,一部分消耗在电源内阻和线路电阻上,另一部分输送给负载 R_L。那么,怎样才能使负载 R_L 从电源获得最大功率呢?

从图 2.18 所示电压源电路大致可以看出:如果 R_L 数值太大,电路接近于开路;如果 R_L 数值太小,电路又接近于短路。显然,R_L 数值太大和太小都不能获得最大功率,为获得最大功率,R_L 必须满足一定条件。

在图 2.18 所示电路中,负载电阻 R_L 的功率为

$$P = I^2 R_L = \left(\frac{U_S}{R_S + R_L}\right)^2 R_L = \frac{U_S^2 R_L}{(R_S + R_L)^2}$$

为求 P 的最大值,令 $\dfrac{dP}{dR_L} = 0$,可求得 $P = P_{max}$ 的条件是

$$R_L = R_S \tag{2.7}$$

将 $R_L = R_S$ 代入上式

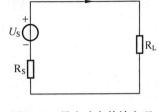

图 2.18　最大功率传输定理

$$P_{max} = \frac{U_S^2 R_S}{(2R_S)^2} = \frac{U_S^2}{4R_S} \tag{2.8}$$

由式(2.7)和式(2.8)可以得出结论:当负载电阻 R_L 等于电压源内阻 R_S 时,负载获得最大功率(此条件又称最大功率匹配条件)。这就是最大功率传输定理。

若式(2.8)中的 U_S 是等效电源,即由戴维宁定理求出的等效电源,则 $U_S = U_o$,式(2.8)可变为

$$P_{max} = \frac{U_o^2}{4R_S} \tag{2.9}$$

负载 R_L 获得的最大功率与电源内阻 R_S 消耗的功率相等,功率传输效率 $\eta = 50\%$。对实际的传输网络而言,传输效率会更低。

【**例 2.11**】　电路如图 2.19(a)所示,试分析:

(1) R_L 为何值时可获得最大功率。

(2) 求此最大功率。

(3) U_S 电压源的功率传输效率。

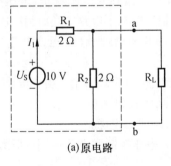

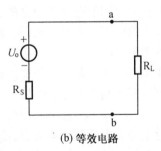

(a)原电路　　　　　　　　　　　　　　(b)等效电路

图 2.19　例 2.11 的电路

解　(1) 图 2.19(a)左部可分离出一个有源二端网络 ab,其开路电压和等效电阻为

$$U_o = \frac{R_2}{R_1 + R_2} U_S = \frac{2}{2+2} \times 10 = 5 \text{ V}$$

$$R_{ab} = \frac{R_1 R_2}{R_1 + R_2} = \frac{2 \times 2}{2+2} = 1 \text{ Ω}$$

(2) 画出等效电压源电路如图 2.19(b)所示,其中等效电压源的电压 $U_o = 5$ V,内阻 $R_S = R_{ab} = 1$ Ω,最大功率为

$$P_{max} = \frac{U_o^2}{4R_S} = \frac{5^2}{4 \times 1} = 6.25 \text{ W}$$

（3）U_S 电压源发出的功率及传输效率

$$P = -I_1 U_S = -\frac{U_S}{R_1 + \frac{R_2 R_L}{R_2 + R_L}} U_S = -\frac{U_S^2}{R_1 + \frac{R_2 R_L}{R_2 + R_L}}$$

当 $R_L = R_S = 1\ \Omega$ 时

$$P = -\frac{10^2}{2 + \frac{2 \times 1}{2 + 1}} = -37.5\ W$$

传输效率

$$\eta = \frac{6.25}{37.5} \times 100\% = 16.7\%$$

可以看出,效率相当低。在电力系统中要求尽可能提高输电效率,以便更充分利用能源,降低能量损耗,所以不采用功率匹配条件。但在测量技术、电子和信息工程中,希望从微弱的电信号中获得最大功率,因而就不看重效率的高低。在功率与效率两方面,追求的是前者。

思 考 题

2.7　负载获得最大功率的条件是什么? 负载获得最大功率时电源传输效率是多少?

2.7　受控电源电路的分析

上面所讨论的电压源和电流源都是独立电源。所谓独立电源就是:电压源的电压是独立的,不受控制;电流源的电流是独立的,不受控制。在电子电路中还有另一类电源:电压源的电压和电流源的电流不是独立的,而是受电路中其他物理量(电压或电流)的控制,这种电源称为受控电源。

受控电源实际上是电路中某些器件或某部分电路的等效模型。由于电路中的某些器件(如晶体三极管、场效应晶体管)或某些电路(如晶体管放大电路)在工作中具有电源的特性,所以在电路理论分析中,将它们用受控电源的模型来代替。

因为受控电源有电压源和电流源,控制方式有电压控制和电流控制,因而就有四种形式的受控电源,即

（1）电压控制电压源（VCVS）;

（2）电压控制电流源（VCCS）;

（3）电流控制电压源（CCVS）;

（4）电流控制电流源（CCCS）。

2.7.1　理想受控电源

四种理想受控电源如图 2.20(a)、(b)、(c)、(d)所示。所谓理想受控电源是指两方面:

一是受控电源的控制端(输入端),若是电压(U_1)控制(VCVS、VCCS),其 $I_1 = 0$(开路,消耗功率等于零);若是电流(I_1)控制(CCVS、CCCS),其 $U_1 = 0$(短路,消耗功率等于零)。

二是受控电源的受控端(输出端),若是电压源,其输出电阻为零,输出电压恒定;若是电流

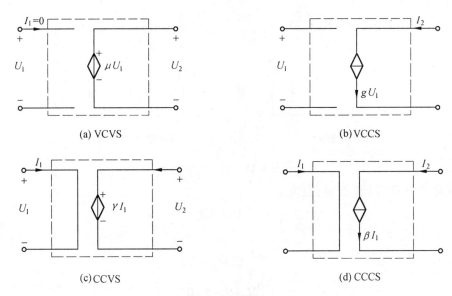

图 2.20 理想控电源

源,其输出电阻为无穷大,输出电流恒定。

图 2.20 中的系数 μ、g、γ、β 均为常数,菱形符号表示受控电源,便于与独立电源的圆形符号相区别。

2.7.2 受控电源电路的分析

以图 2.20(a) 所示电压控制电压源(VCVS)为例,其电路有两部分,左边是控制回路,电压 U_1 是控制量(电流为零,开路);右边是受控回路,μU_1 是受控量。在具体的含有受控电源的电路中,控制回路和受控回路可以是分离的,也可以是互相连接的,控制量 U_1 和受控量 μU_1 都标注在电路元件上,清楚地表示出受控电源的控制关系。

前述电路的基本分析方法,也适用于含受控电源电路的分析。受控电源像独立电源一样,也能向电路提供电压或电流。不过它们是有区别的:独立电源是独立地向电路提供电压或电流,而受控电源则不是独立地向电路提供电压或电流,它受电路中其他电压或电流(控制量)的控制。因此,分析受控电源电路的方法步骤虽然与分析独立电源电路基本相同,但在细节处理上仍略有差异,现举例说明。

【例 2.12】 试用支路电流法计算图 2.21(a) 所示电路中 3 Ω 电阻通过的电流 I_1。

解 (1)列 KCL 方程

首先设定电流 I_1、I_2 的参考方向如图 2.21(b)所示,列出的 KCL 方程为

$$\frac{1}{6}U_1 + I_2 - I_1 = 0$$

(2)列 KVL 方程

按图 2.21(b)所设的回路循行方向,列出的 KVL 方程为

$$2I_2 + U_1 = 8$$

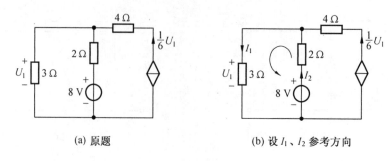

(a) 原题　　　　　　　　　　　(b) 设 I_1、I_2 参考方向

图 2.21　例 2.12 的电路

电路实际上只有两个未知量,因为

$$U_1 = 3I_1$$

(3)联立方程,解得

$$\begin{cases} \dfrac{1}{6}U_1 + I_2 - I_1 = 0 \\ 2I_2 + U_1 - 8 = 0 \end{cases}$$

$$\begin{cases} \dfrac{1}{6} \times 3I_1 + I_2 - I_1 = 0 \\ 2I_2 + 3I_1 - 8 = 0 \end{cases}$$

$$I_1 = 2 \text{ A}$$

【例 2.13】　试用电压源与电流源等效变换的方法计算图 2.22(a)所示电路的电流 I。

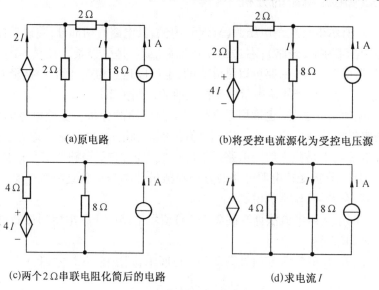

(a)原电路　　　　　　　　　　(b)将受控电流源化为受控电压源

(c)两个 2 Ω 串联电阻化简后的电路　　　　(d)求电流 I

图 2.22　例 2.13 的电路

解　在图 2.22(a)所示电路中,8 Ω 电阻中的电流 I 是左边受控电流源的控制量。在从图 2.13(a)到图 2.13(b)、(c)、(d)变换中,8 Ω 电阻及其控制量 I 一直保留在电路中,不能参与等效变换。否则,在变换过程中,例如图 2.13(d)的 4 Ω、8 Ω 两电阻并联,求等效电阻,8 Ω 电阻及控制量 I 将不再存在,无法求解。同样,右边的独立电源也不能与 8 Ω 电阻一起

变换。

由图 2.22(d),根据分流公式

$$I = \frac{4}{4+8}(I+1) = \frac{1}{3}(I+1)$$

解得
$$I = 0.5 \text{ A}$$

【例 2.14】　试用叠加定理计算图 2.23(a)所示电路中的电压 U_{ab}。

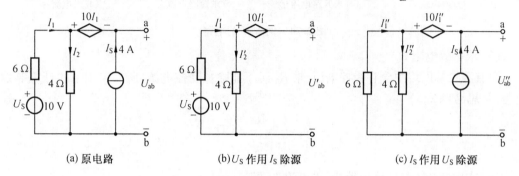

(a) 原电路　　　　　　(b) U_S 作用 I_S 除源　　　　　　(c) I_S 作用 U_S 除源

图 2.23　例 2.14 的电路

解　(1)根据叠加定理,图 2.23(a)所示电路可分为图 2.23(b)、(c)两个电路。独立电源可以分别单独作用于电路,而将其余独立电源除源。但受控电源不可被除源,应当保留。

(2)在图 2.23(b)中,U_S 作用,I_S 被除源,电流为

$$I_1' = I_2' = \frac{10}{6+4} = 1 \text{ A}$$

$$U_{ab}' = -10I_1' + 4I_2' = -10 \times 1 + 4 \times 1 = -6 \text{ V}$$

(3)在图 2.23(c)中,I_S 作用,U_S 被除源,6 Ω 电阻和 4 Ω 电阻分流 I_S。这里应注意 I_1'' 的参考方向必须保持与原控制量 I_1 一致。

$$I_1'' = -\frac{4}{6+4}I_S = -\frac{4}{6+4} \times 4 = -1.6 \text{ A}$$

$$I_2'' = I_S + I_1'' = 4 + (-1.6) = 2.4 \text{ A}$$

$$U_{ab}'' = -10I_1'' + 4I_2'' = -10(-1.6) + 4 \times 2.4 = 25.6 \text{ V}$$

(4)叠加结果

$$U_{ab} = U_{ab}' + U_{ab}'' = -6 + 25.6 = 19.6 \text{ V}$$

【例 2.15】　试用戴维宁定理计算图 2.23(a)所示电路中的电流 I_2。

解　将图 2.23(a)原题电路重画如图 2.24(a)所示。

(1)在图 2.24(b)所示有源二端网络中,求开路电压 U_o。

由左边回路得

$$U_o = 10 - 6I_1' = 10 - 6(-4) = 34 \text{ V}$$

(2)在图 2.24(c)所示电路中,求短路电流 I_S,即

$$I_S = I_1'' + 4 = \frac{10}{6} + 4 = \frac{17}{3} \text{ A}$$

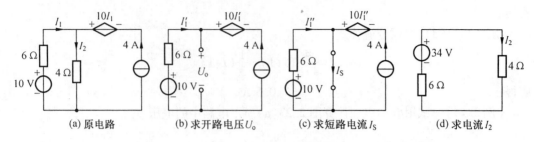

图 2.24   例 2.15 的电路

(3)求等效电阻 R_S

因有源二端网络中含有受控电源,求 R_S 时不能除掉受控电源,所以采用下式计算等效电阻(见思考题 2.5)

$$R_S = \frac{U_o}{I_S} = \frac{34}{\frac{17}{3}} = 6 \ \Omega$$

(4)在图 2.24(d)所示电路中,求电流 I_2,即

$$I_2 = \frac{34}{6+4} = 3.4 \ A$$

思 考 题

2.8   什么是独立电源和受控电源? 两者的主要区别是什么?

2.9   计算含有受控电源的电路时,一般应注意些什么?

本 章 小 结

本章讨论了两个问题:电路的基本分析方法和最大功率传输定理。

一、电路的基本分析方法

1. 独立电源电路的分析方法

计算一个电路,选用哪种方法合适,要根据电路结构和所求物理量来考虑。一般原则是:

(1)需要求出全部支路电流时,采用支路电流法或结点电压法。

(2)电路结构不太复杂,电源数目又较少时(例如只有两个),采用叠加定理。

(3)如果电源数目较多(例如三个),采用电压源与电流源等效变换的方法。

(4)只需计算一个支路电流时,采用戴维宁定理或诺顿定理。

2. 受控电源电路的分析方法

独立电源电路的分析方法都适用于受控电源电路,但在细节处理上应注意以下几点。

(1)电路的等效变换:有控制量的支路及其控制量不能被变换掉,要保留。

(2)叠加定理:当一个独立电源单独作用时,其余独立电源可以被除源,但受控电源不能被除源,要保留在电路中。

(3)戴维宁定理和诺顿定理:当求含有受控电源的有源二端网络的等效电阻时,不能采用除源的办法,而改用公式 $R_S = \dfrac{U_o}{I_S}$ 计算等效电阻。

二、最大功率传输定理

1. 负载获得最大功率的条件

$$R_L = R_S$$

2. 负载获得的最大功率

$$P_{max} = \frac{U_o^2}{4R_S}$$

习　题

2.1　在题图 2.1 所示电路中,已知 $U_{S1} = 130\text{ V}, U_{S2} = 120\text{ V}, R_1 = R_2 = 2\ \Omega, R_3 = 4\ \Omega$。试用支路电流法计算各支路电流。

2.2　在题图 2.2 所示电路中,已知 $U_S = 6\text{ V}, I_S = 2\text{ A}, R_1 = 3\ \Omega, R_2 = 6\ \Omega, R_3 = 5\ \Omega, R_4 = 7\ \Omega$。试用电压源与电流源等效变换法计算电阻 R_4 中的电流 I_4。

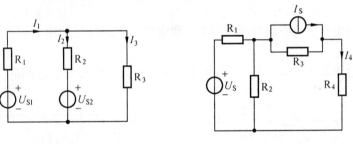

题图 2.1　　　　　　　　　题图 2.2

2.3　在题图 2.3 所示电路中,试用叠加定理计算 4 Ω 电阻中的电流。

2.4　在题图 2.4 所示电路中,试用叠加定理计算电流 I。

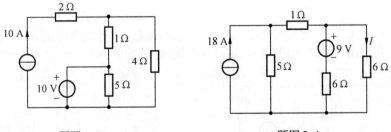

题图 2.3　　　　　　　　　题图 2.4

2.5　试求题图 2.5(a)、(b)、(c)所示有源二端网络的等效电压源。

2.6　在题图 2.6 中,试用电压源与电流源等效变换法和结点电压法计算电流 I。

2.7　在题图 2.7 中,已知 $I_S = 1\text{ A}, U_{S1} = 9\text{ V}, U_{S2} = 2\text{ V}, R_1 = 1\ \Omega, R_2 = 3\ \Omega, R_3 = 4\ \Omega, R_4 = 8\ \Omega$。试用电压源与电流源等效变换法计算电流 I_4。

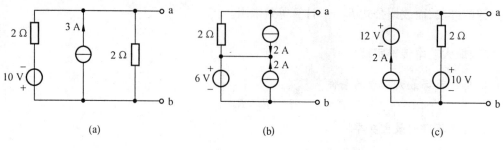

(a)　　　　　　　(b)　　　　　　　(c)

题图2.5

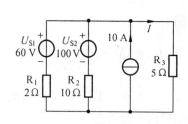

题图2.6

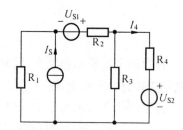

题图2.7

2.8　试用电压源与电流源等效变换法和戴维宁定理计算题图2.8所示电路中的电流 I。

2.9　在题图2.9所示电路中,试写出输出电压 U_o 与各电压源之间的关系式。

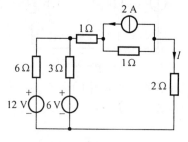

题图2.8

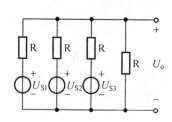

题图2.9

2.10　在题图2.10所示电路中,试求电流表的读数(设电流表内阻为零)。

2.11　在题图2.11所示电路中,试计算电阻 R_3 中的电流 I_3。

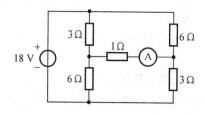

题图2.10

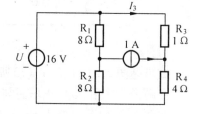

题图2.11

2.12　试用诺顿定理计算题图2.12所示电路中的电流 I。

2.13　在题图2.13中,已知 $R_1 = R_2 = R_4 = R_5 = 6\ \Omega, R_3 = 1\ \Omega, U_S = 10\ \text{V}, I_S = 2.5\ \text{A}$。试用戴维宁定理计算电流 I。

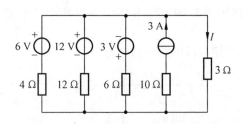

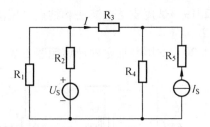

题图 2.12　　　　　　　　　　　题图 2.13

2.14　在题图 2.14 中,试用戴维宁定理和诺顿定理计算电流 I。

2.15　试用戴维宁定理和诺顿定理计算题图 2.15 所示电路的电流 I。

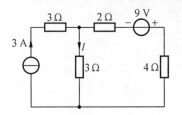

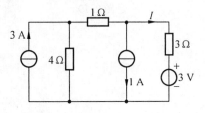

题图 2.14　　　　　　　　　　　题图 2.15

2.16　试用戴维宁定理计算题图 2.16 所示电桥电路 R_1 中的电流 I_1。已知 $R_1 = 9\ \Omega$, $R_2 = 4\ \Omega$, $R_3 = 6\ \Omega$, $R_4 = 2\ \Omega$, $U_S = 10\ \text{V}$, $I_S = 2\ \text{A}$。

2.17　在题图 2.17 所示电路中,$I_S = 2\ \text{A}$, $U_S = 6\ \text{V}$, $R_1 = 1\ \Omega$, $R_2 = 2\ \Omega$。实验中发现:

(1)当 I_S 的方向如图所示时,电流 $I = 0$;

(2)当 I_S 的方向与图示相反时,电流 $I = 1\ \text{A}$。

试计算图中有源二端网络的戴维宁等效电路(提示:从 a、b 处断开,得左右两个有源二端网络,比较它们的等效电压源)。

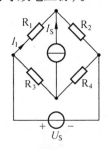

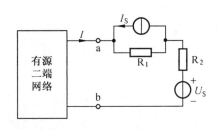

题图 2.16　　　　　　　　　　　题图 2.17

2.18　两个相同的有源二端网络 N 与 N′,当连接如题图 2.18(a)时,测得 $U_1 = 10\ \text{V}$;当连接如题图 2.18(b)时,测得 $I_1 = 2\ \text{A}$。试问:当连接如题图 2.18(c)时,电流 I 是多少?

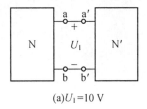

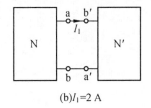

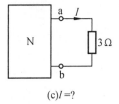

(a)$U_1 = 10\ \text{V}$　　　　　　(b)$I_1 = 2\ \text{A}$　　　　　　(c)$I = ?$

题图 2.18

2.19   试用支路电流法和结点电压法计算题图 2.19 所示受控电源电路中的电流 I_1 和电压 U。

2.20   试用叠加定理计算题图 2.20 所示受控电源电路中的电流 I_1。

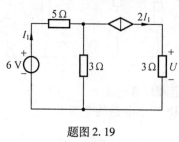

题图 2.19

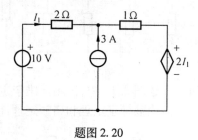

题图 2.20

第 3 章

正弦交流电路

生产上和日常生活中所使用的交流电,一般是指正弦交流电。交流电比直流电具有更为广泛的应用。主要原因是:从发电、输电和用电几方面,交流电都比直流电优越。交流发电机比直流发电机结构简单、造价低、维护方便,现代的电能几乎都是以交流的形式生产出来的。利用变压器可灵活地对交流电升压或降压,因而又具有输送经济、控制方便和使用安全的特点。

由于半导体整流技术的发展,在需要直流电的地方,也往往是由交流电经过整流设备变为直流电。

3.1　正弦交流电

交流电和直流电的主要区别在于,交流电的大小和方向是随时间按正弦规律不断变化的,而直流电的大小和方向是恒定的,两者的比较如图 3.1 所示。交流电路中的许多现象无法用直流电路的概念予以解释。例如,电感在直流电路中相当于短路,电容在直流电路中相当于断路,而在交流电路中它们却是电流的正常通路;交流电磁铁在交流电源上能正常工作,如果误接到直流电源上就要被烧毁;一个电阻元件和一个电感元件串联接到交流电源上,如果电阻电压和电感电压直接相加,则它们的和将大于电源电压。等等。交流电路的种种不同于直流电路的现象和规律,皆源于其电压和电流的正弦特征。待研究了交流电路基本理论之后,上述现象的原因便得以知晓。

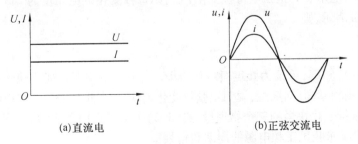

(a)直流电　　　　　　　　(b)正弦交流电

图 3.1　交流电与直流电的比较

本章首先介绍正弦量的三要素及其相关量,借助正弦量的数学关系研究正弦交流电的物理规律。接着以相量法为工具讨论一般交流电路的计算方法,分析交流电路的谐振现象以及为了节约电能而提高电路的功率因数等问题。

3.1.1　正弦交流电的基本物理量

正弦电流、正弦电压和正弦电动势统称正弦交流电。在正弦交流电路中,电流、电压和电动势是基本物理量,但它们本身又是正弦量,具有正弦特征。正弦特征表现在三个方面,即周期、幅值和初相位,称为正弦量的三要素。为深入研究交流电的物理规律,分析其三要素时,还要扩展到角频率、有效值和相位差等物理量,它们分别是周期、幅值和初相位的相关量。正弦交流电的周期、幅值和初相位以及它们的相关量,都是正弦交流电的基本物理量。

现以正弦电流为例,分析它的基本物理量。由于电流是变化的,所以用小写字母 i 表示,如图 3.2 所示(同理,正弦电压和正弦电动势也分别用小写字母 u 和 e 表示)。

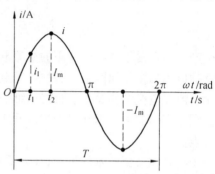

图 3.2　正弦电流

3.1.2　周期、频率和角频率

正弦量的变化是周而复始的。由图 3.2 可见,正弦电流的变化,经过一定的时间后,又重复原来的变化规律。正弦量变化一次所需要的时间,称为周期,用 T 表示,单位为 s。周期可以反映正弦量变化的快慢。正弦量变化的快慢也可以用频率表示。正弦量的频率是指 1 s 时间内正弦量变动的次数,用 f 表示,单位为次/s(次/秒),次/s 也称为赫兹,简称赫,用 Hz 表示。频率很高时,常以 kHz(千赫)或 MHz(兆赫)为单位。

周期与频率互为倒数关系,即

$$f = \frac{1}{T} \tag{3.1}$$

我国电厂生产的交流电,频率为 50 Hz。这一频率称为工业标准频率,简称工频。世界上大多数国家采用 50 Hz,有的国家(美国、日本等)采用 60 Hz。不同的技术领域使用的频率是不同的。例如,无线电工程使用的频率是以 kHz、MHz 为单位。

由图 3.2 还可看出,正弦量每变化一次,相当于变化了 2π 弧度。为避免与机械角度混淆,这个角度称为电角度。正弦量每秒变化 f 次,则每秒变化的电角度为 2πf 弧度。每秒变化的弧度数用 ω 表示,则

$$\omega = 2\pi f = \frac{2\pi}{T} \tag{3.2}$$

ω 称为正弦量的角频率,单位为弧度/秒,用 rad/s 表示。角频率也能反映正弦量变化的快慢。角频率大,则频率高、周期短,说明正弦量变化的快。周期 T、频率 f 和角频率 ω 是从不同角度反映正弦量变化快慢的三个物理量,式(3.2)表示了它们之间的关系。

【例 3.1】　试求我国工频电源的周期和角频率。

解　因为工频　　　　　　　　　　$f = 50$ Hz

所以　　　　　　　　　　　　$T = \frac{1}{f} = \frac{1}{50} = 0.02$ s

在图 2.18 所示电路中,负载电阻 R_L 的功率为

$$P = I^2 R_L = \left(\frac{U_S}{R_S + R_L}\right)^2 R_L = \frac{U_S^2 R_L}{(R_S + R_L)^2}$$

为求 P 的最大值,令 $\dfrac{\mathrm{d}P}{\mathrm{d}R_L} = 0$,可求得 $P = P_{max}$ 的条件是

$$R_L = R_S \tag{2.7}$$

将 $R_L = R_S$ 代入上式

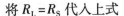

图 2.18 最大功率传输定理

$$P_{max} = \frac{U_S^2 R_S}{(2R_S)^2} = \frac{U_S^2}{4R_S} \tag{2.8}$$

由式(2.7)和式(2.8)可以得出结论:当负载电阻 R_L 等于电压源内阻 R_S 时,负载获得最大功率(此条件又称最大功率匹配条件)。这就是最大功率传输定理。

若式(2.8)中的 U_S 是等效电源,即由戴维宁定理求出的等效电源,则 $U_S = U_o$,式(2.8)可变为

$$P_{max} = \frac{U_o^2}{4R_S} \tag{2.9}$$

负载 R_L 获得的最大功率与电源内阻 R_S 消耗的功率相等,功率传输效率 $\eta = 50\%$。对实际的传输网络而言,传输效率会更低。

【例 2.11】 电路如图 2.19(a)所示,试分析:

(1) R_L 为何值时可获得最大功率。

(2)求此最大功率。

(3) U_S 电压源的功率传输效率。

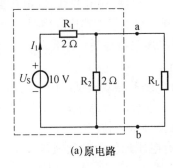
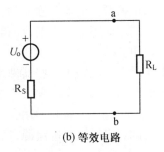

(a)原电路 (b)等效电路

图 2.19 例 2.11 的电路

解 (1)图 2.19(a)左部可分离出一个有源二端网络 ab,其开路电压和等效电阻为

$$U_o = \frac{R_2}{R_1 + R_2} U_S = \frac{2}{2+2} \times 10 = 5 \text{ V}$$

$$R_{ab} = \frac{R_1 R_2}{R_1 + R_2} = \frac{2 \times 2}{2+2} = 1 \ \Omega$$

(2)画出等效电压源电路如图 2.19(b)所示,其中等效电压源的电压 $U_o = 5$ V,内阻 $R_S = R_{ab} = 1$ Ω,最大功率为

$$P_{max} = \frac{U_o^2}{4R_S} = \frac{5^2}{4 \times 1} = 6.25 \text{ W}$$

变换。

由图 2.22(d),根据分流公式

$$I=\frac{4}{4+8}(I+1)=\frac{1}{3}(I+1)$$

解得
$$I=0.5 \text{ A}$$

【例 2.14】　试用叠加定理计算图 2.23(a)所示电路中的电压 U_{ab}。

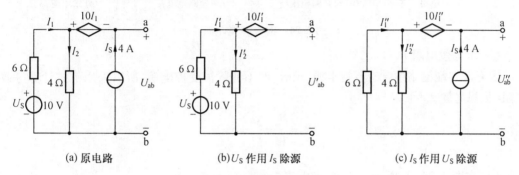

(a) 原电路　　　　　　(b) U_S 作用 I_S 除源　　　　　　(c) I_S 作用 U_S 除源

图 2.23　例 2.14 的电路

解　(1)根据叠加定理,图 2.23(a)所示电路可分为图 2.23(b)、(c)两个电路。独立电源可以分别单独作用于电路,而将其余独立电源除源。但受控电源不可被除源,应当保留。

(2)在图 2.23(b)中,U_S 作用,I_S 被除源,电流为

$$I'_1=I'_2=\frac{10}{6+4}=1 \text{ A}$$

$$U'_{ab}=-10I'_1+4I'_2=-10\times1+4\times1=-6 \text{ V}$$

(3)在图 2.23(c)中,I_S 作用,U_S 被除源,6 Ω 电阻和 4 Ω 电阻分流 I_S。这里应注意 I''_1 的参考方向必须保持与原控制量 I_1 一致。

$$I''_1=-\frac{4}{6+4}I_S=-\frac{4}{6+4}\times4=-1.6 \text{ A}$$

$$I''_2=I_S+I''_1=4+(-1.6)=2.4 \text{ A}$$

$$U''_{ab}=-10I''_1+4I''_2=-10(-1.6)+4\times2.4=25.6 \text{ V}$$

(4)叠加结果

$$U_{ab}=U'_{ab}+U''_{ab}=-6+25.6=19.6 \text{ V}$$

【例 2.15】　试用戴维宁定理计算图 2.23(a)所示电路中的电流 I_2。

解　将图 2.23(a)原题电路重画如图 2.24(a)所示。

(1)在图 2.24(b)所示有源二端网络中,求开路电压 U_o。

由左边回路得

$$U_o=10-6I'_1=10-6(-4)=34 \text{ V}$$

(2)在图 2.24(c)所示电路中,求短路电流 I_S,即

$$I_S=I''_1+4=\frac{10}{6}+4=\frac{17}{3} \text{ A}$$

$$\omega = 2\pi f = 2 \times 3.14 \times 50 = 314 \text{ rad/s}$$

3.1.3 瞬时值、幅值和有效值

正弦量是时间的函数,它的大小和方向每时每刻都在变化。例如在图3.2中,当时间为零时,电流值为零;当时间为 t_1 时,电流值为 i_1;当时间为 t_2 时,电流值为 I_m 等等。

正弦电流每瞬间的数值,用小写字母 i 表示,称为正弦电流的瞬时值。由于瞬时值是变化的,所以电流的瞬时值不能直接表示正弦电流的大小。图3.2所示的正弦电流,其数学表达式为

$$i = I_m \sin \omega t \tag{3.3}$$

式中,I_m 是正弦电流的幅值或最大值。I_m 为定值,它是最大的瞬时值。I_m 虽为定值,但是一个周期内只出现两次($+I_m$ 和 $-I_m$)。显然,幅值也不能直接表示正弦电流的大小。

为了确切表示出正弦电流作用的实际大小,可从电流的热效应角度给正弦电流找到一个有效值。正弦电流的有效值是这样规定的:在图3.3(a)、(b)所示电路中,如果一个正弦电流 i 和某个直流电流 I 通过相同的电阻 R,并且在相同的时间内(为分析简便,可取正弦电流的一个周期 T)发热量是相等的,我们就把这个直流电流 I 的数值称为正弦电流 i 的有效值。

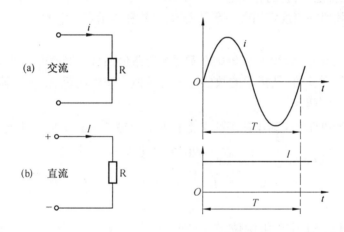

图3.3 正弦电流的有效值

按着这个思路,正弦电流的有效值,可推导如下。

由图3.3(a)可知,正弦电流 i 通过一个周期 T 的时间,电阻上的发热量为

$$Q_i = \int_0^T i^2 R dt$$

由图3.3(b)可知,直流电流 I 通过相同时间,电阻上的发热量为

$$Q_I = I^2 R T$$

如果
$$Q_i = Q_I$$

即
$$\int_0^T i^2 R dt = I^2 R T$$

则电流 i 的有效值为

$$I = \sqrt{\frac{1}{T}\int_0^T i^2 \mathrm{d}t}$$

将式(3.3)代入,得

$$I = I_m\sqrt{\frac{1}{T}\int_0^T \sin^2\omega t \mathrm{d}t}$$

$$\int_0^T \sin^2\omega t \mathrm{d}t = \int_0^T \frac{1-\cos 2\omega t}{2}\mathrm{d}t = \frac{T}{2}$$

所以

$$I = \frac{I_m}{\sqrt{2}} = 0.707 I_m \tag{3.4}$$

同理,正弦电压和正弦电动势的有效值为

$$U = \frac{U_m}{\sqrt{2}} = 0.707 U_m$$

$$E = \frac{E_m}{\sqrt{2}} = 0.707 E_m$$

式(3.4)表明,一个幅值为 I_m 的正弦电流,它的有效值相当于 I_m 的70%多一点。例如,一个幅值为 10 A 的正弦电流,它的有效值为 7.07 A。

交流电的有效值一般规定用大写字母表示,虽然和表示直流电的字母一样,但物理含义与直流电不同。

一般常说的交流电压220 V 或380 V,都是指有效值而言。交流电流表和交流电压表的表盘也是按有效值刻度的,其指示的数值均为有效值。交流电机、变压器等设备的额定电流、额定电压都是指有效值。

【例3.2】 已知日常生活中使用的交流电压 $u = 220\sqrt{2}\,\sin\omega t$ V,试求其幅值和有效值。

解 幅值为

$$U_m = 220\sqrt{2} = 310 \text{ V}$$

有效值为

$$U = \frac{U_m}{\sqrt{2}} = 220 \text{ V}$$

3.1.4 相位、初相位和相位差

正弦电流是随时间 t 而变的周期函数,因此,一般情况下,其时间起点 $t=0$ 可以根据需要任意选取。例如图 3.4(a)是把时间起点选在电流初始值 $i_0=0$ 处,而图 3.4(b)是把时间起点选在电流初始值 $i_0>0$ 处,两种时间起点对应两种数学表达式。分别为

$$i = I_m\sin\omega t$$
$$i = I_m\sin(\omega t + \psi) \tag{3.5}$$

1. 相位

在上面两个表达式中,电角 ωt 和 $(\omega t + \psi)$ 称为正弦量的相位角,简称相位。时间起点一经选定,随着时间 t 的延续,正弦量在其后的周期性变化过程中,某时刻 t 便有确定的相位 ωt 或 $(\omega t + \psi)$,根据其相位,即可推算出该正弦量在此时刻的数值。因此,相位能够反映正弦量变化的进程。现举例说明如下。

【例3.3】 已知正弦电流 $i = 10\sin\omega t$ A,频率 $f = 50$ Hz。当 $t = 0.045$ s 时,试求正弦电流

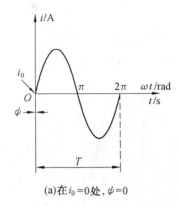

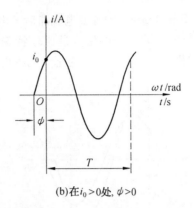

(a) 在 $i_0=0$ 处, $\psi=0$　　　　　　(b) 在 $i_0>0$ 处, $\psi>0$

图 3.4　时间起点的选取

i 的相位, 并说明该正弦电流 i 的变化进程。

解　(1) 电流 i 在 $t=0.045$ s 时的相位为

$$\omega t=2\pi ft=2\pi\times50\times0.045=4.5\pi \text{ rad}$$

(2) 作电流 i 的曲线, 如图 3.5 所示。由图

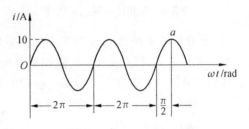

可知 $t=0.045$ s 时, 该正弦电流 i 变化了两个完整周期之后, 进入了第三个周期并达到正最大值, 即 $i=I_m=10$ A。由坐标原点开始, 经过 $t=0.045$ s, 其进程到达 4.5π 处的点 a。

图 3.5　例 3.3 的曲线

2. 初相位

$t=0$ 时的相位称为正弦量的初相位或初相位角, 用 ψ 表示。时间起点选得不同, 正弦量的初相位 ψ 就不同, 正弦量的初始值 i_0 也不同。按图 3.4 (a) 那样选择时间起点, 正弦电流的初相位 $\psi=0$, 电流的初始值 $i_0=0$; 而按图 3.4 (b) 那样选择时间起点, 电流的初相位 $\psi\neq0$, 电流的初始值 $i_0\neq0$。

3. 相位差

在同一个交流电路中, 各部分电压和各支路电流的频率都是相同的, 而它们的初相位却不一定相同。例如, 图 3.6 所示某电路的电压 u 和电流 i 就有不同的初相位。它们可以表示为

$$u=U_m\sin(\omega t+\psi_1)$$

$$i=I_m\sin(\omega t+\psi_2)$$

式中, U_m 和 I_m 分别为 u 和 i 的幅值; ψ_1 和 ψ_2 分别为 u 和 i 的初相位。它们的相位差为

$$(\omega t+\psi_1)-(\omega t+\psi_1)=\psi_1-\psi_2 \tag{3.6}$$

式 (3.6) 表明, 两个同频率的正弦量的相位差等于它们的初相位之差。相位差一般用 φ 表示, 即

$$\varphi=\psi_1-\psi_2 \tag{3.7}$$

在同一电路中, 当两个同频率的正弦量的时间起点同时改变时, 它们各自的初相位虽然改变, 但其相位差不变。

对图 3.6 所示电压 u 和电流 i 来说, 因为它们的初相位不同, 所以各自的变化步调也不同。例如, u 总比 i 先达到幅值或零值。这种情况, 我们称为不同相。说得具体一些就是,

电压超前于电流 φ 角,或者说电流滞后于电压 φ 角。

图 3.7 所示的三个正弦量是比较特殊的情况。其中 i_1 和 i_2 相位差为零,变化步调相同,所以它们同相;而 i_1 和 i_3 变化步调相反,相位差为 $180°$,所以它们反相。

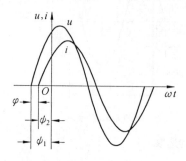
图 3.6   初相位不同的正弦量

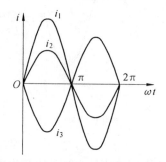
图 3.7   正弦量的同相和反相

以上分析了正弦量的三要素及其相关量。交流电的这些基本物理量的概念至关重要(尤其是 f 和 ω、I_m 和 I、ψ 和 φ),它们是分析计算交流电路的基础。

【例 3.4】 已知电流 $i_1=30\sin(\omega t+30°)\,\text{A}$,$i_2=20\sin(\omega t-15°)\,\text{A}$,$i_3=15\sin\omega t\,\text{A}$,试画出它们的波形图,并比较它们的相位关系。

解 (1)波形图。电流 i_1、i_2 和 i_3 是同频率的正弦量,它们的波形图如图 3.8 所示,图中

$$\psi_1=30°$$
$$\psi_2=-15°$$
$$\psi_3=0°$$

(2)相位关系。正弦量的相位关系只能两个两个地比较。由式(3.6)与式(3.7)可知,它们的相位差等于它们的初相位之差。

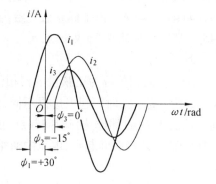
图 3.8   例 3.4 的图

i_1 和 i_2 的相位差为 $\psi_1-\psi_2=30°-(-15°)=45°$,$i_1$ 超前 i_2 45°。

i_1 和 i_3 的相位差为 $\psi_1-\psi_3=30°-0°=30°$,i_1 超前 i_3 30°。

i_2 和 i_3 的相位差为 $\psi_2-\psi_3=-15°-0°=-15°$,$i_2$ 滞后 i_3 15°。

顺便提醒注意:相位差必须是两个同频率的正弦量的相位之差,不同频率的正弦量的相位没有可比性。

【例 3.5】 已知正弦电流 $i=5\sin(\omega t+60°)\,\text{A}$,频率 $f=50\,\text{Hz}$。试求时间 $t=0.1\,\text{s}$ 时的电流瞬时值。

解 该电流的瞬时值是由它的相位($\omega t+60°$)决定的。计算中,($\omega t+60°$)中的角度应化为同一单位再相加。

(1)角度化为弧度

$$(\omega t+60°)=2\pi ft+60°=2\pi\times50\times0.1+\frac{\pi}{3}=\left(10\pi+\frac{\pi}{3}\right)\,\text{rad}$$

所以 $\quad i=5\sin(\omega t+60°)=5\sin(10\pi+\dfrac{\pi}{3})=5\sin\dfrac{\pi}{3}=4.33\text{ A}$

（2）角度化为度

$$(\omega t+60°)=2\pi ft+60°=360°×50×0.1+60°=360°×5+60°$$

所以 $\quad i=5\sin(\omega t+60°)=5\sin(5×360°+60°)=5\sin 60°=4.33\text{ A}$

思 考 题

3.1　正弦量的三要素是什么？它们的相关量又是什么？

3.2　交流电的有效值是怎样规定的？有效值是否随着时间的变化而变化？它与频率和相位有无关系？

3.2　正弦交流电的相量表示法

由上节讨论可知,三角函数表达式与函数曲线（波形图）可以方便地表示交流电的正弦特征,是一种很好的表达形式。但是三角函数的数学运算十分繁琐,给交流电路的分析带来不便。为此,我们引用相量表示法。相量表示法可把繁琐的三角运算转化为复数的四则运算,十分简便,是分析正弦交流电路的有力工具。

相量表示法就是,如果已知某正弦量,可以把它表示成两种形式:相量图和相量式。现以正弦电流为例,其一般表达式为

$$i=I_m\sin(\omega t+\psi)$$

3.2.1　相量图表示法

如图 3.9 所示,复数平面的横轴表示复数的实部,称为实轴,以+1 为单位;纵轴表示复数的虚部,称为虚轴,以+j 为单位。

现在设法将正弦电流 $i=I_m\sin(\omega t+\psi)$ 表示到复数平面上,步骤如下。

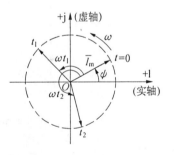

图 3.9　交流电的相量表示法

1. 在复数平面上作一旋转的有向线段 $\bar{I}_m$ 条件是:

（1）$\bar{I}_m$ 的长度等于正弦电流的幅值 I_m；

（2）$\bar{I}_m$ 与实轴的夹角等于正弦电流的初相位 ψ；

（3）$\bar{I}_m$ 逆时针方向旋转的角速度等于正弦电流的角频率 ω。

作图后的复数平面如图 3.9 所示。

2. 旋转有向线段 $\bar{I}_m$ 在虚轴上的投影

有向线段 $\bar{I}_m$ 各瞬时在虚轴上的投影如表 3.1 所列。

表 3.1　$\bar{I}_{\mathrm{m}}$ 在虚轴上的投影情况

时间 t	$\bar{I}_{\mathrm{m}}$ 在虚轴上的投影
0	$i_0 = I_{\mathrm{m}} \sin \psi$
t_1	$i_1 = I_{\mathrm{m}} \sin(\omega t_1 + \psi)$
t_2	$i_2 = I_{\mathrm{m}} \sin(\omega t_2 + \psi)$
⋮	⋮
t	$i = I_{\mathrm{m}} \sin(\omega t + \psi)$

显然,有向线段 $\bar{I}_{\mathrm{m}}$ 各瞬时在虚轴上的投影就是正弦电流 i 在各瞬时的数值。所以复数平面上的旋转有向线段 $\bar{I}_{\mathrm{m}}$ 可以表示正弦量。注意,$\bar{I}_{\mathrm{m}}$ 可以表示 i,但两者并不相等,因而只能用对应号表示两者的关系,即

$$\bar{I}_{\mathrm{m}} \rightleftharpoons I_{\mathrm{m}} \sin(\omega t + \psi)$$

应当指出,有向线段 $\bar{I}_{\mathrm{m}}$ 与空间矢量(例如,力和电场强度等)不同,$\bar{I}_{\mathrm{m}}$ 代表正弦量,是时间的函数。为了加以区别,我们把复数平面上表示正弦量的有向线段称为相量,并用"·"代替"–",因而上面的对应关系应为

$$\dot{I}_{\mathrm{m}} \rightleftharpoons I_{\mathrm{m}} \sin(\omega t + \psi) \qquad 即 \qquad \dot{I}_{\mathrm{m}} \rightleftharpoons i$$

3. 相量图的实际画法

实际画相量图时,为避免繁琐,只画出有代表性的 $t = 0$ 时的相量,如图 3.10(a)所示。

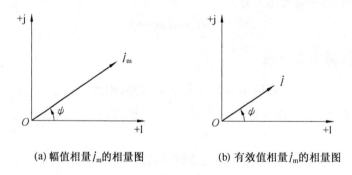

(a) 幅值相量 $\dot{I}_{\mathrm{m}}$ 的相量图　　　　(b) 有效值相量 $\dot{I}_{\mathrm{m}}$ 的相量图

图 3.10　$t = 0$ 时的相量图

在工程应用中,常用有效值相量,如图 3.10(b)所示。幅值相量 $\dot{I}_{\mathrm{m}}$ 和有效值相量 $\dot{I}$ 的关系是

$$\dot{I} = \frac{\dot{I}_{\mathrm{m}}}{\sqrt{2}}$$

相量图表示法的突出优点是:画法简单且直观,能把正弦量的大小和初相位表示得十分清楚,因而特别适合把几个同频率正弦量的相量图画在一起,以比较它们之间的关系。

【例 3.6】　已知电流

$$i_1 = 30\sqrt{2} \sin(\omega t - 70°) \text{ A}$$

$$i_2 = 40\sqrt{2} \sin(\omega t + 20°) \text{ A}$$

试求 $i=i_1+i_2$。

解 此题可按正弦量的各种表示法计算。

(1)借助三角函数曲线画出 i_1 和 i_2,然后用逐点相加的办法得到 i 的三角函数曲线,再根据曲线写出 i 的表达式。显然,这个图解法费力费时,且误差较大。

(2)根据 i_1 和 i_2 的三角函数表达式,进行三角运算。运算精度虽可保证,但运算过程繁琐。

(3)借助相量图表示法,并引用勾股定理可使运算简单准确。在图 3.11 中,$\dot{I}_1$ 是 i_1 对应的相量,$\dot{I}_2$ 是 i_2 对应的相量,它们的相位差为90°。

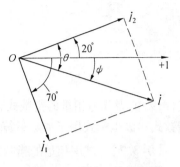

图 3.11 例 3.6 的相量图

因为 $i=i_1+i_2$,故可以写为

$$\dot{I}=\dot{I}_1+\dot{I}_2$$

由平行四边形法则可得到合成相量 $\dot{I}$,其长度为

$$I=\sqrt{I_1{}^2+I_2{}^2}=\sqrt{30^2+40^2}=50\ \text{A}$$

$\dot{I}$ 与实轴的夹角为负值(在第四象限),即

$$\psi=-(\theta-20°)$$

其中

$$\theta=\arctan\frac{I_1}{I_2}=\arctan\frac{30}{40}=37°$$

于是

$$\psi=-(37°-20°)=-17°$$

所以

$$i=i_1+i_2=50\sqrt{2}\sin(\omega t-17°)\ \text{A}$$

3.2.2 相量式表示法

1. 相量的代数式

图 3.12 所示为电流有效值相量 $\dot{I}$,它在实轴和虚轴上的投影分别为 a 和 b。因而 $\dot{I}$ 可以表示为

$$\dot{I}=a+jb \qquad (3.8)$$

式中

$$\begin{cases} a=I\cos\psi & (\text{实部}) \\ b=I\sin\psi & (\text{虚部}) \end{cases}$$

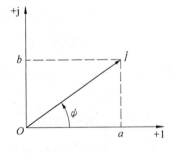

图 3.12 相量的代数式与指数式用图

式(3.8)称为相量的代数式。代数式用于加减运算。

2. 相量的指数式

将式(3.8)表示为

$$\dot{I}=a+jb=I\cos\psi+jI\sin\psi=I(\cos\psi+j\sin\psi)$$

根据尤拉公式①

$$\cos\psi+j\sin\psi=e^{j\psi}$$

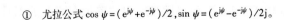

① 尤拉公式 $\cos\psi=(e^{j\psi}+e^{-j\psi})/2$,$\sin\psi=(e^{j\psi}-e^{-j\psi})/2j$。

可得 $\qquad\qquad \dot{I} = I\mathrm{e}^{\mathrm{j}\psi}$ 或 $\dot{I} = I\angle\psi$ $\qquad\qquad\qquad$ (3.9)

式中 $\qquad\qquad \begin{cases} I = \sqrt{a^2+b^2}\,(\text{模}) \\ \psi = \arctan\dfrac{b}{a}(\text{辐角}) \end{cases}$

式(3.9)前者称为相量的指数式,后者称为相量的极坐标式(指数式的另一种简单表示法)。指数式和极坐标式用于乘除运算。

【例3.7】 试用相量的指数式和代数式表示正弦电流 $i = 10\sqrt{2}\sin(\omega t + 30°)$ A。

解

(1)指数式为

$$\dot{I} = 10\mathrm{e}^{\mathrm{j}30°}\ \text{A}$$

极坐标式 $\qquad\qquad \dot{I} = 10\angle 30°\ \text{A}$

(2)代数式为

$$\dot{I} = 10\cos 30° + \mathrm{j}10\sin 30° = 10\times 0.866 + \mathrm{j}10\times 0.5 = (8.66 + \mathrm{j}5)\ \text{A}$$

【例3.8】 已知电压 $u_1 = 20\sqrt{2}\sin(\omega t + 60°)$ V,$u_2 = 15\sqrt{2}\sin(\omega t + 30°)$ V。

(1)计算 $u = u_1 + u_2$;

(2)画出相量图。

解 (1)用相量式计算电压,即

$\dot{U} = \dot{U}_1 + \dot{U}_2 = 20\angle 60° + 15\angle 30° =$

$20\cos 60° + \mathrm{j}20\sin 60° + 15\cos 30° + \mathrm{j}15\sin 30° =$

$23 + \mathrm{j}24.8 = \sqrt{23^2 + 24.8^2}\angle\arctan\dfrac{24.8}{23} =$

$33.8\angle 47.2°\ \text{A}$

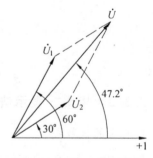

所以 $\qquad u = 33.8\sqrt{2}\sin(\omega t + 47.2°)$ V

(2)相量图如图3.13所示。

图3.13 例3.8的相量图

3.2.3 旋转因子 $\mathrm{e}^{\pm\mathrm{j}90°}(\pm\mathrm{j})$

$$\begin{cases} \mathrm{e}^{\mathrm{j}90°} = \cos 90° + \mathrm{j}\sin 90° = 0 + \mathrm{j} = \mathrm{j} \\ \mathrm{e}^{-\mathrm{j}90°} = \cos 90° - \mathrm{j}\sin 90° = 0 - \mathrm{j} = -\mathrm{j} \end{cases}$$

设某相量为 $\dot{A} = A\mathrm{e}^{\mathrm{j}\psi}$,当它乘上 $\pm\mathrm{j}$ 时,即

$$\begin{cases} \mathrm{j}\dot{A} = \mathrm{e}^{\mathrm{j}90°}\cdot A\mathrm{e}^{\mathrm{j}\psi} = A\mathrm{e}^{\mathrm{j}(\psi+90°)} \\ -\mathrm{j}\dot{A} = \mathrm{e}^{-\mathrm{j}90°}\cdot A\mathrm{e}^{\mathrm{j}\psi} = A\mathrm{e}^{\mathrm{j}(\psi-90°)} \end{cases}$$

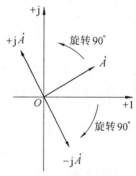

图3.14 旋转因子 $\pm\mathrm{j}$

显然,当相量 $\dot{A}$ 乘上 $+\mathrm{j}$ 或 $-\mathrm{j}$ 时,等于 $\dot{A}$ 逆时针或顺时针方向旋转 $90°$,即旋转 $+90°$ 或 $-90°$,如图3.14所示,因而常把 $\mathrm{e}^{\pm\mathrm{j}90°}$ 或 $(\pm\mathrm{j})$ 称为 $90°$ 旋转因子。在图中,$\mathrm{j}\dot{A}$ 比 $\dot{A}$ 超前 $90°$,$-\mathrm{j}\dot{A}$ 比 $\dot{A}$ 滞后 $90°$。

至此,我们有了三角函数曲线、三角函数式、相量图和相量式这四种表示交流电的工具,就能方便地分析正弦交流电路了。

思　考　题

3.3　写出下列正弦量对应的相量指数式,并做出它们的相量图。

(1) $i_1 = 3\sin(\omega t + 60°)$ A　　　　(2) $i_2 = \sqrt{2}\sin(\omega t - 45°)$ A

(3) $i_3 = -10\sin(\omega t + 120°)$ A

3.4　指出下列各式的错误。

(1) $i = 3\sin(\omega t + 30°) = 3e^{j30°}$ A　　　(2) $I = 10\sin\omega t$ A

(3) $I = 5e^{j45°}$ A　　　　　　　　(4) $\dot{I} = \dot{I}_m\sin(\omega t + \psi)$ A

(5) $\dot{I} = 20e^{j60°}$　　　　　　　　(6) $I = 10\angle 30°$ A

3.3　电阻元件的交流电路

学习交流电路的理论,我们先从单一参数(只含电阻 R 或电感 L 或电容 C)的元件开始,因为一般的交流电路都是由单一参数元件组合而成的。

对单一参数元件的交流电路的分析,主要围绕两个问题进行:① 电压与电流的关系;② 功率与能量的转换关系。

电阻元件的交流电路如图 3.15(a)所示。由于交流电压和电流的方向是周期性变化的,因而在电路图上所标注的方向均为参考方向。正半周时,参考方向与实际方向一致,其值为正;负半周时,参考方向与实际方向相反,其值为负。

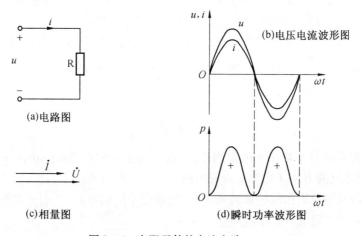

图 3.15　电阻元件的交流电路

3.3.1　电压和电流的关系

在图示电压、电流参考方向一致(关联参考方向)的条件下,根据欧姆定律,u 和 i 的基本关系为

$$u = Ri$$

若电流按正弦规律变化,并设其初相位为零(以电流为参考正弦量),即

$$i = I_{\mathrm{m}} \sin \omega t$$

则 $\qquad u = RI_{\mathrm{m}} \sin \omega t = U_{\mathrm{m}} \sin \omega t \qquad (3.10)$

式(3.10)表明,在电阻元件的交流电路中,电压与电流是同相的。它们的波形图和相量图如图 3.15(b)、(c)所示。在式(3.10)中

$$U_{\mathrm{m}} = RI_{\mathrm{m}} \quad 或 \quad I_{\mathrm{m}} = \frac{U_{\mathrm{m}}}{R} \quad 或 \quad \frac{U_{\mathrm{m}}}{I_{\mathrm{m}}} = R \qquad (3.11)$$

用有效值表示,则

$$U = RI \quad 或 \quad I = \frac{U}{R} \quad 或 \quad \frac{U}{I} = R \qquad (3.12)$$

式(3.11)、(3.12)表明,在电阻元件的交流电路中,电压的幅值(或有效值)与电流的幅值(或有效值)成正比,其比例常数即为电阻元件的电阻值 R。式(3.12)为电阻元件欧姆定律的有效值形式。

3.3.2 功率与能量的转换关系

电阻元件中的电流瞬时值 i 和其端电压瞬时值 u 的乘积,称为电阻元件的瞬时功率,用小写字母 p 表示,即

$$p = iu = I_{\mathrm{m}} \sin \omega t \cdot U_{\mathrm{m}} \sin \omega t =$$
$$U_{\mathrm{m}} I_{\mathrm{m}} \sin^2 \omega t = \frac{1}{2} U_{\mathrm{m}} I_{\mathrm{m}} (1 - \cos 2\omega t) =$$
$$UI(1 - \cos 2\omega t) \qquad (3.13)$$

式(3.13)表明,电阻元件的瞬时功率总为正值。其中含有一个恒定分量和一个以二倍角频率变化的余弦分量。p 的波形图如图 3.15(d)所示。由图 3.15(b)也可看到电阻元件的瞬时功率总为正值,因为 u 和 i 同相,它们同时为正,又同时为负。

一个周期内瞬时功率的平均值,称为平均功率,用大写字母 P 表示,即

$$P = \frac{1}{T} \int_0^T p \, \mathrm{d}t = \frac{1}{T} \int_0^T UI(1 - \cos 2\omega t) \, \mathrm{d}t$$

结果为

$$P = UI = I^2 R = \frac{U^2}{R} \qquad (3.14)$$

式(3.14)是电阻元件平均功率的常用计算公式,形式上与直流电路中的电阻元件功率计算公式一样,但这里的 U 和 I 均为交流有效值。

电阻元件从电源取用电能而转换为热能,散失于周围空间,因而这种能量的转换过程是不可逆的。所以电阻元件是消耗电能的元件。

【例 3.9】 一只阻值为 1 kΩ、额定功率为 1/8 W 的电阻,接于频率为 50 Hz、电压(有效值)为 10 V 的正弦电源上。试问:

(1)通过电阻元件的电流为多少?

(2)电阻元件消耗的功率是否超过额定值?

(3)当电源电压不变而频率变为 500 Hz 时,电阻元件的电流和消耗的功率有何变化?

解

（1）　$I = \dfrac{U}{R} = \dfrac{10}{1\,000} = 0.\,01$ A $= 10$ mA

（2）　$P = \dfrac{U^2}{R} = \dfrac{10^2}{1\,000} = 0.\,1$ W（小于额定功率，未超过额定值）

（3）　由于电阻元件的电阻值与电源频率无关，所以频率为 500 Hz 时，电流与消耗功率的数值均不变。

3.4　电感元件的交流电路

电感元件的工作状况比电阻元件复杂得多。因为电感元件在通入变化的电流时，线圈中产生变化的磁通，这变化的磁通又会在线圈内产生感应电动势，而该感应电动势具有阻碍电流变化的作用。这种由线圈自身电流产生磁通而引起的感应电动势，一般称为自感电动势，用 e_L 表示。

3.4.1　自感电动势

我们首先讨论如图 3.16 所示的单匝线圈的自感电动势。变化的电流 i 在线圈内产生变化的磁通 $\varPhi$（i 和 $\varPhi$ 的方向按右螺旋法则确定）；变化的磁通 $\varPhi$ 在单匝线圈内产生自感电动势 e_L。当 $\varPhi$ 和 e_L 的参考方向符合右螺旋法则时，e_L 与 $\varPhi$ 的关系可表达为

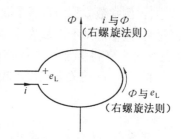

图 3.16　单匝线圈的自感电动势

$$e_\mathrm{L} = -\frac{\mathrm{d}\varPhi}{\mathrm{d}t} \tag{3.15}$$

e_L 的实际方向体现在式（3.15）的负号和 $\dfrac{\mathrm{d}\varPhi}{\mathrm{d}t}$ 上。例如，若 i 正值增加，$\varPhi$ 也正值增加，$\dfrac{\mathrm{d}\varPhi}{\mathrm{d}t} > 0$，因而 $e_\mathrm{L} < 0$，e_L 为负值，说明 e_L 的实际方向与其参考方向（图 3.16）相反，e_L 阻碍 i 增加，这正好符合楞次定律；若 i 正值减少，$\varPhi$ 也正值减少，$\dfrac{\mathrm{d}\varPhi}{\mathrm{d}t} < 0$，因而 $e_\mathrm{L} > 0$，e_L 为正值，说明 e_L 的实际方向与其参考方向相同，e_L 阻碍 i 减少，这也符合楞次定律。

接着，我们再讨论如图 3.17 所示的电感元件（N 匝线圈）的自感电动势，并借助电动势找到电感元件的电压和电流的关系。

电感元件的外形如图 3.17（a）所示，如果电感元件匝与匝之间十分紧密，则可认为通过各匝的磁通是相同的。于是电感元件的自感电动势等于各匝线圈自感电动势之和，即

$$e_\mathrm{L} = e_\mathrm{L1} + e_\mathrm{L2} + \cdots + e_\mathrm{LN}$$

e_L 的参考方向如图 3.17（b）、（c）所示。

由式（3.15）可知，N 匝线圈的自感电动势为

$$e_\mathrm{L} = -N\frac{\mathrm{d}\varPhi}{\mathrm{d}t} = -\frac{\mathrm{d}(N\varPhi)}{\mathrm{d}t} \tag{3.16}$$

式（3.16）中，$N\varPhi$ 称为电感元件的总磁通（磁链）。如果线圈中没有铁磁材料，总磁通则与

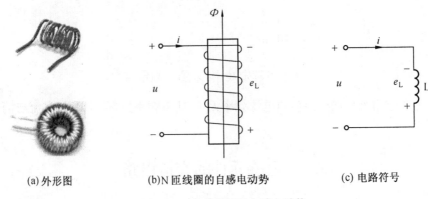

(a)外形图   (b)N 匝线圈的自感电动势   (c) 电路符号

图 3.17   电感元件的自感电动势

电流 i 成正比,即

$$N\Phi = Li \quad \text{或} \quad \frac{N\Phi}{i} = L$$

式中,比例常数 L 称为自感系数或电感。这种电感元件称为线性电感。如果线圈中含有铁磁材料,其电感则不为常数,因此,以铁磁材料为磁心的电感元件就称为非线性电感。电感 L 的单位为亨利或毫亨利,简称亨(H)或毫亨(mH)。

将 $N\Phi = Li$ 的关系式代入式(3.16)中,得

$$e_L = -\frac{\mathrm{d}(N\Phi)}{\mathrm{d}t} = -\frac{\mathrm{d}Li}{\mathrm{d}t} = -L\frac{\mathrm{d}i}{\mathrm{d}t}$$

在图 3.17(c)中,电源电压 u 的参考方向是电压降的方向,而自感电动势 e_L 的参考方向是电位升的方向。根据基尔霍夫电压定律,可以写出

$$u + e_L = 0 \tag{3.17}$$

式(3.17)说明,电源电压 u 刚好与阻碍电流变化的自感电动势 e_L 两者平衡(注意,u 和 e_L 不是抵消)。由式(3.17)可知

$$u = -e_L$$

所以

$$u = L\frac{\mathrm{d}i}{\mathrm{d}t} \tag{3.18}$$

式(3.18)即为电感元件电压与电流的基本关系式,此式对各种变化的电压电流都适用。

电阻元件的电压 u 与电流 i 成正比,而电感元件的电压 u 却与电流的变化率 $\frac{\mathrm{d}i}{\mathrm{d}t}$ 成正比。如果电感元件在直流电路中,由于电流恒定,其变化率为零,故电感元件的端电压为零。因而电感元件在直流电路中相当于短路。

下面以式(3.18)作为依据,分析电感元件的交流电路。

3.4.2   电压和电流的关系

在图 3.18(a)所示电感元件的交流电路中,因为

$$u = L\frac{\mathrm{d}i}{\mathrm{d}t}$$

若电流按正弦规律变化,并设其初相位为零(参考正弦量),即

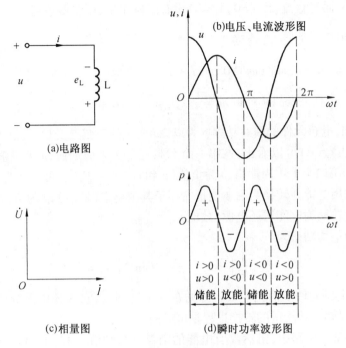

(a)电路图

(c)相量图　　　　　　(d)瞬时功率波形图

图 3.18　电感元件的交流电路

$$i = I_\mathrm{m} \sin \omega t$$

则
$$u = L \frac{\mathrm{d}(I_\mathrm{m} \sin \omega t)}{\mathrm{d}t} = \omega L I_\mathrm{m} \cos \omega t =$$

$$\omega L I_\mathrm{m} \sin(\omega t + 90°) = U_\mathrm{m} \sin(\omega t + 90°) \tag{3.19}$$

由式(3.19)可见,电感元件的交流电路,在相位上,电压超前电流90°。它们的波形图和相量图分别如图3.18(b)、(c)所示。

在式(3.19)中,$U_\mathrm{m} = \omega L I_\mathrm{m}$,若用 X_L 表示 ωL,则

$$U_\mathrm{m} = X_\mathrm{L} I_\mathrm{m} \quad 或 \quad I_\mathrm{m} = \frac{U_\mathrm{m}}{X_\mathrm{L}} \quad 或 \quad \frac{U_\mathrm{m}}{I_\mathrm{m}} = X_\mathrm{L} \tag{3.20}$$

或用有效值表示电压和电流,则

$$U = X_\mathrm{L} I \quad 或 \quad I = \frac{U}{X_\mathrm{L}} \quad 或 \quad \frac{U}{I} = X_\mathrm{L} \tag{3.21}$$

由式(3.20)、(3.21)可见,在电感元件电路中,电压的幅值 U_m 与电流的幅值 I_m 之比(或有效值 U 与 I 之比)为 $X_\mathrm{L} = \omega L$。当电压一定时,X_L 愈大,则电流愈小,所以 ωL 具有阻碍电流的性质,因而称为电感元件的感抗,它的单位为 Ω。式(3.21)是电感元件欧姆定律的有效值形式。

比较式(3.12)和(3.21),它们的形式相同,但感抗 X_L 和电阻 R 不同,当电感 L 一定时,X_L 的大小是随电源频率而变的,即

$$X_\mathrm{L} = \omega L = 2\pi f L$$

可见,频率愈高,感抗愈大,因而电流愈小。这是因为,频率愈高,电流变动愈快,变化率 $|\frac{\mathrm{d}i}{\mathrm{d}t}|$ 愈大,自感电动势对电流的阻碍作用就愈大的缘故。因此,电感线圈对高频电流阻碍大,对

低频电流阻碍小,而对直流(因 $f=0$, $X_L=0$)没有阻碍作用,可看做短路。

3.4.3　功率与能量的转换关系

$$p=ui=U_m\sin(\omega t+90°)\cdot I_m\sin\omega t=$$

$$U_m I_m\cos\omega t\cdot\sin\omega t=\frac{1}{2}U_m I_m\sin\omega t=UI\sin2\omega t \tag{3.22}$$

由式(3.22)可知,电感元件的瞬时功率 p 为以 2ω 变化的正弦交变量,幅值为 UI。

由图 3.18(b)、(d)可以看出:在第一个和第三个 1/4 周期内, p 为正值(u 和 i 正负相同);在第二个和第四个 1/4 周期内, p 为负值(u 和 i 一正一负)。可以认为: p 为正值时,电感元件从电源取用电能并转换为磁场能量储存于其磁场中(储能); p 为负值时,电感元件将储存的磁场能量转换为电能送还电源(放能)。

电感元件的平均功率为

$$P=\frac{1}{T}\int_0^T p\mathrm{d}t=\frac{1}{T}\int_0^T UI\sin2\omega t\mathrm{d}t=0 \tag{3.23}$$

式(3.23)说明,电感元件不消耗能量。可见在一个周期内,它送还电源的电能等于其从电源取用的电能,因而这种能量的转换过程是可逆的。

在电感元件交流电路中,虽然没有电能的消耗,但存在电源与电感元件之间的能量互换。其互换的规模由瞬时功率 $p=UI\sin2\omega t$ 及图 3.18(d)所示波形反映。工程上用电感元件的瞬时功率 p 的幅值 UI 作为它与电源交换能量的度量,称为电感元件的无功功率,用 Q_L 表示,即

$$Q_L=UI \quad \text{或} \quad Q_L=I^2 X_L \tag{3.24}$$

无功功率的单位为乏(Var)或千乏(kVar)。

电感元件的工作总是依赖于它的磁场,而磁场的建立或消失的过程就是电感元件吸收或放出能量的过程。无功功率就是这个意义上功率的度量。显然,"无功"二字的含义是:电感元件在磁场的变化过程中,它向电源得到多少电能就能送还电源多少电能,而本身无功率和能量消耗。无功功率可理解为无能量消耗的功率。与电感元件的无功功率相对应,电阻元件的平均功率也可以称为有功功率。

【例 3.10】　一个 100 mH 的电感元件接在电压有效值为 10 V 的正弦电源上。当电源频率分别为 50 Hz 和 500 Hz 时,电感元件中的电流分别为多少?

解　电感元件的感抗 X_L 与电源频率成正比。显然,两种情况下,电感元件的电流是不一样的。

50 Hz 时

$$X_L=2\pi fL=2\pi\times50\times100\times10^{-3}=31.4\ \Omega$$

$$I=\frac{U}{X_L}=\frac{10}{31.4}=0.318\ \text{A}=318\ \text{mA}$$

500 Hz 时

$$X_L=2\pi fL=2\pi\times500\times100\times10^{-3}=314\ \Omega$$

$$I=\frac{U}{X_L}=\frac{10}{314}=0.0318\ \text{A}=31.8\ \text{mA}$$

可见,在电压不变的情况下,频率愈高,感抗愈大,电流愈小。

3.5　电容元件的交流电路

图 3.19 是电容元件的外形图和电路符号。其极板上储存的电荷量 q 与其两端电压 u 成正比,即

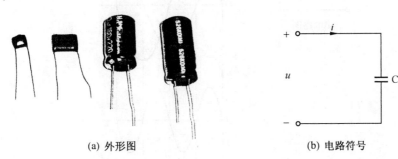

(a) 外形图　　　　　　　　　　(b) 电路符号

图 3.19　电容元件

$$q = Cu$$

式中,比例常数 C 称为电容元件的电容。电容的单位为法拉(F),简称法。由于法拉的单位太大,工程上多采用微法(μF)和皮法(pF)作单位。$1\ \mu F = 10^{-6} F$,$1\ pF = 10^{-12} F$。当极板上的电荷量 q 或电压 u 发生变化时,电路中就会出现电流,即

$$i = \frac{dq}{dt} = C\frac{du}{dt} \tag{3.25}$$

由式(3.25)可见,电容元件的电流 i 与其端电压的变化率 $\dfrac{du}{dt}$ 成正比(也与电阻元件不同)。

如果电容元件在直流电路中两端加直流电压,电压恒定变化率为零,因而电流为零,所以电容元件在直流电路里相当于断路。

下面以式(3.25)作为依据,分析电容元件的交流电路。

3.5.1　电压和电流的关系

在图 3.20(a)所示电路中,因为

$$i = C\frac{du}{dt}$$

若电压 u 按正弦规律变化,并设其初相位为零(参考正弦量),即

$$u = U_m \sin \omega t$$

则

$$i = C\frac{d(U_m \sin \omega t)}{dt} = \omega C U_m \cos \omega t =$$

$$\omega C U_m \sin(\omega t + 90°) = I_m \sin(\omega t + 90°) \tag{3.26}$$

由式(3.26)可见,电容元件的交流电路,在相位上,电流超前电压 90°。它们的波形图和相量图如图 3.20(b)、(c)所示。

在式(3.26)中,$I_m = \omega C U_m$ 或 $\dfrac{U_m}{I_m} = \dfrac{1}{\omega C}$,若用 X_C 表示 $\dfrac{1}{\omega C}$,则

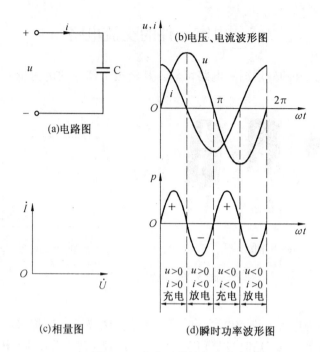

图 3.20 电容元件的交流电路

$$U_{\mathrm{m}}=X_{\mathrm{C}}I_{\mathrm{m}} \quad 或 \quad I_{\mathrm{m}}=\frac{U_{\mathrm{m}}}{X_{\mathrm{C}}} \quad 或 \quad \frac{U_{\mathrm{m}}}{I_{\mathrm{m}}}=X_{\mathrm{C}} \tag{3.27}$$

如果用有效值表示电压和电流,则

$$U=X_{\mathrm{C}}I \quad 或 \quad I=\frac{U}{X_{\mathrm{C}}} \quad 或 \quad \frac{U}{I}=X_{\mathrm{C}} \tag{3.28}$$

由式(3.27)、(3.28)可知,在电容元件电路中,电压的幅值 U_{m} 与电流的幅值 I_{m} 之比(或有效值 U 与 I 之比)为 $X_{\mathrm{C}}=\dfrac{1}{\omega C}$。当电压一定时,$X_{\mathrm{C}}$ 愈大,则电流愈小。X_{C} 具有阻碍电流的性质,因而称为电容元件的容抗,它的单位是 Ω。式(3.28)是电容元件欧姆定律的有效值形式。

容抗也与电阻不同,当电容 C 一定时,容抗 X_{C} 的大小随频率 f 而变,即

$$X_{\mathrm{C}}=\frac{1}{\omega C}=\frac{1}{2\pi f C}$$

可见,频率愈高,容抗愈小,因而电流愈大。这是因为频率愈高,电容元件充电与放电的速度愈快,在同样的电压下,单位时间内电荷的移动量就愈多的缘故。所以电容元件对高频电流呈现的容抗小,对低频电流呈现的容抗大,而对直流,容抗 X_{C} 为无穷大,可以看做开路。

3.5.2　功率与能量的转换关系

电容元件的瞬时功率

$$p=ui=U_{\mathrm{m}}\sin \omega t \cdot I_{\mathrm{m}}\sin(\omega t+90°)=$$

$$U_{\mathrm{m}}I_{\mathrm{m}}\sin \omega t \cdot \cos \omega t=\frac{1}{2}U_{\mathrm{m}}I_{\mathrm{m}}\sin 2\omega t=UI\sin 2\omega t \tag{3.29}$$

由上式可见,电容元件的瞬时功率 p 与电感元件的瞬时功率一样,也为一正弦交变量,其幅值为 UI。

由图 3.20(b)、(d)可知,在第一个和第三个 1/4 周期内,p 为正值(u 和 i 的正负相同);在第二个和第四个 1/4 周期内,p 为负值(u 和 i 一正一负)。p 为正值时,电容元件从电源取用电能并转换为电场能量储存于其电场中;p 为负值时,电容元件将储存的电场能量转换为电能送还电源。

电容元件的平均功率为

$$P = \frac{1}{T}\int_0^T p\mathrm{d}t = \frac{1}{T}\int_0^T UI\sin 2\omega t\mathrm{d}t = 0 \qquad (3.30)$$

式(3.30)说明,电容元件不消耗电量。在一个周期内,它送还电源的电能等于其从电源取用的电能。这种能量的转换过程也是可逆的。

与电感元件一样,在电容元件的交流电路中,虽然没有能量的消耗,但有电源与电容元件之间的能量互换。其互换的规模也用其瞬时功率 $p = UI\sin 2\omega t$ 的幅值 UI 来度量,用 Q_C 表示,称为电容元件的无功功率,即

$$Q_C = UI \quad 或 \quad Q_C = I^2 X_C \qquad (3.31)$$

由于电感元件和电容元件都不消耗能量,而是把由电源获得的电能分别储存于磁场和电场中,所以它们都是储能元件。

【例 3.11】　一个 100 μF 的电容元件接在电压有效值为 10 V 的正弦电源上。当电源频率分别为 50 Hz 和 500 Hz 时,电容元件中的电流分别为多少?

解　电容元件的容抗 X_C 与电源频率成反比。所以,两种情况下,电容元件中的电流是不一样的。

50 Hz 时

$$X_C = \frac{1}{2\pi fC} = \frac{1}{2\pi \times 50 \times 100 \times 10^{-6}} = 31.8\ \Omega$$

$$I = \frac{U}{X_C} = \frac{10}{31.8} = 0.314\ \text{A} = 314\ \text{mA}$$

500 Hz 时

$$X_C = \frac{1}{2\pi fC} = \frac{1}{2\pi \times 500 \times 100 \times 10^{-6}} = 3.18\ \Omega$$

$$I = \frac{U}{X_C} = \frac{10}{3.18} = 3.14\ \text{A} = 3\ 140\ \text{mA}$$

可见,在电压不变的情况下,频率愈高,容抗愈小,电流愈大。

思　考　题

3.5　在 R、L、C 三种单一元件交流电路中,试比较:在以下诸多关系中,有何相同? 有何不同?

(1)电压与电流的相位关系。

(2)电压与电流的有效值关系。

(3)功率与能量转换关系。

3.6　下面公式是 R、L、C 三种单一元件电路的电压与电流的基本关系式

$$u = Ri \quad u = L\frac{\mathrm{d}i}{\mathrm{d}t} \quad i = C\frac{\mathrm{d}u}{\mathrm{d}t}$$

它们是否适用于以下几种情况?

(1)变化的电压与电流;

(2)正弦电压与电流;

(3)直流电压与电流。

3.6   RLC 串联交流电路

图 3.21(a)所示为电阻、电感和电容元件串联的交流电路,在正弦电压 u 的作用下,电流 i 通过 R、L、C 各元件,产生的电压降分别为 u_R、u_L、u_C,电流及各部分电压的参考方向已标在电路图上。

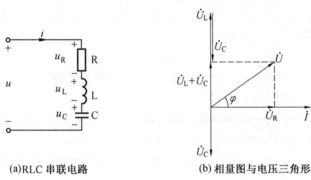

(a)RLC 串联电路   (b) 相量图与电压三角形

图 3.21   RLC 串联电路

3.6.1   电压和电流的关系

由前面电阻元件、电感元件和电容元件交流电路的讨论可知,各元件的电压与电流的关系是:

① 电压与电流的相位关系   ② 电压与电流的有效值关系

电阻:电压与电流同相   电阻:$U_R = IR$

电感:电压超前电流 90°   电感:$U_L = IX_L$

电容:电压滞后电流 90°   电容:$U_C = IX_C$

在图 3.21(a)所示电路中,若以电流为参考正弦量,即

$$i = I_m \sin \omega t$$

则

$$u_R = U_{Rm} \sin \omega t$$

$$u_L = U_{Lm} \sin(\omega t + 90°)$$

$$u_C = U_{Cm} \sin(\omega t - 90°)$$

由基尔霍夫电压定律,有

$$u = u_R + u_L + u_C$$

若用相量表示,则

$$\dot{U} = \dot{U}_R + \dot{U}_L + \dot{U}_C$$

上式为基尔霍夫电压定律的相量形式。

相量图具有直观、概括的优点,能清楚地表示出各正弦量的关系。作相量图时,首先必须选取其中一个相量为参考相量,然后根据其余相量与参考相量的关系一一确定它们的位置。参考相量可以任意选取。对于串联电路而言,由于电流是公共正弦量,所以选电流相量为参考相量时,作相量图比较方便(对并联电路而言,电压是公共正弦量,应选电压相量为参考相量)。

选取电流 $\dot I$ 为参考相量后,电压 $\dot U_R$、$\dot U_L$、$\dot U_C$ 以及电源电压 $\dot U$ 各相量的位置如图 3.21(b)所示。其中,$\dot U_R$ 与 $\dot I$ 同相,$\dot U_L$ 超前 $\dot I$ 90°,$\dot U_C$ 滞后 $\dot I$ 90°。$\dot U_R$、$\dot U_L$、$\dot U_C$ 之和(相量和)即为总电压 $\dot U$。

由 $\dot U_R$、$(\dot U_L+\dot U_C)$ 及 $\dot U$ 组成的直角三角形,称为电压三角形,从这个三角形上可以方便地找出电压、电流的相位关系和有效值的大小关系。

在电压三角形中,电源电压 $\dot U$ 与电流 $\dot I$ 之间存在相位差 φ,即

$$\varphi = \arctan\frac{U_L-U_C}{U_R} = \arctan\frac{IX_L-IX_C}{IR} =$$

$$\arctan\frac{X_L-X_C}{R} = \arctan\frac{\omega L-\frac{1}{\omega C}}{R} \tag{3.32}$$

式(3.32)说明,在 RLC 串联交流电路中,若 $X_L>X_C$,则 $\varphi>0$,电压超前电流,电路呈电感性;若 $X_L<X_C$,则 $\varphi<0$,电压滞后电流,电路呈电容性;若 $X_L=X_C$,则 $\varphi=0$,电压与电流同相,电路呈电阻性。在这里,φ 角称为相位差角。

φ 角的数值范围是

$$-90°\leqslant\varphi\leqslant+90°$$

根据电压三角形各边的长度,电源电压的有效值为

$$U = \sqrt{U_R^2+(U_L-U_C)^2} = \sqrt{(RI)^2+(IX_L-IX_C)^2} =$$

$$\sqrt{I^2[R^2+(X_L-X_C)^2]} = I\sqrt{R^2+(X_L-X_C)^2}$$

若用 $|Z|$ 表示 $\sqrt{R^2+(X_L-X_C)^2}$,则

$$U=I|Z| \quad \text{或} \quad I=\frac{U}{|Z|} \quad \text{或} \quad |Z|=\frac{U}{I} \tag{3.33}$$

式(3.33)说明,在 RLC 串联交流电路中,电压的有效值与电流的有效值之比为

$$|Z| = \sqrt{R^2+(X_L-X_C)^2} = \sqrt{R^2+\left(\omega L-\frac{1}{\omega C}\right)^2} \tag{3.34}$$

$|Z|$ 式中含有 R、X_L、X_C 对电流有综合性的阻碍作用,称为阻抗模(带有绝对值符号),单位也是 Ω。式(3.33)是 RLC 串联电路欧姆定律的有效值形式。

由式(3.34)可画出另一个三角形,称为阻抗三角形,此三角形斜边是阻抗模 $|Z|$,两直角边分别是电阻 R 和感抗与容抗之差 (X_L-X_C),如图 3.22(a)所示。其中的 φ 角,在这里称为阻抗角,与相位差角相等。

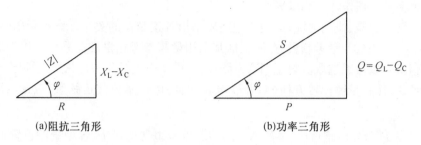

(a)阻抗三角形　　　　　　　　　(b)功率三角形

图 3.22　阻抗三角形和功率三角形

3.6.2　功率

1. 有功功率(平均功率)

在图 3.21(a)所示 RLC 串联交流电路中,只有电阻元件消耗能量,所以整个 RLC 串联电路的有功功率为

$$P = P_R = U_R I$$

式中,U_R 为电阻元件上的电压,也是电压三角形底边的长度,可表示为 $U_R = U\cos\varphi$,代入上式,得

$$P = UI\cos\varphi \tag{3.35}$$

由式(3.35)可见,RLC 串联交流电路的有功功率不像电阻元件电路的有功功率那样只等于电源电压有效值与电路中电流有效值的乘积 UI,而是要乘上一个系数 $\cos\varphi$。这是由于 RLC 串联交流电路电压、电流不同相出现了相位差的缘故。系数 $\cos\varphi$ 称为交流电路的功率因数(关于功率因数的讨论见第 3.8 节)。

2. 无功功率

在电阻元件消耗能量的时候,电感元件和电容元件却在储存能量或放出能量,电感元件和电容元件与电源进行着能量的互换。在图 3.21(b)所示相量图中,电压 $\dot{U}_L$ 和 $\dot{U}_C$ 相位相反表明,电感元件吸收能量时,电容元件恰好放出能量;电感元件放出能量时,电容元件恰好吸收能量。它们储能的步调总是相反的。因此,电感元件的无功功率 Q_L 与电容元件的无功功率 Q_C 的符号相反。若取 Q_L 为正号(吸收无功功率),Q_C 则为负号(放出无功功率)。所以,整个 RLC 串联电路的无功功率为

$$Q = Q_L - Q_C = U_L I - U_C I = (U_L - U_C) I$$

从电压三角形可以看出,$(U_L - U_C)$ 为电压三角形 φ 角对边的长度,可表示为

$$U_L - U_C = U\sin\varphi$$

所以

$$Q = UI\sin\varphi \tag{3.36}$$

3. 视在功率

RLC 串联交流电路输入端的电压有效值 U 和电流有效值 I 的乘积,一般情况下不等于有功功率 P 和无功功率 Q。我们把这个乘积称为视在功率,用 S 表示,即

$$S = UI \tag{3.37}$$

式(3.35)、(3.36)、(3.37)表明,电源向负载提供的视在功率 $S = UI$,其中成为有功功率的部分为 $UI\cos\varphi$,成为无功功率的部分为 $UI\sin\varphi$,两部分数值之间有几何关系,即

$$S = \sqrt{P^2 + Q^2}$$

式中, P、Q 和 S 组成第三个三角形, 如图 3.22(b) 所示, 称为功率三角形, 其中的 φ 角, 在这里称为功率因数角。电压三角形、阻抗三角形和功率三角形是一组相似三角形。它们从不同角度全面而形象地反映了 RLC 串联交流电路中电压、电流、阻抗、功率相互间的关系。φ 角是相位差角, 也是阻抗角和功率因数角, 在不同的三角形里有不同的名称, 概念也不同。

为了与有功功率和无功功率区别, 视在功率的单位称为伏安(VA)或千伏安(kVA)。

交流发电设备都是按照规定的额定电压和额定电流来设计和使用的, 所以用视在功率表示发电设备的容量是比较方便的。一般所说的发电机或变压器的容量, 就是指它们的视在功率。例如, 一台变压器的额定容量 $S_N = 5\,600$ kVA, 额定电压 $U_N = 110$ kV, 由于 $S_N = U_N I_N$, 所以额定电流为

$$I_N = \frac{S_N}{U_N} = \frac{5\,600}{110} = 50.9 \text{ A}$$

【例 3.12】 在图 3.21(a) 所示 RLC 电路中, 已知 $R = 4\ \Omega$, $L = 12.74$ mH, $C = 455\ \mu\text{F}$, 电源电压 $u = 220\sqrt{2}\sin 314t$ V。

(1) 试计算感抗 X_L、容抗 X_C、阻抗模 $|Z|$ 和阻抗角 φ。

(2) 试计算电流的有效值 I 和瞬时值 i。

(3) 试计算有功功率 P、无功功率 Q 和视在功率 S。

(4) 画出电压和电流的相量图。

解 (1) X_L、X_C、$|Z|$ 和 φ

$$X_L = \omega L = 314 \times 12.74 \times 10^{-3} = 4\ \Omega$$

$$X_C = \frac{1}{\omega C} = \frac{1}{314 \times 455 \times 10^{-6}} = 7\ \Omega$$

$$|Z| = \sqrt{R^2 + (X_L - X_C)^2} = \sqrt{4^2 + (4-7)^2} = 5\ \Omega$$

$$\varphi = \arctan \frac{X_L - X_C}{R} = \arctan \frac{4-7}{4} = \arctan \frac{-3}{4} = -37°$$

(φ 为负值, 说明电压滞后电流, 或电流超前电压, 电路呈电容性)

(2) I 和 i

$$I = \frac{U}{|Z|} = \frac{220}{5} = 44 \text{ A}$$

$$i = 44\sqrt{2}\sin(314t + 37°) \text{ A}$$

(3) P、Q 和 S

$$P = UI\cos\varphi = 220 \times 44\cos(-37°) = 7\,730.8 \text{ W} \approx 7.73 \text{ kW}$$

$$Q = UI\sin\varphi = 220 \times 44\sin(-37°) = -5\,825.6 \text{ Var} \approx -5.83 \text{ kVar}$$

$$S = UI = 220 \times 44 = 9\,680 \text{ VA}$$

(4) 电压和电流的相量图如图 3.23 所示。

【例 3.13】 图 3.24(a) 为 RC 移相电路。已知电阻 $R = 100\ \Omega$, 输入电压 u_1 的频率为 500 Hz。如要求输出电压 u_2 的相位比输入电压 u_1 的相位前移 $30°$, 试问: 电容值应为多少?

解 根据题意, 可画出电路的相量图如图 3.24(b) 所示, 由相量图可以看出

$$\frac{U_C}{U_2} = \tan 30°$$

即

$$\frac{IX_C}{IR} = \tan 30°$$

$$\frac{X_C}{R} = \tan 30°$$

因为

$$X_C = \frac{1}{\omega C}$$

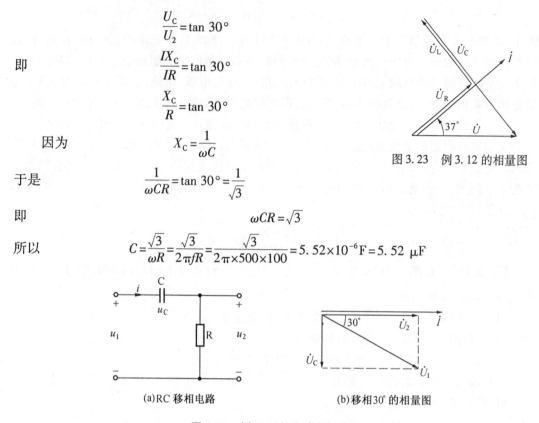

图 3.23　例 3.12 的相量图

于是

$$\frac{1}{\omega CR} = \tan 30° = \frac{1}{\sqrt{3}}$$

即

$$\omega CR = \sqrt{3}$$

所以

$$C = \frac{\sqrt{3}}{\omega R} = \frac{\sqrt{3}}{2\pi f R} = \frac{\sqrt{3}}{2\pi \times 500 \times 100} = 5.52 \times 10^{-6} F = 5.52\ \mu F$$

(a)RC 移相电路　　　　　(b)移相 30° 的相量图

图 3.24　例 3.13 的电路和相量图

思　考　题

3.7　RLC 串联交流电路的总电压与各部分电压之间的关系如果写成如下几种形式，试说明哪个对？哪个错？为什么？

(1) $U = U_R + U_L + U_C$ 　　　　　(2) $U = \sqrt{U_R{}^2 + U_L{}^2 + U_C{}^2}$

(3) $\dot U = \dot U_R + \dot U_L + \dot U_C$ 　　　　　(4) $u = u_R + u_L + u_C$

3.8　在 RLC 交流串联电路中，总的无功功率 $Q = Q_L - Q_C$，为什么 Q_L 与 Q_C 两者符号相反？

3.7　交流电路的相量模型

在 3.2 节讨论过交流电的相量表示法，可把正弦量表示成相量（代数式和指数式）。正弦量表示成相量后，即可应用复数的运算法则，对交流电路进行简捷的分析计算。

下面仍然先从单一参数元件电路开始，讨论它们的相量模型，然后引出 RLC 串联电路的相量模型。

3.7.1　单一参数元件电路的相量模型

1. 电阻元件电路的相量模型

由 3.3 节可知,电阻元件的电压与电流同相。其三角函数式及所对应的有效值相量指数式为

$$\left. \begin{aligned} i &= I_m \sin \omega t \qquad & \dot{I} &= Ie^{j0°} = I \\ u &= U_m \sin \omega t \qquad & \dot{U} &= Ue^{j0°} = U \end{aligned} \right\} \tag{3.38}$$

式(3.38)中的 $\dot{U}$ 和 $\dot{I}$ 称为电阻元件的复数电压和复数电流,简称复电压和复电流。用复电压和复电流标注参考方向的电阻元件电路如图 3.25(a)所示。由欧姆定律和式(3.38),有

$$\frac{\dot{U}}{\dot{I}} = \frac{U}{I} = R$$

即
$$\dot{U} = R\dot{I} \tag{3.39}$$

图 3.25(a)所示电路即为电阻元件电路的相量模型,式(3.39)是此相量模型的关系式(数学模型)。

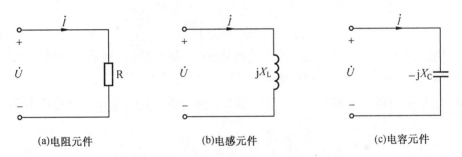

|(a)电阻元件|(b)电感元件|(c)电容元件|

图 3.25　R、L、C 电路的相量模型

2. 电感元件电路的相量模型

由 3.4 节可知,电感元件的电压超前电流 90°。其三角函数式及所对应的有效值相量指数式为

$$\left. \begin{aligned} i &= I_m \sin \omega t \qquad & \dot{I} &= Ie^{j0°} \\ u &= U_m \sin(\omega t + 90°) \qquad & \dot{U} &= Ue^{j90°} \end{aligned} \right\} \tag{3.40}$$

式(3.40)中的 $\dot{U}$ 和 $\dot{I}$ 称为电感元件的复电压和复电流,用 $\dot{U}$ 和 $\dot{I}$ 标注参考方向的电感元件电路如图 3.25(b)所示。由欧姆定律和式(3.40)得

$$\frac{\dot{U}}{\dot{I}} = \frac{Ue^{j90°}}{Ie^{j0°}} = \frac{U}{I}e^{j90°}$$

由于
$$\frac{U}{I} = X_L \quad \text{和} \quad e^{j90°} = j(j \text{ 为} +90° \text{旋转因子})$$

所以
$$\frac{\dot{U}}{\dot{I}} = jX_L$$

即
$$\dot{U} = jX_L \dot{I} \tag{3.41}$$

式(3.41)表明,电感元件的复电压超前复电流90°。图3.25(b)所示电路即为电感元件电路的相量模型,式(3.41)是此相量模型的关系式。

    3. 电容元件电路的相量模型

    由3.5节可知,电容元件的电流超前电压90°。其三角函数式及所对应的有效值相量的指数式为

$$\left. \begin{array}{ll} u = U_m \sin \omega t & \dot{U} = U e^{j0°} \\ i = I_m \sin(\omega t + 90°) & \dot{I} = I e^{j90°} \end{array} \right\} \tag{3.42}$$

式(3.42)中的 $\dot{U}$ 和 $\dot{I}$ 称为电容元件的复电压和复电流,用 $\dot{U}$ 和 $\dot{I}$ 标注参考方向的电容元件电路如图3.25(c)所示。由欧姆定律和式(3.42)得

$$\frac{\dot{U}}{\dot{I}} = \frac{U e^{j0°}}{I e^{j90°}} = \frac{U}{I} e^{j(0°-90°)} = \frac{U}{I} e^{-j90°}$$

由于
$$\frac{U}{I} = X_C \text{ 和 } e^{-j90°} = -j \quad (-j \text{ 为 } -90° \text{旋转因子})$$

所以
$$\frac{\dot{U}}{\dot{I}} = -jX_C$$

即
$$\dot{U} = -jX_C \dot{I} \tag{3.43}$$

式(3.43)表明,电容元件的复电压滞后复电流90°。图3.25(c)所示电路即为电容元件电路的相量模型,式(3.43)是此相量模型的关系式。

    综上所述,可得一组关于 R、L、C 单一参数元件电路的复电压 $\dot{U}$ 和复电流 $\dot{I}$ 的关系式。即

$$\left. \begin{array}{l} \dot{U} = R \dot{I} \\ \dot{U} = jX_L \dot{I} \\ \dot{U} = -jX_C \dot{I} \end{array} \right\} \tag{3.44}$$

上面三个关系式是单一参数元件欧姆定律的相量形式。其中 jX_L 称为电感元件的复感抗,$-jX_C$ 称为电容元件的复容抗(注意:$-jX_C$ 不表示复容抗为负值。$-j$ 表示电容元件电压 $\dot{U}$ 滞后电流 $\dot{I}$ 90°,相位差为 $-90°$)。

3.7.2 RLC 串联电路的相量模型

    现在假定 RLC 三元件串联接于正弦电源上,如图3.26(a)所示。

    若电源电压为 u,由图3.26(a)可知
$$u = u_R + u_L + u_C$$

用相量表示,则
$$\dot{U} = \dot{U}_R + \dot{U}_L + \dot{U}_C \tag{3.45}$$

根据前面的分析,各元件的复电压和复电流的关系为

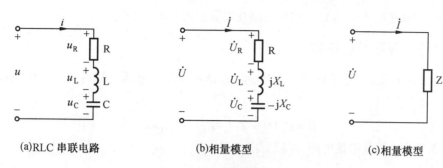

(a)RLC 串联电路　　　　　　(b)相量模型　　　　　　(c)相量模型

图 3.26　RLC 串联电路

$$\dot{U}_R = R\dot{I} \qquad\qquad (\dot{U}_R \text{ 与 } \dot{I} \text{ 同相})$$

$$\dot{U}_L = jX_L\dot{I} \qquad\qquad (\dot{U}_L \text{ 超前 } \dot{I}\ 90°)$$

$$\dot{U}_C = -jX_C\dot{I} \qquad\qquad (\dot{U}_C \text{ 滞后 } \dot{I}\ 90°)$$

将上述关系代入式(3.45)，可以写出

$$\dot{U} = R\dot{I} + jX_L\dot{I} - jX_C\dot{I} = \dot{I}[R + j(X_L - X_C)] = \dot{I}Z$$

即
$$\dot{U} = \dot{I}Z \qquad\qquad\qquad (3.46)$$

式(3.46)是 RLC 串联交流电路的相量关系式，RLC 串联交流电路的相量模型如图3.26(b)所示。式(3.46)中的 Z 称为串联电路的复阻抗。它等于

$$Z = R + j(X_L - X_C) \qquad\qquad (3.47)$$

复阻抗的实部为电阻 R，复阻抗的虚部为复感抗与复容抗的代数和 $jX_L - jX_C = j(X_L - X_C)$。

有了复阻抗的概念，RLC 串联电路也可以表示成图 3.26(c)所示的相量模型。

式(3.47)是复阻抗的代数式，也可以表示成指数式，即

$$Z = |Z|e^{j\varphi} = |Z|\angle\varphi$$

式中
$$\left.\begin{array}{l} |Z| = \sqrt{R^2 + (X_L - X_C)^2} \quad (\text{模}) \\[2mm] \varphi = \arctan\dfrac{X_L - X_C}{R} \quad (\text{辐角}) \end{array}\right\}$$

实际上，上一节已讲过的式(3.34)中的 $|Z|$ 和图 3.22(a)阻抗三角形中的 φ 角，就是这里的复阻抗公式

$$Z = |Z|e^{j\varphi} = |Z|\angle\varphi$$

中的模和辐角。

当 R、X_L 和 X_C 的单位均为欧姆时，复阻抗的常用计算公式是

$$Z = R + j(X_L - X_C) = \sqrt{R^2 + (X_L - X_C)^2}\ \angle\arctan\dfrac{X_L - X_C}{R} \qquad (3.48)$$

应当注意的是，复阻抗 Z 虽然也是复数，但它只是电路的相量模型，它表示的不是正弦量，因而它不是相量，字母 Z 上不能打"·"。

作为 RLC 串联交流电路的特例，电阻元件电路的复阻抗是 $Z = R$；电感元件电路的复阻抗是 $Z = jX_L$；电容元件电路的复阻抗是 $Z = -jX_C$；RL 串联电路的复阻抗是 $Z = R + jX_L$；RC 串

联电路的复阻抗是 $Z = R - jX_C$。这些电路在实际应用中非常普遍。

3.7.3 复阻抗的串联

图 3.27(a)是两个复阻抗串联的电路,根据基尔霍夫电压定律可以写出电压相量关系式为

$$\dot{U} = \dot{U}_1 + \dot{U}_2 = Z_1 \dot{I} + Z_2 \dot{I} = (Z_1 + Z_2)\dot{I}$$

图 3.27(b)是其等效电路,可以写出

$$\dot{U} = Z\dot{I}$$

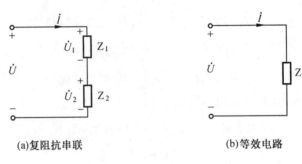

(a)复阻抗串联   (b)等效电路

图 3.27

比较以上两式,等效复阻抗为

$$Z = Z_1 + Z_2$$

应当注意的是

$$|Z| \neq |Z_1| + |Z_2|$$

其原因是,一般情况下:

因为 $$U \neq U_1 + U_2$$

即 $$|Z|I \neq |Z_1|I + |Z_2|I = (|Z_1| + |Z_2|)I$$

所以 $$|Z| \neq |Z_1| + |Z_2|$$

由此可见,复阻抗串联时,等效复阻抗等于各复阻抗之和;而等效复阻抗的模不等于各复阻抗的模之和。

3.7.4 复阻抗的并联

图 3.28(a)是两个复阻抗并联的电路,根据基尔霍夫电流定律可以写出电流相量关系式为

$$\dot{I} = \dot{I}_1 + \dot{I}_2 = \frac{\dot{U}}{Z_1} + \frac{\dot{U}}{Z_2} = \left(\frac{1}{Z_1} + \frac{1}{Z_2}\right)\dot{U}$$

图 3.28(b)是其等效电路,可以写出

$$\dot{I} = \frac{\dot{U}}{Z}$$

比较以上两式,等效复阻抗的倒数为

$$\frac{1}{Z} = \frac{1}{Z_1} + \frac{1}{Z_2}$$

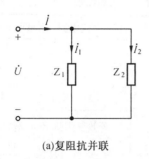

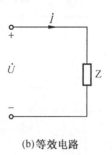

(a)复阻抗并联　　　　　　　　(b)等效电路

图 3.28

也可写为

$$Z = \frac{Z_1 Z_2}{Z_1 + Z_2}$$

上式是两个复阻抗并联时等效复阻抗的计算公式。

应当注意的是

$$\frac{1}{|Z|} \neq \frac{1}{|Z_1|} + \frac{1}{|Z_2|}$$

即

$$|Z| \neq \frac{|Z_1||Z_2|}{|Z_1| + |Z_2|}$$

其原因是,一般情况下:

因为

$$I \neq I_1 + I_2$$

即

$$\frac{U}{|Z|} \neq \frac{U}{|Z_1|} + \frac{U}{|Z_2|} = \left(\frac{1}{|Z_1|} + \frac{1}{|Z_2|} \right) U$$

所以

$$\frac{1}{|Z|} \neq \frac{1}{|Z_1|} + \frac{1}{|Z_2|}$$

也就是

$$|Z| \neq \frac{|Z_1||Z_2|}{|Z_1| + |Z_2|}$$

由此可见,复阻抗并联时,等效复阻抗的倒数等于各复阻抗倒数之和;而等效复阻抗模的倒数,不等于各复阻抗模的倒数之和。

3.7.5　交流电路的相量分析

在正弦交流电路中,若电路元件用相量模型表示(R、jX_L、$-jX_C$、Z),电压和电流用相量表示($\dot{U}$、$\dot{I}$),则交流电路模型将服从相量形式的欧姆定律和基尔霍夫定律,交流电路的计算也有一整套与直流电路相对应的相量形式的公式和分析方法。只要把直流看成是交流的特殊情况($\omega = 0$),两者就统一起来了。这样,直流电路中的各种分析方法,例如,支路电流法、结点电压法、电压源与电流源的等效变换、叠加定理、戴维宁定理和诺顿定理,等等,都可应用到交流电路中来。交、直流电路几个常用计算公式的比较如表 3.2 所示。

表 3.2　交直流电路几个常用计算公式的比较

	直流电路	交流电路（相量形式）
欧姆定律	$U = IR$	$\dot{U} = \dot{I}Z$
基尔霍夫定律	$\sum I = 0$	$\sum \dot{I} = 0$
	$\sum U = 0$	$\sum \dot{U} = 0$
串联电路	等效电阻 $R = R_1 + R_2$ 分压公式 $\begin{cases} U_1 = \dfrac{R_1}{R_1 + R_2}U \\ U_2 = \dfrac{R_2}{R_1 + R_2}U \end{cases}$	等效复阻抗 $Z = Z_1 + Z_2$ 分压公式 $\begin{cases} \dot{U}_1 = \dfrac{Z_1}{Z_1 + Z_2}\dot{U} \\ \dot{U}_2 = \dfrac{Z_2}{Z_1 + Z_2}\dot{U} \end{cases}$
并联电路	等效电阻 $R = \dfrac{R_1 R_2}{R_1 + R_2}$ 分流公式 $\begin{cases} I_1 = \dfrac{R_2}{R_1 + R_2}I \\ I_2 = \dfrac{R_1}{R_1 + R_2}I \end{cases}$	等效复阻抗 $Z = \dfrac{Z_1 Z_2}{Z_1 + Z_2}$ 分流公式 $\begin{cases} \dot{I}_1 = \dfrac{Z_2}{Z_1 + Z_2}\dot{I} \\ \dot{I}_2 = \dfrac{Z_1}{Z_1 + Z_2}\dot{I} \end{cases}$

【例 3.14】　在 RLC 串联电路中（图 3.26(a)），已知 $R = 4\ \Omega$，$X_L = 10\ \Omega$，$X_C = 7\ \Omega$，电源电压 $u = 220\sqrt{2}\sin(314t + 15°)$ V。试求电流 i。

解　本题电路的相量模型如图 3.26(b)所示。

(1)写出电源电压 u 对应的复电压（极坐标式）

$$\dot{U} = 220\underline{/15°}\ \text{V}$$

(2)求电路的复阻抗

$$Z = R + \text{j}(X_L - X_C) = 4 + \text{j}(10 - 7) = 4 + \text{j}3 = \sqrt{4^2 + 3^2}\underline{/\arctan\frac{3}{4}} = 5\underline{/37°}\ \Omega$$

(3)求电路的复电流

$$\dot{I} = \frac{\dot{U}}{Z} = \frac{220\underline{/15°}}{5\underline{/37°}} = 44\underline{/15° - 37°} = 44\underline{/-22°}\ \text{A}$$

(4)写出正弦电流 i

$$i = 44\sqrt{2}\sin(314t - 22°)\ \text{A}$$

可以看出,本题采用相量分析,过程十分简捷,因为在计算复电流 $\dot{I}$ 时,模（44 A）和辐角（-22°）的计算是一步完成的。

【例 3.15】　计算图 3.29(a)电路中电流表的读数。

解　图 3.29(a)电路是一般形式的电路,给出的电源电压 100 V,只知大小,不知初相位。对此种类型电路如采用相量法,其计算步骤如下。

(1)给电源电压 $U = 100$ V 设一个参考初相位,转换成 $\dot{U} = 100\underline{/0°}$ V,选定电压 $\dot{U}$ 作为本电路（并联电路）的公共参考相量（如果是串联电路,则选电流作为参考相量）,其相量模

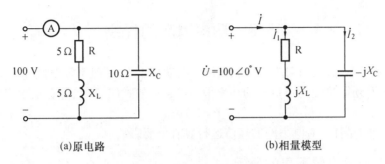

(a)原电路   (b)相量模型

图 3.29　例 3.15 的电路

型则如图 3.29(b)所示。图中,感抗和容抗均换成相量形式。

(2) 计算电流 $\dot{I}$ 可用以下两种方法。

方法一

$$\dot{I}_1 = \frac{\dot{U}}{R+jX_L} = \frac{100\angle 0°}{5+j5} = \frac{100\angle 0°}{5\sqrt{2}\angle 45°} = 10\sqrt{2}\angle -45° \text{ A}$$

$$\dot{I}_2 = \frac{\dot{U}}{-jX_C} = j\frac{100\angle 0°}{10} = j10 \text{ A}$$

$$\begin{aligned}
\dot{I} = \dot{I}_1 + \dot{I}_2 &= 10\sqrt{2}\angle -45° + j10 = \\
&\quad 10\sqrt{2}\cos(-45°) + j10\sqrt{2}\sin(-45°) + j10 = \\
&\quad 10 - j10 + j10 = 10 \text{ A}
\end{aligned}$$

所以电流表的读数为 10 A。

方法二

求并联电路的等效复阻抗 Z 和总电流 $\dot{I}$

$$Z = \frac{Z_1 Z_2}{Z_1 + Z_2} = \frac{(R+jX_L)(-jX_C)}{R+jX_L-jX_C} = \frac{(5+j5)(-j10)}{5+j5-j10} =$$

$$\frac{50-j50}{5-j5} = \frac{50\sqrt{2}\angle -45°}{5\sqrt{2}\angle -45°} = 10 \ \Omega$$

$$\dot{I} = \frac{\dot{U}}{Z} = \frac{100\angle 0°}{10} = 10\angle 0° \text{ A}$$

即电流表的读数为 10 A。

思 考 题

3.9　在例 3.14 中,如果采用以下几种关系式,试判别哪些正确? 哪些不正确?

$(1) I = \dfrac{U}{|Z|}$,　$(2) i = \dfrac{u}{|Z|}$,　$(3) \dot{I} = \dfrac{\dot{U}}{|Z|}$,　$(4) \dot{I} = \dfrac{\dot{U}}{Z}$

3.10　直流电路的各种分析方法和计算公式能否直接应用于正弦交流电路? 怎样做才可以?

3.11　从交流电的角度,如何解释在直流电路中电感元件短路、电容元件断路等诸多现象?

3.8 功率因数的提高

在交流电路中,供电网向用户负载提供的有功功率 P,一般不等于供电电压 U 和供电电流 I 的乘积 UI,还取决于用户负载的功率因数 $\cos\varphi$,如式(3.35),即有功功率为

$$P = UI\cos\varphi$$

可见,功率因数的高低,对电力网的经济运行具有重要影响。

3.8.1 功率因数不高的原因

功率因数不高的根本原因是供电网上存在大量电感性负载。例如工业生产中,较多使用异步电动机,它在额定工作时,功率因数约为 $0.7 \sim 0.9$,如果是轻载,功率因数更低。还有,例如工频炉、电焊变压器等,功率因数都是较低的。

3.8.2 功率因数不高造成的经济损失

功率因数低能造成什么不利和损失呢?可从两方面来说明。

1. 使电源设备的容量不能充分利用

设某供电变压器的额定电压 $U_N = 230$ V,额定电流 $I_N = 434.8$ A,额定容量 $S_N = U_N I_N = 230 \times 434.8 = 100$ kVA。

如果负载功率因数等于1,则变压器可以输出有功功率

$$P = U_N I_N \cos\varphi = 230 \times 434.8 \times 1 = 100 \text{ kW}$$

如果负载功率因数等于0.5,则变压器可以输出有功功率

$$P = U_N I_N \cos\varphi = 230 \times 434.8 \times 0.5 = 50 \text{ kW}$$

可见,负载的功率因数愈低,供电变压器输出的有功功率愈小,设备的利用率愈不充分,经济损失愈严重。

2. 增加了输电线路上的功率损失

设供电电源是一台发电机,当发电机的输出电压 U 和输出的有功功率 P 一定时,发电机输出的电流(即线路上的电流)为

$$I = \frac{P}{U\cos\varphi}$$

可见电流 I 和功率因数 $\cos\varphi$ 成反比。若输电线的电阻为 r,则输电线上的功率损失为

$$\Delta P = I^2 r = \left(\frac{P}{U\cos\varphi}\right)^2 r$$

功率损失 ΔP 和功率因数 $\cos\varphi$ 的平方成反比,功率因数愈低,功率损失愈大。

以上讨论,是一台变压器和一台发电机的情况,但其结论也适用于一个工厂或一个地区的供电系统。功率因数的提高意味着电网内的发电设备得到了充分利用,提高了发电机输出的有功功率和输电线上有功电能的输送量。与此同时,输电线路上的功率损失也大大降低,可以节约大量电力。

3.8.3 提高功率因数的方法

国家供电部门规定:高压供电的工业企业,平均功率因数不低于0.95,低压供电的用户

不低于 0.9。因此,用电企业应设法提高本单位用电系统的功率因数。

提高功率因数的简便有效的方法,是给电感性负载并联适当容量的电容器(实际上是在用户的电网侧并联电容器),其原理电路和相量图如图 3.30(a)、(b)、(c)所示。

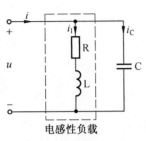 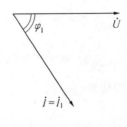 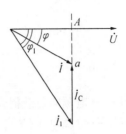

(a)电感性负载并联电容器　　(b)并联电容器之前的相量图　　(c)并联电容器之后的相量图

图 3.30　功率因数的提高

由图 3.30(a)可知,由于是并联,电感性负载的电压不受电容器的影响,电感性负载的电流 I_1 仍然等于 $\dfrac{U}{\sqrt{R^2+X_L^2}}$,电源电压和电感性负载的参数并未改变。但对总电流来说,却多了一个电流分量 i_C,即

$$i = i_1 + i_C$$

相量式为
$$\dot{I} = \dot{I}_1 + \dot{I}_C$$

由相量图 3.30(b)可知,未并联电容器时,总电流(等于电感性负载电流 $\dot{I}_1$)与电源电压的相位差为 φ_1;由图 3.30(c)可知,并联电容器之后,总电流(等于 $\dot{I}_1 + \dot{I}_C$)与电源电压的相位差为 φ,相位差减小了,由 φ_1 减小为 φ,功率因数 $\cos\varphi$ 就提高了。应当注意,这里所说的功率因数提高了,是指整个电路系统(包括电容器在内)的功率因数提高了(或者说,此时电源的功率因数提高了),而原电感性负载的功率因数 $\cos\varphi_1$ 并未改变。

由相量图 3.30(c)还可知,若增加电容量,容抗减小,则 $\dot{I}_C$ 增大,顺 a、A 的延长线伸长,φ 角随着减小,功率因数 $\cos\varphi$ 逐渐提高。若 C 值选得适当,点 a 与 A 重合,电流 $\dot{I}$ 和电压 $\dot{U}$ 同相,则 $\varphi=0$,$\cos\varphi=1$,获得最佳状态。若 C 值选得过大,$\dot{I}_C$ 增大太多,电流 $\dot{I}$ 将超前电压 $\dot{U}$,功率因数 $\cos\varphi$ 反而减小。因此,为了将功率因数由 $\cos\varphi_1$ 提高到 $\cos\varphi$,电容 C 的数值必须选择适当。用以提高功率因数所需电容 C 的计算公式推导如下。

① 由相量图 3.30(c)可以看出
$$I_C = I_1\sin\varphi_1 - I\sin\varphi$$
因为电容器不消耗功率,所以并联电容器前后电路的有功功率不变,因而
$$I_1 = \frac{P}{U\cos\varphi_1} \quad 和 \quad I = \frac{P}{U\cos\varphi}$$

代入上式

于是
$$I_C = \frac{P}{U}(\tan\varphi_1 - \tan\varphi)$$

② 由电路图 3.30(a)可以看出

$$I_C = \frac{U}{X_C} = \frac{U}{\dfrac{1}{\omega C}} = \omega C U$$

最后得到
或者

$$\left.\begin{array}{l} C = \dfrac{P}{\omega U^2}(\tan \varphi_1 - \tan \varphi) \\[3mm] C = \dfrac{P}{2\pi f U^2}(\tan \varphi_1 - \tan \varphi) \end{array}\right\} \tag{3.49}$$

式中　P——电源向负载提供的有功功率(W);

　　　　U——电源电压(V);

　　　　f——电源频率(Hz);

　　　　φ_1——并联电容前,电路的功率因数角,也是电感性负载的功率因数角;

　　　　φ——并联电容后,整个电路的功率因数角。

　　功率因数是提高了,但电源的视在功率和输出电流变化如何? 电感性负载并联电容器以后,减少了电源与电感性负载之间的能量互换,此时电感性负载所需的无功功率,大部分(或全部)由电容器就地供给,因此电源输出的无功功率减少了,而有功功率不变,所以视在功率也减小了(见功率三角形)。由于电源电压不变,以及视在功率减小,所以电源的输出电流也减小了。

　　【例 3.16】　有一电感性负载,功率 $P = 10\ \text{kW}$,功率因数 $\cos \varphi_1 = 0.6$,电源电压 $U = 220$ V,频率 $f = 50$ Hz。

　　(1)如果将功率因数提高到 $\cos \varphi = 0.95$,需要并联多大电容? 并联电容前后,线路上的电流是多少?

　　(2)如果将功率因数从 0.95 再提高到 1,电容还需增加多少?

　　解　(1)功率因数提高到 0.95 前后

提高前　　　$\cos \varphi_1 = 0.6$　　　$\varphi_1 = 53.1°$　　　$\tan \varphi_1 = 1.33$

提高后　　　$\cos \varphi = 0.95$　　　$\varphi = 18.2°$　　　$\tan \varphi = 0.33$

将功率因数由 0.6 提高到 0.95 所需要的电容值为

$$C = \frac{P}{\omega U^2}(\tan \varphi_1 - \tan \varphi) = \frac{10 \times 10^3}{314 \times 220^2}(1.33 - 0.33) = 658\ \mu\text{F}$$

并联电容器前的线路电流为

$$I_1 = \frac{P}{U\cos \varphi_1} = \frac{10 \times 10^3}{220 \times 0.6} = 75.8\ \text{A}$$

并联电容器后的线路电流为

$$I = \frac{P}{U\cos \varphi} = \frac{10 \times 10^3}{220 \times 0.95} = 47.8\ \text{A}$$

线路电流明显减小了。

　　(2)功率因数由 0.95 再提高到 1,需要增加的电容值为

$$C = \frac{10 \times 10^3}{314 \times 220^2}(\tan 18.2° - \tan 0°) = 217.1\ \mu\text{F}$$

可以看出,当功率因数已接近于 1 时,再继续提高,功率因数幅度上升不多,但所需要的电容

值很大,还需要较多的经济投入。因此,功率因数不必提高到1。

思　考　题

3.12　电感性负载并联电容器后是何处的功率因数提高了? 电感性负载本身的功率因数是否改变?

3.13　电路的功率因数提高后,电源输出的有功功率是否改变? 电源的输出电流、无功功率和视在功率如何改变?

3.9　串联谐振与并联谐振

谐振是交流电路中发生的一种特殊现象。在同时含有电感和电容的交流电路中,通常情况下,电路的端电压 u 和电流 i 是不同相的,但如果电源频率(f)变化,或电路参数(L、C)改变,电路的端电压 u 和电流 i 就会变为同相,并独具特性,这种现象称为电路的谐振。按电路结构不同,谐振有串联谐振和并联谐振两种,分述如下。

3.9.1　串联谐振

在串联电路中发生的谐振称为串联谐振。在3.6节曾提到,在图3.21(a)所示电路中,若 $X_L = X_C$ 时,则

$$\varphi = \arctan \frac{X_L - X_C}{R} = 0$$

说明电路输入端的电压 u 和电流 i 同相,电路呈电阻性。这就是 RLC 串联电路的串联谐振。

产生串联谐振的条件是

$$X_L = X_C \quad 即 \quad \omega L = \frac{1}{\omega C}$$

当电源频率一定时,要使电路产生谐振,就要改变电路参数 L 或 C。常用的方法是改变电容 C 的数值,即

$$C = \frac{1}{\omega^2 L}$$

当电路参数一定时,也可以用改变电源频率的办法,使电路达到谐振。谐振时的电源角频率为

$$\omega_0^2 = \frac{1}{LC}$$

即

$$\left. \begin{array}{l} \omega_0 = \dfrac{1}{\sqrt{LC}} \\[2mm] f_0 = \dfrac{1}{2\pi\sqrt{LC}} \end{array} \right\} \tag{3.50}$$

或谐振频率为

串联谐振主要特征是:

(1)电压 $\dot{U}$ 与电流 $\dot{I}$ 同相,电路呈电阻性。

(2)电路阻抗最小,电流最大。

$$Z_0 = |Z| = \sqrt{R^2 + (X_L - X_C)^2} = R$$

$$I = I_0 = \frac{U}{R}$$

感抗 X_L、容抗 X_C、阻抗 $|Z|$ 和电流 I 随频率变化的关系曲线如图 3.31 所示。

(3)电感元件 U_L 和电容电压 U_C 的数值可能过大(过电压)。

① 因为 $X_L = X_C$，所以 $\dot{U}_L$ 和 $\dot{U}_C$ 大小相等，相位相反，互相抵消。电源不再给电感和电容提供无功功率，能量互换只在它们两者之间进行。

② 当 $X_L = X_C \gg R$ 时，U_L 和 U_C 将比电源电压 U 高得多(U_L 和 U_C 的数值可能很大，出现过电压)，此时过电压 U_L 和 U_C 的作用不容忽视。例如：设电源电压 $U = 220$ V，$R = 1$ Ω，$X_L = X_C = 10$ Ω，此时 $I = \dfrac{U}{R} = \dfrac{220}{1} = 220$ A，U_L 和 U_C 将达到 2 200 V。可能产生击穿，危及人身安全。

串联谐振时的相量图如 3.32 所示。图中，$\dot{U}_L = -\dot{U}_C$，$\dot{U} = \dot{U}_R$，电源电压全部降落在电阻上。

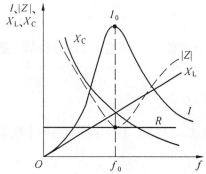

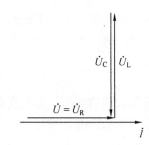

图 3.31 X_L、X_C、$|Z|$、I 随频率变化曲线   图 3.32   串联谐振时的相量图

电压过高会击穿电容器和电感线圈的绝缘层，因此电力工程上应避免发生串联谐振。串联谐振多应用于无线电工程中，例如在接收机里，天线收到各种不同频率的微弱信号，如何选择我们所需要的某一频率的信号呢？只要旋转可变电容器的旋钮就可以找到。原来，电容 C 是设置在接收机里的串联谐振电路中的可变电容(图 3.33(a)、(b))，改变 C 的数值就可使电路在所需要的频率上谐振，使该频率电流信号最大，电容电压 U_C 最高，而其余不需要的频率信号由于未达到其相应的谐振状态，电流极小，处于被抑制状态。于是，就获得了该频率的较强信号收到该频率信号所传递的信息。

【例 3.17】 某收音机的输入电路如图 3.33(a)所示。线圈的电感 $L = 0.3$ mH，电阻 $R = 16$ Ω。今欲收听 640 kHz 的电台广播，应将可变电容 C 调到多少 pF？如果谐振回路中的信号电压 $U = 2$ μV，这时回路中的信号电流是多少？可变电容器两端的电压是多少？

解 根据

$$f_0 = \frac{1}{2\pi\sqrt{LC}}$$

$$640 \times 10^3 = \frac{1}{2 \times 3.14\sqrt{0.3 \times 10^{-3} \times C}}$$

可得 $C = 204$ pF

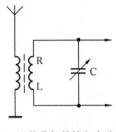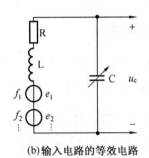

(a)接收机的输入电路　　　(b)输入电路的等效电路

图 3.33　例 3.17 的电路图

回路中的信号电流为

$$I=\frac{U}{R}=\frac{2\times10^{-6}}{16}=0.13\ \mu A$$

电容器两端电压为

$$U_C=IX_C=\frac{I}{2\pi f_0 C}=\frac{0.13\times10^{-6}}{2\times3.14\times640\times10^3\times204\times10^{-12}}=158\ \mu V$$

可见，U_C 是信号电压 U 的 79 倍。

【例 3.18】 现将一电感 $L=4$ mH、电阻 $R=10\ \Omega$ 的电感线圈与电容 $C=160$ pF 的电容器串联，接在 $U=1$ V 的信号源上。

（1）当 $f_0=200$ kHz 时电路发生谐振，求谐振电流与电容器上的电压；

（2）当频率偏离谐振点+10% 时，再求电流与电容器上的电压。

解 （1）谐振点 $f_0=200$ kHz

$$X_L=\omega_0 L=2\pi f_0 L=2\pi\times200\times10^3\times4\times10^{-3}=5\times10^3\ \Omega$$

$$X_C=\frac{1}{\omega_0 C}=\frac{1}{2\pi\times200\times10^3\times160\times10^{-12}}=5\times10^3\ \Omega$$

谐振电流为

$$I_0=\frac{U}{\sqrt{R^2+(X_L-X_C)^2}}=\frac{U}{R}=\frac{1}{10}=0.1\ A=100\ mA$$

电容器上的电压 $U_C=I_0 X_C=0.1\times5\times10^3=500$ V，是信号源电压的 500 倍。

（2）频率偏离谐振点+10% 时。此时 X_L 和 X_C 将分别增加 10% 和减少 10%，即

$$X_L=5\ 500\ \Omega \qquad X_C=4\ 500\ \Omega$$

阻抗为

$$|Z|=\sqrt{R^2+(X_L-X_C)^2}=\sqrt{10^2+(5\ 500-4\ 500)^2}\approx1\ 000\ \Omega$$

电流为

$$I=\frac{U}{|Z|}=\frac{1}{1\ 000}=0.001\ A=1\ mA$$

电容器上的电压为

$$U_C=IX_C=0.001\times4\ 500=4.5\ V$$

可见偏离谐振频率+10% 时，电流 I 和电容器电压 U_C 都大大减小了。

3.9.2 并联谐振

工程上采用图 3.34(a)所示并联谐振电路,线圈和电容器并联,其中 X_L 是线圈的感抗,R 是线圈自身的电阻(数值很小)。为分析方便,X_L 和 R 分开表示。

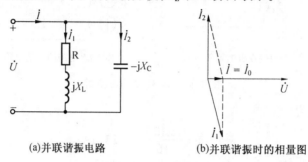

(a)并联谐振电路　　　　(b)并联谐振时的相量图

图 3.44　并联谐振

当总电流 $\dot{I}$ 与电源电压 $\dot{U}$ 同相时,便称该电路发生了谐振,称为并联谐振。下面分析并联谐振的条件和谐振频率。

由 KCL,在图 3.34(a)所示电路可以写出关系式

$$\dot{I} = \dot{I}_1 + \dot{I}_2 = \frac{\dot{U}}{R+jX_L} + \frac{\dot{U}}{-jX_C} = \dot{U}\left(\frac{1}{R+j\omega L} + \frac{1}{-j\frac{1}{\omega C}}\right) =$$

$$\dot{U}\left(\frac{1}{R+j\omega L} + \frac{1}{-j\frac{j}{j\omega C}}\right) = \dot{U}\left(\frac{1}{R+j\omega L} + \frac{1}{\frac{1}{j\omega C}}\right) = \dot{U}\left(\frac{1}{R+j\omega L} + j\omega C\right)$$

式中

$$\frac{1}{R+j\omega L} = \frac{R-j\omega L}{(R+j\omega L)(R-j\omega L)} = \frac{R-j\omega L}{R^2-(j\omega L)^2} =$$

$$\frac{R}{R^2+(\omega L)^2} - \frac{j\omega L}{R^2+(\omega L)^2}$$

所以

$$\dot{I} = \dot{U}\left(\frac{R}{R^2+(\omega L)^2} - \frac{j\omega L}{R^2+(\omega L)^2} + j\omega C\right) =$$

$$\dot{U}\left[\frac{R}{R^2+(\omega L)^2} - j\left(\frac{\omega L}{R^2+(\omega L)^2} - \omega C\right)\right] \tag{3.51}$$

因为谐振时 $\dot{I}$ 与 $\dot{U}$ 同相,电路呈电阻性,所以式(3.51)中的虚部应等于零。设谐振时电源的 $\omega = \omega_0$,则

$$\frac{\omega_0 L}{R^2+(\omega_0 L)^2} - \omega_0 C = 0$$

$$\frac{\omega_0 L}{R^2+(\omega_0 L)^2} = \omega_0 C$$

$$\frac{1}{R^2+(\omega_0 L)^2} = \frac{C}{L} \tag{3.52}$$

于是式(3.51)可表示为

$$\dot{I} = \dot{I}_0 = \dot{U}\frac{R}{R^2+(\omega_0 L)^2} = \frac{\dot{U}}{\dfrac{R^2+(\omega_0 L)^2}{R}} = \frac{\dot{U}}{Z_0}$$

$$Z_0 = \frac{R^2+(\omega_0 L)^2}{R}$$

由式(3.52)可知, $R^2+(\omega_0 L)^2 = \dfrac{L}{C}$,所以

$$Z_0 = \frac{L}{RC} \tag{3.53}$$

阻抗 Z_0 为实数,电阻性。

并联谐振的条件:

在式(3.52)中,因为 $R^2 \ll (\omega_0 L)^2$,忽略 R 的影响,式(3.52)可以写为

$$\frac{1}{\omega_0 L} = \omega_0 C$$

即

$$\omega_0 L = \frac{1}{\omega_0 C}$$

这就是并联谐振的条件。

并联谐振的频率:

由上式可得

$$\omega_0^2 = \frac{1}{LC}$$

所以

$$\left. \begin{array}{l} \omega_0 = \dfrac{1}{\sqrt{LC}} \\[3mm] f_0 = \dfrac{1}{2\pi\sqrt{LC}} \end{array} \right\} \tag{3.54}$$

并联谐振的主要特征:

(1)电压 $\dot{U}$ 与电流 $\dot{I}$ 同相,电路呈电阻性。

(2)电路阻抗最大,电流最小。

由图 3.35 所示,阻抗 $|Z|$ 和电流 I 两条谐振曲线可以看出,发生并联谐振时, $|Z| = |Z_0|$,数值最大, $I = I_0$,数值最小。

(3)线圈电流 $\dot{I}_1$ 和电容电流 $\dot{I}_2$,大小近于相等,相位近于相反。而且, I_1 和 I_2 的数值远大于总电流 I , $I = I_0$,数值很小,如图 3.34(b)所示。

并联谐振因其诸多特点,工程上也有许多应用,例如 LC 选频电路,等等。

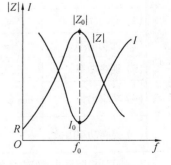

图 3.35　$|Z|$ 和 I 曲线

思 考 题

3.14　发生串联谐振的条件是什么? 为什么串联谐振时会产生过电压? 电阻 R 上能否产生过电压?

3.15 在图 3.34(a)所示并联电路中，若 $R = 0.5\ \Omega$，$L = 5\ \text{mH}$，$C = 100\ \text{pF}$，电路的谐振频率 f_0 与谐振阻抗 $|Z_0|$ 各是多少？

本 章 小 结

交流电路概念多，运算复杂，为简化分析，采用相量表示法和相量模型。本章内容有如下要点。

（1）正弦量三要素及其相关物理量。要理解含义，尤其是初相位 ψ 和相位差 φ。

（2）正弦交流电的相量表示法。相量图和相量式（要理解此法能简化交流电计算的原理）。

（3）电压、电流和功率的基本关系式。对表 3.3 要善于运用。

表 3.3 交流电路的电压、电流和功率的基本关系式及相量图

电路类型		R、L、C 单一元件电路			RLC 串联电路
		R	L	C	
电压与电流的关系	(1) 瞬时值形式	$u = Ri$	$u = L\dfrac{\text{d}i}{\text{d}t}$	$i = C\dfrac{\text{d}u}{\text{d}t}$	$u = Ri + L\dfrac{\text{d}i}{\text{d}t} + \dfrac{1}{C}\int i\text{d}t$
	(2) 有效值形式	$U = RI$	$U = X_L I$	$U = X_C I$	$U = I\sqrt{R^2 + (X_L - X_C)^2} = I|Z|$ $|Z| = \sqrt{R^2 + (X_L - X_C)^2}$
	(4) 相量形式	$\dot{U} = R\dot{I}$	$\dot{U} = jX_L\dot{I}$	$\dot{U} = -jX_C\dot{I}$	$\dot{U} = \dot{I}[R + j(X_L - X_C)] = \dot{I}Z$ $Z = R + j(X_L - X_C) = |Z|\underline{/\varphi}$
	(4) 相位差	$\varphi = 0$	$\varphi = 90°$	$\varphi = -90°$	$\varphi = \arctan\dfrac{X_L - X_C}{R}\ (-90° \leqslant \varphi \leqslant 90°)$
	(5) 相量图				
功率关系	(1) 有功功率	$P = UI$	$P = 0$	$P = 0$	$P = UI\cos\varphi$
	(2) 无功功率	$Q = 0$	$Q = UI$	$Q = UI$	$Q = UI\sin\varphi$
	(3) 视在功率	$S = P$	$S = Q$	$S = Q$	$S = UI = \sqrt{P^2 + Q^2}$
	(4) 功率因数	$\cos\varphi = 1$	$\cos\varphi = 0$	$\cos\varphi = 0$	$\cos\varphi = \dfrac{P}{S}$
	(5) 提高功率因数	并联电容器 $C = \dfrac{P}{\omega U^2}(\tan\varphi_1 - \tan\varphi)$			

（4）串联谐振和并联谐振各有特征，但共同特点是，总电压和总电流（电路入口处电压、电流）同相，电路呈电阻性，谐振频率都是

$$f_0 = \frac{1}{2\pi\sqrt{LC}}$$

习　题

3.1　已知一正弦电流的有效值为 $I=5$ A，频率 $f=50$ Hz，初相位 $\psi=\dfrac{\pi}{3}$。试写出其瞬时值表达式，并画出波形图。

3.2　电路实验中，在双踪示波器的屏幕上显示出两个同频率正弦电压 u_1 和 u_2 的波形，屏幕坐标和刻度比例如题图 3.1 所示。

（1）求电压 u_1 与 u_2 的幅值和有效值，周期和频率；

（2）若时间起点（$t=0$）选在图示位置，试写出 u_1 与 u_2 的三角函数式。它们的相位差是多少？

3.3　在题图 3.2 所示电路中，已知 $i_1=I_{m1}\sin(\omega t-60°)$ A，$i_2=I_{m2}\sin(\omega t+120°)$ A，$i_3=I_{m3}\sin(\omega t+30°)$ A，$u=U_m\sin(\omega t+30°)$ V。试判别各支路是什么元件？

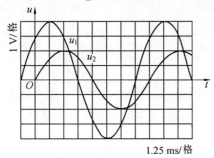

题图 3.1　　　　　　　　　　题图 3.2

3.4　在题图 3.3（a）、（b）所示电路中，电压表 V_3 的读数为多少？为什么？在题图 3.3（c）、（d）所示电路中，电流表 A 的读数为多少？为什么？

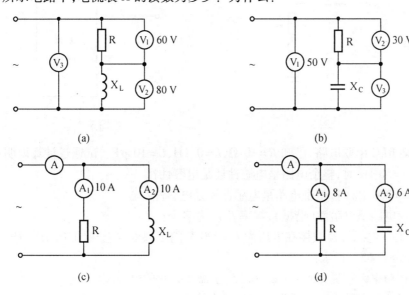

（a）　　　　　　　　　　　　（b）

（c）　　　　　　　　　　　　（d）

题图 3.3

3.5   在题图 3.4 所示 R、X_L 和 X_C 串联电路中,各电压表的读数为多少? 为什么?

3.6   在题图 3.5 所示 R、X_L 和 X_C 并联电路中,各电流表的读数为多少? 为什么? 如果容抗 X_C 改变为 5 Ω,各电流表的读数又为多少?

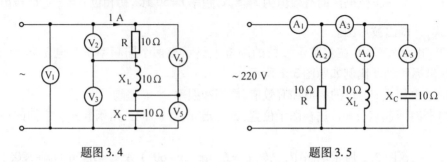

题图 3.4   题图 3.5

3.7   在题图 3.6 所示的 R、L、C 串联电路中,已知 $u = 220\sqrt{2}\sin 314t$ V,$R = 30$ Ω,$L = 191$ mH,$C = 31.8$ μF。试求:

(1)感抗 X_L、容抗 X_C、阻抗模 $|Z|$ 和阻抗角 φ;

(2)电流有效值 I 和功率因数 $\cos\varphi$;

(3)功率 P、Q 和 S。

3.8   一个由 R、L、C 元件组成的无源二端网络,如题图 3.7 所示。已知它的输入端电压和电流分别为 $u = 220\sqrt{2}\sin(314t+15°)$ V,$i = 5.5\sqrt{2}\sin(314t-38°)$ A。试求:

(1)二端网络的串联等效电路;

(2)二端网络的功率因数;

(3)二端网络的有功功率和无功功率。

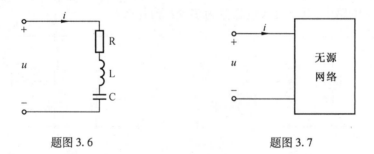

题图 3.6   题图 3.7

3.9   某 RLC 串联电路,已知 $R = 10$ Ω,$L = 0.1$ H,$C = 10$ μF。试通过计算说明:

(1)当 $f = 50$ Hz 时,整个电路呈电感性还是电容性?

(2)当 $f = 200$ Hz 时,整个电路呈电感性还是电容性?

(3)若使电路呈电阻性(谐振),频率 f_0 应为多少?

3.10   有一电感性负载接在电压为 $U = 220$ V 的工频电源上,吸取的功率 $P = 10$ kW,功率因数 $\cos\varphi_1 = 0.65$。试求:

(1)若将功率因数提高到 $\cos\varphi = 0.95$,求需要并联的电容值。

(2)计算功率因数提高前后电源输出的电流值。

3.11   某变压器向电感性负载供电,变压器的额定容量为 10 kVA,额定电压为 220 V,频率为 50 Hz。负载功率为 8 kW,功率因数为 0.6。试问:

（1）电路电流是否超过变压器的额定电流？

（2）欲将电路的功率因数提高到 0.95，需要并联多大电容？

（3）功率因数提高后电路电流是多少？

（4）并联电容器后变压器还能提供多少有功功率？

3.12　电路如题图 3.8 所示，已知 $u=20\sqrt{2}\sin 5t$ V，$i=10\sqrt{2}\sin 5t$ A，$R=0.5$ Ω，$L=2$ H。试计算无源二端网络串联等效电路的元件参数。

3.13　在题图 3.9 所示电路中，已知 $\dot{U}=5\underline{/0°}$ V，$R=1$ Ω，$X_L=1$ Ω。试求：

（1）等效复阻抗 Z_{ab}。

（2）复电流 $\dot{I}$、$\dot{I}_1$ 和 $\dot{I}_2$。

（3）画出电压和电流的相量图。

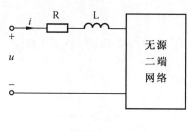

题图 3.8　　　　　　　　　题图 3.9

3.14　试用相量式的分流公式计算题图 3.10（a）、（b）两电路中的电流 $\dot{I}$。

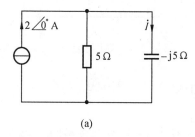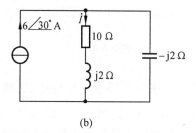

（a）　　　　　　　　　　　　　　　（b）

题图 3.10

3.15　在题图 3.11 中，已知电源电压 $U=220$ V，$R=X_L=22$ Ω，$X_C=11$ Ω。试求：

（1）电流 I_1、I_2、I_3 和 I。

（2）电路的有功功率 P。

3.16　在题图 3.12 所示电路中，已知 $u=220\sqrt{2}\sin 314t$ V，$i_1=22\sin(314t-45°)$ A，$i_2=11\sqrt{2}\sin(314t+90°)$ A。试求：

（1）各仪表的读数。

（2）电路参数 R、L 和 C。

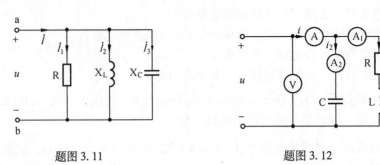

题图 3.11　　　　　　　　　　题图 3.12

3.17　电路如题图 3.13 所示,已知 $U=10$ V,$f=50$ Hz,$R=R_1=R_2=10$ Ω,$L=31.8$ mH,$C=318$ μF。试计算:

(1)电路中并联部分的电压 U_{ab};

(2)电路的功率因数 $\cos\varphi$;

(3)电路的功率 P、Q 和 S。

3.18　电路如题图 3.14 所示,已知 $\dot{I}_S=5\underline{/30°}$ A,$Z_1=2$ Ω,$Z_2=-j30$ Ω,$Z_3=(40+j30)$ Ω。试计算恒流源的端电压 $\dot{U}_S$。

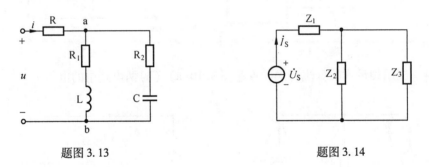

题图 3.13　　　　　　　　　　题图 3.14

3.19　在题图 3.15 所示电路中,已知 $\dot{U}_1=230\underline{/0°}$ V,$\dot{U}_2=220\underline{/0°}$ V,$Z_1=Z_2=(1.5+j2)$ Ω,$Z_3=(0.25+j4)$ Ω,试用戴维宁定理计算电流 $\dot{I}_3$。

3.20　某收音机用于选频的输入回路如题图 3.16 所示,已知线圈电阻 $R=3.5$ Ω,线圈电感 $L=0.3$ mH。试求:

(1)今欲收听频率为 640 kHz 信号,应将可变电容 C 调到多大,电路才能发生谐振?

(2)此时若线圈已感应出电压 $U=2$ μV(U 的大小与接收到的广播信号强弱有关),那么谐振电流 I_0 和电容电压 U_C 的数值各为多少?

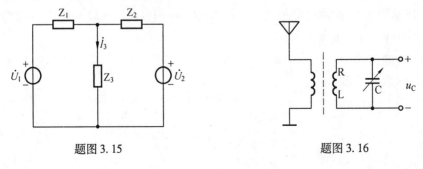

题图 3.15　　　　　　　　　　题图 3.16

第 4 章

三相电路

交流电与直流电比较,交流电应用更为广泛,而交流电的应用又是以三相制为主。上一章讲的交流电路,可以认为是三相制中的一相,因而也称为单相交流电路。

三相制供电比单相制供电优越。例如,三相交流发电机比同样尺寸的单相交流发电机输出功率大;在同样条件下输送同样大的功率,三相输电线比单相输电线节省材料;三相电动机结构简单,运行平稳;等等。

电力是现代工业的主要动力,电力系统普遍采用三相制电源。所谓三相制电源,就是由三个频率相同、幅值相等、相位差互为120°的电动势所组成的供电系统。

4.1　三相正弦电源

4.1.1　三相电源电动势的产生

三相交流发电机的结构如图 4.1(a)所示,其主要部件为定子和转子。定子上有三个相同的绕组 A—X、B—Y 和 C—Z,它们在空间互相差 120°。这样的绕组称为对称三相绕组,它们的 A、B、C 称为首端,X、Y、Z 称为末端。转子上有励磁绕组,通入直流电流可产生磁场。当转子转动时,定子三相绕组被磁力线切割,产生感应电动势。若转子顺时针方向匀速转动时,对称三相绕组依次产生感应电动势 e_A、e_B 和 e_C,它们的参考方向如图 4.1(b)所示[①]。

显然,e_A、e_B 和 e_C 频率相同,幅值(或有效值)也相同。那么在相位上,它们的关系又将如何呢? 由图 4.1(a)可知,在图示情况下,A 相绕组处于磁极 N—S 之下,受磁力线的切割程度最强,因而 A 相绕组的感应电动势最大。经过 120°后,B 相绕组处于 N—S 之下,B 相绕组的感应电动势最大。同理,经过 240°之后,C 相绕组的感应电动势最大。若以 A 相绕组的感应电动势为参考,则

$$e_A = E_m \sin \omega t$$

[①]　根据三相电路的特点,分析三相电动势、相电压和线电压之间关系时,用"+"、"−"号表示参考方向,不够清晰。因此,本章用箭头表示电动势、相电压和线电压的参考方向。

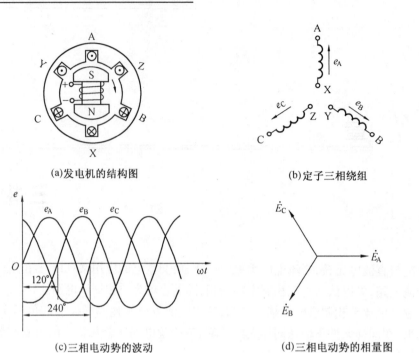

(a)发电机的结构图   (b)定子三相绕组

(c)三相电动势的波动   (d)三相电动势的相量图

图 4.1   三相发电机与三相对称电动势

$$e_B = E_m \sin(\omega t - 120°)$$
$$e_C = E_m \sin(\omega t - 240°) = E_m \sin(\omega t + 120°) \tag{4.1}$$

e_A、e_B、e_C 的波形如图 4.1(c)所示。

若用相量表示,则

$$\dot{E}_A = E e^{j0°} = E \angle 0°$$
$$\dot{E}_B = E e^{-j120°} = E \angle -120° \tag{4.2}$$
$$\dot{E}_C = E e^{-j240°} = E \angle 120°$$

e_A、e_B 和 e_C 的相量图如图 4.1(d)所示。可见它们在相位上互差 120°。这样一组幅值相等、频率相同、彼此间的相位差为 120°的电动势,称为对称三相电动势。显然,它们的瞬时值或相量之和为零,即

$$e_A + e_B + e_C = 0$$
$$\dot{E}_A + \dot{E}_B + \dot{E}_C = 0 \tag{4.3}$$

三相电动势依次出现正幅值(或相应的某值)的顺序称为相序,相序有正相序和负相序之分,正相序的顺序是 A—B—C。

三相发电机给负载供电,它的三个绕组可有两种接线方式,即星形接法和三角形接法,通常主要采用星形接法。下面我们只讨论星形接法的有关问题。

三相绕组的末端 X、Y、Z 连接在一起,而首端 A、B、C 分别用导线引出。这样便组成了星形连接的三相电源,如图 4.2 所示。其中,三个绕组接在一起的点,称为三相电源的中点,用 N 表示。从中点引出的导线称为中线。中线有时与大地相连,所以也称为地线。从三相

绕组另外三端引出的导线称为相线或火线(工程上常用 L_1、L_2、L_3 表示),因为总共引出四根导线,所以这样的电源被称为三相四线制电源。

4.1.2 三相电源提供的线电压与相电压

由三相四线制的电源可以获得两种电压,即相电压和线电压。所谓相电压,就是发电机每相绕组两端的电压,也就是每根火线与中线之间的电压,即图 4.2 中的 u_A、u_B 和 u_C。其有效值用 U_A、U_B 和 U_C 表示,一般统一用 U_p 表示。所谓线电压,就是每两根火线之间的电压,即图 4.2 中的 u_{AB}、u_{BC} 和 u_{CA}。其有效值用 U_{AB}、U_{BC} 和 U_{CA} 表示,一般统一用 U_l 表示。

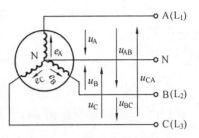

图 4.2 发电机的星形连接

在图 4.2 中,由于已选定发电机各相绕组的电动势的参考方向是由末端指向首端,因而各相绕组的相电压的参考方向就选定为由首端指向末端(中点)。至于线电压的参考方向,是为了使其与线电压符号的下标一致。例如,线电压 u_{AB},其参考方向选定为由 A 端指向 B 端。

根据以上相电压和线电压参考方向的选定,用基尔霍夫电压定律可写出星形连接的三相电源的线电压和相电压的关系式,即

$$u_{AB} = u_A - u_B$$
$$u_{BC} = u_B - u_C$$
$$u_{CA} = u_C - u_A$$

如果用相量表示,即

$$\dot{U}_{AB} = \dot{U}_A - \dot{U}_B = \dot{U}_A + (-\dot{U}_B)$$
$$\dot{U}_{BC} = \dot{U}_B - \dot{U}_C = \dot{U}_B + (-\dot{U}_C)$$
$$\dot{U}_{CA} = \dot{U}_C - \dot{U}_A = \dot{U}_C + (-\dot{U}_A) \tag{4.4}$$

由式(4.4)可画出它们的相量图,如图 4.3 所示。因为三相绕组的电动势是对称的,所以三相绕组的相电压也是对称的。由图 4.3 可见,三相电源的线电压也是对称的。线电压与相电压的大小关系,可由图中底角为 30°的等腰三角形上找到,即

$$\frac{1}{2} U_{AB} = U_A \cos 30° = \frac{\sqrt{3}}{2} U_A$$
$$U_{AB} = \sqrt{3}\, U_A$$

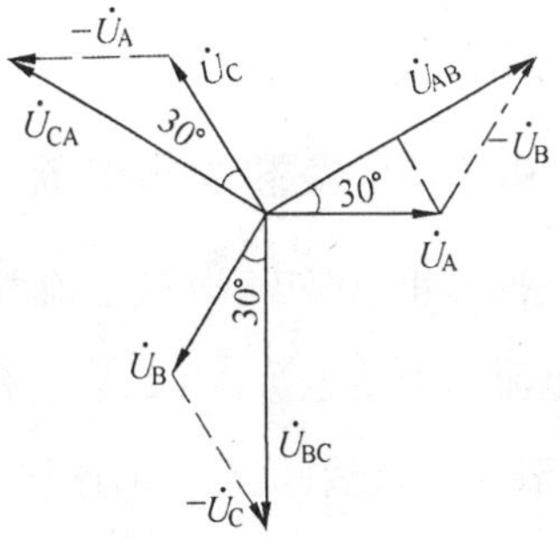

因为相电压和线电压都是对称的,分别可用 U_p 和 U_l 表示,即

图 4.3 发电机绕组星形连接时相电压和线电压的相量图

$$U_A = U_B = U_C = U_p$$
$$U_{AB} = U_{BC} = U_{CA} = U_l$$

所以

$$U_l = \sqrt{3}\, U_p \tag{4.5}$$

由以上分析可知,电源的线电压的大小是相电压的$\sqrt{3}$倍;在相位上,线电压超前相电压30°。

一般在低压配电系统中,三相四线制电源的相电压为 220 V,线电压则为 380 V。星形连接的三相电源,也可以不引出中线,这种电源称为三相三线制电源,它只能提供一种电压,即线电压。

思 考 题

4.1　三相对称电动势为什么幅值相等?频率相同?相位差互为120°?

4.2　星形连接的三相电源,已知 $\dot{U}_{AB}=380\angle0°\mathrm{V}$,试写出 $\dot{U}_A$、$\dot{U}_B$ 和 $\dot{U}_C$ 的表达式(设相序为 A、B、C)。

4.2　负载星形连接的三相电路

常用的负载分为单相负载和三相负载,例如照明负载属于单相负载;三相异步电动机属于三相负载。单相负载和三相负载在三相电路中有两种接法,即星形接法和三角形接法,本节主要讨论单相负载的星形接法。

4.2.1　负载的相电压

图 4.4 是三相负载星形连接的电路图。其中,A、B、C 是三相电源的火线,又称为相线;N 是三相电源的中点;N′是三相负载的中点,NN′称为中线,又称为零线,所以这种四根线的星形接法称为三相四线制电路。

由 4.1 节中可知,三相电源可向三相负载提供两种电压,即相电压和线电压。在图 4.4 中可以看出,当负载星形连接且有中线时,每相负载上的相电压等于电源的相电压,即等于 $\dot{U}_A$、$\dot{U}_B$、$\dot{U}_C$。

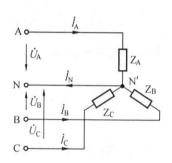

图 4.4　负载星形连接的三相四线制电路

4.2.2　负载的相电流

在三相电路中,有线电流和相电流之分。流过火线的电流称为线电流,用 $\dot{I}_A$、$\dot{I}_B$ 和 $\dot{I}_C$ 表示;流过每相负载的电流称为相电流,用 $\dot{I}_{AN'}$、$\dot{I}_{BN'}$ 和 $\dot{I}_{CN'}$表示。显然,负载星形连接时,如图 4.4,流过每相负载的相电流等于对应相线的线电流,即

$$\dot{I}_{AN'}=\dot{I}_A \qquad \dot{I}_{BN'}=\dot{I}_B \qquad \dot{I}_{CN'}=\dot{I}_C$$

所以,各相负载的相电流为

$$\dot{I}_A=\frac{\dot{U}_A}{Z_A} \qquad \dot{I}_B=\frac{\dot{U}_B}{Z_B} \qquad \dot{I}_C=\frac{\dot{U}_C}{Z_C} \tag{4.6}$$

其中,$Z_A=R_A+X_A$,$Z_B=R_B+X_B$,$Z_C=R_C+X_C$。

各相负载的相电压与相电流的相位差为

$$\varphi_A = \arctan \frac{X_A}{R_A} \qquad \varphi_B = \arctan \frac{X_B}{R_B} \qquad \varphi_C = \arctan \frac{X_C}{R_C} \qquad (4.7)$$

式中，R_A、R_B 和 R_C 为各相负载的等效电阻；X_A、X_B 和 X_C 为各相负载的等效电抗（等效感抗与等效容抗之差）。

工业生产广泛使用的三相负载大多为电感性负载，因此，可认为 X_A、X_B 和 X_C 是各相负载的等效感抗。

若三相负载对称，即

$$Z_A = Z_B = Z_C = R + jX$$

于是，等效电阻

$$R_A = R_B = R_C = R$$

等效感抗

$$X_A = X_B = X_C = X$$

所以，三相负载的相电流是对称的，即

$$I_A = I_B = I_C = I_p = \frac{U_p}{|Z|}$$

式中

$$|Z| = \sqrt{R^2 + X^2}$$

电压和电流的相位差

$$\varphi_A = \varphi_B = \varphi_C = \varphi = \arctan \frac{X}{R}$$

因此，当三相负载对称时，线电流 I_l 和相电流 I_p 相等，即

$$I_l = I_p \qquad\qquad\qquad (4.8)$$

4.2.3　中线电流

按图 4.4 所选定的电流参考方向，中线的电流为

$$i_N = i_A + i_B + i_C$$

如果用相量表示，则

$$\dot{I}_N = \dot{I}_A + \dot{I}_B + \dot{I}_C$$

若三相负载对称，由图 4.5 所示的相量图可知，$I_A = I_B = I_C = I_p$，$\varphi_A = \varphi_B = \varphi_C = \varphi$，所以 $\dot{I}_A$、$\dot{I}_B$ 和 $\dot{I}_C$ 对称，此时，中线电流等于零，即

$$i_N = i_A + i_B + i_C = 0$$

或

$$\dot{I}_N = \dot{I}_A + \dot{I}_B + \dot{I}_C = 0$$

中线既然没有电流通过，显然就不需设置中线了，因而工程上广泛使用的是三相三线制。计算负载对称的三相电路，只需计算 A 相即可，其余两相的相电流依次滞后 A 和电流 120° 和 240° 角。

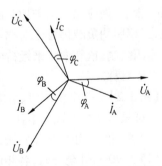

图 4.5　负载星形连接时的相电压与相电流的相量图

【例 4.1】　星形连接的三相对称负载如图 4.6 所示。已知每相的等效电阻 $R = 6$ Ω，等效感抗 $X_L = 8$ Ω，$u_{AB} = 380\sqrt{2}\sin(\omega t + 30°)$ V。试求负载的相电流 i_A、i_B、i_C。

解　因为电源电压和负载都是对称的，所以这是一个对称的三相电路。只要计算出其中的一相电流，另外两相电流也就知道了。现在计算 A 相。

由图 4.3 所示的电源线电压与相电压关系的相量图可知

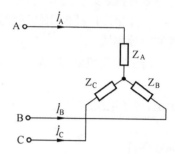

$$\dot{U}_A = \frac{\dot{U}_{AB}}{\sqrt{3}\angle 30°} = \frac{380\angle 30°}{\sqrt{3}\angle 30°} = 220\angle 0° \text{ V}$$

A 相电流为

$$\dot{I}_A = \frac{\dot{U}_A}{Z_A} = \frac{220\angle 0°}{6+j8} = \frac{220\angle 0°}{\sqrt{6^2+8^2}\angle 53.1°} = 22\angle -53.1° \text{ A}$$

所以

图 4.6　例 4.1 的电路

$$i_A = 22\sqrt{2}\sin(\omega t - 53.1°) \text{ A}$$

其余两相的电流为

$$i_B = 22\sqrt{2}\sin(\omega t - 53.1° - 120°) \text{ A} = 22\sqrt{2}\sin(\omega t - 173.1°) \text{ A}$$

$$i_C = 22\sqrt{2}\sin(\omega t - 53.1° + 120°) \text{ A} = 22\sqrt{2}\sin(\omega t + 66.9°) \text{ A}$$

求负载两相电流还可以用分别求有效值和相角的方法，即

设 $\dot{U}_A = 220\angle 0°$ V，则 A 相电流的有效值为

$$I_A = \frac{U_A}{|Z_A|} = \frac{220}{\sqrt{6^2+8^2}} = 22 \text{ A}$$

A 相电压与 A 相电流的相位差为

$$\varphi_A = \arctan\frac{X_L}{R} = \arctan\frac{8}{6} = 53.1°$$

由于负载为感性负载，所以 A 相电流滞后 A 相电压 53.1°。

所以，$i_A = 22\sqrt{2}\sin(\omega t - 53.1°)$ A。

照明负载是单相负载。生产照明和生活照明需要的大量照明负载不应集中接在三相电源的一相上，而应比较均匀地分配在各相中，组成三相照明系统。尽管如此，由于使用的分散性，三相照明负载仍难于对称。因此，为保证三相照明负载正常工作，三相照明系统必须是三相四线制，依靠中线来维持各相照明负载的相电压等于电源的相电压，使三相照明负载的相电压对称。

【例 4.2】　一个由 90 只节能灯组成的照明负载接在线电压为 380 V 的三相四线制电源上。每只节能灯的额定电压为 220 V，额定功率 $P_N = 30$ W，功率因数 $\cos\varphi = 0.9$。试求：

(1)这些灯应如何连接？画出接线图。

(2)当 90 只灯全开时，各相电流和中线电流是多少？

(3)当 A 相电灯全开，B 相电灯只开 10 只，而 C 相电灯全部关掉时，各相电流及中线电流是多少？A、B 两相电灯能否正常工作？

(4)在(3)的情况下，当中线发生断路故障时，A、B 两相电灯能否正常工作？

解 （1）将 90 只节能灯平均分为三组连接成星形，接到三相四线制电源上，如图 4.7（a）所示。应当注意的是，每只灯的开关应接在火线上。

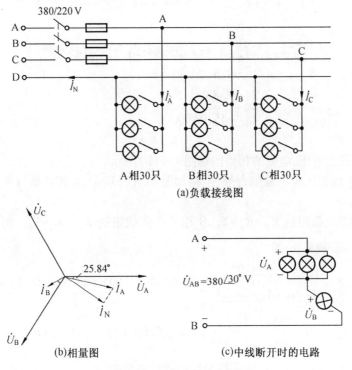

图 4.7 例 4.2 的电路和相量图

（2）90 只灯全开时，由于电路对称，负载的相电压都是 220 V，每相所开的灯数相同，电流大小相等。各相电流为

$$I_{\mathrm{p}} = \frac{P_{\mathrm{N}}}{U_{\mathrm{N}}\cos\varphi} \times 30 = \frac{30}{220 \times 0.9} \times 30 = 4.55 \text{ A}$$

因为三相负载对称，相电流对称，中线无电流通过，即

$$I_{\mathrm{N}} = 0$$

（3）此时三相负载不对称，但因为有中线，每相负载还是可以由三相电源获得对称的相电压。尽管 C 相电灯全部关掉，A、B 两相的电灯仍然能够正常工作。各相负载相互独立，互不影响。各相负载电流为

$$I_{\mathrm{A}} = \frac{P_{\mathrm{N}}}{U_{\mathrm{A}}\cos\varphi} \times 30 = \frac{30}{220 \times 0.9} \times 30 = 4.55 \text{ A}$$

$$I_{\mathrm{B}} = \frac{P_{\mathrm{B}}}{U_{\mathrm{B}}\cos\varphi} \times 10 = \frac{30}{220 \times 0.9} \times 10 = 1.52 \text{ A}$$

$$I_{\mathrm{C}} = 0$$

中线电流为

$$\dot{I}_{\mathrm{N}} = \dot{I}_{\mathrm{A}} + \dot{I}_{\mathrm{B}} + \dot{I}_{\mathrm{C}} = \dot{I}_{\mathrm{A}} + \dot{I}_{\mathrm{B}}$$

设 A 相电压 $\dot{U}_{\mathrm{A}}$ 为参考相量，即 $\dot{U}_{\mathrm{A}} = 220 \angle 0° \text{ V}$。

由于节能灯是感性负载，$\cos\varphi = 0.9$，则 $\varphi = 25.84°$。所以

$$\dot{I}_A = 4.55\underline{/-25.84°}\ A$$

$$\dot{I}_B = 1.52\underline{/-25.84°-120°}\ A = 1.52\underline{/-145.84°}\ A$$

则中线电流为

$$\dot{I}_N = \dot{I}_A + \dot{I}_B = 4.55\underline{/-25.84°} + 1.52\underline{/-145.84°}$$
$$4 - j1.98 - 1.26 - j0.85 =$$
$$2.74 - j2.83 =$$
$$3.94\underline{/-45.93°}\ A$$

即
$$I_N = 3.94\ A$$

画出的负载上电压、电流的相量图如图4.7(b)所示。

（4）因为中线发生断路故障，此时电路如图4.7(c)所示，A相负载与B相负载串联承受线电压380 V。

设A相的总负载阻抗 $Z_A = R_A + X_A$，B相的总负载阻抗 $Z_B = R_B + X_B$。由问题（3）求出的 $\dot{I}_A$ 和 $\dot{I}_B$，求出 Z_A 和 Z_B。即

$$Z_A = \frac{\dot{U}_A}{\dot{I}_A} = \frac{220\underline{/0°}}{4.55\underline{/-25.84°}} = 48.4\underline{/25.84°}\ \Omega = (43.56 + j21.1)\ \Omega$$

$$Z_B = \frac{\dot{U}_B}{\dot{I}_B} = \frac{220\underline{/-120°}}{1.52\underline{/-145.84°}} = 144.7\underline{/25.84°}\ \Omega = (130.2 + j63.1)\ \Omega$$

A相负载与B相负载的端电压按分压公式计算分别为

$$\dot{U}_A = \frac{Z_A}{Z_A + Z_B}\dot{U}_{AB} = \frac{48.4\underline{/25.84°} \times 380\underline{/30°}}{43.56 + j21.1 + 130.2 + j63.1} = \frac{18\ 392\underline{/55.84°}}{173.76 + j84.2} =$$

$$\frac{18\ 392\underline{/55.84°}}{193.1\underline{/25.84°}} = 95.2\angle 30°\ V$$

$$\dot{U}_B = \frac{Z_B}{Z_A + Z_B}\dot{U}_{AB} = \frac{144.7\underline{/25.84°} \times 380\underline{/30°}}{43.56 + j21.1 + 130.2 + j63.1} =$$

$$\frac{54\ 986\underline{/55.84°}}{193.1\underline{/25.84°}} = 284.8\ \angle 30°\ V$$

即
$$U_A = 95.2\ V \qquad U_B = 284.8\ V$$

中线断开后，A相负载电压过低，灯光很暗，不能正常工作，B相负载电压太高，超过额定电压，灯光过亮，灯丝很快烧断。B相电灯烧毁后，A相电灯将随之熄灭。

由此例可知，三相照明负载不能没有中线，必须采用三相四线制电源。中线的作用是：将负载的中点与电源的中点相连，保证照明负载的三个相电压对称。为了可靠，中线（干线）必须牢固，不允许装开关，不允许接熔断器。

4.3　负载三角形连接的三相电路

上节中我们讨论了三相负载的星形接法，本节将讨论负载的三角形接法。

4.3.1 负载的相电压

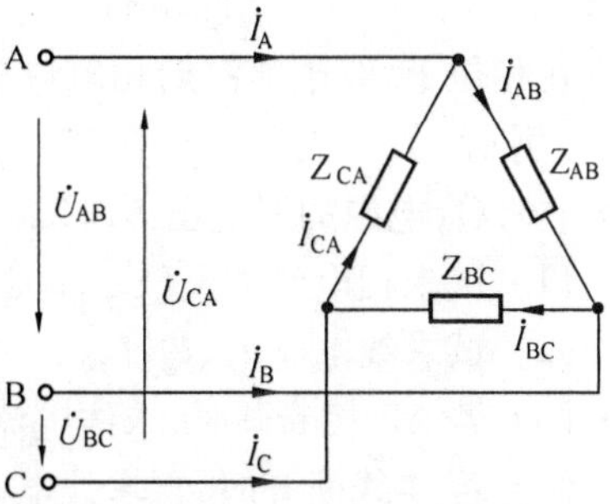

图 4.8 是负载的三角形连接。从图中可以看出，每一相负载都直接接在三相电源的相应的两根相线（火线）之间，所以每相负载上的相电压就等于电源的线电压。由于电源的线电压是对称的，所以，不论三相负载是否对称，负载上的相电压总是对称的，即

$$U_p = U_l \tag{4.9}$$

4.3.2 负载的相电流和火线电流

图 4.8 负载三角形连接的三相电路

三相负载三角形连接时，相电流和线电流是不一样的。各相负载的相电流为

$$\dot{I}_{AB} = \frac{\dot{U}_{AB}}{Z_{AB}} \qquad \dot{I}_{BC} = \frac{\dot{U}_{BC}}{Z_{BC}} \qquad \dot{I}_{CA} = \frac{\dot{U}_{CA}}{Z_{CA}} \tag{4.10}$$

其中，有效值为

$$I_{AB} = \frac{U_{AB}}{|Z_{AB}|} \qquad I_{BC} = \frac{U_{BC}}{|Z_{BC}|} \qquad I_{CA} = \frac{U_{CA}}{|Z_{CA}|} \tag{4.11}$$

三式之中

$$U_{AB} = U_{BC} = U_{CA} = U_p$$

各相负载的相电压与相电流之间的相位差为

$$\varphi_{AB} = \arctan\frac{X_{AB}}{R_{AB}} \qquad \varphi_{BC} = \arctan\frac{X_{BC}}{R_{BC}} \qquad \varphi_{CA} = \arctan\frac{X_{CA}}{R_{CA}} \tag{4.12}$$

由图 4.8 可知，火线电流为

$$\dot{I}_A = \dot{I}_{AB} - \dot{I}_{CA} \qquad \dot{I}_B = \dot{I}_{BC} - \dot{I}_{AB} \qquad \dot{I}_C = \dot{I}_{CA} - \dot{I}_{BC} \tag{4.13}$$

如果负载对称，即

$$Z_{AB} = Z_{BC} = Z_{CA}$$

由式(4.11)、(4.12)可知，各相负载的相电流是对称的，即

$$I_{AB} = I_{BC} = I_{CA} = I_p = \frac{U_p}{|Z|}$$

式中

$$|Z| = \sqrt{R^2 + X^2}$$

$$\varphi_{AB} = \varphi_{BC} = \varphi_{CA} = \varphi = \arctan\frac{X}{R}$$

此时的线电流可根据式(4.13)做出的相量图（图 4.9）看出，三个线电流 $\dot{I}_A$、$\dot{I}_B$ 和 $\dot{I}_C$ 也是对称的。线电流与相电流的大小关系可由 $\dot{I}_A$ 和 $\dot{I}_{AB}$ 看出

在数值上

$$\frac{1}{2}I_A = I_{AB}\cos 30° = \frac{\sqrt{3}}{2}I_{AB}$$

$$I_A = \sqrt{3}\,I_{AB}$$

线电流是相电流的 $\sqrt{3}$ 倍，即

$$I_l = \sqrt{3}\,I_p \qquad\qquad (4.14)$$

在相位上,线电流滞后相电流30°角。

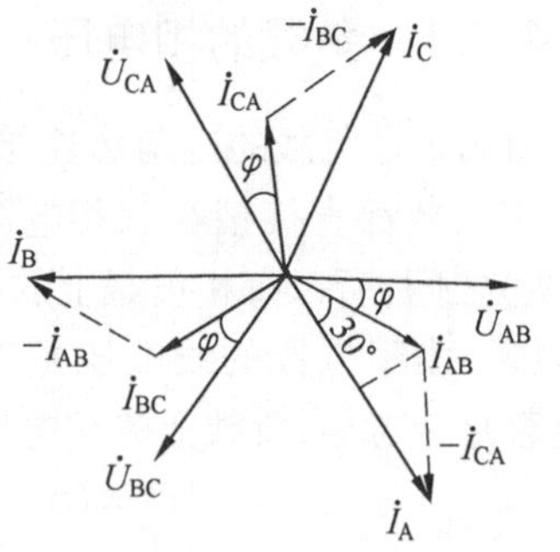

【**例4.3**】 在图4.8中,若 $Z_{AB} = Z_{BC} = Z_{CA} = Z = (15+j16)\,\Omega$,电源的线电压 $U_l = 220$ V。

(1) 试求相电流 I_{AB}、I_{BC}、I_{CA}。

(2) 试求线电流 I_A、I_B、I_C。

(3) 若AB相断开时,求线电流 I_A、I_B、I_C。

(4) 若A线断开时,再求线电流 I_A、I_B、I_C。

解 (1) 因为负载三角形连接,$U_p = U_l = 220$ V。
由于负载对称,其相电流对称,即

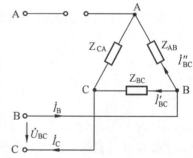

图4.9　对称负载三角形连接时电压与电流的相量图

$$I_{AB} = I_{BC} = I_{CA} = I_p = \frac{U_p}{|Z|} = \frac{220}{\sqrt{15^2+16^2}} = \frac{220}{22} = 10 \text{ A}$$

(2) 由于负载对称,线电流对称

$$I_A = I_B = I_C = I_l = \sqrt{3}\,I_p = 17.3 \text{ A}$$

(3) AB相断开后,对其他两相负载的工作没有影响,所以C线的线电流 $I_C = 17.3$ A不变,A、B两线通过的电流就是负载的相电流,即

$$I_A = I_B = \frac{U_p}{|Z|} = \frac{220}{22} = 10 \text{ A}$$

(4) A线断开后,电路如图4.10所示,三相电压只剩下一相电压($\dot U_{BC}$),此时AB相负载和CA相负载变为串联。线电流为

$$I_A = 0$$

$$I_B = I_C = I'_{BC} + I''_{BC} = \frac{U_p}{|Z|} + \frac{U_p}{2|Z|} = \frac{220}{22} + \frac{220}{44} = 15 \text{ A}$$

单相负载和三相负载是接成星形,还是接成三角形,决定于以下两个方面:

①电源电压;②负载的额定相电压。

对于单相负载,若电源的线电压为380 V,单相负载的额定电压为220 V,则单相负载就应接成星形,接到三相四线制电源上。

对于三相负载(三相异步电动机),例如,若电源的线电压为380 V,而某三相异步电动机的额定相电压也为380 V,电动机的三相绕组就应接成三角形,此时每相绕组上的电压就是380 V。如果这台电动机的额定相电压

图4.10　A线断开后的电路图

为220 V,电动机的三相绕组就应接成星形了,此时每相绕组上的电压就是220 V;否则,若误接成三角形,每相绕组上的电压为380 V,是额定值的 $\sqrt{3}$ 倍,电动机将被烧毁。

思　考　题

4.3　三相负载对称的含义是什么?

4.4　为什么三相电动机负载可用三相三线制电源,而三相照明负载必须用三相四线制电源?

4.5　为什么规定中线不允许装开关和不允许接熔断器?

4.4　三相负载的功率

在第三章中已讨论过,一个负载两端加上正弦交流电压 u,通过电流 i,则该负载的有功功率和无功功率分别为

$$P = UI\cos\varphi \qquad Q = UI\sin\varphi$$

式中,U 和 I 分别为电压和电流的有效值;φ 为电压和电流之间的相位差。

在三相电路里,三相负载的有功功率和无功功率分别为

$$P = U_A I_A \cos\varphi_A + U_B I_B \cos\varphi_B + U_C I_C \cos\varphi_C$$

$$Q = U_A I_A \sin\varphi_A + U_B I_B \sin\varphi_B + U_C I_C \sin\varphi_C$$

式中,U_A、U_B、U_C 和 I_A、I_B、I_C 分别为三相负载的相电压和相电流;φ_A、φ_B、φ_C 分别为各相负载的相电压和相电流之间的相位差。

如果三相负载对称,即

$$U_A = U_B = U_C = U_p \quad I_A = I_B = I_C = I_p \quad \varphi_A = \varphi_B = \varphi_C = \varphi$$

则三相负载的有功功率、无功功率和视在功率分别为

$$P = 3U_p I_p \cos\varphi$$

$$Q = 3U_p I_p \sin\varphi$$

$$S = 3U_p I_p$$

工程上,测量三相负载的相电压 U_p 和相电流 I_p 常感不便,而从三相负载的外部测量它的线电压 U_l 和线电流 I_l 却比较容易。因而,通常采用另外一套公式。

当对称负载是星形接法时

$$U_p = \frac{U_l}{\sqrt{3}} \qquad I_p = I_l$$

当对称负载是三角形接法时

$$U_p = U_l \qquad I_p = \frac{I_l}{\sqrt{3}}$$

代入 P 与 Q 关系式,便可得到

$$P = \sqrt{3} U_l I_l \cos\varphi \qquad\qquad (4.15)$$

$$Q = \sqrt{3} U_l I_l \sin\varphi$$

式(4.15)适用于星形和三角形连接的三相对称负载。但应注意,这里的 φ 仍然是各相负载的相电压和相电流之间的相位差。

由式(4.15)可知,三相对称负载的视在功率为

$$S = \sqrt{P^2 + Q^2} = \sqrt{3}\, U_l I_l \qquad\qquad (4.16)$$

【例 4.4】　一对称三相负载,每相等效电阻为 $R = 6\ \Omega$,等效感抗为 $X_L = 8\ \Omega$,接于 $U_l = 380\ \mathrm{V}$ 的三相电源上,如图 4.11 所示。试问:

(1)当负载星形连接时,消耗的有功功率是多少?

(2)若误将负载连接成三角形时,消耗的有功功率又是多少?

解　采用公式 $P = 3\, U_p I_p \cos\varphi$ 分析本题,概念比较清晰。

(1)负载星形连接时

$$U_p = \frac{U_l}{\sqrt{3}} = \frac{380}{\sqrt{3}} = 220\ \mathrm{V}$$

$$I_p = \frac{U_p}{|Z|} = \frac{U_p}{\sqrt{R^2 + X_L^2}} = \frac{220}{\sqrt{6^2 + 8^2}} = 22\ \mathrm{A}$$

$$\cos\varphi = \frac{R}{|Z|} = \frac{6}{\sqrt{6^2 + 8^2}} = 0.6$$

所以

$$P = 3\, U_p I_p \cos\varphi = 3 \times 220 \times 22 \times 0.6 = 8\ 712\ \mathrm{W} \approx 8.7\ \mathrm{kW}$$

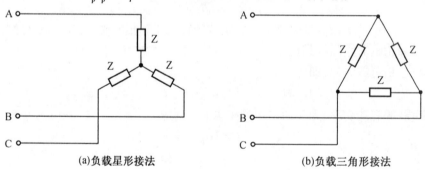

(a)负载星形接法　　　　　　　(b)负载三角形接法

图 4.11　例 4.4 的电路

(2)负载误接成三角形时

$$U_p = U_l = 380\ \mathrm{V}$$

$$I_p = \frac{U_p}{|Z|} = \frac{U_p}{\sqrt{R^2 + X_L^2}} = \frac{380}{\sqrt{6^2 + 8^2}} = 38\ \mathrm{A}$$

$$\cos\varphi = \frac{R}{|Z|} = \frac{6}{10} = 0.6$$

所以

$$P = 3\, U_p I_p \cos\varphi = 3 \times 380 \times 38 \times 0.6 = 25\ 992\ \mathrm{W} \approx 26\ \mathrm{kW}$$

以上计算结果表明,若误将负载连接成三角形,负载消耗的功率是星形连接时的 3 倍,负载将被烧毁。因为负载上的相电压是星形连接时的 $\sqrt{3}$ 倍,相电流也是星形连接时的 $\sqrt{3}$ 倍。

【例 4.5】　在图 4.12(a)中,星形负载和三角形负载均为对称的三相负载,已知 $Z_1 = (10 + \mathrm{j}40)\ \Omega$,$Z_2 = (30 + \mathrm{j}60)\ \Omega$,三相电源的相电压 $\dot{U}_A = 220\underline{/0°}\ \mathrm{V}$。

（1）试计算三相电源的输出电流 i_A、i_B 和 i_C。

（2）画出相量图。

（3）试计算三相电源输出的有功功率 P。

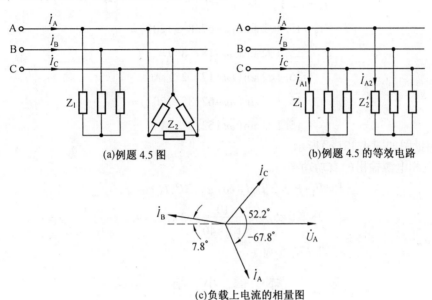

(a)例题 4.5 图　　　　　　(b)例题 4.5 的等效电路

(c)负载上电流的相量图

图 4.12　例 4.5 的电路

解

（1）将△形网络等效变换成 Y 形网络，如图 4.12（b）所示。

由式（1.12）可知①

$$Z_2' = \frac{1}{3}Z_2 = \frac{1}{3}(30+j60) = (10+j20)\ \Omega$$

在图 4.12（b）中，分别计算复数电流 $\dot{I}_{A1}$、$\dot{I}_{A2}$ 和 $\dot{I}_A$，并写出 i_A、i_B 和 i_C。

$$\dot{I}_{A1} = \frac{\dot{U}_A}{Z_1} = \frac{220\underline{/0°}}{10+j40} = \frac{200\underline{/0°}}{\sqrt{10^2+40^2}\ \underline{/\arctan\frac{40}{10}}} = \frac{220\underline{/0°}}{41.2\underline{/76°}} =$$

$$5.4\underline{/-76°}\ \text{A}$$

$$\dot{I}_{A2} = \frac{\dot{U}_A}{Z_2'} = \frac{220\underline{/0°}}{10+j20} = \frac{200\underline{/0°}}{\sqrt{10^2+20^2}\ \underline{/\arctan\frac{20}{10}}} = \frac{220\underline{/0°}}{22.4\underline{/63.4°}} =$$

$$9.8\underline{/-63.4°}\ \text{A}$$

$$\dot{I}_A = \dot{I}_{A1} + \dot{I}_{A2} = 5.4\underline{/-76°} + 9.8\underline{/-63.4°} =$$

$$5.4\cos 76° - j5.4\sin 76° + 9.8\cos 63.4° - j9.8\sin 63.4° =$$

---

① 这里的 Y/△ 网络等效变换，要使用相量形式的公式。

$$1.3-j5.2+4.4-j8.8=5.7-j14=15.1\underline{/-67.8°}\ \text{A}$$

可以写出

$$i_A=15.1\sqrt{2}\sin(\omega t-67.8°)\ \text{A}$$
$$i_B=15.1\sqrt{2}\sin(\omega t-67.8°-120°)=$$
$$15.1\sqrt{2}\sin(\omega t-187.8°)=$$
$$15.1\sqrt{2}\sin(\omega t+172.2°)\ \text{A}$$
$$i_C=15.1\sqrt{2}\sin(\omega t-67.8°+120°)=$$
$$15.1\sqrt{2}\sin(\omega t+52.2°)\ \text{A}$$

（2）相量图如图 4.12（c）所示。

（3）三相电源输出的有功功率

$$P=P_1+P_2=3\ U_A I_{A1}\cos\ \varphi_1+3U_A I_{A2}\cos\ \varphi_2=$$
$$3\times220\times5.4\times\frac{10}{\sqrt{10^2+40^2}}+3\times220\times9.8\times\frac{10}{\sqrt{10^2+20^2}}=$$
$$3\ 752.5\ \text{W}$$

本 章 小 结

一、三相对称电压

在三相制供电系统中,幅值相等、频率相同、相位差互为 120°的三个电压称为三相对称电压。具有三相对称电压的电源称为三相对称电源。通常使用的三相电源均为三相对称电源。

1. 三相三线制电源

这是无中线的三相对称电源,可以提供一组对称的线电压。

2. 三相四线制电源

这是有中线的三相对称电源,可以提供一组对称的线电压和一组对称的相电压。线电压与相电压的有效值之间的关系为

$$U_l=\sqrt{3}\ U_p$$

在相位上,线电压超前相电压 30°角。

二、三相对称负载

复阻抗相等的三相负载称为三相对称负载。三相对称负载采用三相三线制供电。三相对称负载的电压和电流的关系式为

1. 星形连接时

$$U_l=\sqrt{3}\ U_p \qquad I_l=I_p$$

2. 三角形连接时

$$U_l=U_p \qquad I_l=\sqrt{3}\ I_p$$

计算三相对称负载,只需计算一相,其余两相可按相位差为 120°的原则推出。

三、三相对称负载的功率

有功功率为

$$P=3U_pI_p\cos\varphi=\sqrt{3}\,U_lI_l\cos\varphi$$

无功功率为

$$Q=3U_pI_p\sin\varphi=\sqrt{3}\,U_lI_l\sin\varphi$$

视在功率为

$$S=3U_pI_p=\sqrt{3}\,U_lI_l$$

三者的关系是

$$S=\sqrt{P^2+Q^2}$$

不对称三相负载的功率要各相分别计算。

四、三相照明负载

三相照明负载是不对称的三相负载,必须采用三相四线制供电。中线的作用是保证各相负载有对称的相电压。

习　题

4.1　三相对称负载星形连接如题图4.1所示。每相负载的等效电阻 $R=8\ \Omega$,等效感抗 $X_L=6\ \Omega$,电源线电压 $U_l=380\ \text{V}$。试求:

（1）三相负载的相电压 U_p;

（2）三相负载的相电流 I_p 和火线电流 I_l。

4.2　星形连接的三相对称负载如图4.6所示。每相负载的电阻为 $8\ \Omega$,感抗为 $6\ \Omega$。电源电压 $u_{AB}=380\sqrt{2}\sin(\omega t+60°)\ \text{V}$。

（1）画出电压电流的相量图。

（2）求各相负载的电流有效值。

（3）写出各相负载电流的三角函数式。

4.3　在三相四线制供电线路上接入三相照相负载,如题图4.2所示。已知 $R_A=5\ \Omega$, $R_B=10\ \Omega$, $R_C=10\ \Omega$,电源线电压 $U_l=380\ \text{V}$,照明负载的额定电压为220 V。试求:

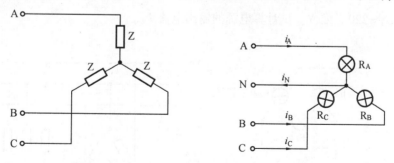

题图4.1　　　　　　　　　　　　题图4.2

（1）求各相电流 I_A、I_B、I_C,并用相量图计算中线电流 I_N。

（2）若 C 线发生断线故障,计算各相负载的相电压、相电流以及中线电流。A 相和 B 相负载能否正常工作?

(3)若电源无中线,C 线断线后,各相负载的相电压和相电流是多少? A 相和 B 相负载能否正常工作? 会有什么结果?

4.4 在题图 4.3 所示电路中,电源线电压 $U_l = 380$ V,且各相负载的阻抗值均为 10 Ω。

(1) 三相负载是否对称?

(2) 试求各相电流,并用相量图计算中线电流。

(3) 试求三相平均功率 P。

4.5 三相对称负载三角形连接如题图 4.4 所示。每相负载的等效电阻 $R = 8$ Ω,等效感抗 $X_L = 6$ Ω,电源线电压 $U_l = 380$ V。试求:

(1)三相负载的相电压 U_p;

(2)三相负载的相电流 I_p;

(3)火线电流 I_l。

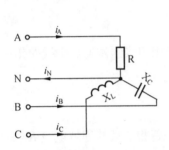

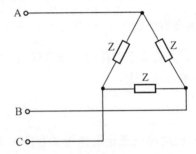

题图 4.3   题图 4.4

4.6 题图 4.5 所示为一三角形连接的三相照明负载。已知 $R_{AB} = 10$ Ω、$R_{BC} = 10$ Ω、$R_{CA} = 5$ Ω,电源线电压为 220 V,照明负载的额定电压为 220 V。

(1)求各相电流和电路的有功功率。

(2)若 C 线因故障断线,计算各相负载的相电压和相电流,并说明 BC 相和 CA 相的照明负载能否正常工作。

4.7 某三相对称负载,每相复阻抗为 $Z = (5+j5)$ Ω,电源线电压 $U_l = 380$ V。试计算:

(1) 三相对称负载接成星形电路时的有功功率;

(2) 三相对称负载接成三角形电路时的有功功率。

4.8 在题图 4.6 所示的电路中,两组对称三相负载,已知 $Z = (60+j60)$ Ω,$R = 10$ Ω,电源相电压 $\dot{U}_A = 220 \underline{/0°}$ V。试计算电源的输出电流 $\dot{I}_A$。

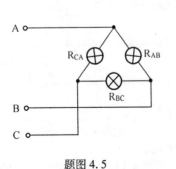

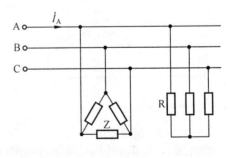

题图 4.5   题图 4.6

4.9　电路如题图 4.7 所示,已知电源线电压 $U_l = 380$ V,两组三相负载对称,$Z_1 = 22\angle{-60°}$ Ω,$Z_2 = 11\angle{0°}$ Ω。试求:

(1)三只电流表的读数各为多少?

(2)电压表的读数为多少?

(提示:设 $\dot U_A$ 为参考复数电压,并计算复数电流,通过相量图求总电流)

4.10　在线电压为 380 V 的三相四线制电源上接有对称星形连接的白炽灯,其消耗的总功率为 300 W。此外,在 C 相上接有功率为 60 W、功率因数 $\cos\varphi = 0.5$ 的日光灯一只,电路如题图 4.8 所示。

(1) 试求开关 S 打开时,$\dot I_A$、$\dot I_B$、$\dot I_C$ 及 $\dot I_N$。

(2)试求开关 S 闭合后,$\dot I_A$、$\dot I_B$、$\dot I_C$ 及 $\dot I_N$。

(3)画出开关 S 闭合后,负载上的电压与电流的相量图。

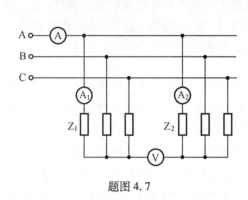

题图 4.7

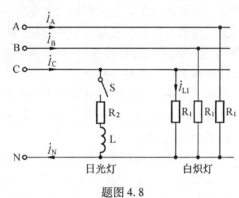

题图 4.8

第 5 章

线性电路的暂态过程

在前面分析的直流电路和正弦交流电路中,当输入电压、电流恒定或周期性变化时,所产生的结果也是恒定的或周期性变化的,电路的这种工作状态称为稳定状态,简称稳态。实际上电路的工作状态总是发生变化的,例如电源的接通、断开,电源电压、电流的数值突然改变,电路中元件的参数改变等,都会使电路中的电压、电流发生变化,从而使电路从一个稳定状态转换为另一个稳定状态。

由于电路中含有电感或电容等储能元件,当电路的输入电压、电流等发生变化时,这些储能元件的能量储存或释放要经过一段转换时间才能完成,这段转换时间就称为电路的暂态过程,简称暂态。

暂态过程虽然为时短暂,但对电路的影响却是很大的。暂态过程对电路的影响有弊有利。有弊的是,暂态过程中可能产生过电压或过电流,它们足以毁坏电气元件或设备,必须预先防护。有利的是,在弱电领域,利用电路的暂态对一些信号(例如,方波信号、三角波信号、脉冲信号)的波形进行产生与变换。可见,分析研究电路的暂态过程具有重要的理论与实际意义。

本章将讨论常用的 RC 电路和 RL 电路的暂态过程。学习中应抓住以下几个主要问题,即换路定则;暂态过程中电压和电流的变化规律;决定电压和电流变化快慢的时间常数;暂态过程的分析方法等。

5.1　换路定则与电路的初始值

电路的暂态过程出现于电路的换路之始。所谓换路,是指电路的接通、断开、短路、电路参数的改变以及电源电压的改变,等等。以图 5.1(a)与(b)所示 RC 串联电路和 RL 串联电路为例,在它们与电源接通之时($t=0$),两个电路的暂态过程即开始出现,储能元件开始储能。它们的瞬时功率分别为

$$p_C = u_C i_C = u_C C \frac{du_C}{dt} = Cu_C \frac{du_C}{dt}$$

$$p_L = u_L i_L = L \frac{di_L}{dt} i_L = Li_L \frac{di_L}{dt}$$

在 RC 电路中,若电容元件在开关 S 闭合前未积累电荷,那么当开关闭 S 合后,时间由 0

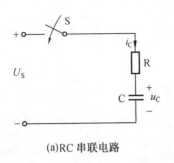
(a)RC 串联电路

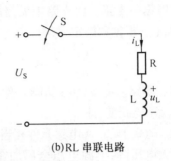
(b)RL 串联电路

图 5.1　储能元件的换路

变化到 t 时,电容元件的电压由 0 升高到 u_C,其储存的电场能量则由 0 增长到

$$W_C = \int_0^t p_C \mathrm{d}t = \int_0^{u_C} C u_C \frac{\mathrm{d}u_C}{\mathrm{d}t}\mathrm{d}t = \frac{1}{2}C u_C^2 \tag{5.1}$$

可见电容元件储存的电场能量 W_C 与其端电压 u_C 的平方成正比。

在 RL 电路中,当开关 S 闭合后,时间由 0 变化到 t 时,电感元件的电流由 0 增大到 i_L,其储存的磁场能量则由 0 增长到

$$W_L = \int_0^t p_L \mathrm{d}t = \int_0^{i_L} L i_L \frac{\mathrm{d}i_L}{\mathrm{d}t}\mathrm{d}t = \frac{1}{2}L i_L^2 \tag{5.2}$$

可见电感元件的磁场能量 W_L 与其通过的电流 i_L 的平方成正比。

换路会使储能元件的能量发生变化,但这种变化只能是逐渐的,而不是跃变的,否则将使功率 $P = \dfrac{\mathrm{d}W}{\mathrm{d}t} \to \infty$,显然,这是不可能的。因此,换路瞬间($t=0$),对电容元件而言,在式(5.1)中,W_C 不能跃变,即 u_C 不能跃变;对电感元件而言,在式(5.2)中,W_L 不能跃变,即 i_L 不能跃变。

概括地说,换路瞬间,电容电压 u_C 不能跃变,电感电流 i_L 不能跃变,这就是换路定则。

在图 5.2 中,如果设 $t=0$ 表示换路时刻,而 $t=0_-$ 表示换路前的瞬间,$t=0_+$ 表示换路后的初始瞬间(0_- 和 0_+ 是从两个时间方向趋近于 0),换路定则可以用如下公式表示

$$\left.\begin{array}{l} u_C(0_+) = u_C(0_-) \\ i_L(0_+) = i_L(0_-) \end{array}\right\} \tag{5.3}$$

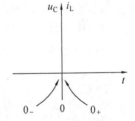

图 5.2　换路瞬间的 0_- 和 0_+

换路定则的应用:

(1)换路定则仅适用于换路瞬间($t=0$);

(2)换路定则仅适用于确定换路瞬间电容电压的初始值 $u_C(0_+)$ 和电感电流的初始值 $i_L(0_+)$。

$u_C(0_+)$ 和 $i_L(0_+)$ 确定后,其他电压和电流的初始值,则遵循欧姆定律和基尔霍夫定律。

电压和电流的初始值,是求解电路暂态过程微分方程的初始条件。

【例 5.1】　在图 5.3 所示电路中,$R_1 = 1\ \Omega$、$R_2 = 2\ \Omega$、$R_3 = 3\ \Omega$,开关 S 闭合前电容元件不带电荷,电感元件也无电流,两储能元件均未储能。电源电压 $U_S = 6\ \mathrm{V}$,$t=0$ 时电路接通。试求换路瞬间($t=0_+$)电路中的电流和电压的数值。

解 （1）第一支路。此支路中无储能元件，R_1 直接加在电源上。根据欧姆定律，有

$$i_R(0_+) = \frac{U_S}{R_1} = \frac{6}{1} = 6 \text{ A}$$

（2）第二支路。此支路有储能元件，根据换路定则，电感电流不能跃变，即

$$i_L(0_+) = i_L(0_-) = 0 \quad （电感元件相当于开路）$$

电阻 R_2 上无电压降，电源电压全部加在电感元件的两端，即

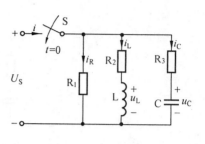

图 5.3　例 5.1 的电路

$$u_L(0_+) = U_S = 6 \text{ V} \quad （电感电压可以跃变）$$

（3）第三支路有储能元件，根据换路定则，电容电压不能跃变，即

$$u_C(0_+) = u_C(0_-) = 0 \quad （电容元件相当于短路）$$

电源电压全部加在电阻 R_3 上，即

$$u_{R3}(0_+) = U_S = 6 \text{ V}$$

所以

$$i_C(0_+) = \frac{U_S}{R_3} = \frac{6}{3} = 2 \text{ A} \quad （电容电流可以跃变）$$

（4）总电流。根据基尔霍夫电流定律，有

$$i(0_+) = i_R(0_+) + i_L(0_+) + i_C(0_+) = 6 + 0 + 2 = 8 \text{ A}$$

通过本例，得到一个有用的结论：

对于原先未储能的电容元件和电感元件来说，$u_C(0_-) = 0$，$i_L(0_-) = 0$，在换路后的初始瞬间（$t = 0_+$），电容元件相当于短路，电感元件相当于开路。分析计算时，此时的电容元件按短路处理，电感元件按开路处理。

【**例 5.2**】 在图 5.4（a）所示电路中，已知电源电压 $U_S = 12$ V，电阻 $R_1 = R_2 = R_3 = 2$ Ω，换路前电路已处于稳态。$t = 0$ 时换路（开关 S 断开），试求：

（1）电流的初始值 $i(0_+)$、$i_C(0+)$、$i_L(0_+)$；

（2）电压的初始值 $u_C(0_+)$、$u_L(0_+)$。

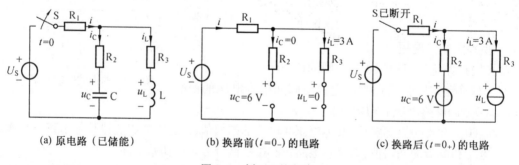

（a）原电路（已储能）　　　（b）换路前（$t = 0_-$）的电路　　　（c）换路后（$t = 0_+$）的电路

图 5.4　例 5.2 的电路

解 图 5.4（a）电路，其换路前（$t = 0_-$）的状态可用图 5.4（b）电路表示，换路后（$t = 0_+$）的状态可用图 5.4（c）电路表示。

（1）在图 5.4（b）电路中，$t = 0_-$ 时，由于电路已处于稳态，电容元件相当于开路，电感元

件相当于短路。因此电容电流

$$i_C(0_-) = 0$$

电感电流

$$i_L(0_-) = \frac{U_S}{R_1 + R_3} = \frac{12}{2+2} = 3 \text{ A}$$

电容电压

$$u_C(0_-) = \frac{R_3}{R_1 + R_3} U_S = \frac{2}{2+2} \times 12 = 6 \text{ V}$$

电感电压

$$u_L(0_-) = 0$$

(2)在图5.4(c)中,$t = 0_+$时,由于开关S已经断开,因此

$$i(0_+) = 0$$

根据换路定则,u_C 和 i_L 不能跃变,所以

$$u_C(0_+) = u_C(0_-) = 6 \text{ V} \quad (\text{电容元件相当于恒压源})$$

$$i_L(0_+) = i_L(0_-) = 3 \text{ A} \quad (\text{电感元件相当于恒流源})$$

按基尔霍夫电流定律

$$i(0_+) = i_C(0_+) + i_L(0_+)$$

所以

$$i_C(0_+) = i(0_+) - i_L(0_+) = 0 - 3 = -3 \text{ A}$$

按基尔霍夫电压定律

$$u_C(0_+) + i_C(0_+)R_2 - i_L(0_+)R_3 - u_L(0_+) = 0$$

$$6 - 3 \times 2 - 3 \times 2 - u_L(0_+) = 0$$

$$u_L(0_+) = -6 \text{ V}$$

通过本例,得到另两个有用的结论:

(1) 对于原先已储能的电容元件和电感元件来说($u_C(0_-) \neq 0, i_L(0_-) \neq 0$),在换路后的初始瞬间($t = 0_+$),电容元件相当于恒压源,电感元件相当于恒流源。分析计算时,此时的电容元件用恒压源代替,电感元件用恒流源代替。具体等效电路如图5.4(c)所示。

(2) 稳态时(原稳态 $t = 0_-$ 和新稳态 $t = \infty$),电容元件按开路处理,电感元件按短路处理。

思 考 题

5.1　$t = 0_+$时,初始值 $u_C(0_+)$ 和 $i_L(0_+)$ 由换路定则确定后,其他电压和电流的初始值应如何确定?

5.2　若 $u_C(0_+) = 0, i_L(0_+) = 0$,在计算其他电压、电流初始值时,电容元件和电感元件应如何处理? 当 $u_C(0_+) = U_0, i_L(0_+) = I_0$ 时,电容元件和电感元件又如何处理?

5.3　稳态时(原稳态和新稳态),在电路的分析计算中,电容元件和电感元件应如何处理?

5.2　一阶 **RC** 电路的充电过程

本节研究 RC 串联电路的暂态过程,分为充电与放电两个过程。首先分析其充电过程。图 5.5 是 RC 串联电路,开关 S 闭合,电容 C 开始充电,其充电过程又可分两种情况讨论。

5.2.1　RC 电路的零状态响应

所谓零状态响应,即 $u_C(0_-)=0$,储能为零,换路后仅由独立电源作用在电路中产生的响应。

换路后($t \geqslant 0$),根据基尔霍夫电压定律可以写出适用于 $t \geqslant 0$ 的电压方程

$$u_R + u_C = U_S$$

因为

$$u_R = Ri \text{ 及 } i = C\frac{\mathrm{d}u_C}{\mathrm{d}t}$$

所以

$$RC\frac{\mathrm{d}u_C}{\mathrm{d}t} + u_C = U_S \qquad (5.4)$$

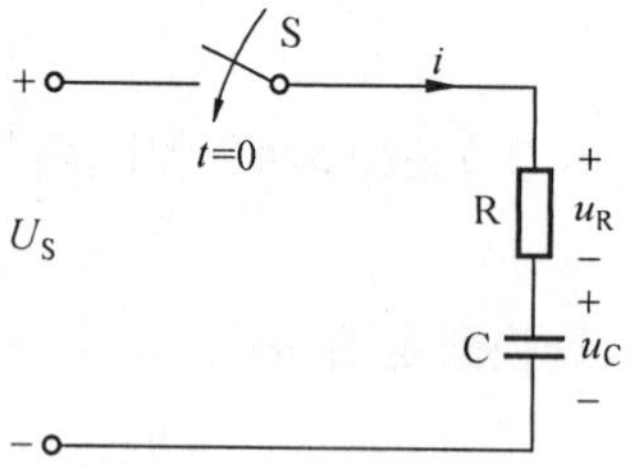

图 5.5　RC 充电电路

式(5.4)是关于 u_C 的一阶线性非齐次微分方程。它的通解有两部分:一个是特解 u'_C;另一个是补函数 u''_C,即通解 $u_C = u'_C + u''_C$。

特解 u'_C 即为充电电路充电结束达到稳态时的 u_C 值。可以看出,充电结束时 $u_C = U_S$,即

$$u'_C = U_S$$

补函数 u''_C 等于式(5.4)所对应的齐次微分方程 $RC\frac{\mathrm{d}u_C}{\mathrm{d}t} + u_C = 0$ 的通解,即

$$RC\frac{\mathrm{d}u''_C}{\mathrm{d}t} + u''_C = 0$$

上式的特征方程为

$$RCP + 1 = 0$$

其根

$$P = -\frac{1}{RC}$$

于是

$$u''_C = Ae^{pt} = Ae^{-\frac{t}{RC}}$$

因此,式(5.4)的通解为

$$u_C = u'_C + u''_C = U_S + Ae^{-\frac{t}{RC}} \qquad (5.5)$$

积分常数 A 的确定,要依靠初始条件。即 $t=0_+$ 时,$u_C(0_+) = u_C(0_-)$,因为是零状态,所以 $u_C(0_-)=0$。将 u_C 的初始值 $u_C(0_+)=0$ 代入式(5.5),则 $0 = U_S + A$,得

$$A = -U_S$$

所以

$$u_C = U_S - U_Se^{-\frac{t}{RC}}$$

上式就是电容元件在 $u_C(0_-) = 0$ 状态下充电电压 u_C 的变化规律。其变化曲线如图 5.6 所示。

设
$$\tau = RC$$
则 u_C 可表示为

$$u_C = U_S - U_S e^{-\frac{t}{\tau}} = U_S(1 - e^{-\frac{t}{\tau}}) \tag{5.6}$$

式中的 $e^{-\frac{t}{\tau}}$ 称为衰减因子,时间 t 愈长,其值愈小。τ 具有时间量纲,如果电阻 R 和电容 C 分别用 Ω 和 F 作单位,则 τ 的单位为 s,所以它称为电路的时间常数。由式(5.6)可知,理论上需经过无限长的时间,电容器的充电过程才能结束,即 $t = \infty$ 时,$u_C = U_S(1 - 0) = U_S$。实际上,当 $t = 1\tau$ 时,充电电压 u_C 为

$$u_C = U_S(1 - e^{-1}) = U_S(1 - \frac{1}{2.718}) = U_S(1 - 0.368) = 0.632U_S$$

这就是说,当 $t = 1\tau$ 时,电容元件上的电压已上升到电源电压 U_S 的 63.2%。其他各主要时刻 u_C 的数值如表 5.1 所列。

表 5.1　$e^{-\frac{t}{\tau}}$ 的衰减和 u_C 的增长过程

t	1τ	2τ	3τ	4τ	5τ
$e^{-\frac{t}{\tau}}$	e^{-1}	e^{-2}	e^{-3}	e^{-4}	e^{-5}
$e^{-\frac{t}{\tau}}$ 的值	0.368	0.135	0.050	0.018	0.007
$u_C = U_S(1 - e^{-\frac{t}{\tau}})$	$0.632U_S$	$0.865U_S$	$0.950U_S$	$0.982U_S$	$0.993U_S$

工程上一般认为,电路换路后,时间经过 $(3 \sim 5)\tau$,暂态过程就已基本结束,由此所引起的计算误差不大于 5%。

由暂态过程所需时间为 $(3 \sim 5)\tau$ 可知,电压 u_C 上升的快慢决定于时间常数 τ 的大小。τ 愈大,u_C 上升愈慢;τ 愈小,u_C 上升愈快。而时间常数 τ 仅与 RC 乘积成正比,与外加电源电压 U_S 的大小无关。R 愈大,C 愈大,则 τ 愈大,充电愈慢。这是因为,在相同电压下,R 愈大则使电荷量送入电容器的速率愈小;C 愈大则电容器容纳的电荷量愈多。这都使电容器充电变慢。时间常数 τ 的大小对电容充电快慢的影响如图 5.7 所示。

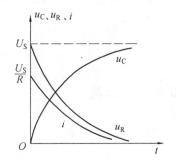

图 5.6　零状态充电时 u_C、u_R 和 i 的变化曲线

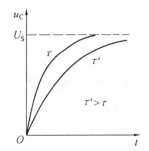

图 5.7　时间常数 τ 对充电快慢的影响

换路后,电路中的电流 i 及电阻元件上的电压 u_R 的变化规律为

$$i = C\frac{\mathrm{d}u_C}{\mathrm{d}t} = \frac{U_S}{R}e^{-\frac{t}{\tau}} \tag{5.7}$$

$$u_R = Ri = U_S e^{-\frac{t}{\tau}} \tag{5.8}$$

它们的变化曲线如图 5.6 所示。由 u_C、u_R 和 i 表达式及它们的变化曲线,可以了解 RC 串联电路充电过程的全貌。

由前面的讨论已经知道:

$u'_C = U_S$,是电容器电压 u_C 的特解。这是个常量,它等于电路达到稳定状态时电容器上的电压值,称为稳态分量。

$u''_C = A e^{-\frac{t}{\tau}}$,是电容器电压 u_C 的补函数。这是个变化量,它按指数规律单调衰减,仅仅存在于过渡状态期间,过渡状态一结束,它也就趋于零,因此称为暂态分量。

【例 5.3】 在图 5.5 中,设 $R = 1 \text{ k}\Omega$,$C = 2 \text{ }\mu\text{F}$,$U_S = 12 \text{ V}$。试求开关 S 闭合后 u_C、i、u_R 的变化规律。设 $u_C(0_-) = 0$。

解 电路的时间常数为

$$\tau = RC = 1 \times 10^3 \times 2 \times 10^{-6} = 2 \times 10^{-3} \text{ s}$$

由式(5.6)可知,电容器电压为

$$u_C = U_S \left(1 - e^{-\frac{t}{\tau}}\right) = 12 \left(1 - e^{-\frac{t}{2 \times 10^{-3}}}\right) = 12 \left(1 - e^{-500t}\right) \text{ V}$$

由式(5.7)可知,电容器的充电电流为

$$i = \frac{U_S}{R} e^{-\frac{t}{\tau}} = 12 e^{-500t} \text{ mA}$$

由式(5.8)可知,电阻 R 上的电压为

$$u_R = U_S e^{-\frac{t}{\tau}} = 12 e^{-500t} \text{ V}$$

5.2.2 RC 电路的非零状态响应(全响应)

所谓非零状态响应,是指换路前($t = 0_-$),储能元件已储有能量,换路后由储能元件和独立电源共同作用产生的响应。非零状态响应也称为全响应。

对于图 5.5 所示的 RC 串联电路,设 $u_C(0_+) = U_{C0}$。

换路后,其电容电压 u_C 的微分方程与式(5.4)相同,其解也与式(5.5)相同,即

$$u_C = U_S + A e^{-\frac{t}{\tau}}$$

式中

$$u'_C = U_S$$

$$u''_C = A e^{-\frac{t}{\tau}}$$

积分常数 A 由初始条件确定,即 $t = 0_+$ 时,$u_C(0_+) = u(0_-) = U_{C0}$,就是

$$U_{C0} = U_S + A \qquad A = U_{C0} - U_S$$

可见,非零状态时的积分常数 A 与零状态时的不同。最后可以写出通解

$$u_C = U_S + (U_{C0} - U_S) e^{-\frac{t}{\tau}} \tag{5.9}$$

u_C 的变化曲线如图 5.8 所示。由图可见 u_C 的变化曲线有两种情况:图(a)所示为 $U_{C0} < U_S$ 的情况,u_C 由初始值 U_{C0} 逐渐升高增长到稳态值 U_S,电容器处于继续充电状态;图(b)所示为 $U_{C0} > U_S$ 的情况,u_C 由初始值 U_{C0} 逐渐降低衰减到稳态值 U_S,电容器处于放电状态。

求出 u_C 后,就可由 $i = C \dfrac{du_C}{dt}$ 和 $u_R = Ri$ 求出 i 和 u_R。

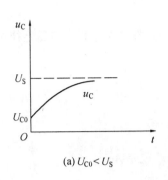

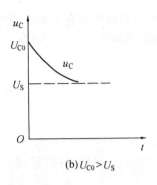

(a) $U_{C0} < U_S$　　　　　　　(b) $U_{C0} > U_S$

图 5.8　非零状态时 u_C 的变化曲线

【例 5.4】　在图 5.9(a)所示电路中,开关 S 长久地合在位置 1 上。如在 $t=0$ 时把它合到位置 2 上,试求 $t \geqslant 0$ 时电容器电压 u_C 的变化规律。已知 $R=1\ \text{k}\Omega$,$C=2\ \mu\text{F}$,$E_1 = 3\ \text{V}$、$E_2 = 5\ \text{V}$。

解　本题属于 $u_C(0_-) \neq 0$ 的问题。换路后的电路如图 5.9(b)所示,由式(5.9)

$$u_C = U_S + (U_{C0} - U_S)\,\text{e}^{-\frac{t}{\tau}} = E_2 + (U_{C0} - E_2)\,\text{e}^{-\frac{t}{\tau}}$$

式中　　　　　　　　$\tau = RC = 1 \times 10^3 \times 2 \times 10^{-6} = 2 \times 10^{-3}\ \text{s}$

U_{C0} 为换路前电容器上的电压,即

$$U_{C0} = E_1 = 3\ \text{V}$$

因而　　　　　　$u_C = 5 + (3-5)\,\text{e}^{-\frac{t}{2 \times 10^{-3}}} = (5 - 2\text{e}^{-500t})\ \text{V}$

u_C 的变化曲线如图 5.9(c)所示。

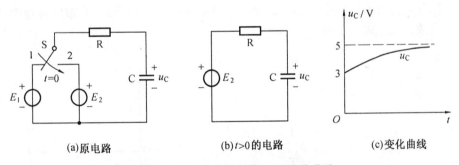

(a)原电路　　　　　　(b)$t>0$ 的电路　　　　　　(c)变化曲线

图 5.9　例 5.4 的电路及其 u_C 的变化曲线

5.3　一阶 RC 电路的放电过程

5.3.1　RC 电路的零输入响应

在图 5.10 中,换路前,开关 S 长时间在位置"1"上,电容器处于充电状态,电容电压 $u_C = U_S$。$t=0$ 时,开关 S 扳到位置"2"上,RC 电路脱离电源,自成回路,电容器将通过电阻 R 放电(注意:放电电流的方向与图示方向相反),直到放完它储存的全部电荷和电场能量时为止,放电过程才告结束。RC 电路的放电过程也称为零输入响应,所谓零输入响应是指换路

后仅由储能元件释放能量在电路中产生的响应。

换路前瞬间 $(t=0_-)$，$u_c(0_-)=U_S$；换路后 $(t \geqslant 0)$，根据基尔霍夫电压定律可以写出

$$u_R + u_c = 0$$

式中

$$u_R = Ri \qquad 而 \qquad i = C\frac{\mathrm{d}u_c}{\mathrm{d}t}$$

因此有

$$RC\frac{\mathrm{d}u_c}{\mathrm{d}t} + u_c = 0$$

这是一阶齐次方程。显然，其特解 $u_c' = 0$；补函数 u_c'' 就是 $Ae^{-\frac{t}{\tau}}$。

通解为

$$u_c = u_c'' = Ae^{-\frac{t}{\tau}}$$

式中，积分常数 A 由初始条件确定：$t=0_+$ 时，$u_c(0_+) = u_c(0_-) = U_S$，代入上式，即得 $U_S = A$，所以

$$A = U_S$$

电容电压为

$$u_c = U_S e^{-\frac{t}{\tau}}$$

电流为

$$i = C\frac{\mathrm{d}u_c}{\mathrm{d}t} = -\frac{U_S}{R}e^{-\frac{t}{\tau}}$$

式中负号表明，放电电流的实际方向与参考方向相反，即与充电电流的方向相反。电阻 R 上的电压降

$$u_R = Ri = -U_S e^{-\frac{t}{\tau}}$$

电路的时间常数为

$$\tau = RC$$

RC 串联电路放电过程中 u_c、u_R 及 i 的变化曲线如图 5.11 所示。在放电过程中，电容电压 u_c 的衰减情况如表 5.2 所示。

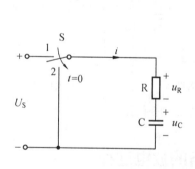

图 5.10　RC 放电电路

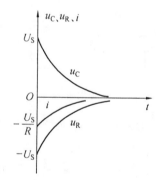

图 5.11　放电时 u_c、u_R 和 i 的变化曲线

表 5.2　u_c 的衰减过程

t	0	1τ	2τ	3τ	4τ	5τ
$u_c = U_S e^{-\frac{t}{\tau}}$	U_S	$0.368U_S$	$0.135U_S$	$0.050U_S$	$0.018U_S$	$0.007U_S$

思 考 题

5.4　为什么把 $\tau = RC$ 称为时间常数？它的大小对电路的暂态过程有何影响？

5.5 同一个 RC 充电电路,且 $u_C(0_-)=0$,当电源电压 U_S 分别为 100 V 和 1 000 V 时,那么,电容器电压 u_C 分别增长为 63.2 V 和 632 V 所需的时间是否相同?

5.4 一阶电路的三要素法

只含有一个储能元件的线性电路,其微分方程式都是一阶的,例如图 5.5 和式(5.4)。以 RC 串联电路的充电过程为例,电容器电压 u_C 的变化规律,可以一律用式(5.9)表达,即

$$u_C = U_S + (U_{C0} - U_S) e^{-\frac{t}{\tau}}$$

若储能元件换路前未储能(零状态),则 $U_{C0}=0$,这个表达式变为

$$u_C = U_S - U_S e^{-\frac{t}{\tau}} = U_S(1 - e^{-\frac{t}{\tau}})$$

与前面讨论过的零状态 u_C 的表达式(5.6)是一致的。在式(5.9)中,设 $u_C(0_+) = U_{C0}$,$u_C(\infty) = U_S$,则电容电压的一般表达式为

$$u_C(t) = u_C(\infty) + [u_C(0_+) - u_C(\infty)] e^{-\frac{t}{\tau}} \tag{5.10}$$

一阶电路暂态过程中,电路中的任何电压或电流变化规律的一般表达式,可仿照式(5.10)写为

$$f(t) = f(\infty) + [f(0_+) - f(\infty)] e^{-\frac{t}{\tau}} \tag{5.11}$$

式中,$f(0_+)$ 为暂态过程的初始值;$f(\infty)$ 为暂态过程的稳态值;τ 为电路的时间常数。

只要求得 $f(0_+)$、$f(\infty)$ 和 τ 这三个要素,暂态过程中的任何电压或电流就可以直接写出来。这就是所谓的三要素法。相对而言前一节通过微分方程求解的方法一般称为经典法。

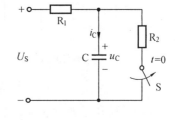

图 5.12 例 5.5 的电路

【例 5.5】 在图 5.12 所示电路中,已知 $R_1 = 5$ kΩ、$R_2 = 15$ kΩ,$C = 2$ μF,$U_S = 12$ V,开关 S 打开前电路已处于稳态。$t = 0$ 时开关 S 打开,求换路后的电容电压 u_C 和电流 i_C。

解 (1)用三要素法求 u_C:

① 初始值

$$u_C(0_+) = u_C(0_-) = \frac{R_2}{R_1 + R_2} U_S = \frac{15}{5+15} \times 12 = 9 \text{ V}$$

② 稳态值

$$u_C(\infty) = U_S = 12 \text{ V}$$

③ 时间常数

$$\tau = R_1 C = 5 \times 10^3 \times 2 \times 10^{-6} = 10 \times 10^{-3} \text{ s}$$

所以

$$u_C(t) = u_C(\infty) + [u_C(0_+) - u_C(\infty)] e^{-\frac{t}{\tau}} =$$

$$12 + [9-12] e^{-\frac{t}{10 \times 10^{-3}}} = (12 - 3e^{-100t}) \text{ V}$$

(2)用三要素法求 i_C:

① 初始值

$t = 0_+$ 时,R_2 支路断开,电容 C 及电阻 R_1 流过同一电流,即

$$i_C(0_+) = \frac{U_S - u_C(0_+)}{R_1} = \frac{12-9}{5\times10^3} = 0.6\times10^{-3} = 0.6 \text{ mA}$$

② 稳态值

$$i_C(\infty) = 0$$

③ 时间常数

$$\tau = R_1C = 10\times10^{-3} \text{ s}$$

所以

$$i_C(t) = i_C(\infty) + [i_C(0_+) - i_C(\infty)]e^{-\frac{t}{\tau}} =$$

$$0 + [0.6-0]e^{-\frac{t}{10\times10^{-3}}} = 0.6e^{-100t} \text{ mA}$$

这个电路中虽然有两个电阻,但开关断开后,电阻 R_2 已不在换路后的电路中了,所以决定时间常数 τ 的电阻只有 R_1。

【例5.6】 在图 5.13(a)中,$R_1 = 3 \text{ k}\Omega$、$R_2 = 6 \text{ k}\Omega$,$C = 20 \text{ μF}$,$E = 12 \text{ V}$。试求:

(1)电容器电压 u_C 的变化规律,并画出曲线。设 $u_C(0_-) = 0$。

(2)电阻 R_1 中的电流 i_1 及变化曲线。

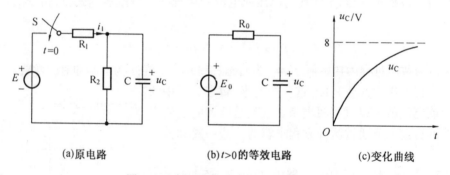

(a)原电路   (b)$t>0$的等效电路   (c)变化曲线

图 5.13 例 5.6 的电路及 u_C 的变化曲线

解 (1)用三要素法求 u_C:

① 初始值

$$u_C(0_+) = u_C(0_-) = 0$$

② 稳态值

$$u_C(\infty) = \frac{R_2}{R_1+R_2}E = \frac{6}{3+6}\times12 = 8 \text{ V}$$

③ 时间常数。由图 5.13(a)可知,开关 S 闭合后,电阻 R_1 和 R_2 都在换路的电路中,因此时间常数与 R_1、R_2 都有关,即时间常数等于换路后的等效电阻与电容的乘积。如何求出电路的等效电阻呢?可将图 5.13(a)应用戴维南定理把电容 C 以外的有源二端网路化为一个等效的电压源,如图 5.13(b)所示。其中等效电阻为

$$R_0 = \frac{R_1R_2}{R_1+R_2} = \frac{3\times6}{3+6} = 2 \text{ k}\Omega$$

因此

$$\tau = R_0C = 2\times10^3\times20\times10^{-6} = 40\times10^{-3} \text{ s}$$

所以

$$u_C(t) = u_C(\infty) + [u_C(0_+) - u_C(\infty)]e^{-\frac{t}{\tau}} =$$

$$8 + (0-8)e^{-\frac{t}{40\times10^{-3}}} = 8(1-e^{-25t}) \text{ V}$$

u_C 随时间变化的曲线如图 5.13(c)所示。

(2)用三要素法求 i_1：

① 初始值。因为 $u_C(0_+)=0$，所以在 $t=0_+$ 时，电容元件相当于短路,其等效电路如图 5.14(a)所示。

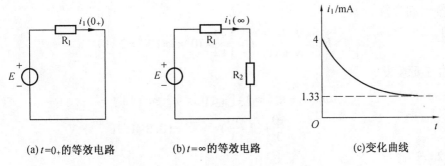

(a) $t=0_+$ 的等效电路　　　(b) $t=\infty$ 的等效电路　　　(c)变化曲线

图 5.14　例 5.6 求 $i_1(t)$ 的等效电路及 $i_1(t)$ 的变化曲线

由图 5.14(a)可知

$$i_1(0_+)=\frac{E}{R_1}=\frac{12}{3\times 10^3}=4\ \text{mA}$$

② 稳态值。因为稳态时,电容元件相当开路,其等效电路如图 5.14(b)所示。

由图 5.14(b)可知

$$i_1(\infty)=\frac{E}{R_1+R_2}=\frac{12}{3\times 10^3+6\times 10^3}=1.33\ \text{mA}$$

③ 时间常数

$$\tau=R_0C=40\times 10^{-3}\ \text{s}(不变)$$

所以
$$i_1(t)=i_1(\infty)+[i_1(0_+)-i_1(\infty)]e^{-\frac{t}{\tau}}=$$
$$1.33+(4-1.33)e^{-25t}=$$
$$(1.33+2.67e^{-25t})\ \text{mA}$$

$i_1(t)$ 随时间变化曲线如图 5.14(c)所示。

在这个例子中,时间常数 τ 并不等于电容 C 与电阻 R_1 或 R_2 某一个电阻的乘积,而是等于电容 C 与换路后的等效电阻 R_0 的乘积。因此,一般的 RC 电路,换路后,如果电路中含有两个以上的电阻时,应采用戴维南定理求等效电阻 R_0 的方法或其他方法求出等效电阻,然后计算时间常数。这一点应特别注意。

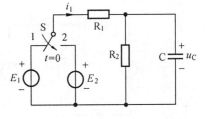

图 5.15　例 5.7 的电路

【例 5.7】　在图 5.15 所示电路中,已知 $R_1=$ 1 kΩ、$R_2=2$ kΩ,$C=3$ μF,$E_1=3$ V、$E_2=5$ V。开关 S 长时间合在位置 1 上(处于稳态),$t=0$ 时把它合到位置 2 上。试用三要素法求 u_C 及 i_1。

解　(1)求 u_C：

① 初始值

$$u_C(0_+) = u_C(0_-) = \frac{R_2}{R_1+R_2}E_1 = \frac{2}{1+2}\times 3 = 2 \text{ V}$$

② 稳态值

$$u_C(\infty) = \frac{R_2}{R_1+R_2}E_2 = \frac{2}{1+2}\times 5 = \frac{10}{3} \text{ V}$$

③ 时间常数

$$\tau = RC = \frac{R_1 R_2}{R_1+R_2}\cdot C = \frac{1\times 2}{1+2}\times 10^3 \times 3\times 10^{-6} = 2\times 10^{-3} \text{ s}$$

最后由三要素法

$$u_C(t) = u_C(\infty) + [u_C(0_+) - u_C(\infty)]e^{-\frac{t}{\tau}} =$$
$$\frac{10}{3} + (2-\frac{10}{3})e^{-\frac{t}{2\times 10^{-3}}} = (3.3-1.3e^{-500t}) \text{ V}$$

(2)求 i_1：

① 初始值。因为 $u_C(0_+) = 2$ V，所以在 $t = 0_+$ 时，电容元件相当于恒压源，等效电路如图 5.16(a)所示。

由图 5.16(a)可知

$$i_1(0_+) = \frac{E_2 - u_C(0_+)}{R_1} = \frac{5-2}{1\times 10^3} = 3 \text{ mA}$$

②稳态值。因为稳态时，电容元件相当开路，等效电路如图 5.16(b)所示。

由图 5.16(b)可知

$$i_1(\infty) = \frac{E_2}{R_1+R_2} = \frac{5}{1\times 10^3 + 2\times 10^3} = 1.67 \text{ mA}$$

③时间常数

$$\tau = RC = 2\times 10^{-3} \text{ s} \quad (不变)$$

所以
$$i_1(t) = i_1(\infty) + [i_1(0_+) - i_1(\infty)]e^{-\frac{t}{\tau}} =$$
$$1.67 + (3-1.67)e^{-500t} =$$
$$(1.67 + 1.33e^{-500t}) \text{ mA}$$

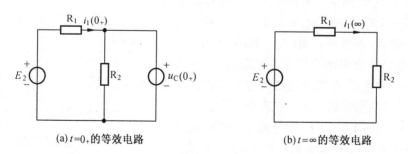

(a) $t=0_+$ 的等效电路　　　　　　(b) $t=\infty$ 的等效电路

图 5.16　例 5.7 求 $i_1(t)$ 的等效电路

5.5　一阶 RL 电路的暂态过程

与 RC 电路一样,在 RL 串联电路换路前,电感元件也有未储存能量和已储存能量的两种情况。

5.5.1　RL 电路的零状态响应

图 5.17 是 RL 串联电路。当开关 S 闭合时,电路与直流电压 U_S 接通。

由图 5.17 电路可见,换路前 $i(0_-)=0$,电感元件未储存能量。换路后($t \geq 0$),其回路电压方程为

$$u_L + u_R = U_S$$

$$L\frac{di}{dt} + Ri = U_S$$

即

$$\frac{L}{R}\frac{di}{dt} + i = \frac{U_S}{R} \tag{5.12}$$

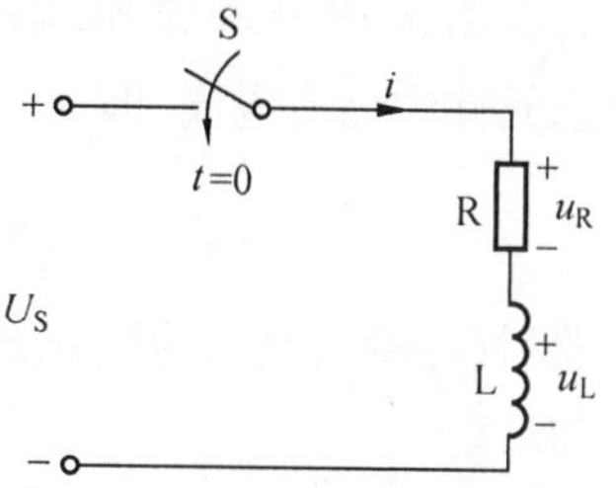

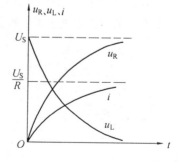

图 5.17　RL 串联电路与
直流电压接通

式(5.12)是关于电流 i 的一阶线性非齐次方程,与式(5.4)具有相同的形式。

因此,电流 i 的解也具有式(5.5)的形式,即

$$i = i' + i'' = \frac{U_S}{R} + Ae^{-\frac{t}{\tau}} \tag{5.13}$$

式(5.13)中包括两部分,一部分是特解 i'(稳态分量),另一部分是补函数 i''(暂态分量)。其中,积分常数 A 由初始条件确定,即

$$i(0_+) = i(0_-) = 0$$

因而

$$0 = \frac{U_S}{R} + A \qquad A = -\frac{U_S}{R}$$

所以

$$i = \frac{U_S}{R} - \frac{U_S}{R}e^{-\frac{t}{\tau}} = \frac{U_S}{R}(1-e^{-\frac{t}{\tau}}) \tag{5.14}$$

式(5.14)即为 RL 串联电路零状态时与直流电压 U_S 接通时电路中电流 i 的变化规律。其变化曲线如图 5.18 所示。式(5.14)中,$\tau = \frac{L}{R}$,称为 RL 电路的时间常数。如果 R 和 L 的单位分别为 Ω 和亨利,则 τ 的单位为 s。

与 RC 零状态电路 u_C 的变化曲线一样,RL 零状态电路 i 变化曲线也是一条通过点 O 的按指数规律上升的曲线。理论上需经无限长的时间,电流 i 才能达到稳定值 U_S/R,暂态过程才能结束。工程上,当 $t = (3 \sim 5)\tau$ 时,就可以认为暂态过程已基本结束。

图 5.18　i、u_R 及 u_L 的变化曲线

RL 串联电路的时间常数 τ 与 L 成正比,而与 R 成反比。其原因是:L 愈大,电路中自感电动势阻碍电流变化的作用愈强,电流增长的速度就愈慢;而 R 愈小,则在同样的电压作用

下,电流的稳态值 U_S/R 就愈大,电流增长到稳态值所需要的时间就愈长。

u_R 和 u_L 的变化规律为

$$u_R = iR = U_S(1 - e^{-\frac{t}{\tau}})$$

$$u_L = L\frac{di}{dt} = U_S e^{-\frac{t}{\tau}}$$

它们的变化曲线如图 5.18 所示。

5.5.2　RL 电路的非零状态响应(全响应)

以图 5.19 所示的 RL 串联电路为例,在换路前($t = 0_-$),电感元件中已有电流,即

$$i(0_-) = I_0 = \frac{U_S}{R_0 + R}$$

换路后($t \geqslant 0$),电路的微分方程与式(5.12)完全相同,其解也为

$$i = \frac{U_S}{R} + A e^{-\frac{t}{\tau}}$$

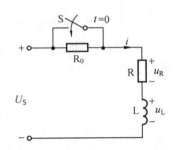

图 5.19　非零状态的 RL 串联电路

但其积分常数 A 与零状态不同。$t = 0_+$ 时,$i(0_+) = i(0_-) = I_0$,即

$$I_0 = \frac{U_S}{R} + A \qquad A = I_0 - \frac{U_S}{R}$$

所以

$$i = \frac{U_S}{R} + (I_0 - \frac{U_S}{R}) e^{-\frac{t}{\tau}} \tag{5.15}$$

式(5.15)也可由三要素法求出。

【例 5.8】　在图 5.19 中,设 $U_S = 24$ V,$R_0 = 8$ Ω、$R = 4$ Ω,$L = 200$ mH,电路已处于稳态。如果在 $t = 0$ 时将 R_0 短接,试求:

(1)电流 i 的变化规律,并画出变化曲线。

(2)经过多长时间,i 才能达到 5 A?

解　换路前,L 中已有稳定的电流,是非零状态问题。

(1)采用三要素法求 i 的变化规律

$$i(0_+) = \frac{U_S}{R_0 + R} = \frac{24}{8 + 4} = 2 \text{ A}$$

$$i(\infty) = \frac{U_S}{R} = \frac{24}{4} = 6 \text{ A}$$

$$\tau = \frac{L}{R} = \frac{200 \times 10^{-3}}{4} = 50 \times 10^{-3} \text{ s}$$

所以

$$i(t) = i(\infty) + [i(0_+) - i(\infty)] e^{-\frac{t}{\tau}} =$$

$$6 + (2 - 6) e^{-\frac{t}{50 \times 10^{-3}}} = (6 - 4e^{-20t}) \text{ A}$$

其变化曲线如图 5.20 所示。

（2）电流 $i(t)$ 到达 5 A 所需要的时间,由题意

$$5 = 6 - 4\mathrm{e}^{-20t}$$

$$4\mathrm{e}^{-20t} = 1$$

$$\frac{4}{\mathrm{e}^{20t}} = 1$$

$$\mathrm{e}^{20t} = 4$$

等号两边取自然对数

$$\ln \mathrm{e}^{20t} = \ln 4$$

$$20t = 1.386$$

$$t = 0.069\ 3\ \mathrm{s} = 69.3\ \mathrm{ms}$$

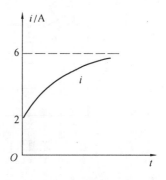

图 5.20　例 5.8 的电流 i
变化曲线

关于电路的暂态过程我们就简单地讨论到这里。至此,
本课程结束了关于电路基本理论的分析。有了这个基础,从下一章开始将转入关于电工技术与电子技术的学习。

本　章　小　结

（1）含有储能元件（L、C）的电路,换路后,电容上的电压和电感中的电流不是从原来的稳态值立即达到新的稳态值,而是要经历一个渐变的暂态过程。

（2）换路定则从能量不能跃变的原理出发,得出电容电压 u_C 不能跃变与电感电流 i_L 不能跃变的结论。

（3）本章的主要内容是利用微分方程（经典法）来研究一阶 RC 电路和一阶 RL 电路在换路后（$t \geq 0$）的暂态过程中电压和电流的变化规律。RC 电路的充放电过程及 RL 电路的储存、释放磁场能量的过程都是按照指数规律变化的。

（4）三要素法是求解一阶电路的简便方法。三要素是:电压或电流的初始值、稳态值以及电路的时间常数。一般表达式为 $f(t) = f(\infty) + [f(0_+) - f(\infty)]\mathrm{e}^{-\frac{t}{\tau}}$。

（5）暂态过程虽然为时短暂,但在工程上它具有重要的理论和实际应用意义。

习　　题

5.1　题图 5.1 所示电路换路前已处于稳态,试计算换路后以下各项:
（1）电流的初始值 $i(0_+)$、$i_C(0_+)$、$i_L(0_+)$,电压的初始值 $u_C(0_+)$、$u_L(0_+)$;
（2）电流的稳态值 $i(\infty)$、$i_C(\infty)$、$i_L(\infty)$,电压的稳态值 $u_C(\infty)$、$u_L(\infty)$。

5.2　题图 5.2 所示电路换路前已处于稳态,试计算换路后以下各项:
（1）电流的初始值 $i(0_+)$、$i_L(0_+)$、$i_S(0_+)$ 和电压的初始值 $u_L(0_+)$;
（2）电流的稳态值 $i(\infty)$、$i_L(\infty)$、$i_S(\infty)$ 和电压的稳态值 $u_L(\infty)$。

5.3　在题图 5.3 中,换路前各储能元件均未储能。试求在开关 S 闭合瞬间（$t = 0_+$）各元件的端电压。

5.4　在题图 5.4 中,已知 $U_S = 6\ \mathrm{V}$,$R = 1\ \mathrm{k\Omega}$,$C = 2\ \mathrm{\mu F}$,换路前电容器未储能。试求:
（1）换路后,电压 u_C 的变化规律。
（2）换路后经过 4 ms 时,u_C 值是多少?
（3）电容器充电至 6 V 时,需要多长时间?

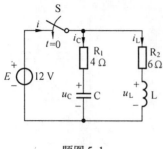

题图 5.1

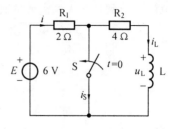

题图 5.2

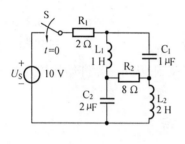

题图 5.3

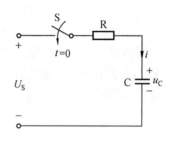

题图 5.4

5.5 在题图 5.5 中,已知 $U_S = 6$ V,$R_1 = 2$ kΩ,$R_2 = 4$ kΩ,$C = 5$ μF,换路前电路处于稳态。试求:

(1)换路后,电压 u_C 的变化规律。

(2)换路后经过多少时间电容器极板上基本无电荷?

5.6 在题图 5.6 中,已知 $E = 40$ V,$R = 5$ kΩ,$C = 100$ μF,$u_{C(0_-)} = 0$。试求:

(1)开关 S 闭合后电路中的电流 i 及 u_C 和 u_R 的变化规律;

(2)经过 $t = \tau$ 时的电流 i 的数值。

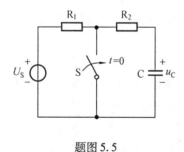

题图 5.5

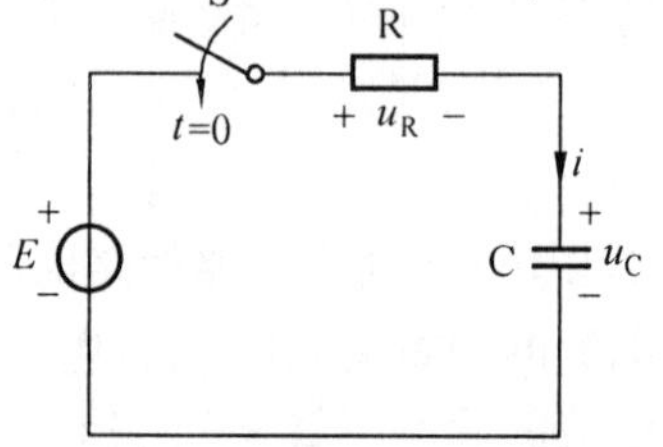

题图 5.6

5.7 在题图 5.7 中,已知 $E = 20$ V,$R_1 = 12$ kΩ,$R_2 = 5$ kΩ,$C = 1$ μF,$u_{C(0_-)} = 0$。当开关 S 闭合后,试求电容器电压 u_C 的变化规律,并画出 u_C 的变化曲线。

5.8 在题图 5.8 中,已知 $U_S = 12$ V,$R_1 = 2$ kΩ,$R_2 = 2$ kΩ,$C = 1$ μF,换路前电路处于稳态,$t = 0$ 时开关 S 闭合。试用三要素法求 $t \geq 0$ 时电压 u_C 的变化规律,并画出 u_C 的变化曲线。

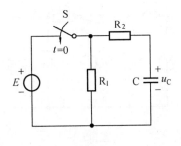

题图 5.7

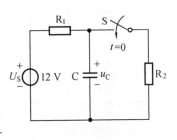

题图 5.8

5.9　在题图 5.9 中,已知 $I_S = 9$ mA,$R_1 = 6$ kΩ,$R_2 = 3$ kΩ,$C = 2$ μF,开关 S 闭合前电路已处于稳态。试用三要素法计算开关 S 闭合后电容器电压 u_C 的变化规律。

5.10　在题图 5.10 所示电路中,已知 $E = 24$ V,$R_1 = 3$ Ω、$R_2 = 2$ Ω,$L = 20$ mH,开关 S 断开前电路已处于稳态。试求换路后($t \geq 0$)电流 i_L 与电压 u_L 的变化规律。

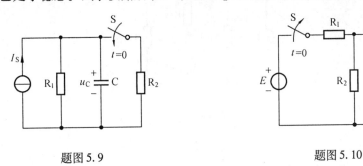

题图 5.9　　　　　　　　　　　　题图 5.10

5.11　电路如题图 5.11 所示,试用三要素法求换路后电流 i_L 的变化规律。

5.12　电路如题图 5.12 所示,已知 $U_S = 20$ V,$R_1 = 10$ Ω,$R_2 = 4$ Ω,$R_3 = 15$ Ω,$C = 2$ μF,开关 S 长期打在"1"上。$t = 0$ 时,开关 S 从"1"换到"2"。试用三要素法计算换路后 u_C 的变化规律和 i_3 的变化规律。

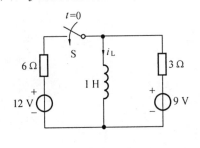

题图 5.11

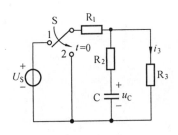

题图 5.12

5.13　在题图 5.13 所示电路中,$I_S = 1$ mA,$U_S = 10$ V,$R_1 = R_2 = 10$ kΩ,$R_3 = 20$ kΩ,$C = 10$ μF,换路前电路已处于稳态。$t = 0$ 时开关 S 闭合,试求 $t \geq 0$ 时的 u_C 和 i_3 的变化规律。

5.14　在题图 5.14 中,已知 $E_1 = 18$ V,$E_2 = 6$ V,$R_1 = 10$ kΩ、$R_2 = R_3 = 5$ kΩ,$L = 10$ H,$C = 4$ μF,开关 S 合在"1"处已处于稳态。$t = 0$ 时开关 S 从"1"换到"2",试用三要素法求电压 u_C 和电流 i_L 的变化规律,并做出它们的变化曲线。

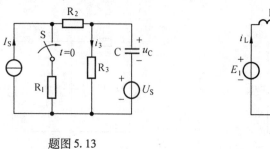

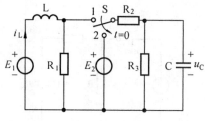

题图 5.13   题图 5.14

5.15　题图 5.15 所示电路原已稳定,$t=0$ 时将开关 S 闭合。已知:$I_S=2$ mA,$U_S=5$ V,$R_1=6$ kΩ,$R_2=3$ kΩ,$R_3=4$ kΩ,$R_4=1$ kΩ,$C=1$ μF。试求开关 S 闭合后,电容上的电压 $u_C(t)$,并画出其变化曲线。

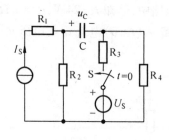

题图 5.15

第二部分　变压器、电动机及其控制

第 6 章

变压器

变压器是电力系统用来输送电能的重要设备。当输送功率 $P=\sqrt{3}\,U_lI_l\cos\varphi$ 及负载功率因数 $\cos\varphi$ 一定时,电压 U_l 愈高,线路电流 I_l 愈小。这样,一方面可减小导线截面积,节省材料投资,另一方面又减少了线路上的功率损耗。因此,发电厂向远方用电地区输送电能时,通过变压器将电压升高,进行高压输电(例如 220 kV、500 kV 等)。到了用电地区,再用变压器将电压降低到 10 000 V、380 V 或 220 V,以供用电设备使用。

变压器也是电子设备中的常用器件。在电子电路中,变压器除用做电源外,变压器还常用来实现电路耦合、信号传递和阻抗匹配。

本章主要介绍变压器的基本结构、基本工作原理、变压器绕组的接法以及特殊变压器。

6.1　变压器的结构与工作原理

6.1.1　变压器的结构

各种变压器,尽管用途不同,但基本结构相同,基本工作原理也相同,其主体都是由绕组和铁心两大部分组成。绕组构成电路,是电流的通路(电流产生磁通);铁心构成磁路,是磁通的通路。因此,在变压器中不仅有电路,还有磁路,两者构成一个有机的电磁系统。

1. 绕组

绕组是变压器的重要组成部分,是用导线绕制而成。

图 6.1(a)为单相变压器的基本结构示意图。左右两套绕组分别套在口字形铁心的两个心柱上。每套绕组又分为高压绕组和低压绕组,高压绕组 1 在外层,低压绕组 2 在里层。这样安排的好处是能够降低对绕组和铁心之间的绝缘要求。两个高压绕组和两个低压绕组根据需要可以分别串联或并联使用,方便灵活。

图 6.1(b)为三相变压器的基本结构示意图,A、B、C 三相的高压绕组 1 和低压绕组 2 分别套在日字形铁心的三个心柱 A、B、C 上。三个高压绕组和三个低压绕组根据需要可以分

别连接成星形或三角形。

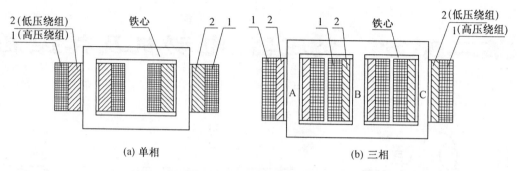

图 6.1　变压器的基本结构

2. 铁心

铁心是变压器的另一个重要组成部分,为提高磁路的导磁能力,铁心采用磁性材料硅钢片叠成①。这样,当绕组通入电流时,就能在铁心中产生足够强的磁场,磁力线穿过高压绕组也穿过低压绕组,以磁耦合的形式把高压绕组和低压绕组联系起来(图 6.3 和图 6.4)。

铁心之所以能产生很强的磁场,是因为磁性材料具有磁化特性。我们知道,空心的绕组通入电流时,产生的磁场很弱。然而,在绕组内加上铁心,情况就不一样了。这时,绕组磁场可把铁心强烈磁化,使铁心变成磁体,被磁化了的铁心,可以产生很强的附加磁场。于是,绕组产生的实际磁场就大大地增强了。

采用优质的磁性材料能显著改善电气设备的性能,减小设备的尺寸和重量。图 6.2 (a)、(b)是两种常用的小型单相变压器的外形,它们的铁心都是由导磁性能良好的磁性材料制成的。

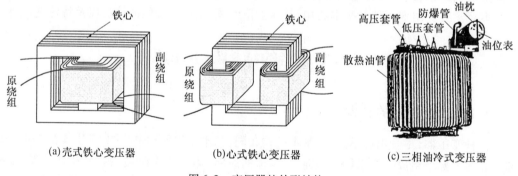

图 6.2　变压器的外形结构

图 6.2(c)是三相变压器的外形图。容量较大的变压器都有散热装置。因为变压器工作时,绕组和铁心都会发热,如果热量不能很好地散发掉,会加速变压器绝缘材料的老化和损坏。所以通常把绕组连同铁心浸在油箱中,油箱外面装有散热油管,以增大散热面积,如图 6.2(c)所示。

---

① 在高频电子电路中,常使用无铁心的变压器,这种变压器称为空心变压器。

6.1.2　变压器的工作原理

图 6.3 是变压器的原理电路图。为便于分析,我们把高压绕组和低压绕组分别画在铁心的两边,与电源相连的一边称为原边或原绕组,与负载相连的一边称为副边或副绕组。原、副绕组的匝数分别为 N_1 和 N_2。原、副绕组没有电的联系。只是通过铁心(磁路)把两者联系起来。下面讨论其电磁关系。

变压器原绕组接交流电源,当副绕组开路时,称为变压器的空载,如图 6.3 所示(图中开关 S 打开)。此时原绕组电流 $i_1 = i_{10}$,称为空载电流。副绕组电流 $i_2 = 0$,负载不消耗功率,变压器处于空载状态。

由于铁心具有很强的导磁能力,磁阻很小。尽管原绕组电流 i_{10} 数值不大,也能产生足够强的磁场。绕组外面是空气,为非磁性物质,阻磁很大。因此,原绕组产生的磁力线绝大部分通过铁心而闭合,把原、副绕组耦合起来,这部分磁通称为主磁通(或工作磁通),用 Φ 表示。只有少数磁力线经过原绕组附近空气而闭合,不参与原、副绕组的耦合。这一小部分磁通不是工作磁通,称为漏磁通,用 $\Phi_{\sigma 1}$ 表示。

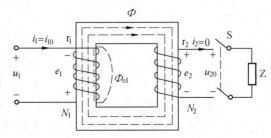

图 6.3　变压器的空载状态

实际上,原绕组电流愈大,匝数愈多,产生的磁通愈强。一般情况下,磁通的强弱正比于绕组电流与匝数的乘积。因此,可以认为主磁通 Φ 与漏磁通 $\Phi_{\sigma 1}$ 是由 $i_{10}N_1$ 产生的,我们把原绕组电流 i_{10} 与匝数 N_1 的乘积 $i_{10}N_1$ 称为原绕组空载时的磁动势。

在一般变压器中,漏磁通 $\Phi_{\sigma 1}$ 比主磁通 Φ 小得多,尤其是大型变压器的漏磁通更小,因而可以忽略漏磁通的影响。

变压器空载时,副绕组电流为零,无功率输出,此时原绕组电流 i_{10} 的作用只是用来产生磁通 Φ,因此,电流 i_{10} 称为变压器的励磁电流,其数值很小,约为额定电流的 3% ~ 8%。由于电源电压是交变的,所以励磁电流及其产生的主磁通也是交变的。根据电磁感应原理,原、副绕组将分别产生感应电动势 e_1 与 e_2,即

$$e_1 = -N_1 \frac{\mathrm{d}\Phi}{\mathrm{d}t} \tag{6.1}$$

$$e_2 = -N_2 \frac{\mathrm{d}\Phi}{\mathrm{d}t} \tag{6.2}$$

图 6.3 中,i_{10} 与 Φ 的参考方向按右手定则确定;Φ 与 e_1 及 e_2 的参考方向按右螺旋法则确定。

由于变压器原、副绕组的电阻 r_1 与 r_2 数值很小,i_{10} 通过 r_1 产生的电压降可以忽略不计。

以上分析,就是变压器空载状态时的基本物理过程,其电磁关系如图 6.4 所示。

由以上分析可见,变压器是通过磁耦合的关系将原边的电能传递到副边。

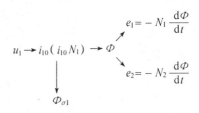

图 6.4　变压器空载时的电磁关系

思 考 题

6.1 变压器的铁心有什么用途？铁心是用什么材料制成的？

6.2 变压器的功能

6.2.1 电压变换

（1）原边。若忽略原绕组漏磁通 $\Phi_{\sigma 1}$ 的影响和原绕组电阻 r_1 上的电压降，原边回路电压方程为

$$u_1 + e_1 \approx 0 \tag{6.3}$$

于是

$$e_1 \approx -u_1 \tag{6.4}$$

用相量表示

$$\dot{E}_1 \approx -\dot{U}_1 \tag{6.5}$$

式（6.3）、（6.4）表示的变压器原边回路的电压平衡关系是：加于原绕组的电源电压被其产生的感应电动势所平衡。式（6.5）表明，主磁通在原绕组产生的感应电动势的有效值等于电源电压的有效值，即

$$E_1 \approx U_1 \tag{6.6}$$

（2）副边。副绕组虽然有感应电动势 e_2 产生，但由于副边开路，故 i_2 等于零，不产生磁通，r_2 上也没有电压降。副绕组的开路电压用 u_{20} 表示，则有

$$u_{20} = e_2$$

用相量表示

$$\dot{U}_{20} = \dot{E}_2 \tag{6.7}$$

式（6.7）表明，变压器副绕组的开路电压的有效值等于它的感应电动势的有效值。即

$$U_{20} = E_2$$

（3）电压变换作用。原、副绕组的电压变换作用是通过主磁通 ϕ 实现的。主磁通按正弦规律变化，即

$$\phi = \Phi_m \sin \omega t$$

式中，Φ_m 为主磁通最大值；ω 为电源角频率。由式（6.1）可知，原绕组的感应电动势为

$$e_1 = -N_1 \frac{\mathrm{d}\Phi}{\mathrm{d}t} = -N_1 \frac{\mathrm{d}(\Phi_m \sin \omega t)}{\mathrm{d}t} =$$

$$-\omega N_1 \Phi_m \cos \omega t = \omega N_1 \Phi_m \sin(\omega t - 90°) =$$

$$E_{1m} \sin(\omega t - 90°)$$

式中

$$E_{1m} = \omega N_1 \Phi_m = 2\pi f N_1 \Phi_m$$

e_1 的有效值为

$$E_1 = \frac{E_{1m}}{\sqrt{2}} = 4.44 f N_1 \Phi_m \tag{6.8}$$

同理，由式（6.2）可得到副绕组的感应电动势的有效值为

$$E_2 = 4.44 f N_2 \Phi_m \tag{6.9}$$

于是可以得到原、副绕组电压的变换关系，即

$$U_1 \approx E_1$$
$$U_{20} = E_2$$

所以
$$\frac{U_1}{U_{20}} \approx \frac{E_1}{E_2} = \frac{4.44 f N_1 \Phi_m}{4.44 f N_2 \Phi_m} = \frac{N_1}{N_2} = k \tag{6.10}$$

式中,k 为原、副绕组的匝数比,称为变压器的变比。一般变比是个常数,匝数多的绕组电压高,匝数少的绕组电压低。如果电源电压 U_1 一定,只要改变匝数比,就可得出不同的输出电压 U_{20}。

【例 6.1】 一台变压器,原绕组匝数为 825 匝,接在 10 000 V 高压输电线上,副绕组开路电压为 400 V。试求变压器的变比和副绕组的匝数。

解 变压器的变比
$$k = \frac{U_1}{U_{20}} = \frac{10\ 000}{400} = 25$$

副绕组的匝数
$$N_2 = \frac{N_1}{k} = \frac{825}{25} = 33 \ \text{匝}$$

(4) 变压器有载时的电磁关系及变比。变压器空载时,副绕组有开路电压,为带负载做好了准备。合上图 6.3 中的开关 S,副绕组则与负载接通,产生副边电流 i_2,其参考方向如图 6.5 所示。此时变压器向负载输送电能,变压器处于有载状态。下面讨论其电磁关系。

变压器有载时,原、副绕组都有电流通过,$i_1 N_1$ 与 $i_2 N_2$ 分别为原、副绕组的磁动势,它们都有产生磁通的能力。所以此时的主磁通 Φ 不再只是由原绕组磁动势所产生,而是和副绕阻磁动势共同作用而产生。简单地说,主磁通 Φ 是由原、副绕组共同作用产生的。

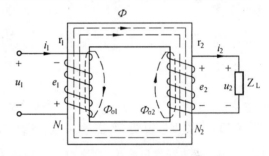

图 6.5　变压器的有载状态

主磁通穿过原、副绕组,在原、副绕组中产生感应电动势 e_1 和 e_2。

原、副绕组磁动势也产生少量的漏磁通 $\Phi_{\sigma1}$ 和 $\Phi_{\sigma2}$,数值很小,可以忽略不计。

变压器有载时的电磁关系如图 6.6 所示。

$$u_1 \to i_1(i_1 N_1) \to \Phi$$
$$e_1 = -N_1 \frac{d\Phi}{dt}$$
$$e_2 = -N_2 \frac{d\Phi}{dt}$$
$$\Phi_{\sigma1}$$
$$i_2(i_2 N_2)$$
$$\Phi_{\sigma2}$$

图 6.6　变压器有载时的电磁关系

变压器有载时,原、副绕组的电压有效值之比为
$$\frac{U_1}{U_2} \approx \frac{E_1}{E_2}$$

由式(6.8)及式(6.9)得

$$\frac{U_1}{U_2} \approx \frac{N_1}{N_2} = k \tag{6.11}$$

式(6.11)表明:变压器有载时与空载时一样,原、副绕组电压有效值之比等于原、副绕组匝数之比。当变比 $k>1$ 时,$U_1>U_2$,是降压变压器;当变比 $k<1$ 时,$U_1<U_2$,是升压变压器。

6.2.2　电流变换

变压器空载和有载时,原边电压都有如下关系,即

$$U_1 \approx E_1 = 4.44 f N_1 \Phi_m$$

所以

$$\Phi_m \approx \frac{U_1}{4.44 f N_1} \tag{6.12}$$

由式(6.12)可以看出,当电源电压 U_1 和频率 f 不变时,Φ_m 是个常数。就是说,无论负载怎样变化,铁心中主磁通的最大值 Φ_m 基本保持不变。

根据这个结论可以认为:变压器有载时产生主磁通的磁动势($i_1 N_1 + i_2 N_2$)与空载时产生主磁通的磁动势 $i_{10} N_1$ 基本上是相等的,即

$$i_1 N_1 + i_2 N_2 \approx i_{10} N_1$$

由于变压器空载状态时的励磁电流 i_{10} 很小,与有载状态时的电流 i_1 和 i_2 相比,可以忽略。因而上式

$$i_1 N_1 + i_2 N_2 \approx 0$$
$$i_1 N_1 \approx -i_2 N_2$$

用相量表示

$$\dot{I}_1 N_1 \approx -\dot{I}_2 N_2 \tag{6.13}$$

式(6.13)中的负号说明,变压器原、副绕组的磁动势 $\dot{I}_1 N_1$ 和 $\dot{I}_2 N_2$ 在相位上接近于反相。这就是说,变压器带负载后,副绕组的磁动势 $\dot{I}_2 N_2$ 对原绕组的磁动势 $\dot{I}_1 N_1$ 有去磁作用。

由式(6.13),原、副绕组电流有效值之比

$$\frac{I_1}{I_2} \approx \frac{N_2}{N_1} = \frac{1}{k} \tag{6.14}$$

式(6.14)表明了变压器的电流变换作用。即原、副绕组电流有效值之比等于原、副绕组匝数的反比。匝数多的绕组电流小,匝数少的绕组电流大。

变压器有载时,电流随负载的变化过程是:当负载增加(例如照明负载增加灯数)时,副绕组电流 I_2 和磁动势 $I_2 N_2$ 随之增大,对原绕组磁动势的去磁作用增强。此时,原绕组电流 I_1 和磁动势 $I_1 N_1$ 因补偿副绕组的去磁作用也随着增大,从而维持主磁通最大值 Φ_m 几乎不变。简单说就是:负载增加,电流 I_2 增大,电流 I_1 随着增大;负载减小,电流 I_2 减小,电流 I_1 随着减小。

实际上,变压器有载时,无论负载怎样变动,电流 I_1(也是电源的输出电流)总是自动适应负载电流的变化。变压器就是在副边的去磁作用与原边的补偿作用的动态平衡过程中,完成了电能的输送任务。

【例6.2】　一台额定容量为 $S_N = 1\,000$ VA、额定电压为 380/24 V 的变压器供给临时建

筑工地照明用电。试求：

(1)变压器的变比；

(2)原、副绕组的额定电流；

(3)副绕组能接入 60 W、24 V 的白炽灯多少只？

解

(1)变比
$$k = \frac{380}{24} = 15.83$$

(2)原、副绕组额定电流
$$I_{1N} = \frac{S_N}{U_{1N}} = \frac{1\ 000}{380} = 2.63 \text{ A}$$

$$I_{2N} = \frac{S_N}{U_{2N}} = \frac{1\ 000}{24} = 41.67 \text{ A}$$

(3)副绕组能接入的灯数为
$$\frac{I_{2N}}{\frac{60}{24}} = \frac{41.67}{2.5} = 16.7 \approx 17 \text{ 只}$$

6.2.3　阻抗变换

把一个阻抗为 Z_L 的负载接到变压器的副边,如图 6.7(a)所示,则负载阻抗为

$$Z_L = \frac{\dot{U}_2}{\dot{I}_2}$$

从原边来看,等效电路如图 6.7(b)所示,原先的负载等效阻抗为

$$Z'_L = \frac{\dot{U}_1}{\dot{I}_1} = \frac{k\dot{U}_2}{\frac{1}{k}\dot{I}_2} = k^2 Z_L \qquad (6.15)$$

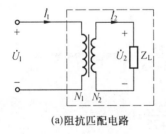
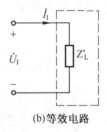

(a)阻抗匹配电路　　　　　　　　　　(b)等效电路

图 6.7　变压器的阻抗变换作用

式(6.15)说明,一个阻抗为 Z_L 的负载,可以用变压器将它的阻抗增大 k^2 倍。这就是变压器的阻抗变换作用。

在电子技术中,常需要将负载阻抗值变换为放大器所需要的数值,使负载获得最大的功率,此称为阻抗匹配。实现这种作用的变压器称为匹配变压器。

【**例 6.3**】　在图 6.8(a)所示电路中,为使负载 R_L 获得最大功率,在电源与负载之间接入匹配变压器,将 R_L 匹配 R'_L。当 $R'_L = R_0$ 时,负载可获得最大功率。已知信号源的电动势

$e = 15\sqrt{2}\sin\omega t$ V，内阻 $R_0 = 75$ Ω，负载电阻 $R_L = 3$ Ω。试求：

（1）当负载电阻 R_L 直接与信号源连接时，负载 R_L 得到的功率；

（2）接入匹配变压器后，计算变压器的变比；

（3）负载 R_L 获得的最大功率；

（4）电源发出的功率。

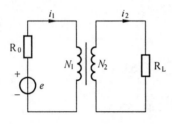　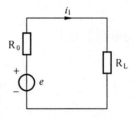

(a)阻抗匹配电路　　　　　　　(b)R_L与e直接相接的电路

图 6.8　例 6.3 的电路图

解　（1）负载电阻 R_L 直接与信号源相连接的电路如图 6.8(b)所示，负载电阻 R_L 得到的功率为

$$P_L = \left(\frac{E}{R_0 + R_L}\right)^2 R_L = \left(\frac{15}{75 + 3}\right)^2 \times 3 = 0.11 \text{ W}$$

（2）计算变压器的变比

由图 6.8(a)，根据公式(6.15)

$$R'_L = k^2 R_L$$

其中　　　　　　　　　　　　$R'_L = R_0 = 75$ Ω

所以，变压器的变比为

$$k = \sqrt{\frac{R'_L}{R_L}} = \sqrt{\frac{75}{3}} = \sqrt{25} = 5$$

（3）计算负载获得的最大功率

第一种方法

$$P_L = \left(\frac{E}{R_0 + R'_L}\right)^2 \times R'_L = \left(\frac{15}{75 + 75}\right)^2 \times 75 = 0.75 \text{ W}$$

第二种方法

因为　　　　　　　　$I_1 = \frac{E}{R_0 + R'_L} = \frac{15}{75 + 75} = 0.1$ A

$$I_2 = kI_1 = 5 \times 0.1 = 0.5 \text{ A}$$

所以

$$P_L = I_2^2 R_L = 0.5^2 \times 3 = 0.75 \text{ W}$$

（4）电源发出的功率

$$P_e = -EI_1 = -15 \times 0.1 = -1.5 \text{ W}$$

思 考 题

6.2 变压器的负载电流 I_2 增大时,原边电流 I_1 为什么也随之增大?

6.3 如果变压器副边短路,对原边有无影响? 原边是否也相当于短路? 为什么?

6.4 一台变压器的额定电压为 220 /110 V,$N_1 = 2\,500$ 匝,$N_2 = 1\,250$ 匝,如果为了节省铜线将 N_1 改为 50 匝,N_2 改为 25 匝,这样做行吗? 为什么?

6.3 变压器绕组的连接

6.3.1 同名端的判断

已经制成的变压器(或其他有绕组的电器设备),由于经过其他工艺处理或长期使用,从外观上可能无法辨认绕组的绕向。对于这种情况通常采用实验方法进行测定。常用的实验测定方法有直流法和交流法,本书只对直流法作一简单介绍。

直流法测定绕组极性的电路如图 6.9 所示。在开关 S 闭合瞬间,如果毫安表的指针正向偏转,则 1 和 3 是同名端;如果指针反向偏转,则 1 和 4 是同名端。其原理是:

在开关 S 闭合瞬间,原绕组电路中出现变化的电流 i_1,其实际方向如图所示。i_1 产生的磁通在两个绕组中分别产生感应电动势 e_1 和

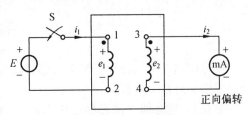

图 6.9 直流法测定绕组的极性

e_2。由楞次定则可知,e_1 阻碍电流 i_1 增长,其实际方向如图所示。副绕组 e_2 的实际方向可根据电流表指针偏转方向推知(电流表测量的是由 e_2 产生的电流 i_2)。若指针正向偏转,说明 e_2 的实际方向如图所示,因而 1 与 3 是同名端。若指针反向偏转,则 e_2 的实际方向与图示相反,1 与 4 是同名端。

同名端的表示方法:在同名端打上"·",作为标记,如图 6.9 所示。

6.3.2 绕组的连接

在多绕组变压器中,各绕组的连接必须在各绕组的极性确定之后(有同名端标记),如图 6.10 所示,根据实际需要将绕组正确连接起来。绕组串联可以提高电压,绕组并联可以增大电流。但是,按常规只有额定电流相同的绕组才能串联[①],只有额定电压相同的绕组才能并联。

1. 串联

将两个绕组按异名端顺序串联连接,可向负载提供 30 V 电压和 2 A 电流,电路如图 6.10(a)所示。

[①] 额定电流不相同的绕组也可以串联,但是串联后的新绕组,其额定电流的数值只能就低不就高,按小额定电流使用。对大额定电流的绕组来说,这样连接不经济。

2. 并联

将两个绕组按同名端并联连接,可向负载提供 100 V 电压和 4 A 电流,电路如图 6.10(b)所示。

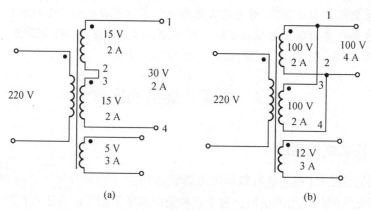

(a)　　　　　　　　　　　　(b)

图 6.10　变压器绕组的串并联

6.4　自耦变压器

特殊用途的变压器种类繁多,例如:自耦变压器、电压互感器和电流互感器等。本书只介绍常用的自耦变压器。

图 6.11 是自耦变压器的原理电路,主要特点是:副边由 a、b 两点引出,副绕组是原绕组的一部分。原、副绕组的电压关系和电流关系仍然是

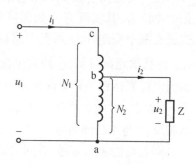

$$\frac{U_1}{U_2}=\frac{N_1}{N_2}=k \qquad \frac{I_1}{I_2}=\frac{N_2}{N_1}=\frac{1}{k}$$

自耦变压器分为可调式和不可调式两种。实验室常用的调压器,就是一种可调式自耦变压器,它的点 b 可沿绕组上下滑动,以改变副绕组匝数 N_2,获得大幅度随意可调的输出电压(0～250 V),电路如图 6.12(b)所示,使用起来十分方便。自耦变压器的外形如图 6.12(a)所示。

图 6.11　自耦变压器原理线路

(a)外形

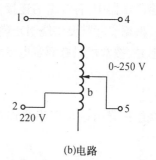

(b)电路

图 6.12　自耦变压器的外形和电路

本 章 小 结

（1）变压器在电力系统和电子线路中应用广泛，其任务是输送能量或传递信号。其功能为电压变换、电流变换和阻抗变换，即

$$\frac{U_1}{U_2}=k \qquad \frac{I_1}{I_2}=\frac{1}{k} \qquad Z'_{\mathrm{L}}=k^2 Z_{\mathrm{L}}$$

（2）变压器是电路与磁路的有机结合体，原边电路与副边电路通过磁通联系起来。主磁通的幅值为

$$\varPhi_{\mathrm{m}} \approx \frac{U_1}{4.44 f N_1}$$

变压器在工作过程中，$\varPhi_{\mathrm{m}}$ 保持基本不变，副边电流 I_2 增大，原边电流 I_1 随着增大。

（3）接用多绕组变压器时，要先确定绕组的极性并做出同名端标记，然后正确连接。

（4）特殊变压器的用途和使用方法各有特点，但基本结构和原理与一般变压器相同。

习　　题

6.1　一台电压为 3 300/220 V 的单相变压器，向 5 kW 的电阻性负载供电。试求变压器的变压比及原、副绕组的电流。

6.2　测定绕组极性的电路如题图 6.1 所示。在开关 S 闭合瞬间发现电流表的指针反偏，试解释原因并标出绕组的极性。

6.3　有一台单相照明变压器，容量为 10 kVA，电压为 3 300/220 V。今欲在副边接上 60 W、220 V 的电灯，如果变压器在额定状态下工作，这种电灯能接多少只？原、副绕组的额定电流是多少？

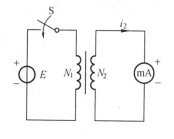

题图 6.1

6.4　在 6.3 题中，若将变压器副边接的电灯换成 30 W、220 V、功率因数为 0.5 的日光灯，变压器仍然在额定状态下工作，这种日光灯又能接多少只？

6.5　在题图 6.2 所示电路中，已知信号源的电动势 $e=20\sqrt{2}\sin\omega t \mathrm{V}$，内阻 $R_0=200\ \Omega$，负载电阻 $R_{\mathrm{L}}=8\ \Omega$。试计算：

（1）当负载电阻 R_{L} 直接与信号源连接时，信号源输出的功率 P 为多少毫瓦（mW）？

（2）若将负载 R_{L} 等效到匹配变压器的原边，并使 $R'_{\mathrm{L}}=R_0$ 时，信号源将输出最大功率 $P_{\max}$。试计算此变压器的变比 k 为多少？信号源最大输出功率 $P_{\max}$ 为多少？

6.6　一只 8 Ω 的扬声器接到变比为 6 的变压器的副边，试求等效到原边的等效电阻是多少？

6.7　变压器空载运行时，原边电流为什么很小？有载运行时，原边电流为什么变大？空载运行和有载运行磁通 $\varPhi_{\mathrm{m}}$ 是否相同？为什么？

6.8　某电源变压器各绕组的极性以及额定电压和额定电流如题图 6.3 所示，试问：如何获得以下各种输出？试分别画出接线图。

（1）24 V,1 A　　（2）12 V,2 A　　（3）32 V,0.5 A　　（4）8 V,0.5 A

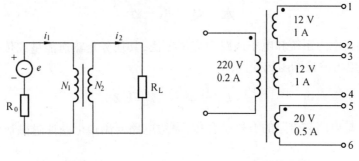

题图 6.2　　　　　　　　　　　题图 6.3

6.9　某电源变压器如题图 6.4 所示。试求:(1)由三个副绕组能得出多少种输出电压?(2)试分别画出能得到 2 V 和 5 V 的电路接线图。

6.10　在题图 6.5 电路中,变压器的变比 $k=10$,试计算 $\dot{U}_2$。

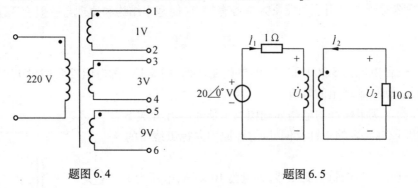

题图 6.4　　　　　　　　　　　题图 6.5

第 **7** 章

三相异步电动机

三相异步电动机是最常用的一种电动机。它具有结构简单、价格便宜和使用方便等优点,广泛应用于驱动各种金属切削机床、轻工机械、食品机械、建筑机械、起重设备、锻压与铸造机械、交通运输机械、传送带以及通风机和水泵等。

从基本作用原理来看,各种电动机(包括三相异步电动机)都是以"载流导体在磁场中承受电磁力的作用"为其物理基础。因此,在结构上,各种电动机都有产生磁场的部分和获得电磁力的部分。

本章首先讨论三相异步电动机的工作原理与应用,然后简单介绍单相异步电动机和直线异步电动机。

7.1　三相异步电动机的工作原理

三相异步电动机的构造是由其转动原理决定的,其转动原理可通过如图 7.1 所示的一个模型实验来说明。

7.1.1　转动原理的实验演示

图 7.1 主要是由一个旋转的永久磁铁和一个由铜条组成的转子构成。因该转子形似金属笼,故称为笼型转子。

1. 现象观察

当通过手柄摇动磁极时,发现笼型转子跟着磁极一起转动。磁极转动快,转子也转得快;磁极转动慢,转子也转得慢;反摇,转子跟着反转。通过这一现象来分析转子的转动原理。

转子与磁极没有机械联系,但转子却能跟着磁极转动。可以肯定,转子与磁极之间存在电磁力,如图 7.2 所示,磁极的磁力线由 N 极指向 S 极,磁极的转动速度为 n_0,转子的转动速度为 n,那么电磁力是如何产生的呢?

2. 理论分析

当顺时针方向摇动磁极时,磁极的磁力线切割转子铜条(图 7.2 中只示出 N、S 极下的两根铜条),铜条中产生感应电动势,电动势的方向由右手定则确定。这里应用右手定则时,可假设磁极不动,而转子铜条向逆时针方向转动切割磁力线(这与实际上磁极顺时针方向旋转,磁力线切割转子铜条是相当的)。铜条中产生的感应电动势的方向如图 7.2 中的 ⊙ 和 ⊗ 所示。在电动势的作用下,闭合的铜条中出现电流。

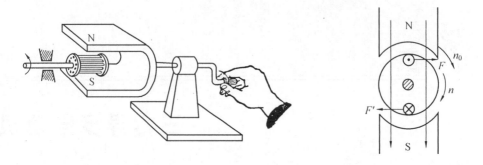

图 7.1 旋转的磁场拖动笼型转子旋转   图 7.2 转子的转动原理

该电流处于磁场之中,在磁场作用下,转子铜条上产生电磁力 F 与 F'。电磁力 F 与 F' 产生电磁转矩,转子就转动起来。电磁力的方向可用左手定则确定。由图 7.2 可见,转子转动的方向与磁极旋转的方向相同。

7.1.2 基本构造

由上面的实验可知,要使转子转动,必须有一个旋转的磁场。但是,实际的三相异步电动机中的旋转磁场是不能像模型中那样用手摇的。为获得一个自动旋转的磁场,实际的三相异步电动机的外形和结构如图 7.3 所示,其主要部件为定子和转子。

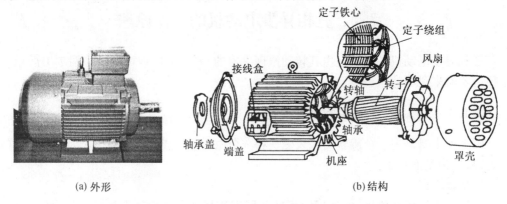

(a)外形   (b)结构

图 7.3 三相笼型异步电动机的外形与结构

1. 定子

定子由机座内的圆筒形的铁心组成。铁心内放置对称的三相绕组 A—X、B—Y 和 C—Z (组成定子绕组)。三相绕组可接成星形或三角形。当三相绕组通入对称的三相电流时,便可在定子铁心内腔空间产生旋转的磁场(详细分析见下节)。

2. 转子

转子有笼型的,也有绕线型的,如图 7.4 和图 7.5 所示。

笼型转子:转子铁心是圆柱状,在转子铁心的槽内放置铜质导条,其两端用端环相接,如图 7.4(a)所示,呈笼状,所以称为笼型转子。也可以在转子铁心的槽内浇铸铝液,铸成一个

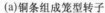
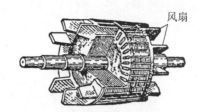

(a)铜条组成笼型转子　　　　　　　　　　　(b)铝液铸成笼型转子

图 7.4　笼型转子

笼型转子。这样便可以用铝代替铜,既经济又便于生产,如图 7.4(b)所示。目前,中小型笼型异步电动机几乎都采用铸铝转子。

　　绕线型转子:这种转子的特点是,在转子铁心的槽内不是放置导条,而是和定子一样,放置对称的三相绕组,接成星形,如图 7.5 所示,转子绕组的三个出线头连接在三个铜制的滑环上,滑环固定在转轴上。环与环、环与转轴都互相绝缘。在环上用弹簧压着碳质电刷,电刷上又连接着三根外接线。

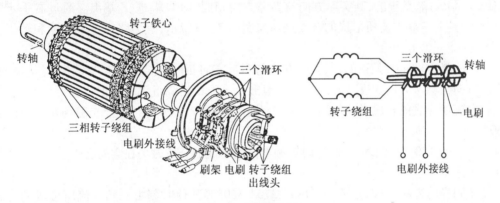

图 7.5　绕线型转子

　　笼型电动机和绕线型电动机的明显特征主要体现在转子上,最简单的辨认办法是看看异步电动机转轴上有没有三个互相绝缘的滑环,环上有三个电刷,电刷上连接着三根外引线。如有,则为绕线型;如没有,则为笼型。笼型与绕线型只是转子构造有些不同,其工作原理是一样的。

7.1.3　工作原理

1. 旋转磁场的产生

　　当定子的三相绕组通入三相对称电流时,就可形成一个旋转磁场。通过这个磁场,定子把由电源获得的能量传递到转子,并使转子转动,带动生产机械,完成由电能到机械能的转换。这里定子是不动的,为什么通入三相电流就会产生旋转磁场呢? 下面作一简要分析。设定子绕组接成星形,接在三相电源上,绕组中便通入三相对称电流,即

$$i_A = I_m \sin \omega t$$
$$i_B = I_m \sin(\omega t - 120°)$$
$$i_C = I_m \sin(\omega t + 120°)$$

其电路与电流的波形如图7.6(a)、(b)所示。我们分析以下几个时刻产生的磁场,观察一下磁场是否在旋转?

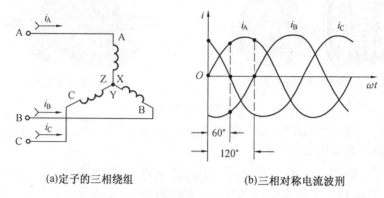

(a)定子的三相绕组　　　　　　　(b)三相对称电流波刑

图7.6　定子绕组通入三相对称电流

① 当 $\omega t=0°$ 时:$i_A=0$,A 相绕组无电流通过;i_B 是负的,其实际方向与参考方向相反,即 Y 端进、B 端出;i_C 是正的,其实际方向与参考方向相同,即 C 端进、Z 端出。通过右手定则可以看出,这时三相电流所形成的合成磁场如图 7.7(a)所示,磁力线穿过空气隙和转子铁心,而后经定子铁心闭合。

② 当 $\omega t=60°$ 时:i_A 是正的,其实际方向与参考方向相同,即 A 端进、X 端出;i_B 是负的,其实际方向与参考方向相反,即 Y 端进、B 端出;$i_C=0$,C 相绕组无电流通过。可以看出,这时三相电流所形成的合成磁场如图 7.7(b)所示。与图 7.7(a)相比,合成磁场在空间已转过60°。

③ 当 $\omega t=120°$ 时:同理可知,这时三相电流所形成的合成磁场在空间已转过120°,如图7.7(c)所示。

按照同样的方法,可以分析 $\omega t=180°$、$270°$、$360°$ 等其他时刻由三相电流所形成的合成磁场。

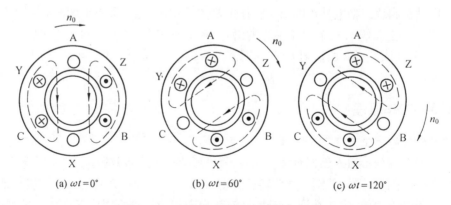

(a) $\omega t=0°$　　　　(b) $\omega t=60°$　　　　(c) $\omega t=120°$

图7.7　三相电流产生的旋转磁场($p=1$)

综上所述,定子绕组通入三相电流后,它们共同产生的合成磁场是随电流的交变而在定子内部空间不断旋转着的,这便是定子的旋转磁场(旋转磁场的转速用 n_0 表示)。这个旋转磁场同永久磁铁的 N—S 磁极在空间旋转(图7.1)所起的作用是完全一样的。在这个旋转磁场的切割作用下,转子绕组(铜条或铝条)中感应出电动势和电流(转子电流)又同旋转磁场相互作用而产生电磁力,使转子转动起来(转子的转速用 n 表示)。转子的转动方向和旋转磁场的方向是相同的(在图7.7中未标出转子的转动方向)。

2. 旋转磁场的反转

如要电动机反转(即转子反转),显然,只需改变旋转磁场的方向即可。为此,可将与三相电源连接的三根电源线中的任意两根的一端对调,例如,将电动机三相绕组的 B 相与 C 相对调位置(此时电源的三相端子的相序未变),电流 i_A 仍然流入 A-X 绕组,但电流 i_B 和 i_C 却改变了流向:i_B 流入 C-Z 绕组,i_C 流入 B-Y 绕组。三相电流流入电动机的顺序变为 ACB,旋转磁场因此反转,电动机改变转动方向。有一种称为倒顺开关的装置就是起这种作用的,能使电动机正转和反转。

7.1.4 转速和磁极对数

1. 转速

三相异步电动机的转速是指转子的转速。转子总是跟随定子旋转磁场而转动。初看起来,好像转子的转速 n 和旋转磁场的转速 n_0 是一样的。其实 n 与 n_0 在数值上存在微小的差别:n 总是小于 n_0,但又近似等于 n_0;如果两者相等,即 $n=n_0$,那么,转子与旋转磁场之间就没有相对运动,磁力线就不切割转子导体,转子的电动势、转子电流以及电磁力等均不存在。因此,转子转速 n 与旋转磁场转速 n_0 之间必有差异。也就是说,转子转速不可能与旋转磁场转速同步,只能是异步的。这就是异步电动机名称的由来。通常把旋转磁场的转速 n_0 称为同步转速,把转子转速 n 称为异步转速,把两者之差 $\Delta n = n_0 - n$ 称为相对转速或转速差,转速差 Δn 与同步转速 n_0 的比值(%)称为转差率,即

$$s = \frac{\Delta n}{n_0} = \frac{n_0 - n}{n_0} \times 100\% \tag{7.1}$$

转差率 s 是异步电动机的一个重要物理量,异步电动机的许多特性都与 s 有密切关系。由上式可见,转子转速 n 愈是接近旋转磁场转速 n_0,转差率 s 就愈小。三相异步电动机运行于额定转速时转差率很小,约为 1.5%~6%,因为三相异步电动机的额定转速与同步转速很接近。

三相异步电动机启动时,$n=0$,故 $s=1$,此时转差率最大。

由式(7.1)可以看出,异步转速 n、同步转速 n_0 和转差率 s 之间的关系,即

$$n = (1-s)n_0 \tag{7.2}$$

式(7.2)表明,转子转速 n 比同步转速 n_0 小,n 总比 n_0 小百分之几。

2. 磁极对数

三相异步电动机的磁极对数是指定子旋转磁场的磁极对数。定子旋转磁场的磁极对数与定子三相绕组的安排有关。上一节分析的旋转磁场,是每相绕组中只有一个线圈的情况(图7.6和图7.7),该旋转磁场在空间相当于有一对磁极在旋转,即 $p=1$(p 表示磁极对数)。如果定子每相绕组中有两个线圈串联,则产生的旋转磁场具有两对磁极,即 $p=2$,如图7.8所示。同理,如果定子每相绕组有三个线圈串联,其产生的旋转磁场有三对磁极,即 $p=3$。由以上分析可见,三相异步电动机的磁极是成对出现的。一台三相异步电动机出厂后,由于绕组已经固定,其磁极对数 p 也是固定的。

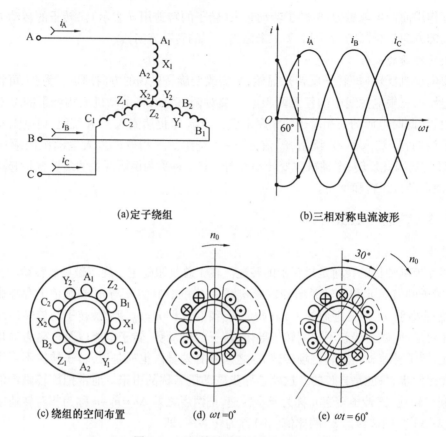

(a)定子绕组　　　　　　　　(b)三相对称电流波形

(c)绕组的空间布置　　　(d) $\omega t = 0°$　　　(e) $\omega t = 60°$

图7.8　四极旋转磁场的产生($p=2$)

3. 磁极对数与同步转速的关系

当 $p=1$(一对极)时,由图7.7可知,电流从 $\omega t = 0°$ 变到 $\omega t = 60°$,旋转磁场在空间转过 $60°$;电流交变一次(一个周期),旋转磁场在空间转过一圈;定子电流每秒交变 f_1 次,旋转磁场在空间则转过 f_1 圈;定子电流每分钟交变 $60f_1$ 次,旋转磁场在空间则转过 $60f_1$ 圈,即旋转磁场每分钟的转速为

$$n_0 = 60f_1$$

当 $p=2$(两对极)时,由图7.8可知,电流从 $\omega t = 0°$ 变到 $\omega t = 60°$,旋转磁场在空间只旋转 $30°$,比一对极时慢了一半。即

$$n_0 = \frac{60f_1}{2}$$

同理,当 $p=3$(三对极)时,旋转磁场的转速为

$$n_0 = \frac{60f_1}{3}$$

由此推知,当旋转磁场具有 p 对极时,其转速为

$$n_0 = \frac{60f_1}{p} \qquad (7.3)$$

转速的单位为 r/min(转/分)。

对已制造好的三相异步电动机而言,其磁极对数 p 已确定,使用的电源频率也已确定,

因此旋转磁场的转速 n_0 是个常数。因为工业频率 f_1 为 50 Hz,所以常用的各种三相异步电动机的磁极对数 p 和旋转磁场的转速(同步转速)n_0 的对应关系,如表 7.1 所示。

表 7.1 p 与 n_0 的对应关系

p(对数)	1	2	3	4	5	6
$n_0/(\text{r}\cdot\text{min}^{-1})$	3 000	1 500	1 000	750	600	500

【例 7.1】 有一台三相异步电动机,其额定转速(即电动机轴上拖动额定机械负载时的转速)$n_N = 975$ r/min,电源频率 $f_1 = 50$ Hz。试求电动机的磁极对数 p 和额定转差率 s_N。

解 (1)磁极对数 p。由于三相异步电动机额定转速 n_N 接近而略小于同步转速 n_0,因此根据 $n_N = 975$ r/min,可判断其同步转速为 $n_0 = 1\,000$ r/min。所以磁极对数由式(7.3)可得

$$p = \frac{60f_1}{n_0} = \frac{60 \times 50}{1\,000} = 3$$

(2)额定转差率 s_N。由式(7.1)可知

$$s_N = \frac{n_0 - n_N}{n_0} \times 100\% = \frac{1\,000 - 975}{1\,000} \times 100\% = 2.5\%$$

思 考 题

7.1 在图 7.1 中,旋转磁极为什么能拖动笼型转子旋转?电磁力从何而来?

7.2 三相异步电动机的两大部件定子和转子都是怎样构成的?它们各起什么作用?

7.3 怎样才能使三相异步电动机反转?

7.4 定子旋转磁场的转速 n_0 的大小和方向与哪些因素有关?什么是磁极对数?磁极对数与定子三相绕组的安排有什么关系?

7.5 试说明三相异步电动机的 n_0、n、Δn、s 这几个物理量的含义,它们之间存在什么关系?转差率 s 越大,表示电动机转动的越快,还是越慢?

7.2 三相异步电动机的机械特性

从使用的角度来说,我们最关心的就是三相异步电动机在驱动生产机械时,能提供多大的转矩 T 和多大的转速 n,以及其转矩 T 和转速 n 的变化情况。T 和 n 之间的关系 $n = f(T)$ 称为电动机的机械特性。

表示机械特性的两个物理量 T 和 n,与三相异步电动机的定子绕组和转子绕组的电压、电流、旋转磁场的磁通密切相关。三相异步电动机在结构和电磁关系上与变压器有极大的相似性。我们知道,变压器有原、副绕组,两个绕组之间通过主磁场联系起来。与此类似,三相异步电动机有定、转子绕组,彼此通过旋转磁场联系起来。

7.2.1 定子绕组

与变压器原绕组产生感应电动势的原理相同,三相异步电动机的定子绕组接通交流电源后,定子每相绕组因被旋转磁场的磁通切割而产生感应电动势,其有效值为

$$E_1 = 4.44 f_1 N_1 \Phi$$

式中，f_1 为定子绕组感应电动势的频率，等于外加电源电压或定子电流的频率；N_1 为定子每相绕组的匝数；Φ 为旋转磁场的每极磁通。

在一般的电动机中，定子绕组本身的阻抗电压降比 E_1 小得多，因此定子每相绕组电压有效值为

$$U_1 \approx E_1 = 4.44 f_1 N_1 \Phi$$

因而
$$\Phi \approx \frac{U_1}{4.44 f_1 N_1} \tag{7.4}$$

7.2.2　转子绕组

三相异步电动机的转子绕组虽然与变压器副绕组相似，但也有其不同之处。主要表现在：变压器副绕组是静止的，而三相异步电动机的转子绕组只有在电动机刚刚接上电源启动的一瞬间（或因负载过重而被迫停转时）才是静止的，一般情况下总是转动的。

1. 转子静止时

转子静止时，旋转磁场像切割定子绕组一样，也同时以相同的转速切割转子绕组，转子绕组因而产生感应电动势。若以 E_{20} 表示转子静止时每相绕组感应电动势的有效值，则

$$E_{20} = 4.44 f_2 N_2 \Phi$$

式中，N_2 为转子每相绕组的匝数；f_2 为转子绕组感应电动势或转子绕组电流的频率。此时因转子与定子一样静止不动，它们的感应电动势的频率是相同的，即 $f_2 = f_1$。所以

$$E_{20} = 4.44 f_1 N_2 \Phi \tag{7.5}$$

设 R_2 为转子电阻，而 X_{20}、I_{20} 和 $\cos \varphi_{20}$ 分别为转子静止时其每相绕组的感抗、电流和功率因数，则有

$$X_{20} = 2\pi f_2 L_{\sigma 2} = 2\pi f_1 L_{\sigma 2}$$

$$I_{20} = \frac{E_{20}}{\sqrt{R_2^2 + X_{20}^2}}$$

$$\cos \varphi_{20} = \frac{R_2}{\sqrt{R_2^2 + X_{20}^2}}$$

以上各式中，R_2 与 $L_{\sigma 2}$ 分别为转子每相绕组的电阻和电感。

2. 转子转动时

转子转动时，其转动方向与旋转磁场方向相同，其转速略低于旋转磁场的转速。它们的相对转速为 $\Delta n = n_0 - n$。此时若把转子看做相对静止，旋转磁场则以相对转速 Δn 旋转并切割转子绕组。根据转速的一般关系式（7.3），频率与转速之间的关系可以写为

$$f_1 = \frac{p n_0}{60}$$

由上式可知，旋转磁场以相对转速 Δn 切割转子绕组时，转子绕组感应电动势的频率为

$$f_2 = \frac{p \Delta n}{60} = \frac{p(n_0 - n)}{60} = \frac{p n_0}{60} \cdot \frac{(n_0 - n)}{n_0} = s f_1 \tag{7.6}$$

式（7.6）表明，转子转动时，其感应电动势的频率 f_2 与转差率 s 成正比。

例如，电动机启动瞬间，$n = 0$，$s = 1$，此时 $f_2 = s f_1 = f_1 = 50$ Hz；电动机转速 n 升高后，s 减

小，f_2 也减小；电动机在额定转速下运行时，$s = 0.015 \sim 0.06$，$f_2 = sf_1 = (0.015 \sim 0.06) \times 50 = (0.75 \sim 3)\,Hz$。显然，电动机在额定状态下运行时，转子感应电动势和转子电流的频率是很低的。

由于 f_2 随 s 而变化，所以转子电动势、转子感抗、转子电流和转子功率因数都与 s 有关，即

$$E_2 = 4.44 f_2 N_2 \Phi = 4.44 s f_1 N_2 \Phi = s E_{20}$$

$$X_2 = 2\pi f_2 L_{\sigma 2} = 2\pi s f_1 L_{\sigma 2} = s X_{20}$$

$$I_2 = \frac{E_2}{\sqrt{R_2^2 + X_2^2}} = \frac{s E_{20}}{\sqrt{R_2^2 + (s X_{20})^2}} \tag{7.7}$$

$$\cos \varphi_2 = \frac{R_2}{\sqrt{R_2^2 + X_2^2}} = \frac{R_2}{\sqrt{R_2^2 + (s X_{20})^2}} \tag{7.8}$$

7.2.3　转矩

从三相异步电动机的工作原理我们知道，三相异步电动机的电磁转矩是由于具有电流 I_2 的转子绕组在磁场中承受电磁力的作用而产生的。因此，电磁转矩的大小应与转子电流 I_2 以及旋转磁场每极磁通 Φ 成正比。值得注意的是：转子绕组有感抗存在，转子电路的功率因数不等于1。同一般交流电路的有功功率要考虑功率因数一样，三相异步电动机的电磁转矩（电动机通过其转矩对外做机械功，输出有功功率）也应考虑转子的功率因数，即

$$T = K_T \Phi I_2 \cos \varphi_2 \tag{7.9}$$

式中，K_T 为常数，它与电动机的结构有关。

为叙述方便，以下把电磁转矩简称转矩。在式(7.9)中，若引用式(7.4)、(7.5)、(7.7)、(7.8)中各量的关系，则可获得更为具体的转矩表达式，即引用以下三式

$$\Phi \approx \frac{U_1}{4.44 f_1 N_1}$$

$$I_2 = \frac{s E_{20}}{\sqrt{R_2^2 + (s X_{20})^2}} = \frac{s (4.44 f_1 N_2 \Phi)}{\sqrt{R_2^2 + (s X_{20})^2}}$$

$$\cos \varphi_2 = \frac{R_2}{\sqrt{R_2^2 + (s X_{20})^2}}$$

将以上三式代入式(7.9)中，得

$$T = K \frac{s R_2 U_1^2}{R_2^2 + (s X_{20})^2} \tag{7.10}$$

式中，K 为常数；R_2 和 X_{20} 均为定值。

上式说明，三相异步电动机的转矩 T 与电源电压 U_1 的平方成正比。电源电压的波动对转矩的影响很大。例如电源电压降低到额定电压的70%时，则转矩下降到原来的49%。过低的电源电压往往使电动机不能启动，在运行中如果电源电压下降太多，很可能使电动机因其转矩小于负载转矩而停转。这些现象的发生都会引起电动机的电流增加，以致超过其额定电流，如不及时断开电源，则可能将电动机烧毁。一般来说，当电源电压低于额定值的85%时，就不允许三相异步电动机投入运行。

7.2.4 机械特性

在一定的电源电压 U_1 和转子参数 R_2 与 X_{20} 为定值的条件下,转矩 T 和转差率 s 的关系曲线 $T=f(s)$ 或转速 n 和转矩 T 的关系曲线 $n=f(T)$ 称为三相异步电动机的机械特性曲线。由式(7.10)可画出 $T=f(s)$ 曲线,如图 7.9 所示。

$T=f(s)$ 曲线的横坐标为 s,当 $s=0$ 时 $n=n_0$,当 $s=1$ 时 $n=0$,s 数值的大小刚好与 n 的数值大小相反,使人感到不便。为此可将 $T=f(s)$ 曲线进行三点改造:

① 将 s 轴变为 n 轴(把 $s=1$ 处作为 n 的原点),s 轴的反方向即为 n 轴的方向;

② 将 T 轴平移至 $s=1$ 处;

③ 将坐标平面顺时针方向旋转 90°,即可得到非常好用的 $n=f(T)$ 机械特性曲线,如图 7.10 所示。

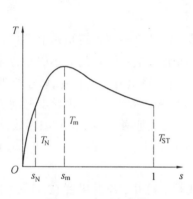

图 7.9　$T=f(s)$ 曲线

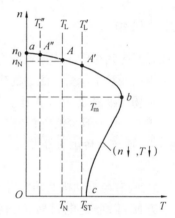

图 7.10　$n=f(T)$ 曲线

电动机的 $n=f(T)$ 机械特性曲线能表示出电动机任何时刻的工作状态,利用机械特性曲线,可以分析电动机的运行性能。通常我们注意以下三个转矩:

1. 额定转矩 T_N

额定转矩 T_N 是电动机带动额定负载时产生的转矩,它表示电动机的额定工作能力。在图 7.10 中,若点 A 表示电动机的额定状态(A 称为额定工作点),则其对应的转矩和转速即为额定转矩 T_N 和额定转速 n_N。电动机的额定转矩 T_N 可根据其铭牌上所标的额定功率 P_N(单位用 kW)和额定转速 n_N(单位用 r/min)求得,计算公式为

$$T_N = 9\ 550\ \frac{P_N}{n_N} \tag{7.11}$$

转矩的单位为 N·m(牛·米)。

例如,Y160M–4 型电动机额定功率 $P_N = 11$ kW,额定转速 $n_N = 1\ 460$ r/min,则其额定转矩为

$$T_N = 9\ 550\ \frac{P_N}{n_N} = 9\ 550\ \frac{11}{1\ 460} = 71.95\ \text{N·m}$$

三相异步电动机一般都工作在机械特性曲线 $n=f(T)$ 的 ab 段(图 7.10),而且具有自适应性,电动机的转矩 T 能自动适应负载的需要和变动。设电动机工作在稳定状态下(点 A),

此时电动机的转矩 T_N 等于负载转矩 T_L，即 $T_N = T_L$。我们讨论以下两种情况：

① 若负载转矩增大时（例如，起重机的起重量加大，车床的吃刀量加大等等），负载转矩由 T_L 变为 T'_L，电动机的转矩小于负载转矩，即 $T_N < T'_L$。于是电动机的转速 n 沿 ab 段曲线下降。由这段曲线可见，随着转速 n 的下降，电动机的转矩 T 却在增大，当增大到与负载转矩相等时，即 $T = T'_L$，电动机就在新的稳定状态（点 A'）下运行，这时的转速较前为低。

② 若负载转矩减小时，负载转矩由 T_L 变为 T''_L，电动机的转矩大于负载转矩，即 $T_N > T''_L$。于是电动机的转速沿 Aa 段曲线上升。随着转速 n 的上升，电动机的转矩 T 在减小，当减小到与负载转矩相等时，即 $T = T''_L$，电动机又在新的稳定状态（点 A''）下运行。这时转速较前为高。

一般三相异步电动机的机械特性曲线 $n = f(T)$ 上 ab 段的大部分均较平坦，虽然转矩 T 的变化范围很大，但转速 n 的变化不大。这种机械特性称为硬机械特性（简称硬特性），特别适用于一般金属切削机床等生产机械。

2. 最大转矩 T_m

最大转矩 T_m 是电动机转矩的最大值，它表示电动机的过载能力。在图 7.9 所示 $T = f(s)$ 曲线上，对应于最大转矩的转差率为 s_m，s_m 称为临界转差率。为求得最大转矩 T_m，可以把式（7.10）对 s 微分，并令 $\dfrac{dT}{ds} = 0$，得

$$s_m = \frac{R_2}{X_{20}} \tag{7.12}$$

将式（7.12）代入式（7.10），便得最大转矩

$$T_m = K \frac{U_1^2}{2X_{20}} \tag{7.13}$$

由式（7.13）可见，电动机的最大转矩 T_m 与电源电压 U_1 的平方成正比，而与转子电阻 R_2 无关。这种情况可由图 7.11 表示出来。在图 7.11 中，曲线 1 表示正常电源电压 U_1 时的机械特性，曲线 2 表示当电源电压波动由 U_1 降低为 U'_1 时的机械特性。由曲线 2 可见，最大转矩由 T_m 降低为 T'_m。

最大转矩 T_m 又称为临界转矩。

工作在 ab 段的电动机（图 7.10），当负载转矩 T_L 超过电动机的最大转矩 T_m 时，电动机因带不动负载而沿 ab 段曲

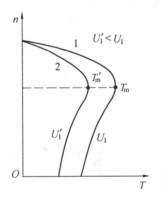

图 7.11 电源电压 U_1 波动时的 $n = f(T)$ 曲线（$R_2 = $ 常数）

线减速。随着转速 n 的下降，转矩 T 增大，至点 b 时，电动机的转矩虽然达到最大值 T_m，但仍小于负载转矩，因而电动机的转速便沿 bc 段曲线继续下降。由 bc 段曲线可见，随着转速 n 的下降，电动机的转矩 T 也在减小，电动机的转速 n 将继续下滑（bc 段是不稳定区），直到停止转动为止（这称为闷车）。一旦闷车，旋转磁场切割转子导体的相对转速达到最大，电动机的电流剧增，定子绕组将因过热而烧毁。在机械特性曲线上，点 b 是电动机稳定工作区（ab 段）和不稳定区（bc 段）的临界点，因而点 b 所对应的最大转矩 T_m 又称为临界转矩。

在 ab 段，当负载转矩等于电动机的额定转矩时，电动机处于额定状态（满载状态）；当负载转矩小于电动机的额定转矩时，电动机处于轻载状态；当负载转矩大于电动机的额定转矩时，电动机则处于过载状态。长期连续运行的电动机，基本上是在额定状态下运行。

电动机运行时,允许短时过载。不同类型的三相异步电动机,过载能力是不同的。三相异步电动机的最大转矩 T_m 的大小就标志着它的过载能力的大小。在产品目录中,过载能力是以最大转矩与额定转矩的比值 T_m/T_N 的形式给出的,这个比值也称为电动机的过载系数,在技术资料中常用字母 λ 表示,即

$$\lambda = \frac{T_m}{T_N}$$

Y 系列三相异步电动机 $T_m/T_N = 2.0 \sim 2.2$,起重与冶金机械用的三相异步电动机过载系数较大,可达 $2.5 \sim 3.1$。使用三相异步电动机时,应使负载转矩小于最大转矩,给电动机留有余地。这样,一旦电动机受到突然的负载冲击时,仍不致因超出最大转矩而造成电动机停车的后果。

3. 启动转矩 T_{ST}

启动转矩 T_{ST} 是电动机刚启动($n = 0$,$s = 1$)时的转矩,表示电动机的启动能力。将 $s = 1$ 代入式(7.10),可得

$$T_{ST} = K \frac{R_2 U_1^2}{R_2^2 + X_{20}^2}$$

可见启动转矩 T_{ST} 与 U_1 的平方成正比。当电源电压因波动而使 U_1 降低时,启动转矩 T_{ST} 会显著减小(图7.11),因而有可能使带有负载的电动机不能启动。

在产品目录中,给出启动转矩和额定转矩的比值 T_{ST}/T_N,以表示电动机的启动能力。一般三相异步电动机的启动转矩不大,Y 系列三相异步电动机 $T_{ST}/T_N = 1.4 \sim 2.2$。

【例7.2】 已知一台三相笼型异步电动机的技术数据为:$P_N = 22$ kW,$n_N = 1\,470$ r/min,$T_{ST}/T_N = 1.4$,$T_m/T_N = 2$。试求这台电动机的额定转矩、启动转矩和最大转矩。

解 额定转矩　$T_N = 9\,550 \dfrac{P_N}{n_N} = 9\,550 \times \dfrac{22}{1\,470} = 142.9$ N·m　（注意：P_N 单位用 kW）

启动转矩　$T_{ST} = 1.4 T_N = 1.4 \times 142.9 = 200$ N·m

最大转矩　$T_m = 2 T_N = 2 \times 142.9 = 285.8$ N·m

思 考 题

7.6　三相异步电动机为什么在启动瞬间 $f_2 = f_1$,而在运行时 $f_2 < f_1$?

7.7　当电源电压 U_1 波动时,三相异步电动机的电磁转矩 T 怎样随之变化?

7.8　三相异步电动机正常工作时,负载转矩 T_L 为什么不能等于和超过电动机的最大转矩 T_m?

7.9　试在机械特性曲线上分析:

(1)三相异步电动机在稳定运行的情况下,如果负载转矩 T_L 增加,电动机的转矩 T 是增加还是减少?

(2)如果负载转矩 T_L 增加到大于电动机的最大转矩 T_m 时,电动机的转矩 T 是增加还是减少?

7.10　三相异步电动机在运行过程中,如果转子突然被卡住而不能转动,这时电动机的电流有何变化? 对电动机产生的后果是什么?

7.3　三相异步电动机的使用

7.3.1　铭牌和技术数据

要使用电动机,首先要看懂它的铭牌,理解铭牌上各项数据的意义。下面是 Y132M-4 型三相异步电动机的铭牌。

三相异步电动机		
型号 Y132M-4	功率 7.5 kW	频率 50 Hz
电压 380 V	电流 15.4 A	接法 △
转速 1 440 r/min	绝缘等级 B	工作方式 S_1
	×××电机厂	

此外,该电动机还有功率因数、效率、启动能力和过载能力等技术数据(列在产品目录中)。具体含义说明如下:

1. 型号

为适应不同用途和不同工作环境的要求,电动机制成不同系列和型号。例如 Y132M-4 的含义是

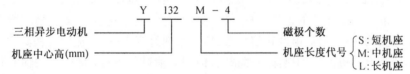

2. 电压和接法

电动机铭牌上的电压值是指电动机运行于额定情况时定子绕组应加的额定线电压。Y 系列电动机额定线电压都是 380 V。额定功率为 3 kW 及其以下的电动机,其定子绕组都是星形接法,4 kW 及其以上的电动机,定子绕组都是三角形接法。

3. 电流

铭牌上的电流值是指电动机运行于额定状态时定子绕组的额定线电流。对上面列出的 Y132M-4 型电动机来说,就是在额定电压 380 V、三角形接法、频率为 50 Hz、输出额定功率 7.5 kW 时,定子绕组的额定线电流为 15.4 A。

4. 功率、效率和功率因数

铭牌上的功率值是指电动机在额定情况下运行时轴上输出的额定机械功率(不是定子绕组的额定输入电功率)。定子绕组的额定输入电功率扣除电动机的各种损耗,余下的就是轴上输出的额定机械功率。轴上输出的额定机械功率与定子绕组额定输入电功率之比,称为电动机的额定效率。

电动机是电感性负载,定子绕组相电压与相电流之间有相位差,$\cos \varphi_N$ 就是电动机的额定功率因数。

5. 转速

铭牌上给出的转速值,是电动机运行于额定状态的转速,因而是额定转速。

以上,电动机铭牌标出的电压、电流、功率和转速均为额定值,分别用 U_N、I_N、P_N 和 n_N 表

示。铭牌未标出的相关数据:定子输入功率、效率和功率因数同样是额定值,分别用 P_{1N}、η_N 和 $\cos\varphi_N$ 表示;启动能力和过载能力用 T_{ST}/T_N 和 T_m/T_N 表示,实际上,这两个数据也是额定值。

6. 绝缘等级

绝缘等级是指电动机所使用的绝缘材料的等级。不同等级的绝缘材料能容许不同的极限温度。绝缘等级如表7.2所示。

表7.2 绝缘材料的等级与极限温度的对应关系

绝缘等级	A	E	B	F	H
极限温度/℃	105	120	130	155	180

7. 工作方式

电动机的工作方式分为八类,用字母 $S_1 \sim S_8$ 表示。例如:

S_1 表示连续工作方式;S_2 表示短时工作方式;S_3 表示断续工作方式。

7.3.2 启动

我们从启动时的电流和转矩两个方面来分析三相异步电动机的启动性能。

在启动开始瞬间,$n=0$,$s=1$,此时旋转磁场与静止的转子之间有着最大的相对转速 $\Delta n = n_0 - n = n_0$,磁力线以最高转速 n_0 切割转子导体,因而转子绕组感应出来的电动势和电流也是最大的。和变压器的道理一样,转子电流增大,定子电流也必然相应增大,启动电流约为额定电流的 5~7 倍。电动机启动后,转速很快升高上去,电流便很快减少下来。

三相异步电动机的启动电流虽然很大,但因启动过程很短(几秒钟),除非频繁启动,一般对电动机本身影响不大,不会引起过热和损坏。但是,过大的启动电流会引起供电线路上电压的下降,以致影响接在同一供电线路上的其他用电设备的正常工作(例如,电灯亮度突然变暗,正在工作的电动机转矩突然降低等等)。

启动电流大,但启动转矩并不大,这是因为启动时,转子的功率因数是很低的(见式(7.8))。如果启动转矩太小,则会延长启动时间,甚至不能带负载启动。因此,一般机床的主电动机都是空载启动(启动后再带负载工作),对启动转矩没有特殊要求。而起重用的电动机则是带负载工作,要求采用启动转矩大的三相异步电动机。

由上述可知,三相异步电动机启动时的主要缺点是启动电流大(造成供电电网电压波动,供电质量下降)。为了减小电动机的启动电流,必须采用适当的启动方法。

1. 直接启动

直接启动就是不采取任何措施,直接将电动机与电源接通。此种方法最简单,而且节省设备投资。

一台三相异步电动机能否直接启动,有一定的规定。原则是,电动机的启动电流在供电线路上引起的电压波动是在允许的范围内。这样才不会明显影响同一线路上其他电器设备和照明负载的工作。二三十千瓦以下的三相异步电动机在没有特殊限制时一般都可以直接启动。

2. 降压启动

如果直接启动时会引起较大的线路电压降,严重影响电力网的供电质量,就必须采用降压启动的方式。降压启动,就是在启动时降低加在定子绕组上的电压,以减小启动电流。笼型三相异步电动机的降压启动常采用以下几种方法:

(1)星形–三角形(Y–△)换接降压启动。Y–△换接降压启动方法只适用于电动机的定子绕组在正常工作时接成三角形的情况。启动时,把定子三相绕组先接成星形,待启动后转速接近额定转速时,再将定子绕组换接成三角形。Y–△换接降压启动线路如图 7.12 所示。

设定子每相绕组的等效阻抗为 $|Z|$,电源线电压为 U_l,当绕组接成 Y 形启动时,如图 7.13(a),可以看出,每相绕组上的电压降低 $\sqrt{3}$ 倍。其启动电流为

$$I_{STY} = \frac{U_{pY}}{|Z|} = \frac{U_l/\sqrt{3}}{|Z|} = \frac{1}{\sqrt{3}}U_l\frac{1}{|Z|}$$

图 7.12　Y–△换接降压启动

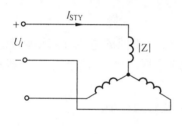

(a)Y接启动

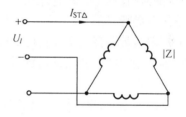

(b) △接启动

图 7.13　Y–△换接启动时的启动电流

当绕组接成△形启动时,如图 7.13(b),其启动电流

$$I_{ST\triangle} = \sqrt{3}I_{p\triangle} = \sqrt{3}\frac{U_l}{|Z|} = \sqrt{3}U_l\frac{1}{|Z|}$$

两种接法启动电流之比为

$$\frac{I_{STY}}{I_{ST\triangle}} = \frac{\frac{1}{\sqrt{3}}U_l\frac{1}{|Z|}}{\sqrt{3}U_l\frac{1}{|Z|}} = \frac{1}{3}$$

这就是:Y–△启动时,因定子绕组连接成 Y 形,每相绕组上的电压降低到正常工作电压的 $1/\sqrt{3}$,而启动电流只有连接成△形直接启动时的 $1/3$,效果明显。

由于电动机转矩与电源电压的平方成正比,接成 Y 形启动时,定子绕组相电压只有△形连接时的 $1/\sqrt{3}$,所以启动转矩也降低,只有直接启动时的 $1/3$,损失了一些启动转矩。因此采用这种方法时

$$\left.\begin{array}{l} I_{STY} = \dfrac{1}{3}I_{ST\triangle} \\ T_{STY} = \dfrac{1}{3}T_{ST\triangle} \end{array}\right\} \tag{7.14}$$

电动机采用 Y-△ 换接降压启动时,启动转矩减小,所以,应当空载或轻载启动,待电动机的转速接近额定转速时,再加上负载,电动机立即进入正常工作状态。

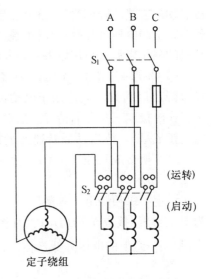

Y-△ 换接降压启动,具有设备简单、维护方便、动作可靠等优点,应用较广泛,目前 Y 系列 4 ~ 100 kW 的笼型三相异步电动机都是 380 V、△ 形连接,均可采用 Y-△ 启动器降压启动。因此,Y-△ 换接降压法得到了广泛的应用。

(2) 自耦变压器降压启动。自耦变压器降压启动的线路如图 7.14 所示。启动前把开关 S_1 合到电源上。启动时,把开关 S_2 扳到"启动"位置,电动机定子绕组便接到自耦变压器的副边,于是电动机就在低于电源电压的条件下启动。当其转速接近额定转速时,再把开关 S_2 拉到"运转"位置上,使电动机的定子绕组在额定电压下运行。

图 7.14　自耦变压器降压启动

自耦变压器通常备有几个抽头可供选用,以便得到不同的电压和启动转矩。自耦降压启动适用于容量较大的或者正常运行时定子绕组是星形连接,不能采用 Y-△ 换接启动的笼型三相异步电动机。

采用自耦降压启动,也能同时使启动电流和启动转矩减小。

3. 软启动

还有一种新颖的启动方法,称为软启动,其电路框图如图 7.15 所示。图中的软启动器是大功率电子设备,它能控制笼型电动机实现软启动,在启动过程中,电动机的输入电压以预设线性函数关系,从零开始逐渐上升至设定值,电动机平稳启动,电流和转矩逐渐增大,转速逐渐升高。

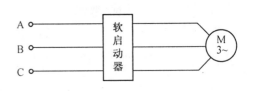

图 7.15　电动机的软启动

软启动的主要优点是:

(1) 有软启动功能。启动平稳,减小对机械负载的冲击,延长机器的使用寿命。

(2) 有软停车功能。减速平滑,逐渐停机,可以克服瞬间断电停机的弊病,减轻对重载机械的冲击,减少设备的损坏。

(3) 参数可调。可根据机械负载和供电网的具体情况,调整软启动器的启动参数。

【例 7.3】　Y180M-4 型电动机的技术数据为:功率 $P_N = 18.5$ kW,转速 $n_N = 1\,470$ r/min,电压 $U_N = 380$ V,△ 形接法,效率 $\eta_N = 91\%$,功率因数 $\cos \varphi_N = 0.86$,$I_{ST}/I_N = 7$,$T_{ST}/T_N = 2$,$T_m/T_N = 2.2$。试求:(1)电动机的磁极对数;(2)额定转差率;(3)输入额定功率;(4)额定电流;(5)启动电流;(6)额定转矩;(7)启动转矩;(8)最大转矩。

解　(1)磁极对数。由于 $n_N = 1\,470$ r/min,所以 $n_0 = 1\,500$ r/min,可知是两对极($p=2$)。实际上,由其型号最后的数字 4(4 极)也可看出这是两对极的电动机。

（2）额定转差率

$$s_N = \frac{n_0 - n_N}{n_0} = \frac{1\,500 - 1\,470}{1\,500} = 0.02$$

（3）输入额定功率。因为

$$\eta_N = \frac{P_N}{P_{1N}}$$

所以

$$P_{1N} = \frac{P_N}{\eta_N} = \frac{18.5}{0.91} = 20.3 \text{ kW}$$

（4）额定电流。因为

$$P_{1N} = \sqrt{3}\, U_N I_N \cos \varphi_N$$

所以

$$I_N = \frac{P_{1N}}{\sqrt{3}\, U_N \cos \varphi_N} = \frac{P_N}{\sqrt{3}\, U_N \eta_N \cos \varphi_N} =$$

$$\frac{18.5 \times 10^3}{\sqrt{3} \times 380 \times 0.91 \times 0.86} = 35.9 \text{ A}$$

（5）启动电流。因为

$$I_{ST}/I_N = 7$$

所以

$$I_{ST} = 7 \times 35.9 = 251.3 \text{ A}$$

（6）额定转矩

$$T_N = 9\,550 \frac{P_N}{n_N} = 9\,550 \frac{18.5}{1\,470} = 120.2 \text{ N} \cdot \text{m}$$

（7）启动转矩。因为

$$T_{ST}/T_N = 2$$

所以

$$T_{ST} = 2T_N = 2 \times 120.2 = 240.4 \text{ N} \cdot \text{m}$$

（8）最大转矩。因为

$$T_m/T_N = 2.2$$

所以

$$T_m = 2.2 T_N = 2.2 \times 120.2 = 264.44 \text{ N} \cdot \text{m}$$

【例 7.4】 Y225M-4 型三相异步电动机，已知其 $P_N = 45$ kW，$n_N = 1\,480$ r/min，$T_N = 290.4$ N·m，$U_N = 380$ V，$I_N = 84.2$ A，$I_{ST}/I_N = 7$，$T_{ST}/T_N = 1.9$。

（1）试计算该电动机的启动电流 I_{ST} 和启动转矩 T_{ST}。

（2）为降低启动电流，该电动机若采用 Y-△换接降压启动法，试计算启动电流 I_{STY} 和启动转矩 T_{STY}。

（3）当负载转矩分别为额定转矩的 70% 和 50% 时，采用 Y-△换接降压启动法，该电动机能否启动？

解 （1）Y 系列 4 kW 以上电动机均为△接法，本题的电动机也是△接法的启动，启动电流

$$I_{ST} = 7I_N = 7 \times 84.2 = 589.4 \text{ A}$$

$$T_{ST} = 1.9 T_N = 1.9 \times 290.4 = 551.8 \text{ N} \cdot \text{m}$$

也可表示为

$$I_{ST\triangle} = 589.4 \text{ A}$$

$$T_{ST\triangle} = 551.8 \text{ N} \cdot \text{m}$$

（2）为降低启动电流,采用△接法的电动机可以采用 Y-△ 换接降压启动法,此时的启动电流 I_{STY} 和启动转矩 T_{STY},由式(7.14)可知

$$I_{STY} = \frac{1}{3} I_{ST\triangle} = \frac{1}{3} \times 589.4 = 196.5 \text{ A}$$

$$T_{STY} = \frac{1}{3} T_{ST\triangle} = \frac{1}{3} \times 551.8 = 183.9 \text{ N} \cdot \text{m}$$

（3）用 Y-△ 换接降压启动法启动电动机时,启动转矩下降较多,只有 183.9 N·m。此时电动机能否启动,要看负载转矩是多大。

① 当负载转矩为 $0.7 T_N$ 时

$0.7 T_N = 0.7 \times 290.4 = 203.3$ N·m > 183.9 N·m   电动机不能启动

② 当负载转矩为 $0.5 T_N$ 时

$0.5 T_N = 0.5 \times 290.4 = 145.2$ N·m < 183.9 N·m   电动机可以启动

可见,采用 Y-△ 换接降压启动时,电动机只能轻载或空载启动。

7.3.3　反转

在生产过程中,有时要求电动机反转。如前所述,只要将电动机定子绕组接到电源的三根线任意对调两根即可。因此,利用直接正反转控制电路可以很方便使电动机正转和反转。

7.3.4　调速

电动机的调速,就是用人为的方法改变电动机的机械特性,使在同一负载下获得不同的转速,以满足生产过程的需要。例如,起重机在提放重物时,为了安全需要随时调整转速。讨论三相异步电动机的调速方法时,可从下式出发,即

$$n = (1-s) n_0 = (1-s) \frac{60 f_1}{p}$$

由此式可见,改变电动机的转速有三种方案:改变电动机的极对数 p、改变电动机的电源频率 f_1 和改变转差率 s。其中改变转差率 s 的调速方法只适用绕线式异步电动机。以下只讨论前两种方法。

1. 变极调速

改变磁极对数进行调速,其简单道理已在 7.1.4 节中讨论过。但是普通电动机的极对数出厂时已经固定,不能再用改变极对数的方法进行调速。为了调速,制造厂有专门制造的双速及多速笼型异步电动机。由于磁极数只能成对改变,所以这种调速方法得到的是有级调速。

2. 变频调速

改变电源频率进行调速,可以得到很大的调速范围和很好的调速平滑性,并有足够硬度的机械特性,是三相异步电动机最理想的调速方法。近年来,由于大功率电子技术的发展,三相异步电动机的变频调速技术发展很快,变频调速的原理框图如图 7.16 所示。

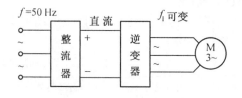

图 7.16　变频调速原理框图

变频调速装置主要由两部分组成:整流器和逆变器。整流器先将频率 f 为 50 Hz 的三相交流电压变换为直流电压,然后再由逆变器将直流电压变换为频率 f_1 可调、电压有效值 U_1 也可调的三相交流电压,供给三相笼型电动机。由此可获得电动机的无级调速。

7.3.5　制动

一般电动机的转动部分都有较大的转动惯量,当电动机断开电源后,电动机因为惯性将继续转动很长时间才能停下来。为了提高劳动生产率和安全性,需要对电动机采取制动措施,即强迫停车。

制动措施有机械制动和电气制动两种。机械制动是利用摩擦力给电动机施加制动转矩,使之停车,常用的这种装置称为电磁制动器(电磁抱闸)。电气制动的常用方法是能耗制动、反接制动和发电反馈制动。

下面简单介绍一下常用的能耗制动和反接制动。

1. 能耗制动

能耗制动的原理是:需要停车时,先断开三相电源开关,然后在三相异步电动机的定子绕组上接入直流电源,产生直流磁场 Φ,如图 7.17 所示。转子由于惯性继续在原方向转动,转子导体切割磁力线产生感应电流。感应电流与直流磁场相互作用产生作用力 F 和制动转矩。由于作用力 F 和制动转矩的方向与电动机的转动方向 n 相反,所以起到制动的作用。在图中,根据右手定则和左手定则确定转子电流和直流磁场相互作用产生的作用力的方向。

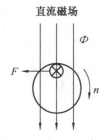

图 7.17　直流磁场的作用

这种方法是用消耗转子的动能的原理来制动的,因而称为能耗制动。

2. 反接制动

反接制动的原理是:需要停车时,将三根电源线的顺序 ABC 改为 ACB,再加到三相异步电动机的定子绕组上,使旋转磁场反向旋转,产生反向转矩,起到制动作用,迫使电动机停车。然后再利用控制电路自动切断三相电源。

思　考　题

7.11　电动机的额定功率 P_N 是指轴上输出的机械功率,还是定子输入的电功率?

7.12　电动机的额定电压 U_N 是指定子绕组的线电压,还是相电压?额定电流 I_N 是指定子绕组的线电流,还是相电流?功率因数的 φ 角,是指定子绕组相电压与相电流间的相位差,还是定子绕组线电压与线电流间的相位差?

7.13　三相异步电动机的相对转速为 $\Delta n = n_0 - n$,Δn 的数值在电动机什么工作状态时最大?

7.14　额定电压为 220/380 V、△/Y 接法的笼型三相异步电动机,当电源电压为 380 V 时,能否采用 Y-△ 换接降压法启动?

7.15　三相异步电动机在运行过程中,其转子被卡住而不能转动,此时电动机的电流如何变化?如果电流增大,其数值与该电动机的启动电流 I_{ST} 相比,哪个大?

*7.4　单相异步电动机

单相异步电动机常用于家用电器,例如电风扇、洗衣机、电冰箱等。生产上一些流动使用的电动工具,例如手电钻等,也常采用单相异步电动机。单相异步电动机功率不大,容量一般在 1 kW 以下。因此也常应用于小功率机械,例如,小型鼓风机、空气压缩机、医疗器械以及自动装置中。

顾名思义,从构造上看,单相异步电动机的定子只有一相绕组,由单相交流电源供电,如图 7.18(a)、(b)所示。

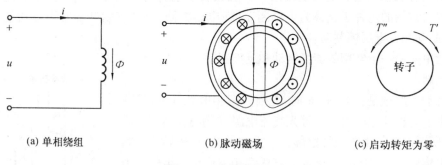

(a) 单相绕组　　　　　　(b) 脉动磁场　　　　　　(c) 启动转矩为零

图 7.18　单相异步电动机

7.4.1　定子的脉动磁场

流过定子绕组的单相正弦电流 i,产生的是正弦磁场,即

$$\Phi = \Phi_m \sin \omega t$$

Φ 只在一个方向有强弱和正负的变化,如图 7.18(b)所示,所以称为脉动磁场。显然,脉动磁场是不旋转的。转子不能产生转矩,不能转动。

作为电动机,就必须能够转动。怎样才能把单相异步电动机开动起来? 只有进一步查明它不能转动的原因,才能找到解决的办法。下面就运用已掌握的三相异步电动机的工作原理作简要的分析。

经证明,单相电流所产生的脉动磁场可以分解为顺向和反向两个旋转磁场。这两个旋转磁场的特点是:

(1) 它们的转速相等,但方向相反。我们用 n'_0 和 n''_0 分别表示顺向旋转磁场和反向旋转磁场的同步转速,则

$$n'_0 = +\frac{60f_1}{p} \qquad\qquad n''_0 = -\frac{60f_1}{p}$$

式中 f_1 是定子电流频率(即电源频率);p 是定子磁场的极对数。

(2) 它们的磁通相等,都等于脉动磁场磁通幅值的一半。即

$$\Phi' = \frac{\Phi_m}{2} \qquad\qquad \Phi'' = \frac{\Phi_m}{2}$$

因此,由顺向旋转磁场产生的顺向启动转矩 T' 和由反向旋转磁场产生的反向启动转矩 T'',大小相等,方向相反,如图 7.18(c)所示。可以看出,在电动机启动瞬间,启动转矩(T' 和 T'' 之和)为零,电动机不能自行启动。

但是,如果我们顺着 T' 的方向帮助推一下转子,电动机便会顺势转动起来。这是为什么呢?

简单说明其中的道理:单相异步电动机不能自行启动的原因是因为T'和T''两者互相平衡(犹如拔河比赛,两队势均力敌,僵持不下)。外力顺向推动一下,就打破了平衡,顺向启动转矩T'占了优势,电动机便顺向启动,随着转速的上升,转矩T'的数值也逐渐增大,电动机转速加快,并进入稳定状态。同理,如果外力反向推一下,反向启动转矩T''占了优势,电动机便反向启动,随着转速的上升,转矩T''的数值也逐渐增大,电动机转速加快,并进入稳定状态。

总之,单相异步电动机是可以设法启动的。

7.4.2 启动方法

根据以上分析,解决启动转矩为零的办法是:给单相异步电动机设置一套特殊装置,该装置能产生旋转磁场和启动转矩。常用的方法有:

1. 电容式启动

电容式启动的原理如图7.19(a)所示。在单相异步电动机的定子内,除原来的绕组1(称为工作绕组或主绕组)外,再加一个启动绕组2(副绕组),两者在空间相差90°。接线时,启动绕组串联一个电容器,然后与工作绕组并联接于交流电源上。选择适当的电容量,可使两绕组电流的相位差为90°,如图7.19(b)所示。这样,在相位上相差90°的电流通入在空间也相差90°的两个绕组后,产生的磁场也是旋转的(分析方法与三相异步电动机的旋转磁场的分析方法相同)。于是,电动机获得启动转矩便转动起来。

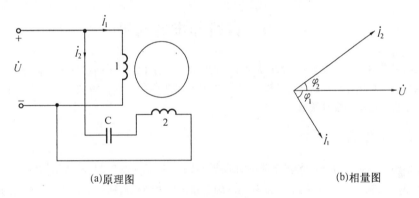

(a)原理图   (b)相量图

图7.19 电容式单相异步电动机

电动机转动起来之后,启动绕组可以留在电路中,也可以利用离心式开关把启动绕组从电路中切断(此时,电动机可以继续转动下去)。按前者设计制造的称为电容运转电动机,按后者设计制造的称为电容启动电动机。

图7.20所示为家用洗衣机原理电路图。国产洗衣机一般采用电容启动式电动机,额定功率为80~120 W。图中A与B为电动机的主、副绕组(它们互为启动绕组,结构与参数完全相同);S_1为定时电源开关,S_2为换向开关。定时后,S_1闭合与电源接通,S_2则分别与A、B两个绕组定时轮流接通,控制电动机的正转和反转(中间停止5 s),实现洗衣机水流正向和反向搅动。

2. 罩极式启动

罩极式启动的结构如图7.21所示。工作绕组绕在磁极上。在磁极的1/3~1/4部分罩着一个短路铜环。这个短路铜环相当于启动绕组,在它的配合下,产生旋转磁场,转子获得启动转矩,由未罩部分向被罩部分的方向转动。

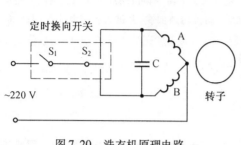

图 7.20　洗衣机原理电路

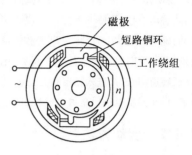

图 7.21　罩极式单相异步电动机

思 考 题

7.16　单相异步电动机的定子绕组与三相异步电动机的定子绕组有什么不同? 单相异步电动机的脉动磁场能分解成两个什么样的旋转磁场?

7.17　单相异步电动机为什么不能自行启动? 可是外力推动一下,它就转动起来,这是为什么?

7.18　三相异步电动机启动时断了一根电源线,为什么不能启动? 而工作时断了一根电源线,为什么仍能继续转动?

*7.5　直线异步电动机

直线电动机是国内外积极研究发展的新型电动机,它是一种不需要中间机械转换装置,而能直接作直线运行的电动机。直线电动机在交通运输、工业生产和日常生活等方面都得到了广泛的应用。直线电动机特别适宜于直线运动的技术领域。

7.5.1　工作原理

重新画出图 7.7(a)所示三相异步电动机的结构及其旋转磁场如图 7.22(a)所示,其中 n_0 是旋转磁场的转速,n 是转子的旋转运动的转速。将旋转运动的三相异步电动机沿轴线切开拉直,就演变成直线运动的异步电动机,如图 7.22(b)所示,原先的定子和转子分别变为直线异步电动机的初级和次级。

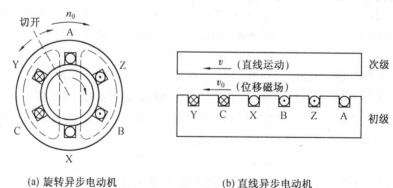

(a) 旋转异步电动机　　　　　　　(b) 直线异步电动机

图 7.22　旋转异步电动机演变为直线异步电动机

直线异步电动机的初级表面开槽,放置三相绕组,产生的不再是旋转磁场,而是位移磁场(也称行波磁场),速度为 v_0。直线异步电动机的次级中有导条(也可以是整块金属,可以认为是由无数并联的导条组成),当导条感应出电流后,在位移磁场作用下,产生电磁力,使次级作直线运动,线速度为v,和旋转的异步电动机一样,直线异步电动机的v_0可以称为同步速度,v称为异步速度,而且$v<v_0$。

7.5.2　结构与类型

图7.22(b)所示直线异步电动机,是原始结构示意图,它存在两个问题需要解决。

(1)初级和次级长度相同,在相对运动过程中,它们耦合的部分会越来越少,这将导致不能正常运动。

在实际制造时,为了在所需的行程范围内,初、次级间的耦含保持不变,将初、次级制成不同的长度。有两种结构:

①长初级/短次级,如图7.23(a)所示;

②短初级/长次级,如图7.23(b)所示。

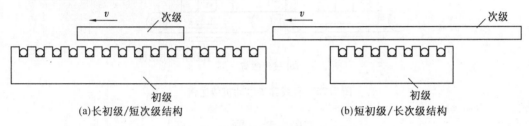

(a)长初级/短次级结构　　　　　　　　　(b)短初级/长次级结构

图7.23　直线电动机初次级长度不同

由于短初级在制造成本和运行成本上均比长初级低得多,所以,除特殊场合外,一般的直线异步电动机都采用短初级/长次级。

(2)初级和次级之间存在法向吸力,在大多数场合下不希望存在这个法向吸力。

在实际制造时,在次级的两边都装上初级,法向吸力即可互相抵消,这种结构称为双边型,如图7.24(a)、(b)所示。前者是双边型长初级/短次级直线异步电动机,后者是双边型短初级/长次级直线异步电动机。

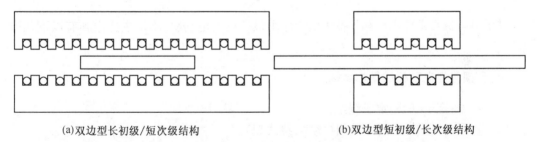

(a)双边型长初级/短次级结构　　　　　　　(b)双边型短初级/长次级结构

图7.24　双边型直线异步电动机

以上讨论的都是扁平型结构的直线异步电动机,此外,还有筒型、管型、盘型和弧型结构的直线异步电动机。

【例7.5】　图7.25(a)、(b)是由双边型直线异步电动机构成的传送带工作示意图。图中采用三台双边型短初级/长次级直线异步电动机。直线异步电动机的初级固定,次级是传送带本身(材料为金属带或金属网与橡胶的复合皮带)。

直线电动机的应用实例很多,磁悬浮高速列车就是直线电动机最有价值的应用之一。把初级装在车体上,由车内柴油机带动交流变频发电机,供给初级电流,次级是固定的铁轨,车速可达500 km/h。此外,在机械手、电动门、搬运钢材、帘幕驱动等许多方面,最适宜选用直线电动机。

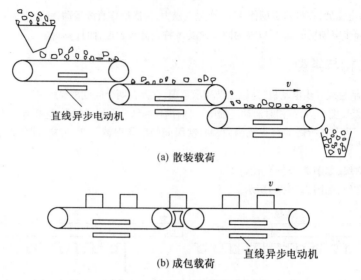

(a) 散装载荷

(b) 成包载荷

图 7.25   直线异步电动机传送带

思 考 题

7.19   从结构和原理上看,直线异步电动机是怎样由旋转异步电动机演变而来?

7.20   长初级/短次级和短初级/长次级,是怎么回事?

7.21   直线异步电动机初级和次级间的法向吸力是怎样被消除的?

7.22   直线电动机有哪些应用? 列举三个应用实例。

本 章 小 结

异步电动机是工业生产和日常生活中应用最广泛的电动机,本章主要内容有以下几方面。

一、三相异步电动机的基本结构

(1) 定子:定子铁心,定子绕组;
(2) 转子:转子铁心,转子绕组(笼型,绕线型)。

二、三相异步电动机的转动原理

定子旋转磁场切割转子导体,转子导体产生感应电流,受到电磁力和电磁转矩的作用,使转子转动起来。和转速有关的几个物理量是

(1)同步转速 $$n_0 = \frac{60f_1}{p}$$

(2)异步转速 $$n = (1-s)n_0$$

(3)转差率 $$s = \frac{n_0 - n}{n_0}$$

三、三相异步电动机的机械特性曲线

(1) 首先由 $T = K \dfrac{sR_2U_1^2}{R_2^2 + (sX_{20})^2}$ 画出转矩曲线 $T = f(s)$，而后由 $T = f(s)$ 画出机械特性曲线 $n = f(T)$。

(2) 三相异步电动机的转矩 T 对电源电压 U_1 的波动很敏感(与 U_1 的平方成正比)。

(3) 在三相异步电动机的机械特性曲线 $n = f(T)$ 上有稳定工作区和不稳定区及其之间的临界点;有轻载区和过载区及其之间的额定工作点。因此,$n = f(T)$ 曲线可用来分析电动机的工作状态。

(4) 在机械特性曲线上,要注意三个特殊的转矩:

① 额定转矩 T_N(表示电动机的额定工作能力);

② 启动转矩 T_{ST}(表示电动机的启动能力);

③ 最大转矩 T_m(表示电动机的过载能力)。

四、三相异步电动机的使用

(1) 启动:直接启动,降压启动,软启动。

(2) 反转:将定子绕组接电源的三根线任意对调两根。

(3) 调速:笼型电动机采用改变 p 和 f_1 的方法。

(4) 制动:能耗制动和反接制动。

五、单相异步电动机

因为单相异步电动机无启动转矩,故采用电容启动法和罩极启动法。

六、直线异步电动机

直线异步电动机可视为由旋转异步电动机演化而来,其结构原理与旋转异步电动机无本质区别,只是机械运动方式不同。

七、三相异步电动机的计算

(1) 注意铭牌上给出的数据,都是额定值;产品目录给出的功率因数和效率也是额定值。

(2) 计算公式主要有

$$n_0 = \frac{60f_1}{p}$$

$$n = (1-s)n_0$$

$$s = \frac{n_0 - n}{n_0}$$

$$P_{1N} = \sqrt{3}\, U_N I_N \cos\varphi_N$$

$$T_N = 9\,550\,\frac{P_N(\text{kW})}{n_N(\text{r/min})}\ \text{N}\cdot\text{m}$$

$$\begin{cases} I_{STY} = \dfrac{1}{3} I_{ST\triangle} \\ T_{STY} = \dfrac{1}{3} T_{ST\triangle} \end{cases}$$

习　题

7.1　有一台三相异步电动机,定子电流频率 $f_1 = 50$ Hz,磁极对数 $p = 1$,转差率 $s = 0.015$。试求:同步转速 n_0、异步转速 n 和转子电流的频率 f_2。

7.2　某三相异步电动机接在工频电源上,满载运行的转速为 940 r/min。试求:

(1)电动机的磁极对数;

(2)额定转差率;

(3)当转差率为 0.04 时的转速和转子电流的频率。

7.3　一台三相异步电动机,已知额定功率 $P_N = 30$ kW,额定转差率 $s_N = 0.02$,磁极对数 $p = 1$,电源频率 $f_1 = 50$ Hz。试求:

(1)同步转速 n_0;

(2)额定转速 n_N;

(3)额定转矩 T_N。

7.4　某三相异步电动机:$P_N = 18.5$ kW,$n_N = 2\,930$ r/min,$T_{ST}/T_N = 2.0$,$T_m/T_N = 2.2$。试计算 T_N、T_{ST} 和 T_m。

7.5　三相异步电动机在一定负载转矩下运行(即负载转矩保持不变)时,如果电源电压降低,那么电动机的转矩、转速和电流有无变化?(提示:在机械特性曲线上分析,比较简单)

7.6　Y225M-4 型三相异步电动机:$P_N = 45$ kW,$n_N = 1\,480$ r/min,$I_N = 84.2$ A,$I_{ST}/I_N = 7$,$T_{ST}/T_N = 1.9$,$T_m/T_N = 2.2$。试求:

(1)电动机的 n_0、p 和 s_N;

(2)电动机的 I_{ST};

(3)电动机的 T_N、T_{ST} 和 T_m。

7.7　某三相异步电动机:$P_N = 10$ kW,$n_N = 1\,460$ r/min,$I_N = 19.9$ A,$I_{ST}/I_N = 7$,$T_{ST}/T_N = 1.9$,$T_m/T_N = 2.2$。

(1)试求电动机的 n_0、p 和 s_N。

(2)试计算电动机的 T_N、T_{ST} 和 T_m。

(3)在供电网不允许启动电流超过 100 A 的情况下,该电动机能否直接启动?采用 Y-△换接降压启动是否可以?此时的启动电流 I_{STY} 为多少?

7.8　Y180L-4 型三相异步电动机的技术数据如下。

功率/kW	转速/(r·min^{-1})	电压/V	效率	功率因数	I_{ST}/I_N	T_{ST}/T_N	T_m/T_N
22	1 470	380	91.5%	0.86	7.0	2.0	2.2

试求:(1)额定转差率 s_N;

(2)额定电流 I_N 和启动电流 I_{ST};

（3）额定转矩 T_N、启动转矩 T_{ST} 和最大转矩 T_m。

7.9 Y315S-6 型电动机：额定功率 $P_N = 75$ kW，额定电压 $U_N = 380$ V，额定转速 $n_N = 980$ r/min，额定效率 $\eta_N = 92\%$，额定功率因数 $\cos \varphi_N = 0.87$，$I_{ST}/I_N = 7.0$，$T_{ST}/T_N = 1.6$。试求：

（1）电动机的额定输入功率 P_{1N}；

（2）电动机的额定电流 I_N；

（3）电动机的额定转矩 T_N；

（4）当供电网要求电动机的启动电流不大于 900 A 的情况下，在负载启动转矩不小于 1 000 N·m 的情况下，该电动机能否直接启动？

7.10 Y250M-2 型三相异步电动机，已知 $P_N = 55$ kW，$n_N = 2\ 970$ r/min，$T_N = 176.9$ N·m，$U_N = 380$ V，$I_N = 102.7$ A，$I_{ST}/I_N = 7$，$T_{ST}/T_N = 2$，电机 △ 接法。

（1）试求该电动机的启动电流 I_{ST} 和启动转矩 T_{ST}（即 $I_{ST\triangle}$ 和 $T_{ST\triangle}$）。

（2）该电动机可以采用 Y-△ 换接降压启动法，试求启动电流 I_{STY} 和启动转矩 T_{STY}。

（3）如果电动机的负载转矩为额定转矩的 60% 时，采用 Y-△ 换接降压启动时，电动机能否启动？

7.11 查阅 Y280S-8 型三相异步电动机的技术数据（见附录 4），说明和计算以下各问题。

（1）该电动机额定电压是多少？定子绕组是何种接法？

（2）计算：（a）额定转差率 s_N；（b）额定电流 I_N 和启动电流 I_{ST}；（c）额定转矩 T_N、启动转矩 T_{ST} 和最大转矩 T_m。

7.12 题图 7.1 是电风扇原理电路，其中的电动机是单相异步电动机。琴键开关：0 位停止，1、2、3 位分别为快、中、慢速。变压器原绕组全部匝数为 N_1，副绕组匝数为 N_2。试解释该电风扇的调速原理。

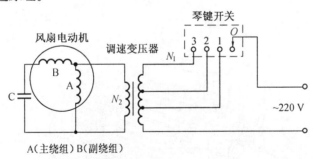

题图 7.1

第 8 章

直流电动机

三相异步电动机虽然具有结构简单、价格便宜、使用方便等许多优点,但其启动转矩较小,在需要较大启动转矩的生产机械上一般采用直流电动机驱动。

从原理和结构上看,直流电动机也有产生磁场的部分和获得电磁力的部分,这是电动机的共性。特殊性在于,三相异步电动机是将交流电能转换成机械能,而直流电动机则是将直流电能转换成机械能。因此,反映在具体原理和具体结构上就有所差别。

8.1 直流电动机的结构

直流电动机的结构如图 8.1 所示。和异步电动机一样,直流电动机也有定子和转子两大基本部分。其定子主要包括机座和主磁极,主磁极由磁极铁心和励磁绕组构成。在励磁绕组中通入直流励磁电流便形成主磁场。

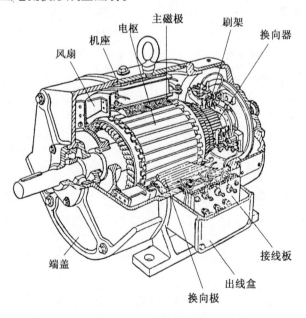

图 8.1 直流电动机的结构

　　直流电动机的转子通常称为电枢,电枢主要由电枢铁心和电枢绕组构成。

　　直流电动机的主要辅助装置有换向器和电刷。换向器位于转轴的一端,它是直流电机区别于交流电机的特殊装置。电刷通过刷架安装在机座上。这样,电枢电流就可以通过电刷与换向器的滑动接触而流入电枢绕组。换向磁极也是直流电机的辅助装置,用以改善换向性能。

8.2　直流电动机的工作原理

　　直流电动机的工作原理如图8.2所示。图中的 N 和 S 表示固定的主磁极(以下简称磁极),它们是由励磁电流通过励磁绕组而产生的。为使图面清楚,图中只画出了磁极铁心,没有画出励磁绕组。在 N 极和 S 极之间的是可以转动的电枢,图中只画出了代表电枢绕组的一匝线圈。线圈的两端 a 和 d 分别与两个彼此绝缘并与线圈同轴旋转的换向片 1 和 2 相连。

　　当直流电源与电刷 A 和 B 接通时,由图8.2(a)可见,电流则按 A→a→b→c→d→B 的方向流入线圈。根据左手定则,可知电枢绕组的导体受到如图所示的电磁力的作用,电动机逆时针方向转动。转过180°时,线圈的 ab 边转到 S 极下,cd 边转到 N 极下,如图8.2(b)所示。此时,如果线圈电流仍为 a→b→c→d 的方向,电磁力的方向则与原先相反,电动机就不能旋转。因此,当 ab 边和 cd 边交换位置后,必须相应改变线圈中电流的方向。实际上,这一任务已由换向片和电刷完成了。因为在线圈 ab 边和 cd 边交换位置时,与线圈两端相连的换向片 1 和 2 也同时交换了位置。这样,电流就变为 A→d→c→b→a→B 的方向,电磁力方向不变。当转过360°时,电流又变回 A→a→b→c→d→B 的方向。线圈电流虽然不断改变方向,但电动机却始终按一个方向旋转。

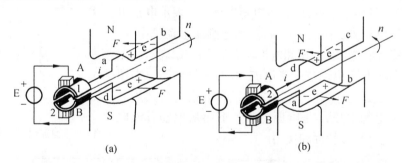

图8.2　直流电动机的工作原理

　　上面讨论的是电枢绕组只为一匝的情况,实际的电枢绕组有许多导体,换向器上也有许多换向片。换向器的作用就是保证电枢绕组所有导体中的电流能及时变换方向,以保持电磁力的方向不变,使电动机按一个方向旋转。

　　电动机转动时,由于电枢绕组的导体切割磁力线,线圈中将产生感应电动势,如图8.2(a)、(b)所示。由右手定则可知,感应电动势的方向总是与导体中电流或外加电压方向相反,所以称为反电动势。磁场愈强,转速愈高,反电动势的数值就愈大。直流电动机电枢绕组总的反电动势可表示为

$$E = K_E \Phi n \qquad (8.1)$$

式中，K_E 称为电动机的电动势系数，是一个与电机结构有关的常数；Φ 为一个磁极的磁通量；n 为电动机的转速。

电枢绕组中的电流与磁极磁通相互作用产生电磁力和电磁转矩，推动电枢转动，直流电动机的电磁转矩可表示为

$$T = K_T \Phi I_a \tag{8.2}$$

式中，K_T 称为电动机的转矩系数，它也是一个与电机结构有关的常数；Φ 为每极磁通量；I_a 为电枢绕组中的电流。

在正常工作条件下，电动机运行时，其电磁转矩 T 能与负载转矩 T_L 保持平衡，以稳定的转速旋转。

思 考 题

8.1　换向器在直流电动机中起何作用？

8.2　试用图 8.2 的原理图说明为什么直流电动机的电动势是反电动势？

8.3　他励电动机的机械特性

直流电动机的励磁电流和电枢电流可以分别由两个单独的电源提供（前者叫励磁电源，后者叫电枢电源），也可以将励磁绕组与电枢绕组并联，由同一个电源提供励磁电流和电枢电流。直流电动机按励磁方式的不同，通常分为他励式、并励式、串励式和复励式四种类型。直流电动机的电路符号如图 8.3 所示，他励式与并励式直流电动机的接线如图 8.4（a）、（b）所示。

在图 8.3 中，左边线圈表示励磁绕组，I_f 表示励磁电流。右边的圆形符号表示电枢，I_a 表示电枢电流，R_a 表示电枢电阻，E 表示反电动势。在图 8.4（a）所示他励式电动机中，U_f 和 U 分别表示励磁电源电压和电枢电源电压。R_f' 表示励磁电路的串联电阻，用以调节励磁电流，改变磁极磁通。在图 8.4（b）所示并励式电动机中，励磁绕组和电枢绕组共用一个电源，U 是电源电压，I 是电源电流。下面从他励直流电动机为例讨论其机械特性和使用。

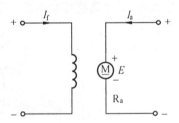

图 8.3　直流电动机的电路符号

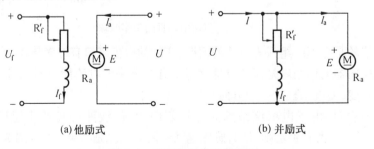

(a)他励式　　　　　　　　　(b)并励式

图 8.4　直流电动机的接线图

与三相异步电动机的机械特性一样，直流电动机的机械特性给出的也是转速 n 和转矩 T 之间的关系 $n = f(T)$。分析这种关系，要涉及外加电压 U、反电动势 E 和电枢电阻电压降

I_aR_a 等几个因素。

由图 8.4(a) 可知

$$I_a = \frac{U-E}{R_a}$$

即

$$E = U - I_aR_a$$

由式(8.1)得

$$n = \frac{E}{K_E\,\Phi} = \frac{U-I_aR_a}{K_E\,\Phi} = \frac{U}{K_E\,\Phi} - \frac{R_a}{K_E\,\Phi}I_a$$

由式(8.2)得

$$I_a = \frac{T}{K_T\,\Phi}$$

所以

$$n = \frac{U}{K_E\,\Phi} - \frac{R_a}{K_EK_T\,\Phi^2}T \tag{8.3}$$

式(8.3)表示了他励电动机转速 n 与电磁转矩 T(以下简称转矩)的关系。在电源电压 U 和励磁电阻 R_f(包括励磁调节电阻 R_f' 和励磁绕组本身电阻)保持不变(即磁通 Φ 不变)的条件下, n 与 T 的关系 $n=f(T)$ 称为他励电动机的机械特性。

式(8.3)也可写为

$$n = n_0 - KT$$

式中

$$n_0 = \frac{U}{K_E\,\Phi} \qquad K = \frac{R_a}{K_E\,K_T\,\Phi^2} \tag{8.4}$$

n_0 是转矩 $T=0$ 时的转速,称为他励电动机的理想空载转速;K 是一个数值很小的常数(电枢电阻 R_a 数值很小)。由此可知,他励电动机的机械特性是一条直线,随着转矩 T 的增大,转速 n 略有下降,属于硬特性,如图 8.5(a)所示。

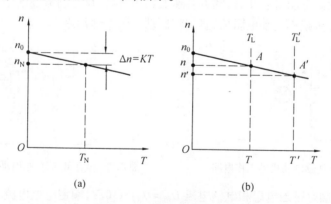

(a) (b)

图 8.5 他励电动机的机械特性

与三相异步电动机一样,直流电动机也能自动适应负载转矩的变化。下面简单说明这个适应过程。设电动机原来在机械特性曲线 A 点稳定运行,如图 8.5(b)所示。转速为 n,转矩为 T,与负载转矩 T_L 平衡,即 $T=T_L$。如果负载转矩由 T_L 增大到 T_L',由于电动机转矩小于负载转矩,即 $T<T_L'$,电动机的转速 n 开始沿特性曲线的 AA' 段下降,电枢绕组的反电动势 E 随着减小。于是,电枢电流 I_a 增大,转矩 T 也增大,直到电动机转矩与负载转矩重新平衡,即 $T'=T_L'$,电动机便在新的稳定状态下运行(点 A'),但转速(n')比原先降低了,转矩(T')和电枢电流均比原先增大了。如果负载转矩减小,过程与上述相反,请读者自行分析。

思　考　题

8.3　当他励电动机机械负载减小时,电动机的转速、电枢电动势和电枢电流有何变化?为什么?

8.4　他励电动机的使用

使用直流电动机时,经常遇到关于启动、反转、调速和制动等几个方面问题。下面仍以他励电动机为例进行讨论。

8.4.1　启动

他励电动机的工作电路如图 8.6 所示。启动步骤是:

先接通励磁电源 U_f,使磁极产生磁通,然后接通电枢电源 U,进行启动。在与电枢电源 U 接通的瞬间,由于惯性,电枢来不及转动,反电动势 E 等于零,这时电枢的启动电流为

$$I_{ast} = \frac{U-E}{R_a} = \frac{U}{R_a}$$

由于电枢电阻 R_a 很小,启动电流将达到额定电流的 10～20 倍。这样大的电流是电动机换向所不允许的。另一方面,因为 $T = K_T \Phi I_a$,所以启动转矩也能达到额定转矩的 10～20 倍。过大的启动转矩会使电动机与它所驱动的生产机械遭受很大的机械冲击。因此,他励电动机是不允许直接启动的。为了限制启动电流,只要在电枢电路内串联一个启动电阻 R_{st} 即可,如图 8.7 所示。电动机启动后,随着转速的逐步升高,反电动势逐渐增大,电枢电流逐渐减小,这时就可逐步减小启动电阻值,直到将启动电阻全部消除。

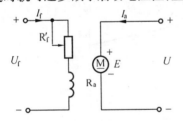

图 8.6　他励电动机的工作电路

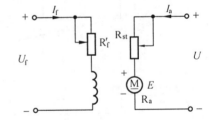

图 8.7　串有 R_{st} 的他励电动机的启动电路

【例 8.1】　额定励磁电压和电枢电压 $U_{fN} = U_N = 110$ V,额定电枢电流 $I_{aN} = 50$ A,电枢电阻 $R_a = 0.12$ Ω 的他励电动机,如果直接启动,电枢电流是多少? 如果使启动电流不超过额定电流的 2 倍,启动电阻应为多少?

解

(1)直接启动时的电枢电流为

$$I_{ast} = \frac{U_N}{R_a} = \frac{110}{0.12} = 916.7 \text{ A}$$

$$\frac{I_{ast}}{I_{aN}} = \frac{916.7}{50} = 18.3 \text{ 倍}$$

(2)串联启动电阻所需的阻值为

$$\frac{U_N}{R_a + R_{st}} = 2I_{aN}$$

则　　　　　　　$$R_{st} = \frac{U_N}{2I_{aN}} - R_a = \frac{110}{2 \times 50} - 0.12 = 0.98 \ \Omega$$

由上例可见,在电枢电路中串联启动电阻能显著地减小启动电流。但启动电流也不宜过小,否则启动转矩减小太多(因为 $T = K_T \Phi I_a$),会延长启动时间。为此,一般取

$$I_{ast} \leq (1.5 \sim 2.5)I_{aN}$$

8.4.2　反转

如果要求他励电动机改变转动方向,必须改变其转矩的方向。由转矩公式 $T = K_T \Phi I_a$ 可知有两种方法可以实现:

① 当磁极磁通 Φ 的方向不变时,改变电枢电流 I_a 的方向(即把电枢绕组引线的两端对调位置);

② 当电枢电流 I_a 的方向不变时,改变磁极磁通 Φ 的方向(即把励磁绕组引线的两端对调位置)。

两种方法取其一。若同时采用,电动机的转动方向不变。值得注意的是,改变电枢绕组或励磁绕组的接线,必须在停机和断开电源的情况下进行。

8.4.3　调速

他励电动机具有十分优良的调速性能,能实现无级调速,因而可以大大简化机械变速机构。

根据他励电动机的转速公式

$$n = \frac{U - I_a R_a}{K_E \Phi}$$

可以看出,通过改变电枢电路电阻或磁通 Φ 或电压 U,即可进行调速。

1. 改变电枢电路的电阻

电枢电阻 R_a 是不能改变的,但是可以在电枢电路中串联一个可变电阻 R_T 来实现调速,如图 8.8 所示。这时电枢电路的总电阻为 $(R_a + R_T)$,机械特性为

$$n = \frac{U}{K_E \Phi} - \frac{R_a + R_T}{K_E K_T \Phi^2} T$$

在电枢电压 U 和磁通 Φ 不变的情况下,理想空载转速 $n_0 = \dfrac{U}{K_E \Phi}$ 不变,转速 n 随着可变电阻 R_T 的增大而降低。由图 8.9 可见,当负载转矩 T_L 不变时,电阻 R_T 愈大,电动机的机械特性愈陡,由硬特性变为软特性。其中 $R_T = 0$ 的机械特性,称为自然机械特性,其余的称为人工机械特性。

这种调速方式的主要优点是方法简单,容易实现。缺点是特性变软,调速电阻 R_T 上的能量损耗较大。在负载对机械特性硬度要求不高且功率不大的情况下,这种方法是可以采用的。

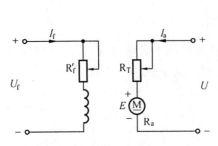

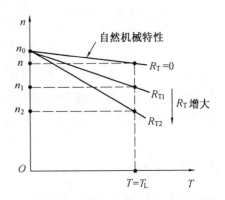

图 8.8　电枢电路串电阻调速

图 8.9　电枢电路串电阻调速的机械特性

2. 改变磁通 Φ

由图 8.10 可知,当励磁电源电压 U_f 不变而 R_f' 逐渐增大时,励磁电流 I_f 逐渐减小,于是磁通 Φ 减小,理想空载转速 $n_0 = \dfrac{U}{K_E \Phi}$ 上升。由图 8.11 可以看出,机械特性上移。在负载转矩 T_L 不变的情况下,随着磁通 Φ 的减小,转速要升高。每条机械特性曲线不是平行的,随着 Φ 的减小,曲线要变陡一些,但仍属硬特性。

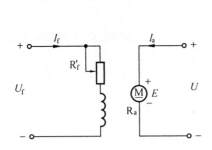

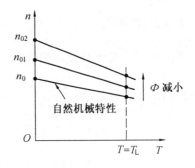

图 8.10　改变磁通 Φ 的调速

图 8.11　改变磁通 Φ 调速的机械特性

这种调速方式的主要优点是:

① 调速平滑,控制方便;

② 调速后所得机械特性比较硬,电动机运行的稳定性比较好;

③ 调速电阻 R_f' 上的功率损耗小(因为励磁电流 I_f 很小),比较经济;

④ 调速范围大,专门生产的调速电动机,其调速幅度①范围可达 3 ~ 4。

【例 8.2】　他励电动机额定电压 $U_f = U = 110$ V,电枢额定电流 $I_a = 263$ A,电枢电阻 $R_a = 0.04$ Ω,额定转速 $n = 1\,000$ r/min。为提高转速,增大励磁调节电阻 R_f',使磁通 Φ 减少 20%,如果负载转矩不变,调速后的转速提高了多少?

解　(1)磁通减少后的电枢电流为 I_a'。磁通减少 20% 时,即

$$\Phi' = 0.8\Phi$$

---

① 调速幅度是指在额定负载下所能调到的最高转速与最低转速之比。

由于转矩不变

$$T = K_T \Phi I_a = K_T \Phi' I_a'$$

因而

$$I_a' = \frac{\Phi}{\Phi'} I_a = \frac{1}{0.8} I_a = \frac{1}{0.8} \times 263 = 328.75 \text{ A}$$

（2）磁通减少后的转速为 n'。

减少前

$$n = \frac{U - I_a R_a}{K_E \Phi} = \frac{110 - 263 \times 0.04}{K_E \Phi} = \frac{99.48}{K_E \Phi}$$

减少后

$$n' = \frac{U - I_a' R_a}{K_E \Phi'} = \frac{110 - 328.75 \times 0.04}{0.8 K_E \Phi} = \frac{121.06}{K_E \Phi}$$

$$\frac{n'}{n} \times 100\% = \frac{121.06}{99.48} \times 100\% = 121.70\%$$

转速提高 21.7%，达到

$$n' = n \times 121.7\% = 1\,000 \times 121.7\% = 1\,217 \text{ r/min}$$

3. 改变电枢电压 U

保持励磁电流 I_f 为额定值（Φ 不变）时，降低电枢电压 U，由机械特性

$$n = \frac{U}{K_E \Phi} - \frac{R_a}{K_E K_T \Phi^2} T = n_0 - KT$$

可以看出，n_0 降低了，而 KT 不变（因为转矩不变）。降低电枢电压可以得到一系列平行的机械特性，如图 8.12 所示，由于受到电枢额定电压的限制，只能采用降低电压 U 的方式，因而只能实现低于额定转速的调速。

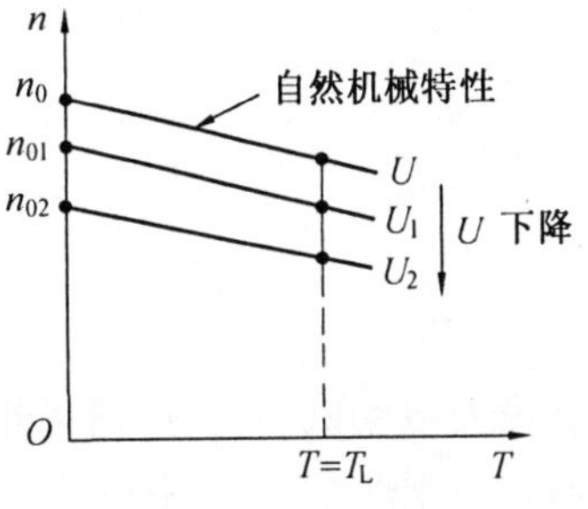

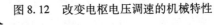

这种调速方法有以下主要优点：

① 调速平滑，控制方便；

② 调速后所得机械特性是硬特性，稳定性好；

③ 调速范围大，其调速幅度可达 6～10。

如果把改变磁通和改变电枢电压两种方法结合

图 8.12 改变电枢电压调速的机械特性

起来，则可获得很大的调速范围。实际中普遍采用晶闸管整流电源对直流电动机进行调磁（即改变磁通）和调压（即改变电枢电压），可以获得较宽的调速范围。

【例 8.3】 他励电动机的额定电压 $U_f = U = 220$ V，电枢额定电流 $I_a = 60$ A，电枢电阻 $R_a = 0.5\ \Omega$，额定转速 $n = 1\,500$ r/min。今将电枢电压降低为额定电枢电压的 2/3，如果负载转矩不变，调速后的转速降低了多少？

解 由 $T = K_T \Phi I_a$ 可知，在负载转矩和励磁电流不变的条件下，电枢电流 I_a 不变。

降低后的电枢电压

$$U' = \frac{2}{3} U = 147 \text{ V}$$

电压降低后的转速

$$n' = \frac{E'}{K_E \Phi}$$

n' 对原来的转速 n 之比为

$$\frac{n'}{n} = \frac{E'/K_E \Phi}{E/K_E \Phi} = \frac{E'}{E} = \frac{U' - I_a R_a}{U - I_a R_a} = \frac{147 - 60 \times 0.5}{220 - 60 \times 0.5} = 0.62$$

所以,调速后的转速降低到原来的 62%,即为

$$n' = n×0.62 = 1\,500×0.62 = 930 \text{ r/min}$$

需要注意的是,他励电动机在运行过程中(包括启动),励磁回路切不可断电,否则励磁电流 $I_f = 0$,磁通 $\Phi \approx 0$(铁心磁化后留下很小的剩磁),由公式 $E = K_E \Phi n$ 和 $I_a = \dfrac{U-E}{R_a}$ 可知,电枢电流 I_a 将急剧增大。如果电动机是处于空载或轻载运行,由式(8.3)、(8.4)所表示的机械特性可知,n_0 很大,而 R_a 与 T 很小,转速 n 将急剧上升,会发生"飞车"事故。

8.4.4　制动

和三相异步电动机的制动一样,他励直流电动机也可以实行能耗制动或反接制动。下面只简单介绍能耗制动。所谓能耗制动,就是将电动机所储存的动能变成电能消耗掉,以达到电动机立即停车的目的。图 8.13(a)是并励电动机能耗制动的原理电路。当开关 S 合在位置 1 时,电动机处于运行状态。

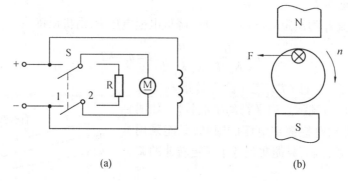

(a)　　　　　　　　　　　　　　　　　(b)

图 8.13　并励电动机的能耗制动

在需要电动机制动时,则将开关 S 投到位置 2 上。这样,电枢绕组被切断电源且与电阻 R 接通。由于惯性,电枢继续按原方向旋转。而励磁绕组仍接在电源上,照常产生磁通 Φ。电枢绕组切割磁力线,产生感应电势 E,电动势 E 加在电阻 R 上,产生电流,这时电动机变成了发电机。此电流在电枢绕组中的流动方向可由右手定则确定,如图 8.13(b)所示(图中只画出了 N 极下的一根载流导体)。再由左手定则可知载流导体的受力方向与电动机的转动方向相反,起制动作用。在制动力矩的作用下,电动机便很快停下来。当转速降为零时,电动势 E 和电枢电流也为零,制动力矩自行消失。

在上述制动过程中,从能量角度上看,就是将电枢及其拖动的生产机械的动能转换成电能并消耗在电阻 R 上。因此,R 称为制动电阻。

思　考　题

8.4　直流电动机和三相异步电动机启动电流大的原因是否相同?试比较两者启动电流较大的原因。

8.5　采用降低电枢电源电压的方法来降低他励电动机的启动电流是否可行?

本 章 小 结

直流电动机具有启动转矩大和调速性能好的优点,可以满足对启动转矩和调速性能有较高要求的生产场合的需要。本章重点分析了他励电动机,主要内容有以下几方面:

(1)直流电动机也是由定子(磁极)和转子(电枢)两部分组成,在电枢上还装有换向器(这是区别于交流电机的特殊装置)。

(2)定子上的励磁绕组通入励磁电流后,产生静止的磁场(N、S极)。如果电枢通入电流,便产生电磁力和电磁转矩;电磁转矩作用于电枢导体,使电枢转动;电枢导体又反过来切割磁力线产生反电动势,制约电枢电流。它们之间的关系为

$$U \rightarrow I_a \rightarrow T \rightarrow n \rightarrow E$$

① 电磁转矩 $\qquad T = K_T \Phi I_a$

② 反电动势 $\qquad E = K_E \Phi n$

③ 电枢电流 $\qquad I_a = \dfrac{U-E}{R_a}$

以上三式是他励电动机的基本关系式。

(3)他励电动机的机械特性 $n = f(T)$ 是一条直线,当负载转矩增大时,电动机转速下降很少,是硬特性。其表达式为

$$n = \frac{U}{K_E \Phi} - \frac{R_a}{K_E K_T \Phi^2} T$$

(4)他励电动机的使用。

① 启动:他励电动机不许在额定电压下直接启动,一般采取在电枢电路中串联启动电阻的方式,适当限制启动电流。

② 反转:对调励磁绕组两端接线或对调电枢绕组两端接线,即可实现反转。

③ 调速:可通过改变电枢电路电阻、减小磁通、降低电枢电压的方式,进行无级调速。

④ 制动:生产上广泛采用能耗制动。

习 题

8.1 有一台他励直流电动机,外加电源电压 $U_f = U = 220$ V,电枢电阻 $R_a = 0.5$ Ω,励磁电阻 $R_f = 176$ Ω,当转速 n 达到额定转速时,反电动势 $E = 180$ V。试求:

(1)额定电枢电流;

(2)额定励磁电流。

8.2 有一台 3 kW 的他励直流电动机,外加电源电压 $U_f = U = 220$ V,电枢电阻 $R_a = 0.1$ Ω,额定电枢电流为 50 A,额定转速 $n_N = 1\,500$ r/min。试求:

(1)额定转矩;

(2)额定电枢电流时的反电动势。

8.3 有一他励电动机,其额定数据为:$P_2 = 2.2$ kW,$U = U_f = 110$ V,$n = 1\,500$ r/min,反电动势 $E = 100$ V,并已知 $R_a = 0.4$ Ω。试求:

(1)额定电枢电流;

(2)额定转矩。

8.4　对上题的电动机,试求:

(1)启动电流;

(2)使启动电流不超过额定电流2倍时的启动电阻和启动转矩。

8.5　一台 2.5 kW 的他励电动机,电枢绕组的电阻 $R_a = 0.4\ \Omega$,外加电源电压 $U_f = U = 110\ V$,磁场假设是不变的。当转速 $n = 0$ 时,反电动势 $E = 0$;当 n 为 1/4 额定转速时,$E = 25\ V$;当 n 为 1/2 额定转速时,$E = 50\ V$;当 n 为额定转速时,$E = 100\ V$。试求电动机在以上四种转速情况下的电枢电流 I_a,并解释这组计算结果说明了什么?

8.6　一台直流电动机的额定转速为 3 000 r/min,如果电枢电压和励磁电流均为额定值时,试问该电机是否允许在转速为 2 500 r/min 下长期运行? 为什么?

8.7　已知他励直流电动机的电枢电源电压 $U = 200\ V$,电枢电流 $I_a = 50\ A$,电动机的转速 $n = 1\ 500\ r/min$,电枢电阻 $R_a = 1\ \Omega$。若将电枢电压降低一半,而负载转矩保持不变,则转速降低多少?(设励磁电流保持不变。)

8.8　已知他励直流电动机的额定电压 $U_f = U = 110\ V$,电枢额定电流 $I_a = 100\ A$,电枢电阻 $R_a = 0.2\ \Omega$,额定转速 $n = 1\ 000\ r/min$。若增大励磁调节电阻 R_f',使磁通 Φ 减少 15%,而负载转矩保持不变,则转速提高了多少?

8.9　他励电动机在下列条件下其转速、电枢电流及电动势是否改变?

(1)励磁电流和负载转矩不变,电枢电压降低;

(2)电枢电压和负载转矩不变,励磁电流减小;

(3)电枢电压、励磁电流和负载转矩都不变,电枢串联一个适当阻值的电阻 R_a'。

8.10　已知并励直流电动机的 $R_a = 0.1\ \Omega$,$R_f = 100\ \Omega$,$U = 220\ V$,输入功率为 10 kW,电路如图 8.4(b)所示。试求:

(1)反电动势 E;

(2)电动机输出的机械功率 P_2(提示:$P_2 = EI_a$)。

第 9 章

电动机的继电接触器控制

在工农业生产中,大多数生产机械是由电动机拖动的。目前常用的三相异步电动机的控制电路为继电接触器控制电路和可编程序控制器控制电路。本章主要介绍由继电接触器组成的几种常用的三相异步电动机的控制电路。

9.1　常用低压控制电器

继电接触器控制电路是由按钮、继电器和接触器等有触点的控制电器组成的。

常用的控制电器类型繁多,可分为手动电器和自动电器。手动电器是由操作人员用手控制的;自动电器则是按照指令、信号或物理量(例如电压、电流以及生产机械运动部件的速度、行程和动作时间等等)的变化自动动作的。常用控制电器的图形符号可参阅附录3。

9.1.1　手动电器

1. 闸刀开关

闸刀开关也称为刀闸开关,是最简单的手动电器,用于不经常开断的低压电路中,作为电源的引入开关。闸刀开关的结构如图9.1(b)所示,主要由刀片(动触头)、刀夹(静触头)、瓷质底座和胶木盖组成。闸刀开关的外形、结构和图形符号如图9.1(a)、(b)、(c)所示。

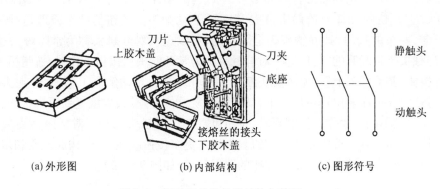

(a) 外形图　　　　　(b) 内部结构　　　　　(c) 图形符号

图9.1　闸刀开关的外形结构与符号

2. 空气断路器

空气断路器是目前常用的电源开关。与闸刀开关相比,它不仅有引入电源和隔离电源的作用,还兼有过载、短路、欠压和失压保护的作用。空气断路器的外形与结构原理如图9.2所示。它的触头由操作者通过手动机构将其闭合,并被连杆装置上的锁钩锁住,使负载与电源接通(合闸)。如果电路严重过载或发生短路故障,与主电路串联的过流脱扣器(电磁铁)的电流线圈2(图中只画出一相)就产生足够强的电磁吸力把衔铁1往下吸,通过杠杆作用顶开锁钩,在释放弹簧的作用下,主触头迅速断开,切断电源,实现了过载或短路保护。如果电源电压严重下降(欠压)或发生断电(失压)故障,并联在电源火线上的欠压脱扣器(电磁铁)的电压线圈4因电磁力不足或消失,吸不住衔铁3,衔铁被松开,由于杠杆作用向上顶开锁钩,释放弹簧将主触头迅速拉断,切断电源,实现了欠压或失压保护。

空气断路器跳闸后,用户应及时查明原因,排除故障并重新合闸,空气断路器继续工作。

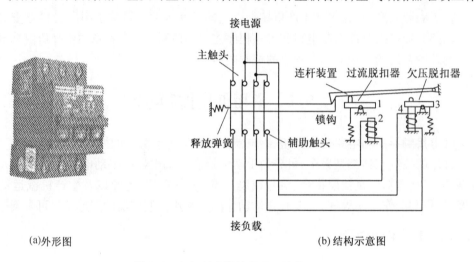

(a)外形图　　　　　　　　　　　　　　　　(b)结构示意图

图9.2　空气断路器的外形和结构

3. 按钮

按钮是一种发出指令的电器,主要用来与自动电器(例如,下面要介绍的接触器、继电器等)相配合,实现对电动机或其他电气设备的远距离控制。

按钮的外形、结构和图形符号如图9.3(a)、(b)所示。在图9.3(b)所示结构图中,1是按钮帽,2是复位弹簧,3是静触头,4是基座,5是动触头。按钮的动作原理是:按钮帽1未被按下时,左边的按钮,其静触头3是闭合的,所以这一对静触头称为常闭触头;中间的按钮,其静触头3是断开的,所以这一对静触头称为常开触头。按钮工作时,按钮帽1被按下,左边的按钮,其动触头上移,常闭触头断开;中间的按钮,其动触头上移,常开触头闭合。当松开按钮帽1时,在复位弹簧作用下,动触头恢复原位,静触头也恢复到原来状态。

为了满足不同的操作和控制要求,按钮可以有多对触头。有一对常闭触头和一对常开触头的按钮,称为复合按钮或双联按钮。也可将更多按钮装在一起,构成三联和多联按钮。

常闭按钮、常开按钮以及复合按钮的图形符号,如图9.3(b)上部所示。

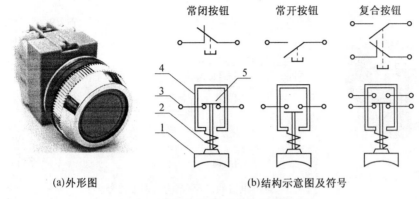

(a)外形图	(b)结构示意图及符号

图9.3　按钮的外形、结构与图形符号

9.1.2　自动电器

1. 熔断器

熔断器是一种最简单的保护电器。其中的熔丝或熔片是用电阻率较高的易熔合金(例如铅锡合金)制成;或者用截面积甚小的良导体(例如铜、银等)制成。电路在正常工作时,熔断器不应熔断,只有在电路发生短路故障时,很大的短路电流通过熔断器,使其熔体(熔丝或熔片)发热而自动熔断,切断电路,达到短路保护的目的。常用的管式、插入式外形及图形符号分别如图9.4(a)、(b)、(c)所示。

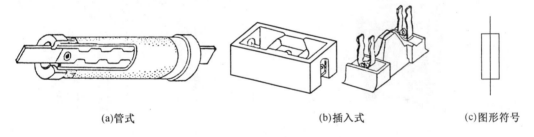

(a)管式	(b)插入式	(c)图形符号

图9.4　熔断器的外形与图形符号

2. 热继电器

热继电器是用于电动机免受长时间过载的一种保护电器。电动机长时间过载,会使电动机过热,加速电动机绕组绝缘老化,严重时将导致电动机烧毁。热继电器是利用电流的热效应而动作的,其外形、动作原理和图形符号如图9.5(a)、(b)、(c)所示。图9.5(b)中1是发热元件(一小段电阻丝),2是双金属片(由两种不同膨胀系数的金属片压制而成)。发热元件串联在电动机主电路中,当电动机的工作电流长时间超过允许值(过载)时,发热元件发出的热量使双金属片膨胀变形,下层金属片膨胀系数大,向上弯曲,造成脱扣。于是,扣扳3在拉力弹簧4作用下将常闭触头5断开(常闭触头串联在电动机的控制回路中),它的断开能使电动机的控制电路断开,从而切断电动机的主电路,电动机脱离电源,电动机得到保护。图9.5(a)所示的热继电器含有两个发热元件和一个常闭触头,如图9.5(c)所示。

当电动机过载故障排除后,需要热继电器常闭触头复位工作时,按下复位按钮6即可。新型的热继电器既可手动复位也可自动复位。

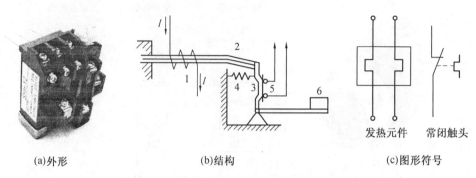

(a)外形　　　　　　　　(b)结构　　　　　　　(c)图形符号

图9.5　热继电器的外形、结构与图形符号

热继电器不能用于短路保护,因为短路事故需要立即切断电源,而热继电器由于热惯性不能立即动作。因此,在电动机的继电接触器控制线路中,必须专设短路保护(熔断器)。

3. 接触器

接触器是利用电磁铁的电磁吸力使触头闭合与断开的电磁开关,根据控制指令(例如,按钮或其他电器触头的闭合、断开),它可以接通或切断由电源到电动机的主电路。接触器有直流的和交流的两类,作用原理基本相同,本节只讨论交流接触器,交流接触器的外形、结构和图形符号如图9.6(a)、(b)、(c)、(d)所示。

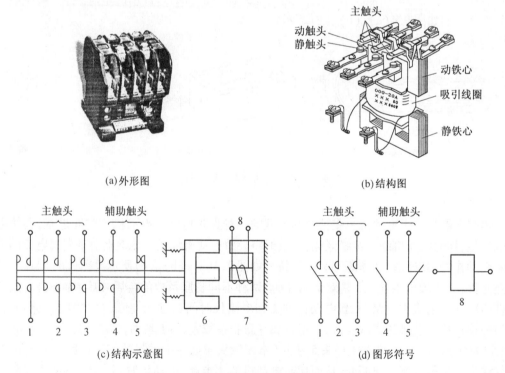

(a)外形图　　　　　　　　　　　(b)结构图

(c)结构示意图　　　　　　　　　　(d)图形符号

图9.6　交流接触器的外形、结构与图形符号

在图9.6(b)中可以看到,交流接触器有两套系统。①电磁系统:包括吸引线圈、动铁心和静铁心(是个电磁铁)。未工作时,线圈断电,动铁心和静铁心处于分离状态。②触头系统:包括主触头(三对)和辅助触头(若干对,结构图中未画出),每对主触头由动触头和静触

头组成,每对辅助触头也是由动触头和静触头组成,如图 9.6(c)所示。在图 9.6(c)中,1、2、3 是主触头,4、5 是辅助触头,6 是动铁心,7 是静铁心,8 是吸引线圈。图 9.6(d)是主触头、辅助触头和线圈的图形符号。

交流接触器未工作(未通电)时,其铁心位置以及触头的开闭状态,如图 9.6(b)、(c)、(d)所示。如果线圈通电(额定电压一般为 380 V),产生电磁力,动铁心被吸合,于是带动整个触头系统:主触头吸合,辅助触头中的常开触头吸合,常闭触头断开。如果线圈断电,电磁力消失,动铁心被释放(动铁心上有拉力弹簧),整个触头系统也恢复到未通电的状态。

主触头接触面积较大,能通过较大的电流,一般接在控制线路的主电路中,辅助触头接触面积较小,能通过较小的电流,一般接在控制线路的控制电路中。

思　考　题

9.1　熔断器和热继电器都属于保护电器,两者的用途有何区别?为什么热继电器不能用做短路保护?

9.2　当交流接触器的线圈通电和断电时,它的触头系统(常开触头和常闭触头)是怎样动作的?

9.2　常用低压控制电路

常用低压控制电路有直接启动控制电路和正反转控制电路,下面分别介绍其控制原理。

9.2.1　三相异步电动机的直接启动控制电路

图 9.7 是中、小容量笼型三相异步电动机直接启动的控制线路的结构图。其中用了闸刀开关 QS、熔断器 FU、交流接触器 KM、热继电器 FR 和按钮 SB 等几种控制电器。现分析其控制原理。

先将闸刀开关 QS 闭合,引入电源,为电动机 M 的启动做好准备。当按下启动按钮 SB₁(常开触头)时,交流接触器 KM 的线圈通电(见回路 1—2—3—4—5—6—7—8—9),电磁吸力将动铁心吸合,带动三对主触头同时闭合,电动机 M 的定子电路与电源接通,电动机启动。当松开按钮 SB₁ 时,在按钮弹簧(图中未画出)的作用下,SB₁ 触头断开,恢复原来位置,交流接触器的线圈失电,电磁吸力消失,释放动铁心,主触头断开,电动机脱离电源,停止转动。

按下启动按钮,电动机就转动,一松开启动按钮,电动机就停止转动。这种控制方式称为点动控制。

如果要求电动机连续运转,即一经启

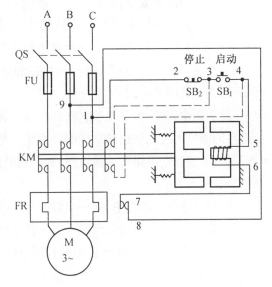

图 9.7　笼型电动机直接启动控制线路的结构图

动,松开启动按钮电动机也能继续转动下去,就必须保证松开启动按钮 SB₁ 后,线圈不断电。解决办法是:在接触器辅助触头中选用一对常开触头,并联到启动按钮 SB₁ 两端(如图中虚线所示)。这样,电动机启动后,即使松开 SB₁,因常开辅助触头已经闭合,也能够保证线圈回路电流畅通,电动机可以继续转动下去。这种控制方式称为电动机的连续运转控制,接触器的这对常开触头起了自锁作用,称为自锁触头。

按下停止按钮 SB₂(常闭触头),接触器线圈的电流回路被切断,线圈失电,动铁心恢复原位,主触头断开,切断电源,电动机停止转动。

上面的控制线路除具有对电动机的启、停控制功能外,还具有短路保护、过载保护、失压和欠压保护作用。

起短路保护作用的是熔断器 FU。由图可见,一旦发生短路事故,熔断器立即熔断,切断电源,电动机马上停转。

起过载保护作用的是热继电器 FR。当电动机长时间过载时,热继电器的发热元件发热促使其常闭触头断开,因而接触器线圈断电,主触头断开,电动机停转。为了可靠地保护电动机,将热继电器中的两个发热元件分别串联在任意两相电源线中。这样做用意在于,当三相中任意一相的熔断器熔断后(这种情况一般不易觉察,因为此时电动机按单相异步电动机运行,还在转动,但电流增大了),仍保证有一个或两个发热元件在起作用,电动机还可得到保护。为了更可靠地保护电动机,热继电器也有三相结构的(三个发热元件),将三个发热元件分别串联在三相电源线中。

起失压与欠压保护作用的是交流接触器 KM。所谓失压与欠压保护就是当电源停电或者由于某种原因电源电压降低过多(欠压)时,交流接触器 KM 使电动机自动从电源上切除。当失压或欠压时,交流接触器线圈电流将消失或减小,失去电磁力或电磁力不足,吸不住动铁心,使主触头断开,切断三相异步电动机的电源。失压保护的好处是:当电源电压恢复时,如不重新按下启动按钮,电动机就不会自行转动(因自锁触头也是断开的),避免发生事故。欠压保护的好处是:可以保证电动机不在电压过低的情况下运行。

图 9.7 所示的控制电路可分为两部分,一部分是主电路,一部分是控制电路。主电路是:由三相电源开始,经熔断器、接触器主触头和热继电器发热元件到电动机。控制电路是:由三相电源的一相开始,经按钮(启动按钮和停止按钮)、接触器线圈及热继电器的常闭触头回到三相电源的另一相。

在图 9.7 中,各个电器是按它们的实际位置画出的,属于同一电器的各个部件都画在一起,这样的图称为控制线路的结构图。其优点是比较直观、便于安装和检修。但这种画法过于繁琐,为了使控制电路简单而清楚,我们用电路符号表示各种电器。这样的图称为控制电路的原理图。

在控制电路的原理图中,同一电器的各个电气部件是按其所起的作用分散画出的。为了识别它们,分散的各个部件用同一文字符号标注。这样,我们就得到如图 9.8 和图 9.9 所示的控制电路原理图。图 9.8 是点动控制电路,图 9.9 是连续运转控制电路。

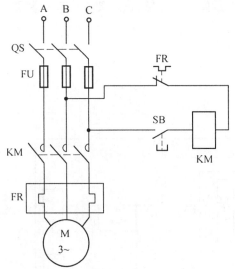

图9.8　笼型电动机点动的控制电路

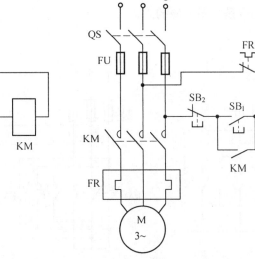

图9.9　笼型电动机连续运转的控制电路

9.2.2　三相异步电动机的正反转控制电路

生产机械的运动部件往往有正反两个方向的运动。例如,起重机的提升与下降,机床工作台的前进与后退等等。这些方向相反的运动,是由电动机的正转和反转实现的。

1. 正反转控制的主电路

三相异步电动机的正转和反转可通过对调其定子绕组任意两根电源线来实现,其控制电路的主电路如图9.10所示。图中有正转接触器 KM_1 的主触头和反转接触器 KM_2 的主触头。当 KM_1 的主触头闭合时,电动机正转;当 KM_2 的主触头闭合时,电动机定子绕组的三根电源线中有两根(A、B)被对调位置,因而电动机反转。

应当注意的是:两个接触器不能同时工作,否则将造成这两根电源线之间的短路。为此必须设法保证两个接触器的线圈在任何情况下都不得同时通电。

2. 正反转的控制电路

图9.11所示控制线路可以实现上述保证:在正转接触器 KM_1 的线圈电路中,串入反转接触器 KM_2 的常闭触头;在反转接触器 KM_2 的线圈电路中,串入正转接触器 KM_1 的常闭触头。这样,当按下正转启动按钮 SB_1 后,正转接触器 KM_1 的线圈通电,其主触头闭合,电动机正转。与此同时,其串联在反转控制电路内的常闭触头断开。因此,即使按下反转启动按钮 SB_2,也不能使反转接触器线圈通电。同样道理,如果反转接触器 KM_2 在工作,将通过它的串联在正转控制电路内的常闭触头切断正转控制电路,使正转启动按钮 SB_1 失去作用,正转接触器的线圈不能通电。在图9.11的控制电路中利用两个接触器各自的常闭触头与对方建立起的这种互相制约的作用,称为互锁或联锁,起这种作用的触头 KM_1 和 KM_2 称为互锁触头或联锁触头。

图9.11所示控制线路的缺点是:在电动机正转运行过程中,如果要求它反转,必须先按下停车按钮 SB_3,使电动机停下来,然后按下反转启动按钮 SB_2,电动机才能反转。反之,在

电动机反转运行过程中,如果要求它正转,情况也是如此。显然,这对要求电动机频繁改变转向的生产场合是极不方便的。

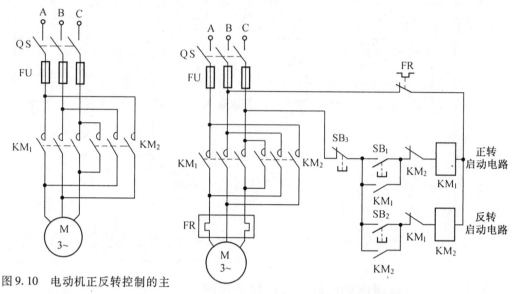

图 9.10　电动机正反转控制的主
电路

图 9.11　电动机正反转控制电路

3. 直接正反转控制电路

为了实现不停车,直接正转、反转的控制,在图 9.11 的控制电路中将启动按钮 SB_1 和 SB_2 换成复合按钮,就可实现直接正反转的控制功能,其控制电路如图 9.12 所示。

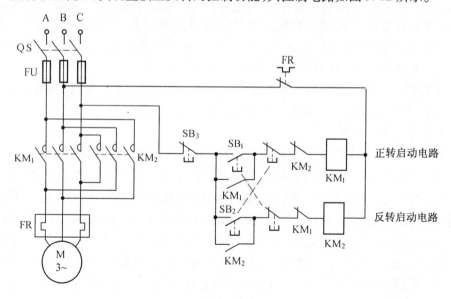

图 9.12　电动机直接正反转控制电路

在图 9.12 中,由于正转启动按钮 SB_1 的常闭触头串接在反转启动电路中,反转启动按钮 SB_2 的常闭触头串接在正转启动电路中,所以,当要求电动机由正转运行变为反转运行时,可直接按下反转启动按钮 SB_2,电动机就直接从正转变为反转。转换过程分析如下:

按下 SB_2 时，SB_2 的常闭触头断开，KM_1 线圈断电，其接在主电路中的主触头 KM_1 断开，电动机停止正转。与此同时，串接在反转启动电路中的 KM_1 的常闭触头闭合，反转启动电路接通，KM_2 线圈通电，其接在主电路的主触头 KM_2 闭合，电动机反转运行。

同理，如果要求电动机由反转变动正转，过程与此相同。

在图 9.12 的控制电路中，设置了两套联锁：第一套是由正转接触器 KM_1 的常闭触头和反转接触器 KM_2 的常闭触头构成的联锁，第二套是由正转启动按钮 SB_1 的常闭触头和反转启动按钮 SB_2 的常闭触头构成的联锁。前者称为电气联锁，后者称为机械联锁。

可以看出，图 9.12 所示的电动机正反转控制线路，操作方便，工作可靠，因此应用十分广泛。

思 考 题

9.3　用于过载保护的热继电器，其发热元件的数目为什么一个不行，两个正好，三个更可靠？

9.4　什么是失压保护？用闸刀开关控制电动机时，有无失压保护作用？

9.5　在图 9.11 中，什么是自锁？没有自锁将如何？什么是联锁？没有联锁将如何？

9.6　在图 9.12 中，什么是电气联锁？什么是机械联锁？各起什么作用？

9.7　图 9.12 中的两个复合按钮 SB_1 和 SB_2，当按下按钮帽时，它们的常闭触头和常开触头哪个先动作？

9.3　顺 序 控 制

生产机械往往是由几台电动机拖动的。由于机械或工艺上的要求，有些电动机必须按照一定的顺序启动和停车。例如，车床主轴电动机必须在润滑油泵电动机开动之后才能启动；传送带为避免物料堆积，各电动机的启、停要有一定顺序等等。图 9.13 所示控制电路就是两台电动机顺序控制的例子：电动机 M_1 先启动，M_2 后启动；M_1 不启动，M_2 不能启动。图中，M_1 的启动控制电路与图 9.9 相同。M_2 的启动控制电路接在接触器 KM_1 自锁触头之后，只要 M_1 不启动，这个自锁触头就不闭合，线圈 KM_2 就不能通电，M_2 就无法启动。两台电动机启动的具体过程是：

当按下启动按钮 SB_1 时，接触器 KM_1 线圈通电，电动机 M_1 启动。KM_1 的常开辅助触头闭合，它一方面起自锁作用，另一方面将 C 相电源引至启动按钮 SB_2 上，为电动机 M_2 的启动做好准备。按下 SB_2，接触器 KM_2 线圈通电，M_2 启动。

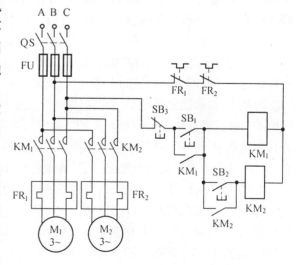

图 9.13　两台电动机的顺序启动控制电路

　　由于热继电器 FR_1 和 FR_2 的常闭触头是串联的,所以无论哪一台电动机过载,都将切断控制电路,两台电动机均脱离电源,停止转动。SB_3 是停车按钮,按下 SB_3,两台电动机同时停车。

　　上述两台电动机的顺序控制关系是:M_1 启动后,M_2 才能启动;M_1 和 M_2 同时停车。

9.4　行　程　控　制

　　在生产流程中,往往需要对生产机械的运动部件进行限程、限位和自动往复的控制,这类控制统称为行程控制。

　　行程控制需要采用行程开关,行程开关的结构与复合按钮相似,也有一对常闭触头和常开触头。行程开关的外形、结构和图形符号如图9.14(a)、(b)、(c)所示。

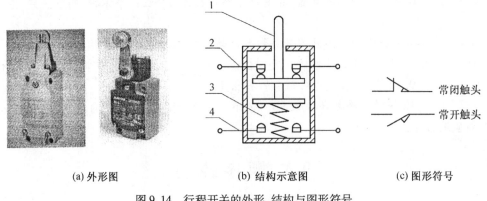

(a) 外形图　　　　　　　　(b) 结构示意图　　　　　　　(c) 图形符号

图9.14　行程开关的外形、结构与图形符号

　　图9.14(a)中,左边的为压杆式行程开关,右边的为滚轮式行程开关,两者结构基本相同。以压杆式为例,其结构如图9.14(b)所示,其中,1 为压杆,2 为常闭触头,3 为恢复弹簧,4 为常开触头。当外部物体碰撞压杆时,压杆下移,常闭触头断开,常开触头闭合;当外部物体离去后,压杆和触头恢复原位。行程开关的常闭触头和常开触头的图形符号如图9.14(c)所示,注意符号上的小三角标志,这是与其他控制电器触头符号的区别之处。

　　图9.15(a)是生产车间使用的吊车(用来搬运货物)行程控制的示意图,吊车的左行和右行通过电动机的正反转控制电路实现,控制电路如图9.15(b)所示。当吊车运行到车间两端的终点时,必须立即停车,否则将发生严重事故。为此,对吊车采取限位控制:在吊车行程两端的终点各安装一个行程开关 ST_1 和 ST_2,并将 ST_1 的常闭触头串联在正转接触器 KM_1 的线圈电路中,将 ST_2 的常闭触头串联在反转接触器 KM_2 的线圈电路中。这样,吊车就可在行程两端的终点之间安全地运行了,具体运行过程如下。

　　由图9.15(a)、(b)可以看出,当按下正转启动按钮 SB_1 时,正转接触器 KM_1 线圈通电,电动机正转,带动吊车左行,直到左端终点,吊车上的挡块将行程开关 ST_1 的压杆碰进,压开常闭触头,接触器 KM_1 的线圈断电,电动机停转,吊车停止运行。此时即使误按左行启动按钮 SB_1,接触器 KM_1 线圈也不会通电,从而保证吊车不会超过行程开关 ST_1 所限定的位置。当按下反转启动按钮 SB_2 时,电动机反转,吊车右行,可以一直到达右侧终点,同样受到行程开关 ST_2 的限制,使吊车停止运行。可见,吊车只能在 ST_1 和 ST_2 所限定的行程范围内运

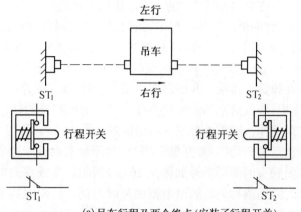

(a)吊车行程及两个终点(安装了行程开关)

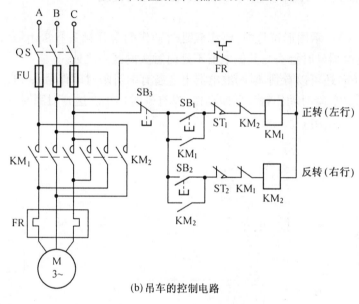

(b)吊车的控制电路

图9.15　吊车的行程控制

行。

　　以上所讨论的吊车行程控制,能实现吊车的终端保护:当吊车运行到两侧终端时,能自动停止运行。在此基础上,不再增加新的电器设备,只用四根导线,将两只行程开关剩余的常开触头与图9.15(b)所示控制电路的有关之处连接起来,就能使该吊车的自动化水平提升一大步:即不仅有终端保护,而且能实现吊车的自动往复运行(到达两侧终点时,吊车能自动返回)。该电路如何连接? 这一步之遥,请读者一试。

9.5　时　间　控　制

9.5.1　时间继电器

在生产过程中,有时还需要按时间要求对电动机进行控制,这就是时间控制。时间控制需要采用时间继电器,时间继电器在通电或断电后,其触头要延迟一段时间才动作,在电路中起着控制时间的作用。时间继电器种类很多,我们以空气式时间继电器为例,说明其工作原理。时间继电器有通电延时和断电延时两种类型,通电延时的时间继电器的外形、结构原理图及表示符号如图9.16(a)、(b)、(c)所示。在图9.16(b)中,当线圈1通电时,动铁心2被向下吸合,活塞杆3在弹簧4作用下开始向下运动,但与活塞5相连的橡皮膜6向下运动时要受到空气的阻尼作用,所以活塞不能很快下移。与活塞杆相连的杠杆8,运动也是缓慢的,微动开关9不能立即动作。随着外界空气不断由进气孔7进入,活塞逐渐下移。当移到最下端时,杠杆8使微动开关9动作:常开触头闭合,常闭触头断开。通电延时时间继电器的线圈、常开触头和常闭触头的图形符号如图9.16(c)所示。从线圈通电时刻开始到微动开关动作为止,这一段时间间隔称为时间继电器的延时时间。延时时间的长短可通过螺钉10改变进气孔的大小来调节。空气时间继电器的延时范围有0.4～60 s和0.4～180 s两种。

在图9.16(c)所示图形符号中,要注意延时动作的常开触头和常闭触头下面的圆弧标志,这是时间继电器延时触头与其他电器不延时触头的区别之处。

从图9.16(b)还可以看到,时间继电器上还备有两对瞬时动作触头13(一对常开,一对常闭),线圈一通电,瞬时动作触头立即动作,没有延时作用。这一对瞬时动作的触头,图形符号如图9.16(c)所示。

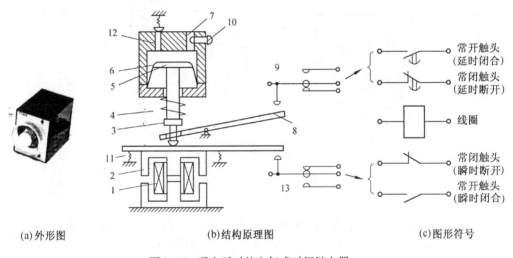

(a)外形图   (b)结构原理图   (c)图形符号

图9.16 通电延时的空气式时间继电器

9.5.2 时间控制电路的分析

1. Y-△换接启动控制电路

图9.17是按时间要求控制笼型电动机的Y-△换接启动控制电路。在其主电路中,接触器KM_Y用于定子绕组的Y形接法,接触器$KM_\triangle$用于定子绕组的△形接法。在其控制电路中,时间继电器KT的延时断开的常闭触头串联在KM_Y的线圈电路中,延时闭合的常开触头串联在$KM_\triangle$的线圈电路中。

接通电源开关QS,电动机准备启动。按下启动按钮SB_1,接触器KM和KM_Y的线圈通电,电动机按 Y 形接法启动(与 SB₁ 并联的 KM 的辅助触头用于自锁)。与此同时,时间继电器 KT 的线圈也通电,经过预定时间(电动机启动所需要的时间),时间继电器动作:其延时断开的常闭 KT 触头断开,使 KM_Y 线圈断电;而其延时闭合的常开触头 KT 闭合,使 KM_△ 线圈通电。于是,电动机定子绕组由 Y 形接法换成 △ 形接法,投入正常运行。此时时间继电器 KT 已完成任务,线圈断电(因为 KM_△ 的辅助常闭触头已经断开),脱离电源。时间继电器 KT 线圈断电后,其常开触头断开,KM_△ 线圈的通路由 KM_△ 的辅助常开触头自锁。

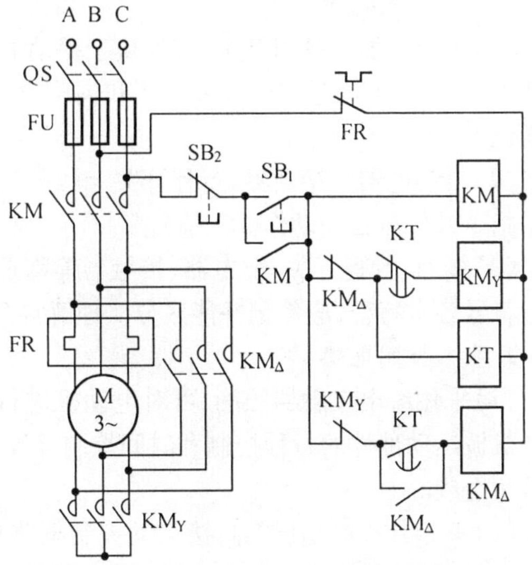

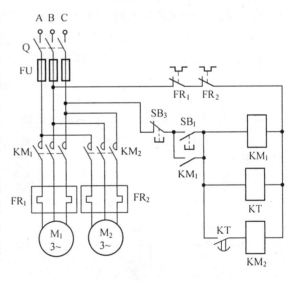

图 9.17 按时间控制的电动机 Y−△ 换接启动电路

2. 两台电动机的延时顺序控制

两台电动机的延时顺序控制电路如图 9.18 所示。在图 9.18 中,两台电动机分别为 M₁ 和 M₂。按下启动按钮 SB₁,继电器 KM₁ 线圈通电,M₁ 启动。与此同时,时间继电器 KT 的线圈也通电,KT 开始计时,经过一定时间的延时,例如经过 30 s 的延时,时间继电器 KT 的延时闭合的常开触头闭合,继电器 KM₂ 的线圈通电,M₂ 电机自行启动。

M₂ 启动后,时间继电器 KT 已完成任务,但其线圈仍在通电。怎样才能使时间继电器 KT 的线圈在 M₂ 自行启动后立即断电?请读者在图 9.18 的基础上提出修改方案。

图 9.18 两台电动机的延时顺序控制电路

思 考 题

9.8 回顾本章已熟知的闸刀开关、空气断路器、按钮、热继电器、接触器、行程开关和时间继电器等,它们之中哪些电器只有触头系统而无电磁系统? 哪些电器的触头系统和电磁系统兼而有之?

本 章 小 结

由按钮、继电器和接触器等控制电器对电动机的控制称为继电–接触器控制。本章讲述了两方面内容:一是器件(常用控制电器);二是电路(基本控制电路)。器件为电路服务,电路以器件为基础。

1.常用控制电器

（1）手动电器。闸刀开关、按钮属于手动电器，由工作人员手动操作。空气断路器虽然需要人工合闸，但在过载、短路、欠压和失压时，它能自动跳闸。所以，它兼有手动和自动两方面优点。

（2）自动电器。熔断器、行程开关、继电器、接触器和时间继电器等属于自动电器，它们根据指令或信号自动动作。

（3）按钮、行程开关、继电器、接触器等都是有常开触点和常闭触点的控制电器，它们的图形符号各有特征，应熟记并能区分。理解常开触头和常闭触头的含义和作用。

2.基本控制电路

（1）采用继电接触器控制，可对电动机进行单向运转控制、正反转控制、顺序控制以及生产机械运动部件的行程控制和时间控制等等。任何复杂的控制电路都是由这些基本控制环节所组成。

（2）三相异步电动机的直接启动控制电路和直接正反转控制电路是最基本、最常用的控制电路，读者应熟练掌握其控制原理和短路保护、过载保护、失压与欠压保护的作用。

（3）分析控制电路时，首先要了解电动机或生产机械的工作要求，然后把主电路和控制电路分开来看。主电路以接触器的主触头为中心（还有和它串联的热继电器的发热元件等），控制电路以接触器的线圈为中心（还有和它串联的按钮、常开和常闭触头等）。注意控制回路中接触器线圈在什么条件下通电，通电后它怎样用其主触头去控制主电路，又怎样用其辅助触头去控制另外的接触器或继电器的线圈。

习　题

9.1　在图9.9所示电动机启、停控制电路中，如果其控制电路被接成如题图9.1(a)、(b)、(c)所示几种情况（主电路不变），问电动机能否正常启动和停车？电路存在什么问题？怎样改正？

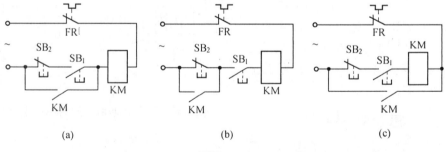

| (a) | (b) | (c) |

题图9.1

9.2　试画出能在两处用按钮控制一台笼型电动机启动与停车的控制电路。

9.3　试画出笼型电动机既能点动又能连续运行的控制电路。

9.4　故障分析：根据图9.9接线做实验时，将开关 QS 闭合后，按下启动按钮 SB_1 出现以下现象，试分析原因并采取处理措施。

（1）接触器 KM 不动作；

（2）接触器动作，但电动机不转动；

（3）电动机转动，但一松开启动按钮 SB_1，电动机就不转；

（4）电动机不转动（或者转得极慢），并有"嗡嗡"声；

（5）接触器线圈发热、冒烟甚之烧坏。

9.5　今有 M_1 和 M_2 两台电动机，它们的启动与停车控制环节如题图 9.2（a）或图 9.2（b）所示（主电路和图 9.13 相同），试分析这两个电路的如下功能是否相同？

（1）M_1 和 M_2 的启动顺序；

（2）M_1 和 M_2 的停车顺序。

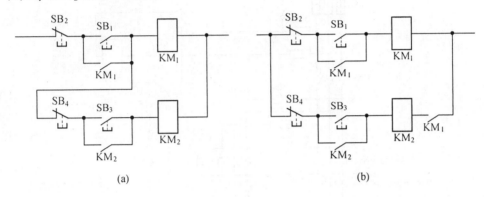

题图 9.2

9.6　今有两台电动机 M_1 和 M_2，试按以下要求设计启、停控制电路（主电路可以不画出）。要求：M_1 启动后，M_2 才能启动；M_2 既可以单独停车，也可以与 M_1 同时停车。

9.7　在题图 9.3 所示控制电路中（主电路未画出，与图 9.13 相同）试分析两台电动机 M_1 和 M_2 的启动和停车顺序。

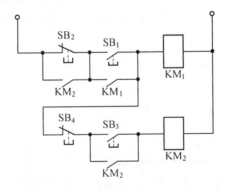

题图 9.3

9.8　某车床有两台电动机，一台带动油泵，一台带动主轴。要求：

（1）主轴电动机必须在油泵电动机启动后才能启动；

（2）主轴电动机能正反转，并能单独停车；

（3）有短路、过载和欠压保护。试画出这两台电动机的控制电路。

9.9　题图 9.4 是某车床的电气控制电路图。其中 M_1 是主轴电动机，M_2 是冷却电动机，Tr 是照明变压器，其输出电压为 36 V。S 是照明灯开关。试分析以下几个问题：

（1）M_1 和 M_2 的启动顺序；

（2）M_1 和 M_2 的停车顺序；

（3）M_1 和 M_2 的过载保护和失压保护是如何设置的？

（4）怎样打开照明灯？

（5）整个电路的短路保护是怎样设置的？

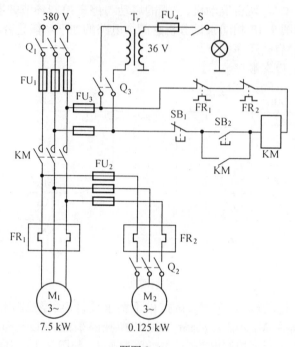

题图 9.4

9.10 题图 9.5 是用于升降和搬运货物的电动吊车控制电路。M_1 是升降控制的电动机，M_2 是前后控制的电动机，两台电动机都采用点动控制，四个按钮均为复合按钮。试分析上述控制电路的工作原理。

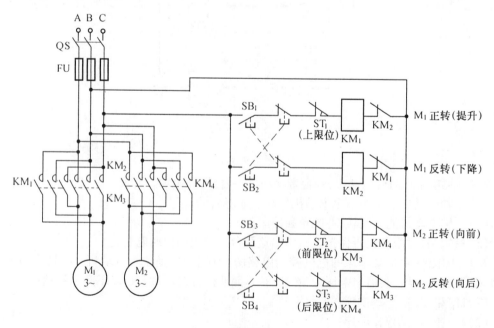

题图 9.5

第三部分　模拟电子电路

第 *10* 章

常用半导体器件

自 1948 年第一个晶体管问世以来,半导体技术有了飞跃的发展。由于半导体电子器件具有重量轻、体积小、耗电少、寿命长、工作可靠等突出优点,很快占据了电子技术的主导地位,并在现代工农业、科研和国防中获得了极其广泛的应用。其中最有代表性的是电子计算机的发展,已由早期的体积大、运算速度低的电子管式电子计算机,发展到现代大规模、超大规模集成电路式电子计算机,它的体积小、运算速度快、精度高,目前已在各个领域得到广泛应用。

本章从讨论半导体的特点和 PN 结(半导体器件的基础)的单向导电性开始,然后介绍最常用的半导体器件及其工作特性,为后面将要讨论的放大电路、逻辑电路等内容奠定基础。

10.1　半导体的导电特性

10.1.1　本征半导体

1. 半导体及其特点

自然界的物质按其导电能力可分为导体、绝缘体和半导体三大类。导体的导电能力强,常用的导体有银、铜、铝等金属。绝缘体不导电,常用的绝缘体有石英、橡皮、有机塑料等。半导体的导电能力介于导体和绝缘体之间,常用的半导体有硅、锗、硒、一些金属硫化物和氧化物等。

半导体的导电能力受外界条件的影响很大,通过实验人们发现半导体有如下几个特点:

(1)对温度敏感。当环境温度升高时,半导体的导电能力增强。工程上利用这一特点制成了热敏元件,用来检测温度的变化。

(2)对光照敏感。有些半导体无光照射时电阻率很高,而一旦被光照后其导电能力增强。工程上利用这一特点制成了各种光电管、光电池等光敏元件。

(3)掺杂后导电能力剧增。如果在纯净的半导体内掺入微量的某种元素后,其导电能力就可能增加几十万倍乃至几百万倍。工程上利用这一最重要的特点制成了半导体二极管、三极管、场效应管及晶闸管等许多不同用途的半导体器件。

半导体为什么会有这些特点呢？这是由其原子结构决定的。下面简单介绍一下半导体的内部结构和导电机理。

2. 本征半导体

纯净的半导体称为本征半导体。最常用的本征半导体为硅和锗，它们的原子结构如图 10.1 所示。在原子结构图中，最外一层的电子是价电子，硅和锗各有四个价电子，都是四价元素。将硅（或锗）通过一定的工艺提纯形成单晶体后，所有原子便基本上排列整齐，形成晶体结构，如图 10.2(a) 所示。

(a) 硅原子结构

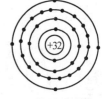
(b) 锗原子结构

图 10.1   硅和锗原子结构

在本征半导体的晶体结构中，每一个原子与相邻的四个原子结合。每一个原子的一个价电子与另一相邻原子的价电子组成一个电子对，这对价电子是每两个相邻原子共有的，它们把相邻原子结合在一起，形成共价键结构，如图 10.2(b) 所示。

在共价键结构中，每个原子最外层有 8 个价电子处于较稳定的状态。但这些价电子一旦获得足够的能量（温度升高或受光照）后，个别价电子便可挣脱原子核的束缚而成为自由电子，如图 10.2(c) 中 1 处所示。温度愈高，晶体中产生的自由电子愈多。这些自由电子可在外加电场的作用下形成电流，这与金属导电的原理是相同的。

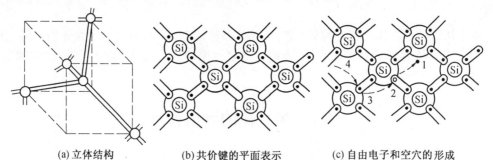

(a)立体结构   (b)共价键的平面表示   (c)自由电子和空穴的形成

图 10.2   半导体的单晶结构

当某个价电子脱离共价键的束缚成为自由电子后，在共价键的原处就留下一个"空位"，如图 10.2(c) 中 2 处所示，这个空位称为空穴。自由电子和空穴同时产生，成对出现，数量相等。在一般情况下原子呈中性，而当价电子挣脱共价键的束缚成为自由电子后，原子的中性便被破坏，因出现空穴而带正电（我们可以认为：空穴带正电）。因此，有空穴的原子就吸引相邻原子的价电子，来填补这个空穴。同时，相邻原子的共价键中又出现一个空穴，这个空穴也可由其他相邻原子中的价电子来递补，而在该原子中再出现一个空穴，如图10.2(c) 中 3、4 处所示。如此继续下去，就好像带正电的空穴在运动（实际上是价电子的运动）。因此，可用空穴运动产生的电流来代替价电子递补运动产生的电流。

总之，当半导体两端加上电压时，在电场力的作用下，半导体中将出现两部分电流：一是自由电子定向运动形成的电子电流；一是价电子定向递补空穴形成的空穴电流。即在半导体中存在着电子导电和空穴导电两种方式，这是半导体导电方式的最大特点，也是半导体导电和金属导电原理上的本质差别。

自由电子和空穴都称为载流子。它们总是成对的出现,同时又不断地复合。在一定温度下,载流子的产生和复合达到动态平衡,于是半导体中的两种载流子便维持相同数目,温度愈高,载流子数目愈多,导电性能也就愈好。所以温度对半导体器件性能的影响很大。

10.1.2　N 型半导体和 P 型半导体

本征半导体虽然有自由电子和空穴两种载流子,但由于数量极少,导电能力仍然很低。如果在其中掺入微量的杂质,就能使半导体中载流子大量增加,而使其导电性能大大增强。

由于所掺杂质的不同,可获得两种半导体:N 型半导体和 P 型半导体。

1. N 型半导体

若在四价硅(或锗)晶体中掺入少量的五价元素磷(P),五价的磷原子在晶体中占据了原来硅原子的一个位置,如图 10.3 所示。磷原子中的五个价电子只有四个能够和相邻的四个硅原子组成共价键结构,余下的一个电子受磷原子核的吸引很弱。在常温下,这个价电子就容易吸收一定的能量而脱离磷原子,成为自由电子[1]。于是半导体中的自由电子数目大量增加,参与导电的载流子主要是自由电子,所以称其为电子型半导体,又叫 N 型半导体。

在 N 型半导体中,自由电子的数量可增加几十万倍,大大超过硅晶体中由热激发而产生的电子空穴对,并且由于自由电子的数量增多而增加了复合机会,而使空穴的数目更少。因此在 N 型半导体中,自由电子是多数载流子,而空穴是少数载流子。

2. P 型半导体

若在硅(或锗)晶体中掺入三价元素硼(B),由于每个硼原子只有三个价电子,因而在构成共价键结构时,将因缺少一个价电子而形成一个空穴,如图 10.4 所示[2]。于是半导体中的空穴数目大量增加,参与导电的载流子主要是空穴,空穴是多数载流子,自由电子是少数载流子,所以称其为空穴型半导体,又叫 P 型半导体。

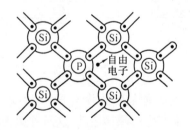
图 10.3　在硅晶体中掺入磷元素

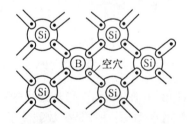
图 10.4　在硅晶体中掺入硼元素

10.1.3　PN 结

虽然 N 型和 P 型半导体的导电能力比本征半导体增强了许多,但不能直接用来制造半导体器件。通常采取一定的掺杂工艺,使一块半导体一边形成 N 型半导体,另一边形成 P

---

①　磷原子因失去一个电子而成为不能移动的正离子。

②　相邻原子的价电子可填补硼原子的空穴,硼原子因得到一个电子而成为不能移动的负离子。

型半导体,在它们的交界面处就形成了 PN 结。PN 结是构成各种半导体器件的基础。那么 PN 结是如何形成的,它有什么特性呢?

1. PN 结的形成

一块半导体晶片两边经不同掺杂后分别形成 P 型和 N 型半导体,如图 10.5(a)所示。图中⊖代表得到一个电子后的三价杂质离子(例如硼离子),带负电;⊕代表失去一个电子的五价杂质离子(例如磷离子),带正电。由于 P 区空穴浓度(单位体积内的空穴数)大,而 N 区空穴浓度小,因此空穴要从 P 区向 N 区扩散。首先是交界面附近的空穴扩散到 N 区,在交界面附近的 P 区留下一些带负电的三价杂质离子。

同样,N 区的自由电子要向 P 区扩散,在交界面附近的 N 区留下带正电的五价杂质离子。这样,在 P 型半导体和 N 型半导体交界面的两侧就形成了一个空间电荷区,这个空间电荷区就是 PN 结,如图 10.5(b)所示。

在空间电荷区的正负离子虽然带有电荷,但是它们不能移动,因而不能参与导电。而在这个区域内,载流子极少,所以空间电荷区的电阻率很高。

正负空间电荷在交界面形成一个电场,称为内电场,如图 10.5(b)所示。由于内电场的形成,由 P 区向 N 区扩散的空穴和由 N 区向 P 区扩散的电子将受到电场力的阻碍,即内电场对多数载流子的扩散运动起阻碍作用。所以,空间电荷区又称为阻挡层。

空间电荷区的内电场对多数载流子的扩散运动起阻碍作用,但它可推动两个区域内的少数载流子越过空间电荷区,进入对方区域,如图 10.6 所示。这种少数载流子在内电场作用下的有规则运动称为漂移运动。

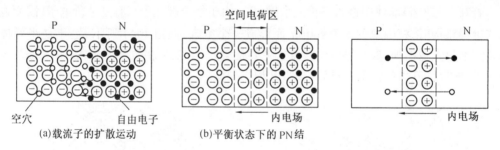

图 10.5　PN 的形成　　　　　图 10.6　载流子的漂移运动

由此可知,在 PN 结的形成过程中存在着两种运动:一种是多数载流子由于浓度差别而产生的扩散运动;另一种是少数载流子在内电场作用下产生的漂移运动,这两种运动既互相联系,又互相矛盾。开始,多数载流子的扩散运动占优势,但随着空间电荷区的逐渐加宽,内电场逐步加强,在外界条件不变的情况下,多数载流子的扩散运动逐渐减弱,而少数载流子的漂移运动则逐渐增强。最后,扩散运动和漂移运动达到动态平衡,即 P 区的空穴向 N 区扩散的数目与 N 区的空穴向 P 区漂移的数目相等(自由电子也是这样)。此时空间电荷区稳定下来,PN 结处于稳定状态,对外呈电中性。

2. PN 结的单向导电性

上面讨论的是 PN 结在没有外加电压时的情况。若在 PN 结两端加上电压会出现什么情况呢?

(1)PN 结外加正向电压。所谓 PN 结外加正向电压,是指外电源的正极接 PN 结的 P

区,外电源的负极接 PN 结的 N 区,如图 10.7(a)所示。由图可知,外电场方向和内电场方向相反,外电场将削弱内电场的作用。这就使得扩散运动和漂移运动的动态平衡被破坏。外电场将驱使 P 区的空穴和 N 区的自由电子进入空间电荷区,使空间电荷区变窄,从而使得多数载流子的扩散运动得到加强,形成较大的正向电流,电流的实际方向从 P 区流向 N 区,即空穴的运动方向。在一定的外加电压范围内,外电场愈强,正向电流愈大,这时 PN 结呈现的电阻很低。正向电流包括空穴电流和自由电子电流两部分。空穴电流实际上是价电子作定向运动产生的电流,所以空穴电流和自由电子形成的电流两者方向相同。外电源不断地向半导体提供电荷,使电流得以维持。

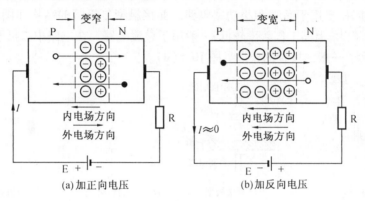

图 10.7　PN 结的单向导电性

(2)PN 结外加反向电压。PN 结外加反向电压,即外电源的正端接 N 区,负端接 P 区,如图 10.7(b)所示。此时外电场和内电场方向相同,在外电场的作用下靠近空间电荷区附近的空穴和自由电子被驱走,因而加宽了 PN 结,使内电场增强,多数载流子的扩散运动难于进行。另一方面,由于内电场的增强,使得少数载流子的漂移运动加强,在电路中形成了反向电流。但由于载流子的数量很少,因此反向电流不大。此时 PN 结呈现的电阻很高。又因少数载流子主要是由价电子获得热能挣脱共价键的束缚而产生的,因而当温度一定时,少数载流子的数量基本恒定。所以反向电流在一定的外加电压范围内变化不大(称为反向饱和特性)。但是,当温度升高时,少数载流子数目增加,反向电流增大。所以,温度对反向电流的影响很大。这就是半导体器件的温度特性很差的根本原因。

总之,在 PN 结上外加正向电压时,PN 结电阻很小,正向电流很大(PN 结处于导通状态),电流从 P 区流向 N 区;外加反向电压时,PN 结电阻很高,反向电流很小(PN 结处于截止状态)。这种只有一种方向导电的现象称为 PN 结的单向导电性。

思　考　题

10.1　半导体的导电方式与金属导体的导电方式有什么不同?

10.2　什么叫 N 型半导体?什么叫 P 型半导体?两种半导体中的多数载流子是怎样产生的?少数载流子是怎样产生的?

10.3　N 型半导体中的自由电子多于空穴,P 型半导体中的空穴多于自由电子。是否 N 型半导体带负电,P 型半导体带正电?

10.4　空穴电流是不是由自由电子递补空穴所形成的?

10.5　空间电荷区既然是由带电的正负离子形成的,为什么它的电阻率很高?

10.2　半导体二极管

10.2.1　基本结构

半导体二极管的结构十分简单,它是用 PN 结做成管心,在 P 区和 N 区两侧接上电极引线,再用管壳封装而成。半导体二极管按其结构形式可分为点接触型和面接触型两大类。

点接触型二极管的结构如图 10.8(a)所示。它的 PN 结面积很小,因而通过的电流小,但其高频性能好,多用于高频和小功率电路。面接触型二极管的结构如图 10.8(b)所示。它的 PN 结面积大,但其工作频率较低,一般用于整流电路。在电路中二极管用图 10.8(c)所示符号表示。一般二极管的外形见图 10.8(d)。

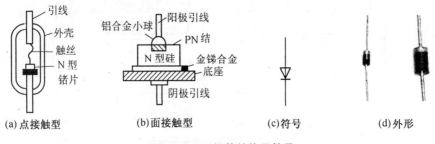

(a)点接触型　　　(b)面接触型　　　(c)符号　　　(d)外形

图 10.8　二极管结构及符号

10.2.2　伏安特性

半导体二极管本质上是一个 PN 结,因此,它具有单向导电性,这一单向导电性可用伏安特性表达出来。图 10.9 为二极管的伏安特性曲线,由图可见,当外加正向电压很低时,外电场还不能克服 PN 结内电场对多数载流子扩散运动的阻力,故正向电流很小,几乎为零。当正向电压超过一定数值时,内电场被大大削弱,电流增长很快。这一定数值的正向电压称为死区电压,其大小与材料和环境温度有关。硅管的死区电压约为 0.5 V,锗管约为 0.1 V。

由图 10.9 可以看出,在正向特性区,二极管一旦导通后,它两端的电压近似为一常数。对于硅管,此值约为 0.6 ~ 0.7 V;对于锗管,约为 0.2 ~ 0.3 V。此电压即为二极管正向工作时的管压降。在反向特性

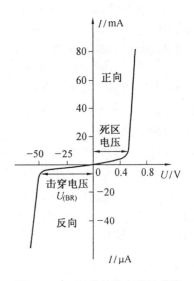

图 10.9　二极管的伏安特性曲线

区,由于少数载流子的漂移运动,形成很小的反向电流。此反向电流有两个特点,一是它随温度的升高增长很快;二是在反向电压不超过某一范围时,反向电流的大小基本不变,而与反向电压的大小无关,故通常称它为反向饱和电流。当反向电压增加到某一值时,反向电流将突然增大,二极管的单向导电性被破坏,这种现象称为击穿,这一电压称为二极管的反向击穿电压。二极管被击穿后便失效了。二极管发生击穿的原因是外加强电场把原子最外层

的价电子拉出来,使载流子数目增多。而处于强电场中的载流子又因获得强电场所供给的能量而加速,将其他电子撞击出来,形成连锁反应,反向电流愈来愈大,最后使得二极管反向击穿而损坏。

10.2.3　主要参数

为了正确使用二极管,除了掌握其伏安特性之外,还要掌握其相应的参数。下面只介绍二极管的几个常用的参数。

1. 最大整流电流 I_{FM}

最大整流电流 I_{FM} 是指二极管长时间正向导通时,允许流过的最大正向平均电流。在使用时不能超过此值,否则将因二极管过热而损坏。

2. 反向峰值电压 U_{RM}

反向峰值电压 U_{RM} 是指二极管反向截止时允许外加的最高反向工作电压,U_{RM} 的数值大约等于二极管的反向击穿电压 U_{BR} 的一半,以确保管子安全工作。

3. 反向峰值电流 I_{RM}

反向峰值电流 I_{RM} 是指在常温下二极管加反向峰值电压 U_{RM} 时,流经管子的电流。它说明了二极管质量的好坏,反向电流大说明它的单向导电性差,而且受温度影响大。硅管的反向电流较小,一般在几个微安以下。锗管较大,一般为硅管的几十到几百倍。

10.2.4　应用举例

由于半导体二极管具有单向导电性,因而得到了广泛的应用。在电路中,常用来作为整流、检波、钳位、隔离、保护、开关等元件使用。

【例 10.1】　二极管的钳位与隔离作用。

在图 10.10 所示电路中,A、B 为电压信号的输入端,F 为电压信号的输出端。设 $V_A = +3$ V,$V_B = 0$ V。电路中,两个二极管的阴极接在一起(共阴极接法,阴极电位相同),通过电阻 R 接负电源。由于两个二极管的阳极电位不同,因此哪个二极管阳极电位高,哪个就优先导通(因为其所受的正向电压最大)。由于 $V_A > V_B$,所以二极管 D_A 优先导通。如果二极管的正向压降忽略不计,则输出端 F 的电位 $V_F = V_A = +3$ V,致使 D_B 反偏而截止。在这里,D_A 起钳位作用,将输出端 F 点的电位钳制在 A 点的电位上;D_B 起隔离作用,将输出端 F 和输入端 B 隔离开(断路),没有电的联系。

【例 10.2】　二极管的保护作用。

图 10.11(a)为一继电器线圈电路。当开关 S 打开时,继电器的线圈断电,此时,电流 i_L 急剧下降,其变化率 $\dfrac{di_L}{dt}$ 很大,致使线圈两端产生很大的电动势 e_L。e_L 的极性为上"-"下"+"(e_L 力图阻止电流的减小),它和电源电压 U 相加后足以击穿开关 S 之间的空气隙,产生火花,会将开关烧坏。为了保护开关,可在线圈两端反向并联一个二极管,如图 10.11(b)所示。当开关 S 接通时,e_L 的极性为上"+"下"-",二极管 D 截止,不影响继电器的正常工作。当开关 S 断开时,由于 e_L 的极性为上"-"下"+",因此二极管 D 导通,线圈电流 i_L 经过二极管 D 继续流通(放电),这样,开关 S 在断开瞬间就不会有电流流过,也就不会产生火花了。在这里二极管 D 起到了续流保护的作用。

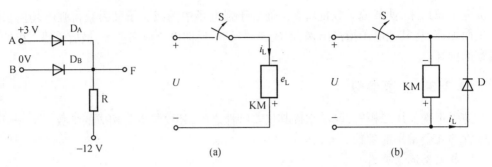

图 10.10 二极管的钳位与隔离作用

图 10.11 二极管的续流保护作用

【例 10.3】 二极管电路如图 10.12 所示。求 U_o（忽略二极管的正向压降）。

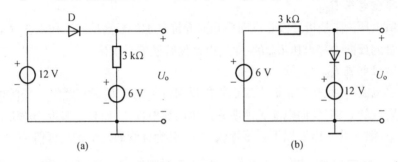

图 10.12 例题 10.3 的图

在图 10.12(a)中,二极管 D 的阳极电位为 12 V,显然,阳极电位高于阴极电位,所以二极管 D 正偏而导通,忽略二极管的正向压降,则输出电压 $U_o = 12$ V。

在图 10.12(b)中,二极管 D 的阴极电位为 12 V,显然,阳极电位低于阴极电位,所以二极管 D 反偏而截止。二极管 D 将输出端和 12 V 电源隔离开(断路),则输出电压 $U_o = 6$ V。

思 考 题

10.6 什么是二极管的死区电压?为什么会出现死区电压?硅管和锗管的死区电压的典型值约为多少?

10.7 怎样用万用表判断二极管的正负极以及管子的好坏?

10.8 用万用表测量二极管的正向电阻时,用 R×100 Ω 挡测出的电阻值小,用 R×1 kΩ 挡测出的电阻值大,这是为什么?

10.3 稳压二极管

10.3.1 基本结构

稳压管是一种特殊的面接触型半导体硅二极管,由于它在电路中与适当阻值的电阻配合后能起稳定电压的作用,故称稳压管。其电路符号如图 10.13 所示。

10.3.2　伏安特性

稳压管的伏安特性曲线形状与普通二极管类似,只是反向特性比普通二极管的反向特性更陡一些。从工作状态上看,与二极管不同的是,普通二极管正常工作时反向电压不允许达到击穿电压值,否则将被击穿而损坏;稳压管却恰恰是在反向击穿电压下工作(由于制造工艺的不同和引入了限流电阻,稳压管不会被损坏)。由图 10.13(a)特性曲线可以看出,稳压管工作在反向击穿状态时,它两端的电压基本保持不变,而电流可在很大范围内变化。所以,利用稳压管这一特性,使它在电路中起稳压作用。

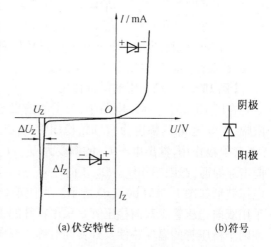

(a)伏安特性　　　　(b)符号

图 10.13　稳压管的伏安特性和电路符号

10.3.3　主要参数

(1)稳定电压 U_Z。稳压管在正常工作下管子两端的电压。

(2)稳定电流 I_Z。稳压管加稳定电压 U_Z 时所通过的正常工作电流。这个电流与电路中其他元件参数有关。

(3)最大整流电流 I_{Zmax}。稳压管正常工作时允许流过的最大电流。

10.3.4　应用举例

【例 10.4】　稳压管的稳压作用。

在实际应用中,电源电压 U 经常会出现波动,负载根据实际需要也经常变化。电源波动和负载变化都会使负载的端电压 U_L 不稳定。为使负载电压稳定,可在电源和负载之间接上由稳压管 D_Z 和限流电阻 R 组成的稳压电路,如图 10.14 所示。现分析以下两种情况的稳压原理。

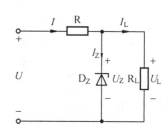

图 10.14　稳压管稳压电路

1. 设电源电压波动(负载不变)

若 U 增加,负载电压 U_L(稳压管电压 U_Z)随着增加。从图 10.13(a)所示稳压管的伏安特性曲线上可以看出,U_Z 的增加会引起 I_Z 的显著增加,而使电流 I 增大,电阻 R 上的电压 U_R 随着增大,U_L 回落,从而使 U_L 保持基本不变。其稳压过程可表示为

$$U\uparrow \longrightarrow U_L\uparrow \longrightarrow U_Z\uparrow \longrightarrow I_Z\uparrow\uparrow$$
$$U_L\downarrow \longleftarrow U_R\uparrow \longleftarrow I\uparrow$$

2. 设负载变化(电源电压不变)

若 R_L 减小(用电负载增多),I_L 增大,I 也增大,电阻 R 上电压 U_R 随着增大,U_L 和 U_Z 则减小。U_Z 的减小会引起 I_Z 的显著减小(I_Z 减小的数量大于 I_L 增加的数量),而使 I 减小,U_R 也减小,U_L 回升,从而使 U_L 保持基本不变。其稳压过程为

$$R_L \uparrow \longrightarrow I_L \uparrow \longrightarrow I \uparrow \longrightarrow U_R \uparrow \longrightarrow U_L \uparrow$$
$$U_L \downarrow \longleftarrow U_R \longleftarrow I \downarrow \longleftarrow I_Z \downarrow \downarrow \longleftarrow U_Z \downarrow$$

由此可见,稳压管稳压电路是通过稳压管电流 I_Z 的调节作用和限流电阻 R 上电压降 U_R 的补偿作用而使输出电压稳定的。

【例 10.5】 稳压管的限幅作用。

在图 10.15(a)所示电路中,为了使输出电压的幅度满足实际要求,可利用稳压管进行限幅,当电压 u_i 的幅度为 $+U$ 时,稳压管 D_{Z1} 正向导通,U_{Z1} 小于 1V。稳压管 D_{Z2} 反向击穿导通,起限幅作用,输出电压 U_o 的幅度为 $U_{Z1}+U_{Z2} \approx U_{Z2}$;当输入电压 u_i 的幅度为 $-U$ 时,D_{Z1} 反向击穿导通,起限幅作用。D_{Z2} 正向导通,输出电压 U_o 的幅度为 $U_{Z1}+U_{Z2} \approx U_{Z1}$,其输入、输出电压波形如图 10.15(b)、(c)所示。为使输出波形对称,一般双向限幅电路中的稳压管都采用双向稳压管。双向稳压管是采用特殊的工艺将两个稳压管制作在一块半导体晶片上,使两个稳压管的温度特性及外特性对称。双向稳压管的电路符号如图 10.15(d)所示。

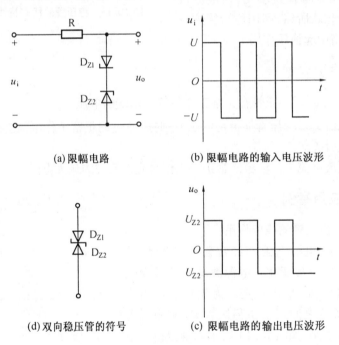

(a)限幅电路　　　　　(b)限幅电路的输入电压波形

(d)双向稳压管的符号　　(c)限幅电路的输出电压波形

图 10.15　稳压管限幅电路

思 考 题

10.9　稳压管和普通二极管在工作性能上有什么不同?稳压管正常工作时应工作在伏安特性曲线上的哪一段?

10.10　图 10.16 各电路中稳压管($U_Z=8$ V)是否起稳压作用?为什么?

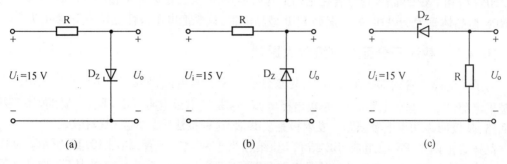

图 10.16 思考题 10.10 的电路

10.4 半导体三极管

10.4.1 基本结构

半导体三极管简称为晶体管,它由两个 PN 结组成,按其工作方式可分为 NPN 型和 PNP 型两大类,其外形、结构和电路符号如图 10.17 所示。

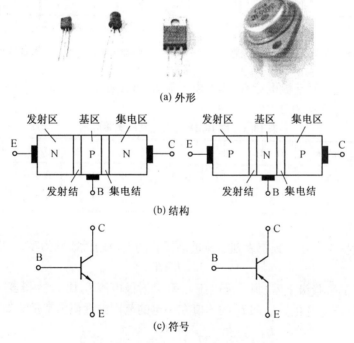

图 10.17 晶体管外形、结构和电路符号

由图 10.17(b)可知,两类晶体管都分成基区、发射区、集电区三个区。每个区分别引出的电极称为基极(B)、发射极(E)和集电极(C)。基区和发射区之间的 PN 结称为发射结;基区和集电区之间的 PN 结称为集电结。不论是 NPN 型或 PNP 型,都具有两个共同的特点:

第一,基区的厚度很薄,掺杂浓度很低;第二,发射区的掺杂浓度很高。

NPN 型和 PNP 型晶体管尽管在结构上有所不同,但其工作原理是相同的。在本书中均以 NPN 型晶体管为例讲述,如果遇到 PNP 型晶体管,只要把电源极性更换一下就可以了。

10.4.2　载流子分配及电流放大原理

为了了解晶体管内部的工作原理,先来分析一个实验电路,如图 10.18 所示。图中 E_B 是基极电源,R_B 是基极电阻。E_C 是集电极电源,R_C 是集电极电阻。$E_C > E_B$。晶体管接成两个回路:基极回路和集电极回路。发射极是公共端,这种接法称为共发射极接法。

晶体管由两个 PN 结组成,BE 结和 BC 结相当于两个二极管,如图 10.19 所示。从图 10.19 可以看出:$V_B > V_E$,发射结加的是正向电压(正偏);$V_C > V_B$,集电结加的是反向电压(反偏)。

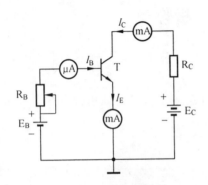

图 10.18　晶体管电流放大电路

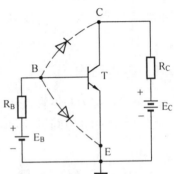

图 10.19　用两个二极管表示晶体管

当改变电阻 R_B 时,基极电流 I_B、集电极电流 I_C 和发射极电流 I_E 的大小都发生变化,各电流的测量结果列于表 10.1 中。

表 10.1　图 10.18 实验电路的测量数据

I_B/mA	−0.001	0	0.02	0.04	0.06	0.08	0.10
I_C/mA	0.001	0.01	0.70	1.50	2.30	3.10	3.95
I_E/mA	0	0.01	0.72	1.54	2.36	3.18	4.05

实验分析:

(1)实验数据中的每一列都表现出流进晶体管的电流的代数和为零,可以写为

$$I_E = I_C + I_B$$

(2)从电流的数量级上看,集电极电流 I_C 和发射极电流 I_E 比 I_B 大得多,而且 I_B 发生变化,则 I_C 和 I_E 均产生变化。I_C 和 I_B 的比值在一定的范围内近似为常量。如

$$\frac{I_{C4}}{I_{B4}} = \frac{1.50}{0.04} = 37.5 \qquad \frac{I_{C5}}{I_{B5}} = \frac{2.3}{0.06} = 38.3$$

$$\frac{I_{C6}}{I_{B6}} = \frac{3.10}{0.08} = 38.7$$

如果基极电流有一个微小的增量 ΔI_B,例如,I_B 从 0.04 mA 增加到 0.06 mA,增量 ΔI_B = 0.02 mA。那么集电极电流就有很大的增量,即 I_C 从 1.5 mA 增加到 2.3 mA,增量 ΔI_C = 0.8 mA。二者比值为

$$\frac{\Delta I_C}{\Delta I_B} = \frac{0.8}{0.02} = 40$$

由上述数据分析可以看出,晶体管具有显著的电流放大作用。

上述结论是在发射结正偏、集电结反偏情况下得出的。

下面以晶体管载流子的运动规律来研究晶体管的电流分配及放大原理。载流子在晶体管内部的运动可分为三个区域来分析。

把图 10.18 电路改画为图 10.20。在电路中发射结正偏,集电结反偏。

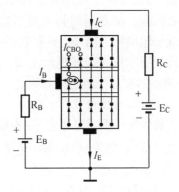

图 10.20　晶体管中的电流

① 发射区向基区扩散电子。因为发射结正偏,发射区的多数载流子(电子)将向基区扩散形成电流 I_E。与此同时,基区的空穴向发射区扩散,这一部分形成的电流很小(基区中空穴浓度低),可忽略不计。此时大量电子将越过发射结进入基区。

② 电子在基区的扩散与复合。由发射区进入到基区的电子,起初都聚集在发射结边缘,而靠近集电结的电子很少。这样在基区中形成了浓度上的差别,因此自由电子要向集电结边缘扩散。

在扩散过程中,由于基区载流子浓度远远小于发射区载流子浓度,而且基区很薄,所以大部分自由电子能扩散到集电结边缘。只有一小部分自由电子和空穴相遇而复合掉。

由于基区接在外电源 E_B 的正极,因此电源不断从基区拉走受激发的价电子,这相当于不断补充基区中被复合掉的空穴,形成基极电流 I_B。

③集电区收集从发射区扩散过来的电子。由于集电结反偏,内电场增强,集电区的多数载流子——自由电子不能扩散到基区去。但集电结的内电场能把从发射区扩散到集电结边缘的自由电子拉到集电区。在集电区的自由电子不断地被电源 E_C 拉走,这部分电子流形成集电极电流 I_C。

集电区的少数载流子——空穴在内电场作用下漂移到基区,形成由少数载流子构成的反向饱和电流 I_{CBO}[①],这部分电流很小,但受温度影响很大。综上所述,从发射区扩散到基区的电子,大部分到达集电区形成电流 I_C,只有很小一部分在基区和相遇的空穴复合,形成 I_B,I_B 比 I_C 要小得多。它们的比值用 $\bar{\beta}$ 表示,$\bar{\beta} = \dfrac{I_C}{I_B}$,称为晶体管的直流电流放大系数。

从电流分配的角度看,发射极电流被分成基极电流 I_B 和集电极电流 I_C 两部分,它们的关系是,$I_E = I_B + I_C$。

从电流放大作用的角度看,可以认为晶体管能把数值为 I_B 的基极电流放大 $\bar{\beta}$ 倍并转换为集电极电流 I_C,即 $I_C = \bar{\beta} I_B$。

实际上,晶体管的所谓"电流放大作用"并不是将小电流 I_B 放大成大电流 I_C,而是以小电流 I_B 的微小电流变化,去控制比它大几十倍的大电流 I_C 的变化,其间所需要的能量由直

---

① 见本节主要参数(2)项。

流电源 E_C 提供(能量不能放大,只能转换)。因此,晶体管的电流放大作用实际上是一种控制作用。由于 $I_C / I_B = \overline{\beta}$,因而,$I_C$ 的数值将随着 I_B 按 $\overline{\beta}$ 倍的关系改变,即 I_C 受 I_B 的控制。

10.4.3　特性曲线

晶体管的特性曲线是内部载流子运动规律的外部表现,它反映了晶体管的性能,是分析放大电路的重要依据。最常用的是共发射极接法时的输入特性曲线和输出特性曲线。这些特性曲线,可用晶体管特性曲线图示仪直观地显示出来,也可以通过如图 10.21 所示的实验电路进行测绘。

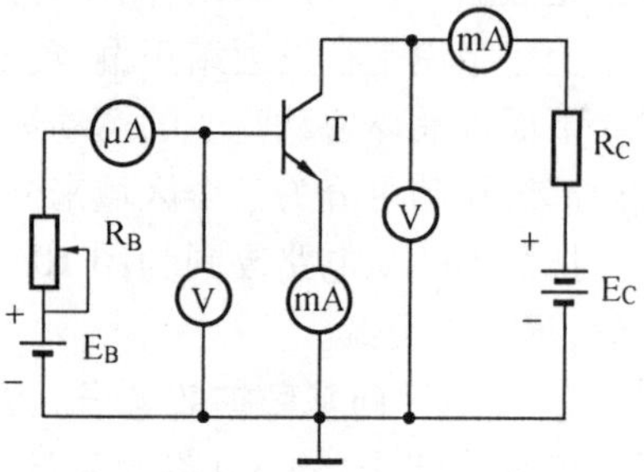

图 10.21　测量晶体管特性的实验电路

1. 输入特性曲线

输入特性曲线是指当集-射极电压 U_{CE} 为常数时,输入回路(基极回路)中基极电流 I_B 与基-射极电压 U_{BE} 之间的关系曲线 $I_B = f(U_{BE})$。如图 10.22 所示。

对硅管而言,当 $U_{CE} \geq 1V$ 时,集电结反向偏置,使内电场足够强,可以把从发射区扩散到基区的电子中的绝大部分拉入集电区。如果此时再增大 U_{CE},只要 U_{BE} 不变,即发射结的内电场不改变,那么,从发射区发射到基区的电子数就一定,因而 I_B 也就基本上不变,故 $U_{CE} \geq 1$ V 后的输入特性基本上是重合的。所以,通常只画出 $U_{CE} \geq 1$ V 的一条输入特性曲线。

由图 10.22 可见,晶体管的输入特性和二极管的伏安特性一样。当 $U_{BE} < 0.5$ V 时(锗管为 0.1V),$I_B \approx 0$,此时晶体管处于截止状态,对 $U_{BE} < 0.5$ V 区域同样称为死区。当 $U_{BE} > 0.5$ V 后,I_B 增长很快。在正常工作情况下,NPN 型硅管的发射结电压 $U_{BE} = 0.6 \sim 0.7$ V (PNP 型锗管的 $U_{BE} = -0.2 \sim -0.3$ V)。

2. 输出特性曲线

晶体管的输出特性曲线是指当基极电流 I_B 为常数时,输出电路(集电极回路)中集电极电流 I_C 与集-射极电压 U_{CE} 之间的关系曲线即 $I_C = f(U_{CE})$。在不同的 I_B 下,可得出不同的曲线,所以晶体管的输出特性曲线是一组曲线,如图 10.23 所示。

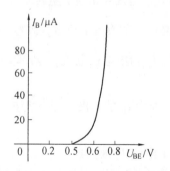

图 10.22　3DG6 晶体管的输入特性曲线

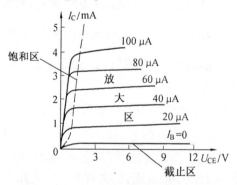

图 10.23　3DG6 晶体管的输出特性曲线

当 I_B 一定时,从发射区扩散到基区的电子数大致是一定的。在 $U_{CE} = 0 \sim 1$ V 这一段,随

着 U_{CE} 的增大(集电结反偏,内电场增强,收集电子能力加强), I_C 线性增加。在 U_{CE} 超过大约 1 V 以后,内电场已足够强,这些电子的绝大部分都被拉入集电区而形成 I_C,以致当 U_{CE} 继续增高时, I_C 也不再有明显的增加,具有恒流特性。

当 I_B 增大时,相应的 I_C 也增大,曲线上移,而且 I_C 比 I_B 增加得多的多,这就是晶体管的电流放大作用的表现。

通常把晶体管的输出特性曲线分为三个工作区:

(1)曲线的中间部分称为放大区。在这个区域内, I_C 与 I_B 基本上成正比关系,即 $I_C = \bar{\beta}I_B$,因此放大区又称为线性区。此时晶体管的发射结处于正向偏置,集电结处于反向偏置。

(2) $I_B = 0$ 的那条曲线以下的狭窄区域称为截止区。在这个区域内,由于 $I_B \approx 0$, $I_C \approx 0$,晶体管的 C、E 极之间相当于一个断开的开关。此时晶体管的发射结反偏,集电结反偏。

(3)左部画虚线的区域称为饱和区。在这个区域内, I_B 增加, I_C 增加不多, I_C 与 I_B 线性关系被破坏, $I_C \neq \bar{\beta}I_B$,晶体管失去电流放大作用。饱和时,电压 $U_{CE} = 0.2 \sim 0.3$ V(锗管为 $0.1 \sim 0.2$ V),晶体管的 C、E 极之间相当于一个闭合的开关。此时晶体管的发射结正偏,集电结正偏。

10.4.4　主要参数

晶体管的参数是用来表征其性能和适用范围的,是选用、设计电路的依据。晶体管的参数很多,这里只介绍几个主要参数。

1. 共射极电流放大系数 $\bar{\beta}$、β

当晶体管接成共射极电路、工作在放大状态时,在静态(无输入信号)时集电极电流 I_C 与基极电流 I_B 的比值称为共发射极静态(又称直流)电流放大系数,用 $\bar{\beta}$ 表示。即

$$\bar{\beta} = \frac{I_C}{I_B} \tag{10.1}$$

当晶体管工作在动态(有输入信号)时,基极电流的变化量为 ΔI_B,由它引起的集电极电流变化量为 ΔI_C, ΔI_C 和 ΔI_B 的比值称为动态(又称交流)电流放大系数,用 β 表示。即

$$\beta = \frac{\Delta I_C}{\Delta I_B} \tag{10.2}$$

由以上两式可知,两个电流放大系数的含义不同,但在输出特性曲线近于平行等距的情况下,两者数值较为接近,因而通常在估算时,即认为 $\beta \approx \bar{\beta}$。

由于制造工艺的分散性,同一种型号的晶体管, β 值也有差别。常用晶体管的 β 值在 $20 \sim 200$ 之间。

2. 集–基极反向饱和电流 I_{CBO}

I_{CBO} 是当发射极开路($I_E = 0$)时的集电极电流。 I_{CBO} 是由少数载流子漂移运动(主要是集电区的少数载流子向基区运动)产生的。它受温度影响很大。在室温下,小功率锗管的 I_{CBO} 约为几微安到几十微安,小功率硅管在 1 μA 以下。温度每升高 10℃,晶体管的 I_{CBO} 大约增加 1 倍。在实际应用中此数值愈小愈好。硅管的温度稳定性比锗管要好,在环境温度较高的情况下应尽量采用硅管。

3. 集–射极穿透电流 I_{CEO}

I_{CEO} 是基极开路($I_B=0$)时的集电极电流。因为它是从集电极穿透晶体管而到达发射极的,所以又称穿透电流。

由于集电结反向偏置,集电区的空穴漂移到基区形成电流 I_{CBO}。而发射结正向偏置(在 E_C 作用下),发射区的少量电子扩散到基区,其中一小部分与形成 I_{CBO} 的空穴相复合,而大部分被集电结拉到集电区,如图 10.24 所示。由于基极开路,即 $I_B=0$,所以参与复合的电子流也应等于 I_{CBO}。根据晶体管内部电流分配原则,从发射区扩散到达集电区的电子数,应为在基区与空穴复合的电子数的 $\bar{\beta}$ 倍,即此时集电极电流 $I_{CEO}=I_{CBO}+\bar{\beta}I_{CBO}=(1+\bar{\beta})I_{CBO}$。当 $I_B\neq0$ 时,即基极不开路时集电极电流应为

$$I_C=\bar{\beta}I_B+I_{CEO} \tag{10.3}$$

由以上分析可知,温度升高时,I_{CBO} 增大,I_{CEO} 随着增加,于是集电极电流 I_C 亦增加。所以,选用晶体管时一般希望 I_{CEO} 小一些。因为 $I_{CEO}=(1+\bar{\beta})I_{CBO}$,所以应选用 I_{CBO} 小的晶体管,而且 $\bar{\beta}$ 值不能太大,一般 $\bar{\beta}$ 值以不超过 200 为好。

4. 集电极最大允许电流 I_{CM}

集电极电流 I_C 超过一定值时,晶体管 $\bar{\beta}$ 值要下降。当 $\bar{\beta}$ 值下降到正常值 2/3 时的集电极电流,称为集电极最大允许电流 I_{CM}。因此在使用晶体管时,若 $I_C>I_{CM}$,晶体管不一定损坏,但 $\bar{\beta}$ 值要大大下降。

5. 集–射极击穿电压 BU_{CEO}

基极开路时,加在集电极和发射极之间的最大允许电压称为集–射极击穿电压 BU_{CEO},当晶体管的集–射极电压 $U_{CE}>BU_{CEO}$ 时,I_C 将突然增大,晶体管被击穿。当温度升高时,BU_{CEO} 要下降,使用时应特别注意。

6. 集电极最大允许耗散功率 P_{CM}

由于集电极电流通过集电结时将产生热量,使结温升高,从而会引起晶体管参数变化。当晶体管因受热而引起的参数变化不超过允许值时,集电极所消耗的最大功率,称为集电极最大允许耗散功率 P_{CM}。

P_{CM} 主要受晶体管的温升限制,一般来说锗管允许结温为 70~90℃,硅管约为 150℃。

一个晶体管的 P_{CM} 值已确定,由 $P_{CM}=U_{CE}I_C$ 可知,U_{CE} 和 I_C 在输出特性曲线上的关系为一双曲线,这条曲线称为 P_{CM} 曲线,图 10.25 所示为 3DG6 的 P_{CM} 曲线。曲线左方 $U_{CE}I_C<P_{CM}$,是晶体管安全工作区;右方则为过损耗区,是晶体管不允许工作区。

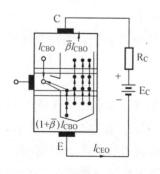

图 10.24　集–射极穿透电流

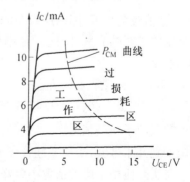

图 10.25　3DG6 的 P_{CM} 曲线

以上所介绍的几个参数中 β、I_{CBO} 和 I_{CEO} 是表明晶体管优劣的主要指标。I_{CM}、BU_{CEO} 和 P_{CM} 是晶体管的极限参数,表明晶体管的使用限制。

10.4.5　应用举例

晶体管是半导体器件中最重要的器件,可用作放大电路中的放大元件、数字电路中的开关元件等,应用十分广泛。

【例 10.6】　在晶体管放大电路中,已知 $E_C = 12$ V。当 U_{CE} 为如下数值时:

(1)$U_{CE} > U_{BE}$;(2)$U_{CE} < U_{BE}$;(3)$U_{CE} = 12$ V。

试判断晶体管的工作状态,设晶体管为 NPN 型。

解　根据晶体管的放大、饱和与截止条件可知:

(1)当 $U_{CE} > U_{BE}$ 时,晶体管的发射结正偏,集电结反偏,所以晶体管工作在放大状态。

(2)当 $U_{CE} < U_{BE}$ 时,晶体管的发射结正偏,集电结也正偏,所以晶体管工作在饱和状态。

(3)当 $U_{CE} = 12$ V 时,说明晶体管中的电流 I_B、I_C 为零,晶体管的发射结反偏,集电结反偏,所以晶体管工作在截止状态。

思 考 题

10.11　要使晶体管工作在放大状态,发射结为什么要正偏? 集电结为什么要反偏?

10.5　场效应晶体管

场效应晶体管(又称 MOS 管)也是一种半导体晶体管,它的功能和前面介绍的普通晶体管相同,可用作放大元件或开关元件,其外形也与普通晶体管相似。但其工作原理却与普通晶体管不同,在普通晶体管中,电子和空穴两种极性的载流子是同时参与导电的,而在场效应管中,仅靠多数载流子(一种极性的载流子)参与导电。而且两者的控制特性有很大区别。普通晶体管是电流控制型器件,通过控制基极电流从而控制集电极电流或发射极电流,即信号源必须提供一定的输入电流它才能工作。所以,它的输入电阻较低,约 $10^2 \sim 10^4$ Ω。场效应管则是电压控制型器件,它利用输入回路的电场效应(输入电压)来控制输出回路的电流,因而得名场效应管。由于场效应管的输出电流受控于输入电压,基本上不需要输入电流,因此,其输入电阻很高,可达 $10^9 \sim 10^{14}$ Ω,这是它的突出特点。此外,场效应管还具有制造工艺简单、便于集成和受温度辐射的影响小等优点,因此,得到广泛应用。

场效应管从结构上可分为绝缘栅和结型两大类,每一大类按其导电沟道可分为 N 沟道和 P 沟道两类。绝缘栅型场效应管又有增强型和耗尽型之分。在本书中只以 N 沟道为例,简单介绍应用比较普遍的绝缘栅场效应管。

10.5.1　N 沟道增强型 MOS 管

(1)基本结构。图 10.26 是 N 沟道增强型绝缘栅场效应管的结构示意图和表示符号。在图 10.26(a)中,场效应管以掺杂浓度较低、电阻率较高的 P 型硅片作为衬底,利用扩散方法形成两个相距很近的高掺杂浓度 N^+ 型区,并在硅片表面生成一层薄薄的二氧化硅绝缘层,在二氧化硅表面和 N^+ 型区表面安置三个铝电极,分别称为栅极(G)、源极(S)和漏极

(D),它们分别相当于普通晶体管的基极 B、发射极 E 和集电极 C。在衬底上也引出一个电极 B,通常在管子内部将衬底与源极相连接。从图上可以看到栅极与其他电极和硅片之间是绝缘的,故称为绝缘栅场效应管。又因绝缘栅场效应管是由金属、氧化物和半导体组成,故又称金属–氧化物–半导体场效应管,简称 MOS 管。由于栅极是绝缘的,栅极电流几乎为零,故栅、源极间输入电阻非常高,可高达 10^{14} Ω。

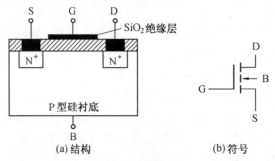

图 10.26　N 沟道增强型绝缘栅场效应管的结构和符号

(2)工作原理。主要是讨论输入信号电压怎样对输出电流进行控制,即讨论栅源电压 u_{GS} 对漏极电流 i_D 的控制作用。

MOS 管工作时要在漏极与源极之间加上漏源电压 u_{DS},在栅极与源极之间加上栅源电压 u_{GS}。由于两个 N^+ 型漏、源区之间隔着 P 型衬底,漏、源极之间是两个背对背的 PN 结,当 $u_{GS}=0$ 时,对 u_{DS} 来说总有一个 PN 结是反向偏置的,所以漏、源两区之间不存在导电的沟道,故漏极电流 $i_D=0$。当 $u_{GS}>0$ 时,就在栅极 P 型硅片之间的二氧化硅介质中产生一个垂直的电场,由于二氧化硅层很薄,虽 u_{GS} 不大,但电场很强。在强电场的作用下,栅极附近硅片中的空穴被排斥,而硅片和 N^+ 型区中的电子被吸引,形成一个电子薄层(N 型薄

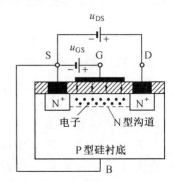

图 10.27　N 沟道增强型绝缘栅场效应管导电沟道的形成

层,称为反型层),这个薄层成为漏极与源极之间的导电沟道,被称为 N 型沟道,如图 10.27 所示。在漏源电压 u_{DS} 作用下,由于 N 型沟道的导通作用,将形成漏极电流 i_D。这种场效应管称为 N 沟道增强型 MOS 管(简称增强型 N MOS 管)。

u_{GS} 越大,N 型沟道越厚,沟道电阻越小,i_D 越大。由此可利用 u_{GS} 对 i_D 进行控制,而栅极上几乎不取电流,这就是场效应管的栅极电压控制作用。

(3)特性曲线。场效应管的特性曲线有转移特性和输出特性两组,图 10.28(a)、(b)所示是 N 沟道增强型 MOS 管的特性曲线。

图 10.28(a)是 MOS 管的转移特性。转移特性表征了在一定的 u_{DS} 下,i_D 与 u_{GS} 之间的关系,即

$$i_D = f(u_{GS})|_{U_{DS}=常数} \tag{10.4}$$

它是栅源电压 u_{GS} 对漏极电流 i_D 的控制作用的体现。在一定的漏源电压 u_{DS} 下,使管子从不导通到导通的临界 u_{GS} 值称为开启电压,用 $U_{GS(th)}$ 表示。当 $0<u_{GS}<U_{GS(th)}$ 时,漏、源极间导电沟道尚未形成,漏极电流 $i_D \approx 0$。只有当 $u_{GS}>U_{GS(th)}$ 时,漏极电流 i_D 才随着栅源电压 u_{GS} 的上

升而增大。

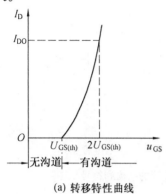

(a) 转移特性曲线

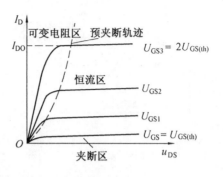

(b) 输出特性曲线

图 10.28　N 沟道增强型绝缘栅场效应管的特性曲线

图 10.28(b) 是 MOS 管的输出特性。输出特性又称漏极特性,表征了在一定的 u_{GS} 下,输出电流 i_D 与输出电压 u_{DS} 的关系,即

$$i_D = f(u_{DS})\,|_{U_{GS}=常数} \tag{10.5}$$

在图 10.28(b) 中,对应于一个 u_{GS},就有一条曲线,因此输出特性为一族曲线。它类似于普通晶体管的输出特性。根据不同的工作条件,它可分为可变电阻区、恒流区和夹断区三个区域,三个区域的作用对应于普通晶体管的饱和区、放大区和截止区。在恒流区,i_D 主要受 u_{GS} 的控制,当场效应管用作放大时,就工作在这个区域,因此这个区域也称为线性放大区。

10.5.2　N 沟道耗尽型 MOS 管

前面讲的增强型 MOS 管是在制造时并没有生成原始导电沟道,只有在外加栅源电压 u_{GS} 的作用下才产生导电沟道的。而如果在制造时,漏、源极之间就预先生成一条原始导电沟道,这类管就称为耗尽型 MOS 管。

图 10.29 是耗尽型 N MOS 管结构示意图和表示符号。这类管在制造时就在二氧化硅绝缘层中掺入了大量的正离子,在这些正离子产生的电场作用下,即使栅源电压 $u_{GS}=0$,P 型衬底表面已能感应出电子薄层(反型层),形成了漏、源极之间的导电沟道(N 沟道),只要在漏、源极之间加正向电压 u_{DS},就会产生漏极电流 i_D,如图 10.29(a) 所示。此时,如果在栅、源极之间加正向电压,即 $u_{GS}>0$,则将在沟道中感应出更多的电子,使沟道加宽,漏极电流 i_D 会增大。反之,在栅、源极之间加反向电压,即 $u_{GS}<0$,则会在沟道中感应出正电荷与电子复合,使沟道变窄,漏极电流 i_D 会减少。当 u_{GS} 负到一定值时,导电沟道被夹断,$i_D=0$。此时的 u_{GS} 称为夹断电压 $U_{GS(off)}$。

图 10.30(a)、(b) 是耗尽型 N MOS 管的转移特性曲线和输出特性曲线。耗尽型 N MOS 管对栅源电压 u_{GS} 的要求比较灵活,无论 u_{GS} 是正是负或是零都能控制漏极电流 i_D。

MOS 管无论是增强型还是耗尽型,除 N 沟道类外,还有 P 沟道类,简称 P MOS 管。与 N MOS 管比较,P MOS 管的衬底是 N 型半导体,源区和漏区则是 P 型的,形成的导电沟道是 P 型的。P MOS 管的工作原理与 N MOS 管相似,使用时要注意 u_{GS} 和 u_{DS} 的极性与 N MOS 管相反,增强型 P MOS 管的开启电压 $U_{GS(th)}$ 为负,当 $u_{GS}<U_{GS(th)}$ 时管子才导通,漏、源之间应加负电源电压;耗尽型 P MOS 管的夹断电压 $U_{GS(off)}$ 为正,u_{GS} 可在正、负值的一定范围内实现对

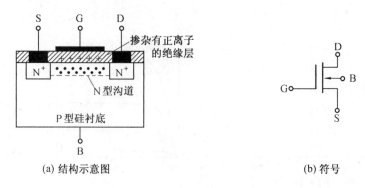

(a) 结构示意图　　　　　　　　　　　　(b) 符号

图 10.29　N 沟道耗尽型绝缘栅场效应管的结构和符号

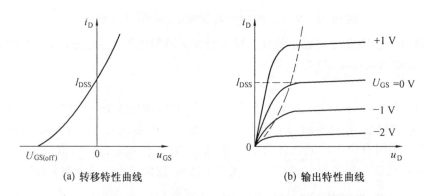

(a) 转移特性曲线　　　　　　　　　　(b) 输出特性曲线

图 10.30　N 沟道耗尽型绝缘栅场效应管的特性曲线

i_D 的控制,漏、源之间也应加负电源电压。图 10.31 是 P MOS 管增强型和耗尽型的表示符号。

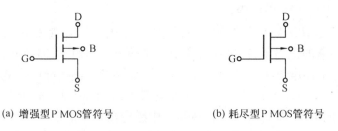

(a) 增强型 P MOS 管符号　　　　　　　(b) 耗尽型 P MOS 管符号

图 10.31　P 沟道绝缘栅场效应管的符号

　　表示场效应管放大能力的参数是跨导,用符号 g_m 表示。定义为:当 u_{DS} 为某固定值时,i_D 的微小变化量与引起它变化的 u_{GS} 的微小变化量的比值,即

$$g_m = \frac{\Delta i_D}{\Delta u_{GS}}\bigg|_{u_{DS}=常数} \tag{10.6}$$

g_m 表征栅源电压 u_{GS} 对漏极电流 i_D 的控制能力,它就是转移特性曲线某点切线的斜率。若 i_D 的单位是毫安(mA),u_{GS} 的单位是伏(V),则 g_m 的单位是毫西门子(mS)。

10.5.3　应用举例

　　与晶体管的应用类似,场效应管也在实际当中广泛应用,可作为放大元件、开关元件和可变电阻等。

【**例 10.7**】 根据图 10.32 给出的各绝缘栅场效应管的电位极性,判断它是否有可能工作在恒流区。

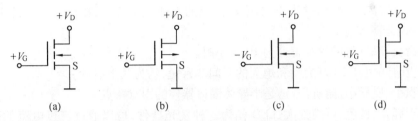

图 10.32 场效应管电位极性图

图 10.32(a)中的 MOS 管为 N 沟道增强型 MOS 管,$u_{GS}>0$,$u_{DS}>0$。u_{GS} 的正向电压可能大于开启电压 $U_{GS(th)}$,且 $u_{DS}>0$,所以该 MOS 管有可能工作在恒流区。

图 10.32(b)中的 MOS 管为 P 沟道增强型 MOS 管,$u_{GS}>0$,$u_{DS}>0$。栅极与源极之间外加反向电压,所以该 MOS 管不可能工作在恒流区。

图 10.32(c)中的 MOS 管为 N 沟道耗尽型 MOS 管,$u_{GS}<0$,$u_{DS}>0$。u_{GS} 的负电压可能大于夹断电压 $U_{GS(off)}$,且 $u_{DS}>0$,所以该 MOS 管有可能工作在恒流区。

图 10.32(d)中的 MOS 为 P 沟道耗尽型 MOS,$u_{GS}>0$,$u_{DS}>0$。u_{GS} 的反向电压可能小于夹断电压 $U_{GS(off)}$,但 $u_{DS}>0$,所以该 MOS 管不可能工作在恒流区。

思 考 题

10.12 增强型 MOS 管和耗尽型 MOS 管的主要区别在哪里?

10.6 发光二极管和光电耦合器

10.6.1 发光二极管(LED)

1. 基本结构

发光二极管是一种半导体固体发光器件,其核心部件为 PN 结,常用的半导体材料是 Ⅲ-Ⅴ 族化合物,如 GaAs(砷化镓)、GaP(磷化镓)、GaAsP(磷砷化镓)等。其外形和电路符号如图 10.33 所示。

2. 工作原理

当发光二极管外加正向电压时,发光二极管正向导通,从 N 区扩散到 P 区的电子和由 P 区扩散到 N 区的空穴,在 PN 结附近数微米区域内复合,释放出能量,从而发出一定波长的光。而光的波长也就是光的颜色,是由形成 P-N 结的材料决定的。

在规定的额定工作电流条件下,红黄光类 LED 的工作电压大约为 2 V,蓝绿光类 LED 的工作电压大约为 3 V 左右。

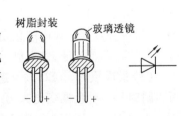

图 10.33 发光二极管的外形和符号

3. LED 的优点

LED 是一种极有竞争力的新型节能光源,在指示、照明领域具有极大的发展潜力,有逐渐取代传统照明光源的趋势。LED 与传统光源相比,具有如下优点:

(1)发光效率高,耗电低:相同电功率转化成的光的效率较高,接近白炽灯的 10 倍,因此 LED 比传统光源节能。

(2)寿命长:LED 灯的理论寿命为 10 万小时。

(3)响应时间短:LED 灯启动和熄灭的时间非常短,约为几十纳秒。

(4)体积小,质量小,耐抗击:这是半导体固体器件的固有特点。

(5)易于调光、调色、可控性大:LED 作为一种发光器件,可以通过流过电流的变化,控制亮度,也可通过不同波长 LED 的配置实现色彩的变化与调节。

(6)绿色环保:LED 的制作不存在诸如水银、铅等环境污染物,不会污染环境。有"绿色光源"之称。

4. 典型应用

由于发光二极管具有节能、环保等特点,在生活中应用非常广泛。

(1)指示应用:LED 于 20 世纪 60 年代问世到 80 年代之前,只有红、黄、绿几种颜色,发光效率很低,亮度比较低,而且价格高,人们只是将其用作电子产品的指示灯。虽然目前 LED 已发展到全彩应用和普通照明阶段,但 LED 的指示应用不但没有消失,而且被更加广泛用作工作指示灯和各种数字仪表、测量仪器、微型计算机及其他电子设备的数字显示。

【例 10.8】 电源指示灯

图 10.34 是用发光二极管作为直流电源正常工作的指示灯电路,其中,R 是限流电阻,避免因电流过大烧坏发光二极管。当开关 S 接通时,发光二极管点亮,表示直流电源正常供电;若发光二极管不亮,表示供电线路或直流电源内部出现故障。

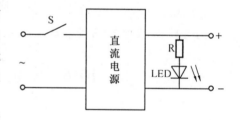

图 10.34   直流电源指示灯电路

(2)显示屏应用。LED 显示屏是以单个发光器件为单元拼装成的大面积显示屏,配合大规模集成电路和计算机技术,可清晰地显示动态视频图像,是一种重要的现代信息发布手段。在机场、码头和车站等客流量大的地方,此类信息媒体应用得非常广泛,昼夜显示活动的图像,更能吸引观众,效果远胜于霓虹灯广告牌。

(3)景观照明。LED 发光遍及整个可见光谱,发光颜色纯度高、色彩鲜艳、响应速度快,可以瞬时从一种色调变化为另一种色调,因此 LED 光源是目前城市景观照明中的首选光源。水立方——国家游泳中心的艺术灯光景观是所有奥运场馆中最重大的景观灯光工程,是全球标志性的景观灯光项目,该项目使用了 50 万颗大功率 LED,构成世界上最大的 LED 艺术灯光工程。

(4)LED 显示背光源。由于液晶显示技术的发展,越来越多的电子产品如手机、电视、笔记本电脑都采用了基于液晶显示的显示器。LED 背光源具有环保、寿命长、体积小、色彩丰富等特点,逐渐取代冷阴极荧光灯,成为液晶显示器中应用广泛的背光源。

(5)汽车用灯。LED 在现代汽车上的应用非常广泛。与汽车其他光源比较,LED 具有寿命长、节能、设计灵活性大等特点,尤其是 LED 的响应时间快的特点,采用 LED 制作汽车的高位刹车灯在高速状态下,大大提高了汽车的安全性。

(6)普通照明。LED 是继白炽灯、荧光灯、高强度气体放电灯之后的新一代绿色光源,相比传统光源尺寸较大、光色固定、光束分散等缺陷,LED 具有高光效低能耗,寿命长、体积小、质量小、响应时间短、低电压工作等特点,更适合于照明应用。尤其近几年白光 LED 的光效得到大幅度提升,LED 已在国内外范围内逐步取代白炽灯。

10.6.2　光电耦合器

光电耦合器件(简称光耦)是一种新型的集成电子器件,由于这种器件体积小,传送信号时起到电隔离作用,并且传送信号速度快、工作可靠、使用方便,因此,广泛应用于微型计算机、数字系统、测量设备及电子设备间的接口电路。

下面简单介绍光电耦合器的工作原理及应用。

1. 工作原理

光电耦合器是由发光元件和受光元件组成,其基本结构见图 10.35。输入端的发光元件采用红外发光二极管,其原理与前面介绍的发光二极管相同,只是发出光的波长不同。输出端的受光元件采用光敏二极管、光敏三极管和光控集成电路等。

当输入端接通时,发光二极管导通,发出与输入电流近似成正比的光输出功率,光敏三极管(或二极管)被入射光照射后而导通,产生输出电流;此输出电流的大小与入射光照射度近似成正比。当输入电流变化时,输出端的电流随之变化。

2. 应用简介

光电耦合器的基本用途有两个方面:一是作为电信号传递器件,其作用相当于信号变压器;二是作为开关器件,其作用相当于继电器。作信号传递器件时,主要是要求其电流传输效率高,线性度好。作开关器件时主要是要求其开关速度(电-光-电的转换速度)尽量高。

【例 10.9】　信号传递应用举例

图 10.36 是可编程控制器(PLC)的输入接口电路与输入设备连接的示意图。从图中可以看出,可编程控制器的输入信号是通过光电耦合器传送给内部电路的,输入信号与内部电路之间并无电的联系,通过这种隔离措施可以防止各种干扰串入 PLC。

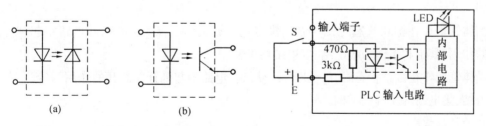

图 10.35　两种常用的光电耦合器　　　　图 10.36　PLC 的输入接口电路

当外部输入电路的开关 S 闭合时,光电耦合器内的发光二极管发光,光敏三极管导通,接通内部电路,LED 点亮,表示外部输入信号已经被 PLC 的输入电路接收。

思 考 题

10.13　发光二极管与普通二极管有何不同？

10.14　光电耦合器在实际应用时能否用普通二极管替代？

本 章 小 结

本章主要介绍了常用半导体器件的工作特性及其应用,主要内容有以下几个方面：

1. 半导体

半导体的导电能力受温升、光照和掺杂的影响,尤其是掺入杂质使半导体的导电能力增加几十万倍至几百万倍。利用这一特性制成 N 型半导体、P 型半导体和 PN 结。PN 结是构成半导体器件的基础。

2. 二极管

二极管外加正向电压时,二极管导通,其正向管压降很小,硅管的正向管压降约为0.6～0.7 V;锗管的正向管压降约为 0.2～0.3 V。

二极管外加反向电压时,二极管截止。因此,二极管具有单向导电性。

在分析二极管电路中,常将二极管当做理想元件来处理。即：二极管正向导通相当短路,二极管反向截止相当断路。

3. 稳压管

稳压管是用特殊工艺制成的半导体二极管,正常工作在伏安特性的反向击穿区。在电路中与适当的电阻串联可起到稳压作用。当外加的反向电压大于等于其稳定电压时,稳压管反向导通,稳定同它并联的负载电压。

4. 晶体管

晶体管分 NPN 型和 PNP 型两大类,正常工作时有三种工作状态,即放大状态、饱和状态和截止状态。

晶体管工作在放大状态时,$I_C = \beta I_B$,具有电流放大作用,其放大条件为发射结正偏,集电结反偏。

晶体管工作在饱和状态时,$I_C \neq \beta I_B$,没有电流放大作用,$U_{CE} \approx 0$ V,在电路中起到开关闭合的作用,其饱和条件为集电结、发射结均正偏。

晶体管工作在截止状态时,$I_C \approx 0$,$U_{CE} \approx E_C$,在电路中起到开关断开的作用,其截止条件为发射结、集电结均反偏或零偏。

5. 场效应管

场效应管也是常用的半导体晶体管器件,它的功能与普通晶体管相同,但两者的控制特性却截然不同,普通晶体管是电流控制元件,场效应管则是电压控制元件。无论是 N MOS 管还是 P MOS 管,它的输出电流均决定于输入电压的大小。由于场效应管具有输入电阻高、抗干扰能力强、制造工艺简单、容易集成等特点,因此广泛应用于数字电路、电源技术等领域中。

6. 发光二极管

发光二极管的工作特性与普通二极管相同。不同的是:制造材料是砷化镓或磷化镓;正向导通时发光;正向工作电压降约为 1.5 V 左右。

7. 光电耦合器

光电耦合器是由发光二极管和光敏二极管或晶体管组成,当发光二极管中有电流流过时,发光二极管发光,光敏二极管或晶体管接受光照而导通。用光电耦合器传递信号或作为电子开关,可使输入电路与接收电路没有直接电的联系,起到很好的抗干扰作用。

习   题

10.1 二极管电路如题图 10.1(a)、(b)所示,试分析二极管 D_1 和 D_2 的工作状态并求 U_o。二极管的正向压降忽略不计。

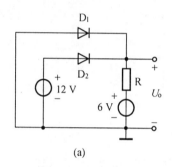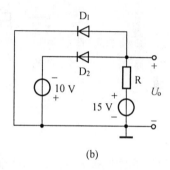

题图 10.1

10.2 在题图 10.2 所示两个电路中,$E = 5$ V,$u_i = 10 \sin \omega t$ V,试分别画出输出电压 u_o 的波形。二极管的正向压降忽略不计。

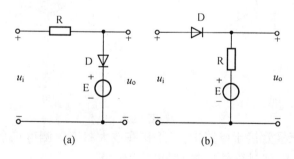

题图 10.2

10.3 在题图 10.3 中,试分别求出下列情况下输出端 F 的电位及各元件(R、D_A、D_B)中通过的电流。(1)$V_A = V_B = 0$ V;(2)$V_A = 3$ V,$V_B = 0$ V;(3)$V_A = V_B = 3$ V。二极管的正向压降忽略不计。

10.4 在题图 10.4 中,通过稳压管的电流 I_Z 等于多少? 限流电阻 R 的阻值是否合适?

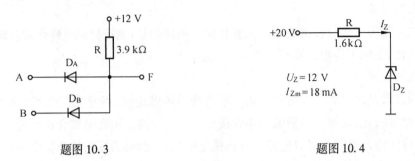

题图 10.3   题图 10.4

10.5   有两个稳压管 D_{Z1} 和 D_{Z2}，其稳定电压分别为 5.5 V 和 8.5 V，正向压降都是 0.5 V。如果要得到 3 V、6 V、9 V、14 V 几种稳定电压，试画出其稳压电路。

10.6   在题图 10.5 中，稳压管 D_{Z1} 的稳定电压为 5 V，D_{Z2} 的稳定电压为 8 V，试求 U_o、I、I_{Z1}、I_{Z2}。

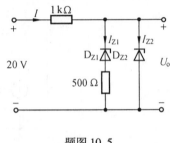

题图 10.5

10.7   已知晶体三极管 T_1、T_2 的两个电极的电流如题图 10.6 所示。试求：
（1）另一电极的电流并标出电流的实际方向；
（2）判断管脚 E、B、C。

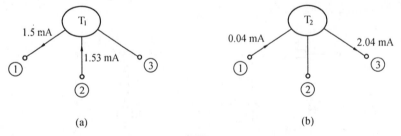

(a)   (b)

题图 10.6

10.8   某晶体三极管接于电路中，当工作在放大状态时测得三个电极的电位分别为 +9 V、+3.8 V、+3.2 V，试判断管子的类型和三个电极。

10.9   题图 10.7(a)、(b) 分别为 2 只绝缘栅场效应管的输出特性。试分析这两个管的类型（N 沟道、P 沟道、增强型、耗尽型），并指出它们的开启电压 $U_{GS(th)}$ 或夹断电压 $U_{GS(off)}$ 是多少？

10.10   在题图 10.8 中，KM 为直流继电器的线圈和触点，试分析该电路的工作原理，并说明 D_1、D_2、D_3、T_1 和 T_2 的作用。

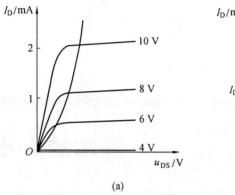

(a)

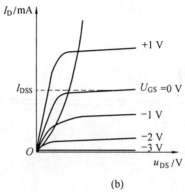

(b)

题图 10.7

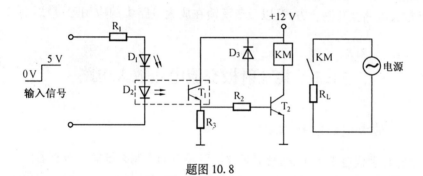

题图 10.8

第 *11* 章

基本放大电路

本章以基本放大电路为主线,主要内容有:放大电路的基本组成,工作原理,静态与动态分析,多级放大电路及其耦合方式,以及负反馈在放大电路中的应用等,最后简要分析功率放大电路。

11.1　共发射极交流电压放大电路

11.1.1　放大电路的基本组成

放大电路在现代电子系统、精密测量仪器以及自动控制系统等领域有着广泛的应用,其作用是将微弱的信号不失真的放大。这种放大是一种对信号的线性处理,也就是说,尽管放大前后信号的幅度有所改变,但信号随时间的变化规律并不会发生改变。在实际应用中,晶体管因其具有良好的电流放大能力而成为组成放大电路的核心器件。晶体管构成放大电路必须满足两个基本条件:第一,晶体管应该工作于放大状态(对于双极型晶体管,即发射结正偏,集电结反偏);第二,信号能够顺利地进入放大器,并顺利地送到输出端。放大电路的基本形式有三种,分别是共发射极放大电路、共基极放大电路和共集电极放大电路。在构成多级放大器时,这几种电路常常需要相互组合使用。放大电路的放大对象既可以是电压,也可以是电流。在后续章节中,我们将详细讨论。

下面将以共发射极交流电压放大电路为例,介绍放大电路的基本组成。

图 11.1 是一个简单的晶体管共发射极放大电路。可以看出,放大电路输入回路与输出回路的公共端是晶体管的发射极,因此称为共发射极放大电路。

在图 11.1 所示的电路中,晶体管 T 起到放大作用,是放大电路的核心。由于晶体管的发射结存在死区,当外加的输入信号小于死区电压时,发射结截止,放大信号出现失真。为了解决这个问题,在没有加入输入信号之前,让晶体管处于导通放大状态。所以,发射结要外加一个直流电源,即基极直流电源 E_B。基极直流电源 E_B 和基极电阻 R_B 的作用是给晶体管发射结提供适当的正向偏置电压 U_{BE}(硅管约为 0.7 V)和偏置电流 I_B。在以后的分析中将会看到,偏置电流 I_B 的大小对放大电路的放大作用和其他性能的影响。集电极直流电源 E_C 为电路提供能量并保证晶体管集电结反偏,即使 $U_{CE} > U_{BE}$,E_C 的数值一般为几伏至十几伏;集电极电阻 R_C 用于将集电极的电流变化转换为集电极电压变化,然后将这种变化传送到放大电路的输出端，R_C 数值一般为几千欧。

在图 11.1 中，基极回路称为输入回路（U_{BE}、I_B 为输入量），集电极回路称为输出回路（I_C、U_{CE} 为输出量）。U_{BE}、I_B、I_C、U_{CE} 都是直流量，它们的关系是

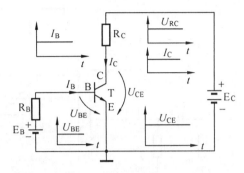

图 11.1 晶体管共发射极放大电路

$$U_{BE} \rightarrow I_B \xrightarrow{\ \bar{\beta}\ } I_C \rightarrow U_{CE}$$

其中，$U_{CE} = E_C - I_C R_C$，$I_C R_C$ 是电阻 R_C 上的直流电压降，U_{BE}、I_B、I_C、U_{CE} 各量的波形如图 11.1 的示。图 11.1 所示的电路结构，使晶体管的发射结正偏，集电结反偏，在没有放大信号输入前，已把晶体管设置在放大状态，为不失真的放大交流信号提供了保证。

11.1.2 放大电路的工作原理

本节将定性分析常用共射极放大电路如何实现放大作用，原理电路如图 11.2(a)、(b) 所示。

以图 11.1 所示电路为基础，其输入端（B、E 间）经电容 C_1 接信号源 u_i（待放大的交流电压信号），设 $u_i = U_m \sin \omega t$。输出端（C、E 间）经电容 C_2 输出被放大后的交流电压信号 u_o，如图 11.2(a) 所示。C_1、C_2 称为耦合电容，C_1 用来引入交流信号，但隔断放大电路中的直流电源 E_B 与 C_1 前面的信号源的直流联系；C_2 用来引出被放大的交流信号，但隔断放大电路中的直流电源 E_C 与 C_2 后面的输出端的直流联系。所以 C_1、C_2 也称为隔直电容。C_1、C_2 的容量都很大，一般为几微法到几十微法，对交流信号的容抗很小，故信号压降可忽略不计（即对交流信号可视为短路）。它们是有极性的电容器，使用时要按极性正确连接。

引入交流信号后，在图 11.1 所示 U_{BE}、I_B、I_C、U_{CE} 各直流分量的基础上，又出现交流分量（信号分量），其波形如图 11.2(a) 所示，它们是

$$u_i \rightarrow u_{be} \rightarrow i_b \xrightarrow{\ \beta\ } i_c \rightarrow u_{ce} \rightarrow u_o$$

其中 u_{be} 为发射结信号电压（因 C_1 相当于短路，所以 $u_{be} = u_i$），它产生基极信号电流 i_b，i_b 被放大 β 倍后，产生集电极信号电流 i_c（$i_c = \beta i_b$），i_c 流过 R_C。与图 11.1 相比，此时电阻 R_C 上多了一个信号电压降 $u_{RC} = i_c R_C$，其波形如图 11.2(a) 所示。既然 R_C 上增加一个信号电压，那么晶体管上就应减少一个等量的信号电压（因为 R_C 与晶体管两者电压降之和等于 E_C），晶体管上的信号电压用 u_{ce} 表示。显然 $u_{ce} = -u_{RC}$，其波形如图 11.2(a) 所示。这里，集电极电阻 R_C 把晶体管的电流放大作用（$i_c = \beta i_b$）转化为 $u_{RC} = i_c R_C$，并反映到晶体管上。于是，电流放大作用就被转化为电压放大作用（u_{ce} 的幅度比 u_i 大得多）。通过 C_2，送出的信号电压 u_{ce} 就是放大电路的输出电压，即 $u_o = u_{ce}$。通常，放大电路都是带负载的，如图 11.2(b) 所示的 R_L，输出电压 u_o 加在负载电阻 R_L 上。与输入电压 u_i 相比，输出电压 u_o 有如下特点：

① u_o 的幅度增大了；

② u_o 的频率与 u_i 相同；

③ u_o 的相位与 u_i 相反，即

$$u_o = -U_{om} \sin \omega t = U_{om} \sin(\omega t - 180°)$$

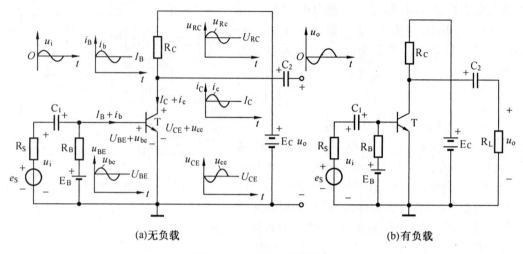

(a)无负载　　　　　　　　　　　　(b)有负载

图 11.2　交流电压放大电路

在交流放大电路中,有直流分量、交流分量以及它们的合成量。为便于区分,表 11.1 给出常用的电压、电流符号。

表 11.1　交流放大电路中电压和电流的符号

名　　　称	静　　态	动　　　态		
	直流量	交流量瞬时值	交流量有效值	总瞬时值
基极电流	I_B	i_b	I_b	$i_B = I_B + i_b$
集电极电流	I_C	i_c	I_c	$i_C = I_C + i_c$
发射极电流	I_E	i_e	I_e	$i_E = I_E + i_e$
集-射极电压	U_{CE}	u_{ce}	U_{ce}	$u_{CE} = U_{CE} + u_{ce}$
基-射极电压	U_{BE}	u_{be}	U_{be}	$u_{BE} = U_{BE} + u_{be}$

为了简化画图过程,电子电路中通常不将直流电源 E_C 画出,而只以电位形式标出 E_C 所提供的电压 U_{CC},如图 11.3 所示。考虑到 E_C 内阻较小,可以忽略不计,因此有 $U_{CC} = E_C$。此外,可以省略原来的电源 E_B,而将 R_B 与原 E_B 正极相接的一端改接到 U_{CC} 上,由 U_{CC} 提供发射结的正偏电压。只要 R_B 阻值大于 βR_C,就可以保证晶体管的发射结正偏。

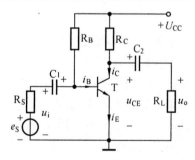

图 11.3　简化后的交流电压放大电路

思 考 题

11.1　晶体管具有放大能力,是否只要使晶体管工作在放大状态就可以保证放大电路对输入信号起到放大作用?

11.2　在图 11.2 所示的放大电路中,晶体管 T 能直接放大输入电压信号 u_i 吗?集电极电阻 R_C 如何配合晶体管将电流放大作用转化为电压放大作用?被放大的电压信号 u_o 由晶体管的何处输出?

11.3　在图 11.3 所示的放大电路中,耦合电容 C_1、C_2 极性为"+"的一端为何要如此连接?

11.2　共发射极交流电压放大电路的分析方法

对一个放大电路进行分析往往采用"先静态,后动态"的分析方法。所谓静态分析,是分析未加输入信号时电路的工作状态,估算电路中各处的直流电压和直流电流;所谓动态分析,是分析加上交流输入信号后的工作状态,估算放大电路的各项动态指标。因此,静态分析讨论的对象是直流成分,动态分析讨论的对象是交流成分。

11.2.1　静态分析

当放大电路没有输入信号时,即 $u_i = 0$,电路中只有 U_{BE}、I_B、I_C、U_{CE} 各直流分量,此时称放大电路处于静态。U_{BE}、I_B、I_C、U_{CE} 称为放大电路的静态值。确定放大电路的静态值可以采用估算法或图解法。

1. 用估算法确定放大电路的静态值

由于 $u_i = 0$,耦合电容 C_1、C_2 对于直流分量相当于开路,静态时的电路可用图 11.4 表示,因为各量都是直流量,所以将该电路称为放大电路的直流通路。

晶体管工作在放大状态时,发射结正偏,对于硅管,$U_{BE} = 0.6 \sim 0.7$ V,可被看作为已知量,此时只需计算 I_B、I_C、U_{CE} 三个静态值即可。

由图 11.4 可知

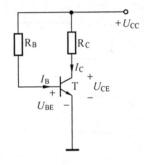

图 11.4　放大电路的直流通路

$$I_B = \frac{U_{CC} - U_{BE}}{R_B} \approx \frac{U_{CC}}{R_B} \qquad (11.1)$$

式中,U_{BE} 比 U_{CC} 小得多,估算时可忽略不计。

$$I_C = \bar{\beta} I_B \qquad (11.2)$$

$$U_{CE} = U_{CC} - I_C R_C \qquad (11.3)$$

可见,若已知 R_B、R_C、$\bar{\beta}$ 和 U_{CC} 各值,即可求出静态值。

【例 11.1】　图 11.3 中的 $U_{CC} = 12$ V,$R_C = 4$ kΩ,$R_B = 300$ kΩ,晶体管的电流放大系数 $\bar{\beta} = 37.5$,试求放大电路的静态值。

解　设晶体管 $U_{BE} = 0.7$ V,则根据(11.1)、(11.2)以及(11.3)可得

$$I_B = \frac{U_{CC} - U_{BE}}{R_B} \approx \frac{U_{CC}}{R_B} = \frac{12}{300 \times 10^3} = 0.04 \text{ mA} = 40 \text{ μA}$$

$$I_C = \bar{\beta} I_B = 37.5 \times 0.04 = 1.5 \text{ mA}$$

$$U_{CE} = U_{CC} - I_C R_C = 12 - 1.5 \times 4 = 6 \text{ V}$$

2. 用图解法确定放大电路的静态值

晶体管输入回路的电流与电压之间的关系可以用输入特性曲线来描述,输出回路的电流与电压之间的关系可以用输出特性曲线来描述。所谓图解法,就是在晶体管的输入、输出

特性曲线上,直接用作图的方法求解放大电路的工作情况。图解法既可以用于静态分析,也可以用于动态分析,这里先看如何用图解法确定放大电路的静态值。

为了便于分析,将图 11.4 所示直流通路的输出回路画于图 11.5(a)中,并以虚线为界将此输出回路划分为左右两部分。

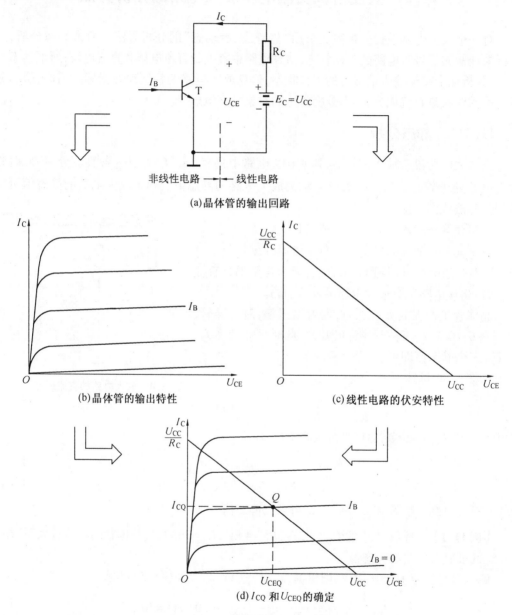

(a)晶体管的输出回路

(b)晶体管的输出特性

(c)线性电路的伏安特性

(d)I_{CQ} 和 U_{CEQ} 的确定

图 11.5 放大电路静态值图解法

在图 11.5(a)中,虚线左侧是输出回路的非线性部分,其输出特性如图 11.5(b)所示,I_B、I_C、U_{CE} 等各值均反映在输出特性曲线上。

图 11.5(a)中虚线右侧是输出回路的线性部分,由负载电阻 R_C 和 E_C 串联而成,满足直线方程 $U_{CE} = U_{CC} - I_C R_C$。为了画出这条直线,可以先找到直线上的两个特殊点:

① 当 $I_C = 0$ 时，$U_{CE} = U_{CC}$，此点为直线与横坐标的交点；

② 当 $U_{CE} = 0$ 时，$I_C = \dfrac{U_{CC}}{R_C}$，此点为直线与纵坐标的交点。

连接这两个点可以得到外电路的伏安特性直线，如图 11.5(c) 所示。由于它与直流通路和集电极负载电阻 R_C 有关，所以称为直流负载线。直线方程中 I_C 与 U_{CE} 值即由直流负载线上的点决定。直流负载线的斜率为 $-\dfrac{1}{R_C}$，因此，集电极负载电阻 R_C 越大，直流负载线越平坦；R_C 越小，直流负载线越陡峭。

由于输出回路的左右两部分是连在一起的，静态值既要满足左边的非线性关系，又要满足右边的线性关系，因此，二者的交点 Q 便确定了放大电路的静态值，点 Q 称为放大电路的静态工作点，如图 11.5(d) 所示，图中 I_{CQ} 与 U_{CEQ} 为静态工作点 Q 所对应的 I_C 与 U_{CE} 即放大电路的静态值。

由图 11.5(d) 可以看出，I_B 值大小不同时，点 Q 在直流负载线上的位置也不同，而 I_B 值是通过基极电阻（偏流电阻）R_B 调节的。R_B 增加，I_B 减小，点 Q 沿直流负载线下移；R_B 减小，I_B 增加，点 Q 沿直流负载线上移。放大电路的静态工作点（静态值）对放大电路工作性能的影响甚大，一般应设置在特性曲线放大区的中部，这是因为点 Q 设在此处时线性工作区较宽，能够获得较大的电压放大倍数，且失真较小。

【例 11.2】　图 11.3 中的 $U_{CC} = 12$ V，$R_C = 4$ kΩ，$R_B = 300$ kΩ，晶体管的输出特性曲线如图 11.6 所示（与上例的晶体管同型号），试利用图解法确定放大电路的静态工作点并求其静态值。

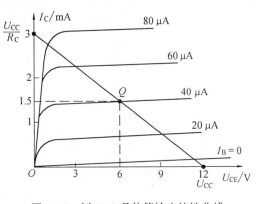

图 11.6　例 11.2 晶体管输出特性曲线

解　① 首先根据式 (11.1) 估算 I_B。

$$I_B = \frac{U_{CC} - U_{BE}}{R_B} \approx \frac{U_{CC}}{R_B} = \frac{12}{300 \times 10^3} = 40 \ \mu A$$

② 然后在输出特性曲线上作直流负载线。直线上的两个特殊点为：

$I_C = 0$ 时，$U_{CE} = U_{CC} = 12$ V；

$U_{CE} = 0$ 时，$I_C = \dfrac{U_{CC}}{R_C} = \dfrac{12}{4 \times 10^3} = 3$ mA。

连接以上两点，可以得到直流负载线，如图 11.6 所示。

③ 最后找到静态工作点并求静态值。直流负载线与 $I_B = 40$ μA 的输出特性曲线的交点即是静态工作点 Q，静态工作点处的 $I_{CQ} = 1.5$ mA，$U_{CEQ} = 6$ V。

通过比较可知，例 11.2 采用图解法确定静态工作点而获得的放大电路静态值与例 11.1 中采用估算法所得结果一致。

11.2.2　动态分析

当放大电路有输入信号，即 $u_i \neq 0$ 时，在静态值 U_{BE}、I_B、I_C、U_{CE} 各直流分量（直流分量仍用上述方法确定）的基础上，又出现了 u_i、u_{be}、i_b、i_c、u_{ce}、u_o 等交流分量。此时，放大电路中交直流分量共存。

像直流通路一样,交流分量所经过的路径称为交流通路。画交流通路时要注意两点:一是 C_1、C_2 对交流信号相当于短路;二是直流电源对交流信号也相当于短路(因其内阻忽略不计)。这样就可画出图 11.3 放大电路的交流通路,如图 11.7 所示。

动态分析的主要任务是计算放大电路的电压放大倍数、输入电阻和输出电阻,以及分析非线性失真、频率特性、负反馈等问题。

晶体管放大电路是非线性电路,这就给动态分析造成困难。因此,动态分析之前,首先应对放大电路进行必要的线性化处理。

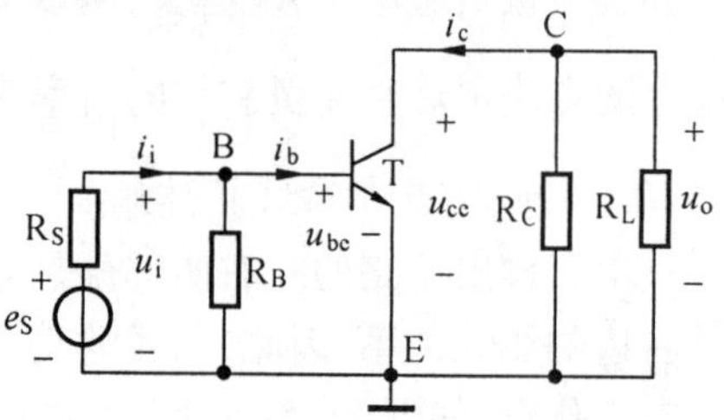

图 11.7　放大电路的交流通路

1. 晶体管的微变等效电路

放大电路的线性化,关键问题是晶体管的线性化。线性化的条件是:晶体管在小信号(微变量)情况下工作。这样,在工作点附近的微小范围内,可用直线段近似地代替晶体管特性的曲线段。图 11.8(a)是图 11.7 所示交流通路中的晶体管,u_{be}、i_b、i_c、u_{ce} 是信号分量,它们的幅值很小,符合线性化条件。图 11.9(a)、(b)是晶体管的输入特性曲线和输出特性曲线。当放大电路输入信号很小时,工作点 Q 附近的曲线段 ab 和 cd 均可按直线段处理。在图 11.9(a)上,当 U_{CE} 为常数时,ΔU_{BE} 和 ΔI_B 可认为是小信号 u_{be} 和 i_b,两者之比为一电阻,用 r_{be} 表示,即

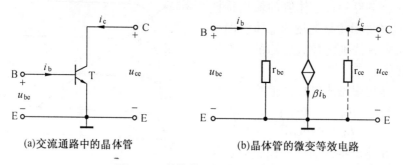

(a)交流通路中的晶体管　　　　　　(b)晶体管的微变等效电路

图 11.8　晶体管的微变等效电路

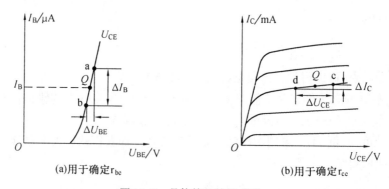

(a)用于确定 r_{be}　　　　　　　　(b)用于确定 r_{ce}

图 11.9　晶体管的特性曲线

$$r_{be} = \frac{\Delta U_{BE}}{\Delta I_B}\bigg|_{U_{CE}} = \frac{u_{be}}{i_b}\bigg|_{U_{CE}} \tag{11.4}$$

电阻 r_{be} 称为晶体管的交流输入电阻。在小信号条件下,r_{be} 是个常数。低频小功率晶体管的 r_{be} 通常用下式估算

$$r_{be} = 200 \ \Omega + (1+\beta)\frac{26(mV)}{I_E(mA)} \tag{11.5}$$

式中,I_E 为放大电路静态时的发射极电流。这样,在小信号作用下,晶体管的基极和发射极之间就可用等效电阻 r_{be} 来代替,如图 11.8(b)所示。

根据晶体管电流放大原理,$i_c = \beta i_b$,i_c 受 i_b 控制,若 i_b 不变,i_c 也不变,晶体管具有恒流特性。所以,集电极和发射极之间可用一个受控恒流源来代替,如图 11.8(b)所示。

在图 11.9(b)上,因为各曲线不完全与横轴平行,当 I_B 为常数时,在点 Q 附近,ΔU_{CE} 和 ΔI_C 可认为就是小信号 u_{ce} 和 i_c,两者之比为一电阻,用 r_{ce} 表示,即

$$r_{ce} = \frac{\Delta U_{CE}}{\Delta I_C}\bigg|_{I_B} = \frac{u_{ce}}{i_c}\bigg|_{I_B} \tag{11.6}$$

r_{ce} 称为晶体管的交流输出电阻,它也是个常数。在图 11.8(b)上,r_{ce} 与受控恒流源并联。这就是晶体管在小信号工作条件下完整的微变等效电路。在实际应用中,因为 r_{ce} 数值很大(约几十千欧到几百千欧),分流作用极小,可忽略不计,故本书在后面的电路中均不画出 r_{ce}。

2. 放大电路的微变等效电路

晶体管线性化以后,放大电路的交流通路线性化就十分简单了。将图 11.7 交流通路中的晶体管 T 用其图 11.8(b)的微变等效电路代替,就成了放大电路的微变等效电路,图11.3 所示放大电路的微变等效电路如图 11.10 所示。通过放大电路的微变等效电路可方便地进行以下计算。

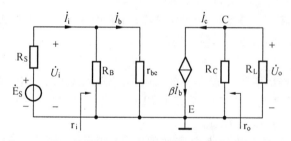

图 11.10 放大电路的微变等效电路

(1)电压放大倍数。设输入信号为正弦量,图 11.10 的电压和电流可用相量表示。输入电压为

$$\dot{U}_i = \dot{I}_b r_{be}$$

输出电压为

$$\dot{U}_o = -\dot{I}_C R'_L$$

R'_L 为负载等效电阻

$$R'_L = \frac{R_C R_L}{R_C + R_L}$$

$$\dot{U}_o = -\beta \dot{I}_b R'_L$$

放大电路的电压放大倍数为

$$A_u = \frac{\dot{U}_o}{\dot{U}_i} = -\frac{\beta \dot{I}_b R'_L}{\dot{I}_b r_{be}} = -\beta \frac{R'_L}{r_{be}} \tag{11.7}$$

若放大电路负载开路(未接 R_L)

$$A_u = -\beta \frac{R_C}{r_{be}} \tag{11.8}$$

上两式中负号表示输出电压 $\dot{U}_o$ 和输入电压 $\dot{U}_i$ 相位相反。电压放大倍数 A_u 与晶体管的 β 和 r_{be} 有关,也与集电极电阻 R_C 和负载电阻 R_L 有关,有负载时 $|A_u|$ 下降。

(2)输入电阻。由图 11.10 可见,放大电路的输入端与信号源相连,输出端与负载相连,放大电路处于信号源与负载之间。对信号源来说,放大电路相当于一个负载,可用一个电阻等效代替,这个电阻就是从放大电路的输入端看进去的等效电阻,故称输入电阻,用 r_i 表示。

显然,输入电阻的大小等于输入电压与输入电流之比。当输入电压为正弦电压时,有

$$r_i = \frac{\dot{U}_i}{\dot{I}_i}$$

由图 11.10 可以看出,该电路的输入电阻

$$r_i = R_B // r_{be} \approx r_{be} \tag{11.9}$$

因为 R_B 的阻值比 r_{be} 大得多,所以 r_i 近似等于晶体管的输入电阻 r_{be}。为减少信号源的负担, r_i 的数值应尽量大些,但此类放大电路输入电阻 r_i 的数值却不够大。

(3)输出电阻。对负载 R_L 来说,放大电路是信号源(给 R_L 提供被放大的交流信号),既然是信号源,就有内阻,这个信号源的内阻称为放大电路的输出电阻,用 r_o 表示。放大电路的输出电阻 r_o 可在输入信号短路($u_i = 0$)和输出端开路的条件下求得。由图 11.10 可知, $U_i = 0, I_b = 0, I_c = 0$,输出端开路时,输出电阻

$$r_o = R_C \tag{11.10}$$

简单说,放大电路的输出电阻 r_o 就是从放大电路的输出端(去掉 R_L)看进去的电阻。

放大电路作为负载的电压信号源,其内阻 r_o 的数值应尽量小些。这样,当负载增减时,输出电压数值平稳,带负载能力强。

【例 11.3】 某交流电压放大电路如图 11.3 所示,已知 $U_{CC} = 12$ V, $R_C = 4$ kΩ, $R_L = 6$ kΩ, $R_B = 300$ kΩ, $\beta = 37.5$,试求电压放大倍数、输入电阻及输出电阻。

解 (1)求电压放大倍数 A_u。在例 11.1 中已经求出 $I_C = 1.5$ mA, $I_E \approx I_C = 1.5$ mA,由式(11.5)可得

$$r_{be} = 200 + (1+\beta)\frac{26}{I_E} = 200 + \frac{38.5 \times 26}{1.5} = 0.867 \text{ kΩ}$$

于是电压放大倍数可直接利用公式(11.7)求出,即

$$A_u = -\frac{\beta R'_L}{r_{be}} = -\frac{37.5 \times \frac{4 \times 6}{4+6}}{0.867} = -104$$

当负载开路时

$$A_u = -\frac{\beta R_C}{r_{be}} = -\frac{37.5 \times 4}{0.867} = -173$$

可见，放大电路带负载后，电压放大倍数明显下降。

（2）求放大电路的输入电阻 r_i。由图 11.10 的微变等效电路可知

$$r_i = R_B /\!/ r_{be} = 300 /\!/ 0.867 \approx 0.867 \text{ k}\Omega$$

（3）求放大电路的输出电阻 r_o。由图 11.10 的微变等效电路可知

$$r_o = R_C = 4 \text{ k}\Omega$$

3. 非线性失真

由于静态工作点位置设置不合适，或者信号幅度过大，晶体管的工作范围超出其特性曲线的线性区而进入非线性区，导致输出信号的波形不能完全重现输入信号的波形（波形畸变），这种现象称为非线性失真。

例如，工作点偏高，进入饱和区，就产生饱和失真，失真的波形如图 11.11 中工作点 Q_1 所示；工作点偏低，则进入截止区，就产生截止失真，失真的波形如图 11.11 中工作点 Q_2 所示。

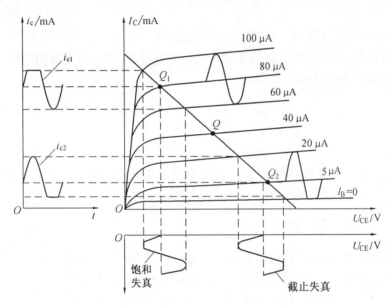

图 11.11　工作点不合适引起输出波形失真

因此，为减小放大电路输出波形的失真，静态工作点应设置在负载线上线性区的中部，如图 11.11 中所示的工作点 Q。当工作点不合适时，可以通过改变基极电阻 R_B 进行调整。

思 考 题

11.4　放大电路的静态工作点应如何设置？其位置与放大电路哪些参数有关？如发现放大电路产生饱和失真，应调节哪个电阻？如何调节？

11.5　晶体管为什么需要线性化？线性化的条件是什么？

11.6　r_{be}、r_{ce}、r_i、r_o 是交流电阻还是直流电阻？r_i 中是否包括信号源内阻 R_S？r_o 中是否包括负载电阻 R_L？

11.7　在电压放大电路中，晶体管的 β 值越大，电压放大倍数是否就越高？要想提高电压放大倍数，应如何考虑？

11.8   通常为什么希望电压放大电路的输入电阻大些而输出电阻小些?

11.3   工作点稳定的共发射极交流电压放大电路

放大电路的多项重要技术指标均与静态工作点的位置密切相关。如果静态工作点不稳定,则放大电路某些性能也将随之改变。因此,如何使静态工作点保持稳定,是一个十分重要的问题。

11.3.1   温度对静态工作点的影响

有时,一些电子设备在常温下能够正常工作,但是当温度升高时,性能就不稳定,甚至不能正常工作。产生这种现象的主要原因是许多电子器件的参数因受温度影响而发生变化。

晶体管是一种对温度十分敏感的元件,温度升高对晶体管参数的影响主要表现在以下两个方面:

① 温度升高时,晶体管的 β 值增大,这将导致输出特性之间的间距增大;

② 温度升高时,晶体管的反向饱和电流 I_{CBO} 急剧增大,这是因为反向电流是由少数载流子形成的,因此受温度影响比较严重。

$$温度\uparrow \begin{array}{c} \nearrow \overline{\beta}\uparrow \\ \searrow I_{CBO}\uparrow \end{array} \Longrightarrow I_{CEO}\uparrow \rightarrow I_C\uparrow$$

温度升高对晶体管各种参数的影响,最终将导致集电极电流 I_C 增大,进而使静态工作点上移并移近饱和区,使输出波形产生严重的饱和失真。

11.3.2   工作点稳定的条件

通过上面的分析可以看到,引起工作点波动的外因是环境温度的变化,内因则是晶体管本身所具有的温度特性。为了解决这个问题,可以采用图 11.12 所示的分压式偏置电路(由 R_{B1}、R_{B2}、晶体管发射结和 R_E 组成)。现将其稳定静态工作点的原理简单分析如下。

由图 11.12 可知

$$I_C \approx I_E = \frac{V_E}{R_E} = \frac{V_B - U_{BE}}{R_E}$$

为稳定工作点,使 I_C 稳定,需要满足以下两个条件:

(1)选取适当的 R_{B1} 和 R_{B2},使 $I_2 \gg I_B$,$I_2 \approx I_1$,此时,R_{B1} 和 R_{B2} 相当于分压器。则

$$V_B \approx \frac{R_{B2}}{R_{B1}+R_{B2}}U_{CC} = 定值 \quad (不受温度影响)$$

基极电位 V_B 维持基本不变。

(2)取适当的 V_B 值,使 $V_B \gg U_{BE}$,于是,$I_C \approx I_E = \frac{V_E}{R_E} =$

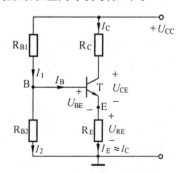

图 11.12   分压式偏置电路

$\dfrac{V_B - V_{BE}}{R_E} \approx \dfrac{V_B}{R_E} =$ 定值(不受温度影响)。因而,I_C 可维持基本不变,静态工作点得以稳定。实际上,上面两个措施中,只要满足 $I_2 = (5 \sim 10)I_B$ 和 $V_B = (5 \sim 10)U_{BE}$ 两个条件即可。分压式偏置电路稳定静态工作点的过程可表示为

$$温度\uparrow \longrightarrow I_C\uparrow \longrightarrow I_E\uparrow \longrightarrow V_E\uparrow \xrightarrow{V_B\ 一定} U_{BE}\downarrow \longrightarrow I_B\downarrow$$
$$I_C\downarrow$$

在这个过程中,电阻 R_E 起了两个重要作用:取样和反馈。首先 R_E 将输出回路的电流 $I_C\uparrow$(输出量)转化为电压 $U_{RE}\uparrow \approx R_E I_C\uparrow$(取样 $I_C\uparrow$),于是发射极电位 $V_E\uparrow$。然后 R_E 将此电位 $V_E\uparrow$ 送到输入回路(这称为反馈),使 $V_E\uparrow$ 与 V_B(固定值)比较,差值 $U_{BE}\downarrow = V_B - V_E\uparrow$,$U_{BE}$ 数值变小(如果没有 R_E,$U_{BE} = V_B$,不会变化),基极电流 I_B 变小,集电极电流 I_C 下降。

R_E 把输出量通过上述方式引回输入回路,进而使输出量的数值下降的过程称为负反馈。由于引回的输出量是电流,因而又称为电流负反馈。

在图 11.12 直流通路基础上,加上耦合电容 C_1、C_2 即可构成交流电压放大电路(见图 11.13)。此时,流过 R_E 的电流中不仅有直流分量 I_E,还有交流分量 i_e。$I_E(\approx I_C)$ 通过 R_E 有电流负反馈稳定静态工作点的作用,$i_e(\approx i_c)$ 通过 R_E 也有类似的电流负反馈作用,但会导致电压放大倍数的大大降低。前者反馈量是直流,称为直流负反馈;后者反馈量是交流,称为交流负反馈(交流负反馈问题将在 11.5 节中讨论)。为避免交流分量 i_e 通过 R_E 产生负反馈作用而降低电压放大倍数,可在 R_E 两端并联一个大容量的电容 C_E

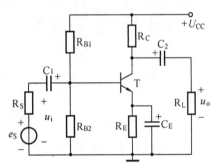

图 11.13 分压式偏置电压放大电路

(C_E 对交流分量相当于短路),让 i_e 从 C_E 中通过(C_E 对直流分量无影响),C_E 称为旁路电容器,图 11.13 即为常用的工作点稳定的共发射极交流电压放大电路。这种电路通常称为分压式偏置放大电路。

11.3.3　分压式偏置放大电路的分析

分压式偏置放大电路的静态与动态分析,方法与 11.2 节放大电路基本相同,下面通过例题逐一说明。

【例 11.4】　分压式偏置的交流电压放大电路如图 11.14 所示,已知晶体管的电流放大系数 $\beta = 46$,$U_{BE} = 0.6$ V,其余参数如图所示。试求:

(1)放大电路的静态值。

(2)电压放大倍数、输入电阻和输出电阻。

解　(1)用估算法求静态值。首先由 R_{B1}、R_{B2} 确定晶体管的基极电位,则

$$V_B \approx \frac{R_{B2}}{R_{B1} + R_{B2}} U_{CC} = \frac{10}{30 + 10} \times 12 = 3 \text{ V}$$

发射极电位为 　　　　　　　　　　　　$V_E = V_B - U_{BE} = 3 - 0.6 = 2.4 \text{ V}$

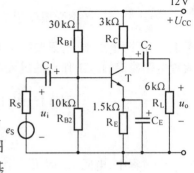

发射极电流　　　　　　　　$I_E = \dfrac{V_E}{R_E} = \dfrac{2.4}{1.5} = 1.6 \text{ mA}$

集电极电流为　　　　　　　$I_C \approx I_E = 1.6 \text{ mA}$

基极电流为　　　　　　　　$I_B = \dfrac{I_C}{\beta} = \dfrac{1.6}{46} = 35 \ \mu A$

集电极-发射极压降为　　　$U_{CE} \approx U_{CC} - I_C(R_C + R_E) =$
　　　　　　　　　　　　　$12 - 1.6 \times 4.5 = 4.8 \text{ V}$

图 11.14　例 11.4 的图

(2)用微变等效电路求 A_u、r_i、r_o。微变等效电路如图 11.15 所示,与图 11.10 所示放大电路的微变等效电路基本相同,射极电阻 R_E 被旁路电容 C_E 短路(C_E 容量足够大),所以 R_E 不出现在微变等效电路中。

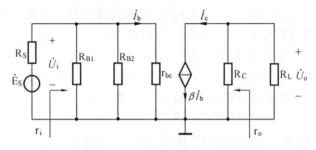

图 11.15　例 11.4 的微变等效电路

① A_u 由图 11.15 可得　　　　　　　$\dot{U}_i = \dot{I}_b r_{be}$

$$\dot{U}_o = -\dot{I}_c R'_L = -\beta \dot{I}_b R'_L$$

电压放大倍数为

$$A_u = \frac{\dot{U}_o}{\dot{U}_i} = -\beta \frac{\dot{I}_b R'_L}{\dot{I}_b r_{be}} = -\beta \frac{R'_L}{r_{be}}$$

其中　　　　$r_{be} = 200 + (1+\beta)\dfrac{26}{I_E} = 200 + \dfrac{47 \times 26}{1.6} = 0.963 \text{ k}\Omega \approx 1 \text{ k}\Omega$

$$R'_L = R_C /\!/ R_L = 3 /\!/ 6 = 2 \text{ k}\Omega$$

所以　　　　　　　　　　$A_u = -\dfrac{\beta R'_L}{r_{be}} = -\dfrac{46 \times 2}{1} = -92$

② r_i 由微变等效电路可知

$$r_i = R_{B1} /\!/ R_{B2} /\!/ r_{be} = 30 /\!/ 10 /\!/ 1 \approx 1 \text{ k}\Omega$$

③ r_o

$$r_o = R_C = 3 \text{ k}\Omega$$

思　考　题

11.9 放大电路静态工作点不稳定的主要原因是什么? 分压式偏置交流电压放大电路是怎样稳定静态工作点的? 条件是什么?

11.10　在分压式偏置交流电压放大电路中,电容 C_E 起什么作用? 为什么将此电容称为旁路电容器?

11.4　多级电压放大电路

晶体管单级放大电路的放大倍数一般只有几十至 100,而在实际应用中往往要把一个微弱信号放大几千倍,这是单级放大电路所不能完成的。为了解决这个问题,可把几个放大电路连接起来,组成多级放大电路,以达到所需要的放大倍数。图 11.16 为多级放大电路的方框图,其中前面几级主要用作电压放大,称为前置级。由前置级将微弱的输入电压放大到足够大的幅度,然后推动功率放大级(末前级及末级)工作,以满足负载所要求的功率。

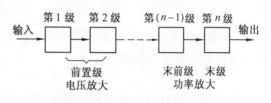

图 11.16　多级放大电路的方框图

多级放大电路引出了级间连接的问题,每两个单级放大电路之间的连接电路称为耦合电路,其任务是将前级信号传送到后级。耦合方式主要有阻容耦合、变压器耦合、直接耦合、光耦合等。前两种只能传送交流信号,后两种既能传送交流信号,又能传送直流信号。变压器耦合由于变压器的笨重,已日渐少用,本节主要介绍阻容耦合和直接耦合两种耦合方式。

11.4.1　阻容耦合电压放大电路

图 11.17 为两级阻容耦合放大电路。由图可以看出,电路第 1 级和第 2 级之间通过耦合电容 C_2 与输入电阻 r_{i2} 相连,故称为阻容耦合放大电路。

由于前、后两级之间通过电容相连,所以各级的直流电路互不相通,每一级的静态工作点都是相互独立的,互不影

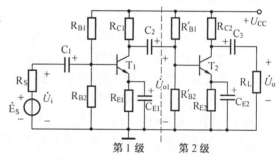

图 11.17　两级阻容耦合电压放大电路

响,这样就为分析、设计与调式带来极大的方便。耦合电容 C_2 通常数值较大(几微法～几十微法),容抗较小,使耦合电路信号损耗减小。事实上,只要耦合电容选得足够大,就可以做到前一级的输出信号在一定的频率范围内几乎不衰减地加到后一级的输入端上去,使信号充分利用。

1. 多级放大电路的分析

耦合电容的隔直特性使得阻容耦合放大电路各级直流通路彼此独立,因此,各级间静态工作点互不影响。在对阻容耦合多级放大电路进行静态分析时,静态值计算可在每一级单独进行。

将多级放大电路看作一个整体,则其电压放大倍数为

$$A_u = \frac{\dot{U}_o}{\dot{U}_i}$$

由图 11.17 可知,第 1 级放大电路的输出电压 $\dot{U}_{o1}$ 就是第 2 级的输入电压 $\dot{U}_{i2}$,即 $\dot{U}_{o1}=\dot{U}_{i2}$。每一级电路的电压放大倍数为

$$A_{u1}=\frac{\dot{U}_{o1}}{\dot{U}_i} \qquad A_{u2}=\frac{\dot{U}_o}{\dot{U}_{o1}}$$

两者的乘积即为 A_u,即

$$A_u=\frac{\dot{U}_o}{\dot{U}_i}=\frac{\dot{U}_{o1}}{\dot{U}_i}\frac{\dot{U}_o}{\dot{U}_{o1}}=\frac{\dot{U}_{o1}}{\dot{U}_i}\frac{\dot{U}_o}{\dot{U}_{i2}}=A_{u1}A_{u2} \tag{11.11}$$

可见,放大电路的电压放大倍数等于每级放大电路电压放大倍数的乘积。可以证明,n 级电压放大电路的电压放大倍数为

$$A_u=A_{u1} \quad A_{u2} \quad A_{u3}\cdots A_{un} \tag{11.12}$$

应该指出,式(11.12)中从第 1 级至第 $(n-1)$ 级,每一级的放大倍数均是以后一级输入电阻作为负载时的放大倍数。只有把后级输入电阻作为前一级电路的负载时,才把级间对放大倍数的影响考虑进去了。

根据放大电路输入电阻、输出电阻的定义,阻容耦合多级放大电路的输入电阻就是第 1 级放大电路的输入电阻,即

$$r_i=r_{i1} \tag{11.13}$$

阻容耦合多级放大电路的输出电阻就是最后一级放大电路的输出电阻,即

$$r_o=r_{on} \tag{11.14}$$

需要说明的是,在具体计算输入电阻或输出电阻时,有时它们并不仅仅取决于本级的参数,也与前级或后级的某些参数相关。在选择多级放大电路的输入级和输出级的电路形式与参数时,常常首先考虑实际工作对输入电阻和输出电阻的要求,而把放大倍数的要求放在次要地位,因为放大倍数主要由中间各放大级来提供。

【例 11.5】 在图 11.17 的两级阻容耦合电压放大电路中,已知 $R_{B1}=30$ kΩ,$R_{B2}=15$ kΩ,$R'_{B1}=20$ kΩ,$R'_{B2}=10$ kΩ,$R_{C1}=3$ kΩ,$R_{C2}=2.5$ kΩ,$R_{E1}=3$ kΩ,$R_{E2}=2$ kΩ,$R_L=5$ kΩ,$C_1=C_2=C_3=50$ μF,$C_{E1}=C_{E2}=100$ μF,晶体管的 $\beta_1=\beta_2=40$,$U_{CC}=12$ V。求放大电路的静态值和电压放大倍数、输入电阻、输出电阻。信号源内阻忽略不计。

解 两级都为分压式偏置电路。前级的静态值为

$$V_{B1}\approx\frac{R_{B2}}{R_{B1}+R_{B2}}U_{CC}=\frac{15}{30+15}\times12=4 \text{ V}$$

$$I_{C1}\approx I_{E1}=\frac{V_{E1}}{R_{E1}}\approx\frac{V_{B1}}{R_{E1}}=\frac{4}{3}\approx1.3 \text{ mA}$$

$$I_{B1}=\frac{I_{C1}}{\beta_1}=\frac{1.3}{40}\approx0.033 \text{ mA}=33 \text{ μA}$$

$$U_{CE1}=U_{CC}-I_{C1}R_{C1}-I_{E1}R_{E1}\approx U_{CC}-I_{C1}(R_{C1}+R_{E1})=$$
$$12-1.3\times(3+3)=4.2 \text{ V}$$

后级的静态值为

$$V_{B2}=\frac{R'_{B2}}{R'_{B1}+R'_{B2}}U_{CC}=\frac{10}{20+10}\times12=4 \text{ V}$$

$$I_{C2} \approx I_{E2} \approx \frac{V_{B2}}{R_{E2}} = \frac{4}{2} = 2 \ \mathrm{mA}$$

$$I_{B2} = \frac{I_{C2}}{\beta_2} = \frac{2}{40} = 0.05 \mathrm{mA} = 50 \ \mu\mathrm{A}$$

$$U_{CE2} = U_{CC} - I_{C2}(R_{C2} + R_{E2}) = 12 - 2 \times (2.5 + 2) = 3 \ \mathrm{V}$$

图 11.17 所示放大电路的微变等效电路如图 11.18 所示。前级的电压放大倍数为

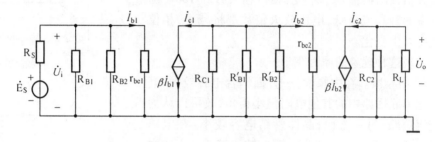

图 11.18　图 11.17 的微变等效电路

$$A_{u1} = -\beta_1 \frac{R'_{L1}}{r_{be1}}$$

其中
$$R'_{L1} = R_{C1} /\!/ r_{i2} = R_{C1} /\!/ R'_{B1} /\!/ R'_{B2} /\!/ r_{be2}$$

$$r_{be1} = 200 + (1 + \beta_1) \times \frac{26}{I_{E1}} = 200 + (1 + 40) \times \frac{26}{1.3} = 1 \ \mathrm{k\Omega}$$

$$r_{be2} = 200 + (1 + \beta_2)\frac{26}{I_{E2}} = 200 + (1 + 40) \times \frac{26}{2} = 0.73 \ \mathrm{k\Omega}$$

计算得
$$R'_{L1} \approx 0.6 \ \mathrm{k\Omega}$$

故
$$A_{u1} = -40 \times \frac{0.6}{1} \approx -24$$

后级的电压放大倍数为

$$A_{u2} = -\beta_2 \frac{R'_{L2}}{r_{be2}} = -\beta_2 \frac{R_{C2} /\!/ R_L}{r_{be2}} = -\frac{40 \times 2.5 /\!/ 5}{0.73} = -91$$

总电压放大倍数为

$$A_u = A_{u1} A_{u2} = (-24)(-91) = 2 \ 184$$

A_u 为正值，表明输出电压 $\dot{U}_o$ 与输入电压 $\dot{U}_i$ 同相。

由图 11.18 可以看出，输入电阻为

$$r_i = r_{i1} = R_{B1} /\!/ R_{B2} /\!/ r_{be1} = 30 /\!/ 15 /\!/ 1 = 0.9 \ \mathrm{k\Omega}$$

输出电阻为
$$r_o = R_{C2} = 2.5 \ \mathrm{k\Omega}$$

2. 阻容耦合电压放大电路的频率特性

在实际应用中，需要放大的交流信号往往不是单一频率的正弦波，频率范围通常在几十赫兹至上万赫兹之间。这就要求放大电路对各种频率的信号有相同的放大作用。但是在阻容耦合放大电路中，由于存在级间耦合电容、发射极旁路电容以及晶体管结电容等，其容抗与频率有关，因此当输入不同频率的正弦波信号时，电路的放大倍数便成为频率的函数，这种函数关系称为放大电路的频率特性。正弦波信号通过放大电路时，不仅信号的幅度得到放大，而且还将产生一个相位移，此时电压放大倍数 A_u 可以表示为

$$A_u = |A_u|(f)\angle\varphi(f) \qquad (11.15)$$

由式(11.15)可以看出,电压放大倍数的幅值$|A_u|$和相角φ都是频率f的函数,其中$|A_u|(f)$称为幅频特性,$\varphi(f)$称为相频特性。阻容耦合放大电路中单级电压放大电路(共发射极放大电路)的频率特性如图11.19所示。

由图11.19可以看出,在较大的中频范围内,电压放大倍数的幅值基本不变,相位移大致为180°,随着频率的升高或降低,电压放大倍数都将减小,相位移也要发生变化。

出现这种现象的原因在于:

① 中频段。在中频段,一方面耦合电容较大,其容抗比串联回路中的其他电阻值小得多,故可以认为对交流短路;另一方面,晶体管结电容较小(在电路中,可从等效为与负载并联),其容抗比其并联支路中的其他电阻值大得多,可以视为交流开路。因此,在中频段可将各种容抗的影响忽略不计,于是在中频范围内电压放大倍数及相移能够基本保持不变。

② 低频段。当频率下降时,由于隔直电容的容抗增大,不再看作短路(当频率下降至0则变为直流,此时隔直电容将等同于开路),而晶体管结电容并联在电路中,仍可认为是交流开路。随着频率的不断降低,C_1容抗不断增大,使得基极电流与集电极电流减小,最终导致放大倍数减小。当$f \to 0$时,$\varphi \to -90°$。

③ 高频段。在高频段,耦合电容以及旁路电容等大电容的容抗较小,可视为短路。但此时,并联在电路中的晶体管结电容的容抗不大,其分流作用不可忽略,这使电压放大倍数随频率的增高而降低,并使相移随频率的增高而增大。当$f \to \infty$时,相移φ接近$-270°$。

通常将中频段的电压放大倍数称为中频电压放大倍数A_{uo},并规定当电压放大倍数下降到$\dfrac{1}{\sqrt{2}}A_{uo}$(即$0.707 A_{uo}$)时,相应的低频频率和高频频率分别称为放大电路的下限频率f_L和上限频率f_H,二者之间的频率范围则称为通频带。通频带的宽度表征了放大电路对不同频率输入信号的响应能力,是放大电路的重要技术指标之一。

通过以上分析可知,阻容耦合放大电路尽管在分析、设计以及调试等方面极具优势,但其本身却存在较大的局限性。首先,阻容耦合放大电路不适用于传送缓慢变化的信号。因为这一类信号在通过耦合电容加到下一级放大电路时,将受到很大的衰减。至于直流成分,则根本不能通过电容。此外,在集成电路中,要想制造大容量的电容是很困难的,因此,阻容耦合方式在集成电路中无法采用。

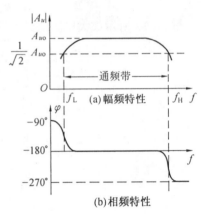

图11.19 阻容耦合单级电压放大电路的
频率特性

11.4.2 直接耦合放大电路

工业控制中的控制量,如温度、压力、流量、长度等,它们通过各种传感器转化成的电量,一般都是变化缓慢的微弱信号,必须经过放大才能驱动执行结构。为了能够放大变化缓慢的电信号,可将阻容耦合方式的耦合电容去掉,把前一级的输出直接接到后级的输入端,这样便组成了直接耦合放大电路。

1. 直接耦合方式的优缺点

直接耦合方式的一个优点是,既能放大一般的交流信号,也能放大变化缓慢的交流信号,直至直流信号。更重要的是,直接耦合方式便于集成化,实际的集成运算放大电路就是由直接耦合多级放大电路组成。但是采用直接耦合方式也带来了两个特殊问题:

(1) 前后级静态工作点相互影响。直接耦合使前后级之间存在直流通路,造成各级工作点相互影响,使放大电路不能正常工作。图 11.20 是由 NPN 型晶体管组成的两级直接耦合放大电路。由图可知,由于 $U_{CE1} = U_{BE2} = 0.7$ V,使得第一级放大电路的静态工作点接近饱和区,使动态范围减小。同时,由于 I_{RC1}

$$(= \frac{U_{CC} - U_{CE1}}{R_{C1}})$$ 较大,使第二级的基极电流 I_{B2} 较大,致

使第二级的静态工作点也会处于接近饱和区的位置。

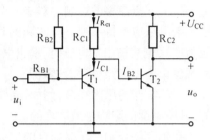

图 11.20 直接耦合电压放大电路

通常采用两种方法解决上述问题:

① 提高后级晶体管的发射极电位。具体方法是:

(a) 串入电阻 R_{E2},提高第二级射极电位 V_{E2},如图 11.21(a) 所示。第二级射极电位提高了,其基极电位也提高了,从而保证了第一级的集电极有较高的静态电位,使点 Q 工作在线性区。但是串入电阻 R_{E2} 后,将使第二级的放大倍数严重下降。

(b) 串入稳压管(须有补偿电阻 R),如图 11.21(b) 所示。稳压管的稳定电压使得静态时第二级射极有比较高的稳定电位,保证了第一级的静态工作点在线性区。同时因为稳压管的反向特性很陡,在动态时它的交流电阻很小,不至于使第二级的放大倍数严重下降。

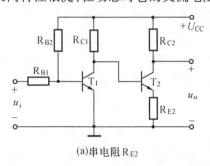

(a)串电阻R_{E2}

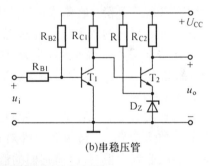

(b)串稳压管

图 11.21 改进后的直接耦合电压放大电路

② 采用 NPN - PNP 耦合方式。在图 11.21(b) 中,即使采用串入稳压管提高后级晶体管的发射极电位,也会使后级放大电路的动态范围减小;同时,当级数进一步增多时,集电极电位会逐级上升,接近电源电压值,使后级静态工作点不合适。图 11.22 电路给出了另一个解决方法。这个电路的后级采用了 PNP管,由于 PNP 管工作在放大状态时集电极电位比基极电位低,因此,即使耦合的级数增多,也不会使集电极电位逐级升高,而使各级均能获得合适的静态工作点。

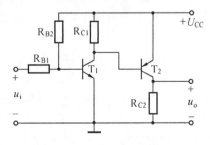

图 11.22 NPN-PNP 耦合方式放大电路

所以,这种 NPN-PNP 的耦合方式无

论在分立元件或者集成的直接耦合电路中都常常被采用。

直接耦合放大电路静态工作点的计算过程比阻容耦合电路要复杂。由于前后级之间存在直流通路,各级工作点相互影响,不能每级独立计算。在分析具体电路时,常常先找出最容易确定的环节,再计算其余各处的静态值。有时还要通过联立方程来求解。

（2）零点漂移的影响。对于一个理想的直接耦合电压放大电路,当输入信号为零时,其输出端电压应保持不变。但实际的直接耦合放大电路,将其输入端对地短接(使其输入电压为零),测其输出端电压时,输出电压并不是保持不变,而是在缓慢而无规则地变化着,这种现象称为零点漂移(简称零漂)。

引起零漂的原因很多,例如,晶体管参数的变化、电源电压的波动、电路元件参数的变化等,其中温度的影响是最严重的。

在阻容耦合和变压器耦合的多级放大电路中,零漂这种变化缓慢的信号是不会被逐级传递和放大的。但在直接耦合的多级放大电路中,零漂混同着有用信号被逐级放大,当零漂大到足以和输出的有用信号相比,以至于无法区分出有用信号时,放大电路就失去作用了。因此,必须采用有效的措施对零漂进行抑制。对于多级直接耦合放大电路,第一级的零漂要被后面逐级放大(几千倍、几万倍),因而,第一级的零漂对放大电路的影响最为严重。

零点漂移的技术指标通常用折合到放大电路输入端的零源来衡量,即将输出端的漂移电压除以电压放大倍数得到的结果。对于一个高质量的直接耦合放大电路,应当既具有较高的电压放大倍数,且零点漂移又比较低。

为了抑制零点漂移,常用以下几种措施:

① 引入直流负反馈以稳定静态工作点 Q 来减小零点漂移(分压式工作点稳定电路就是基于这种思想而提出的)。

② 利用热敏元件补偿。在集成运算放大电路中常常采用这种措施抑制零漂。

③ 将两个参数对称的放大电路连接成差动放大的结构形式,在电路中引入直流负反馈,抑制每个管子的零漂。这种措施十分有效,而且比较容易实现。实际上,集成运算放大电路的输入级基本上都是采用这种结构。下面将介绍差动放大电路的工作原理。

2. 差动放大电路

（1）差动放大电路的工作原理。图11.23为一基本差动放大电路,电路两侧元件对称,T_1、T_2 两管型号、参数均相同,因而它们的静态工作点相同。输入信号电压由两个基极加入,输出信号电压取自两个集电极电压之差,即

$$u_o = u_{c1} - u_{c2}$$

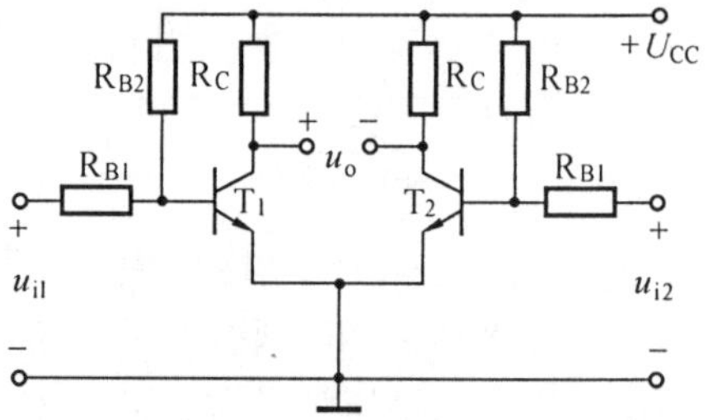

当 $u_{i1} = u_{i2} = 0$ 时,即把两个输入端对地短

图 11.23　基本差动放大电路

路,由于电路结构对称,所以 $I_{C1} = I_{C2}$,$U_{C1} = U_{C2}$,故 $u_o = U_{C1} - U_{C2} = 0$。当温度升高时,两个管子的集电极电位都将因 I_{C1} 和 I_{C2} 的增大而下降,并且两边的变化量相等,即

$$\Delta I_{C1} = \Delta I_{C2} \qquad \Delta U_{C1} = \Delta U_{C2}$$

此时,虽然两个晶体管都产生了零点漂移,但由于漂移量相同,两个管的集电极电位仍然相同,即

$$U'_{C1} = U_{C1} + \Delta U_{C1} \qquad U'_{C2} = U_{C2} + \Delta U_{C2}$$

有
$$U'_{C1} = U'_{C2}$$
所以输出电压仍然为零,即
$$u_o = U'_{C1} - U'_{C2} = 0$$

零点漂移被完全抑制。可见在对称差动放大电路中,虽然每一个晶体管都受温度影响,产生零漂,但对整个电路,由于电路的对称性,若采用了双端输出方式,能很好地抑制零漂,而不受温度影响。差动放大电路对两个晶体管所产生的漂移(不管由什么原因引起),都具有良好的抑制作用,这是它突出的优点。

(2) 典型的差动放大电路。基本差动放大电路能够抑制零点漂移是利用电路的对称性,采用了双端输出方式,但在实际中两个晶体管不可能完全对称。而且在上述电路中每个晶体管的集电极电位的漂移并未受到抑制,若从一个晶体管的集电极对地取输出信号(称为单端输出),零漂仍然存在,因此对上述电路进行改进,组成了典型差动放大电路。

图 11.24 为一典型差动放大电路,它和基本差动放大电路的区别在于多加了电阻 R_E、电位器 R_P 和负电源 E_E。下面分别介绍这三个元件的作用。

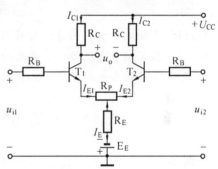

① 共模反馈电阻 R_E 的作用。R_E 接晶体管 T_1 和 T_2 的发射极,T_1、T_2 管组成共发射极放大电路。从前面对分压式偏置稳定静态工作点电路的分析可知,R_E 有稳定静态工作点,使输出电流 I_{C1}、I_{C2} 基本不变的作用,即起到了抑制每个晶体管零漂的作用。

图 11.24　典型差动放大电路

当输入信号为共模信号(两输入端的输入信号大小相等,极性相同,即零点漂移信号)时,设由于温度升高,使集电极电流 I_{C1}、I_{C2} 发生变化,但由于 R_E 的存在,使得集电极电流可保持基本不变,其稳定过程为

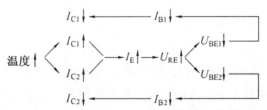

由于 R_E 的电流负反馈作用,使集电极电位基本不变,抑制了每个晶体管的零漂,从而进一步减少了输出端的漂移量。由 $U_{R_E} = I_E R_E$ 可知,R_E 越大,电流负反馈的作用越强,对零点漂移抑制的效果越好,所以,称 R_E 为共模反馈电阻。

当输入信号为差模信号(两输入端的输入信号大小相等,极性相反,即待放大的有用信号)时,设电路基本对称,则有 $\Delta I_{E1} \approx -\Delta I_{E2}$,即此时在 R_E 中流过一对大小相等、方向相反的电流,这样就使 R_E 上的电压降之和($U_{R_E} = \Delta I_{E1} R_E - \Delta I_{E2} R_E$)为零,反馈电压也就不存在了,不影响放大电路的输出,即不影响差模信号的放大效果。

总之,R_E 可以区别对待不同的信号,它对共模信号有抑制作用,对差模信号不起作用。

② 发射极负电源 E_E 的作用。为了很好地抑制零点漂移,希望 R_E 大一点好,但 R_E 增大后使放大电路的静态工作点发生了变化,即由于 U_{R_E} 增大,使 $T_1(T_2)$ 发射极电位被提高了,所以 U_{CE} 将下降,即电路的动态范围减小,影响电路的放大能力。为了解决这个问题,加入负电源 E_E。由图11.24可知,$V_{E1} = V_{E2} = I_E R_E - E_E$,若使 $E_E = I_E R_E$,则发射极的电位近似为零,使 U_{CE} 增大,从而使点 Q 不变,保证了电路有合适的静态工作点。引入 E_E 后,静态基极电流可由 E_E 提供,因此可以不接基极电阻 R_{B2},如图11.24所示。

(3) 发射极平衡电阻 R_P 的作用。由于电路不能完全对称,零输入($u_i = 0$)时,两个晶体管的工作状态可能稍有差别,使输出电压不一定为零。这时可以通过调整电位器 R_P,使两个晶体管的静态电流相同,达到双端输出时 $u_o = 0$。所以 R_P 又称调零电位器。值得注意的是 R_P 对差模信号有负反馈作用,因而一般取值较小,在几十欧到几百欧之间。

思　考　题

11.11　多级放大电路为什么有时用阻容耦合,有时用直接耦合?

11.12　阻容耦合电压放大电路的静态值如何计算? 放大电路的 A_u、r_i、r_o 如何计算?

11.13　差动放大电路是怎样抑制零漂的?

11.5　交流电压放大电路中的负反馈

反馈在电工电子技术中有着广泛的应用,人们经常采用反馈的方法来改善电路的性能,以达到预期的指标。例如,自动控制系统中引入负反馈,可以增强系统的稳定性。放大电路中引入负反馈,可以提高放大电路的工作质量,提高工作的稳定性。凡是在精度、稳定性等方面要求较高的放大电路,大都包含着某种形式的负反馈。在11.3节中,我们已经遇到过负反馈的例子,可以看到,直流电流负反馈能够稳定放大电路的静态工作点,本节将讨论交流电压放大电路中的负反馈。

11.5.1　负反馈的概念

将放大电路(或某电路系统)输出端信号(电流或电压)的一部分(或全部)通过某种电路(即反馈回路)引回到输入端的过程称为反馈,若引回的反馈信号削弱了放大电路的净输入信号称为负反馈;若增强了净输入信号则称为正反馈。

图11.25(a)和(b)分别为无反馈放大电路和有负反馈放大电路的方框图。任何带有负反馈的放大电路都包含两个部分:一个是无反馈的放大电路 A,它可以是单级或多级的;一个是反馈电路 F,它是联系输出电路和输入电路的环节,多数是由电阻、电容元件组成的。

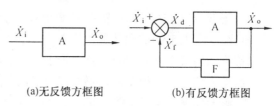

(a)无反馈方框图　　　　(b)有反馈方框图

图11.25　放大电路的方框图

图中用 $\dot{X}$ 表示信号,它既可以表示电压,也可以表示电流,并设它为正弦信号,故可用相量表示。图中箭头代表信号传递方向。$\dot{X}_i$、$\dot{X}_o$ 和 $\dot{X}_f$ 分别为输入、输出和反馈信号。$\dot{X}_f$ 和

$\dot{X}_i$ 在输入端比较（⊗是比较环节的符号），并根据图中"+"、"-"极性可得差值信号 $\dot{X}_d$（或称净输入信号），即

$$\dot{X}_d = \dot{X}_i - \dot{X}_f$$

若 $\dot{X}_f$ 与 $\dot{X}_i$ 同相，则

$$X_d = X_i - X_f$$

可见 $X_d < X_i$，即反馈信号削弱了净输入信号，即为负反馈。

11.5.2　负反馈的类型与作用

通常来讲，反馈信号本身的交、直流性质，可以分为直流反馈和交流反馈。如果反馈信号中只包含直流成分，则称为直流反馈；若反馈信号中只有交流成分，则称为交流反馈。在很多情况下，交、直流两种反馈兼而有之。根据反馈信号在放大电路输出端采样方式的不同，可以分为电压反馈和电流反馈。如果反馈信号取自输出电压，称为电压反馈；如果反馈信号取自电流，则称为电流反馈。根据反馈信号与输入信号在放大电路输入回路中求和形式的不同，可以分为串联反馈和并联反馈。如果反馈信号与输入信号在输入回路中以电压形式求和（即反馈信号与输入信号串联），称之为串联反馈；如果二者以电流形式求和（即反馈信号与输入信号并联），则称为并联反馈。

实际放大电路中的反馈形式是多种多样的，我们关注的是各种形式的交流负反馈。对此，根据反馈信号在输出端采样方式以及在输入回路中求和形式的不同，共有四种组态，分别是电压串联负反馈、电压并联负反馈、电流串联负反馈和电流并联负反馈。

下面我们将通过两个具体放大电路来分析负反馈的类型，并简要介绍负反馈的一般作用。

【例 11.6】　在图 11.13 中，若未接旁路电容 C_E，如图 11.26（a）所示，则成为有交流负反馈的放大电路。图 11.26（b）是该放大电路的交流通路（图中未画出 R_{B1}、R_{B2}），试分析其交流反馈的类型。

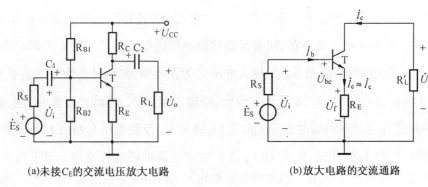

(a)未接C_E的交流电压放大电路　　　　(b)放大电路的交流通路

图 11.26　交流电压放大电路的负反馈

因未接旁路电容，交流电流 i_e 也通过射极电阻 R_E，产生的电压用 $\dot{U}_f$ 表示，如图 11.26（b）所示。$\dot{U}_f$ 引回到输入回路（$\dot{U}_f$ 为反馈电压）与输入信号电压 $\dot{U}_i$ 比较，差值电压 $\dot{U}_{be}$ 即为放大电路的净输入信号，即 $\dot{U}_{be} = \dot{U}_i - \dot{U}_f$。由此进而分析负反馈的类型。

(1)看净输入信号 $\dot{U}_{be}$ 是否被削弱。采用瞬时极性法确定 $\dot{U}_i$ 与 $\dot{U}_f$ 的极性关系,在图 11.26(b)中,设 $\dot{U}_i$ 为正半周,其瞬时极性为上正下负。电流 $\dot{i}_b$、$\dot{i}_c$、$\dot{i}_e$ 也都在正半周,实际流向与图示方向一致。所以 $\dot{U}_f$ 的瞬时极性也是上正下负。可见 $\dot{U}_f$ 与 $\dot{U}_i$ 同相位,于是 $U_{be}=U_i-U_f$,净输入信号被削弱,因而是负反馈。

(2)看被引回的反馈信号是取自输出电流还是输出电压。由于反馈电压信号 $\dot{U}_f \approx R_E \dot{i}_c$,$\dot{U}_f$ 与输出电流成正比,因而是电流反馈。

(3)看反馈电路与信号源的连接方式。在输入回路中,$\dot{U}_f$ 与 $\dot{U}_i$ 是串联关系($\dot{U}_i=\dot{U}_{be}+\dot{U}_f$,反馈元件 R_E 对输入信号 $\dot{U}_i$ 有分压作用),因而是串联反馈。

综合起来看,本放大电路的负反馈类型为电流串联负反馈。

【例11.7】 试分析图11.27所示多级交流电压放大电路中的负反馈类型。

这是一个两级共射接法的放大电路。我们首先看到的是:第二级输出端与第一级发射极之间存在交流反馈,反馈元件是电阻 R_F 和 R_{E1}。图11.27的交流通路如图11.28所示(图中 R_{B1} 和 R_{B2} 未画出)。对交流通路的分析如下。

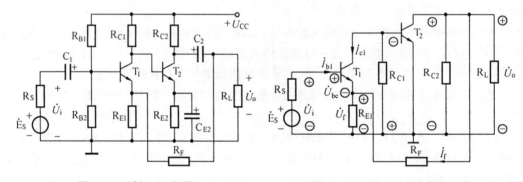

图 11.27　例 11.7 的图　　　　图 11.28　图 11.27 的交流通路

(1)净输入信号是否被削弱。放大电路的净输入信号是第一级的发射结电压 $\dot{U}_{be}$。如果无反馈($R_{E1}=0$,$R_F=\infty$),$\dot{U}_{be}=\dot{U}_i$,而有反馈时就不是这个关系了。现采用瞬时极性法确定 $\dot{U}_{be}$、$\dot{U}_i$、$\dot{U}_f$ 三者之间的相位关系。设输入电压 $\dot{U}_i$ 为正半周,其瞬时极性为上正下负,则基极电流 $\dot{i}_{b1}$ 的实际方向如图11.28所示。因此,净输入电压 $\dot{U}_{be}$ 的瞬时极性也为上正下负。下面就来判断反馈电压 $\dot{U}_f$ 的瞬时极性。由图11.28可知,反馈电压 $\dot{U}_f$ 是由 $\dot{i}_{e1}$ 和 $\dot{i}_f$ 共同作用产生的。因为 $\dot{i}_{e1}$ 与 $\dot{i}_{b1}$ 同相位,则 $\dot{i}_{e1}$ 在 R_{E1} 上产生电压降的瞬时极性为上正下负。根据单级电压放大电路的反相作用,第一级集电极对地输出电压的瞬时极性为上负下正,第二级集电极对地输出电压的瞬时极性为上正下负。由于第二级集电极对地输出电位的数值远远大于第一极发射极对地的电位值,所以,电流 $\dot{i}_f$ 是流进电阻 R_{E1} 的,故 $\dot{U}_f$ 的瞬时极性为上正下负,所以,$\dot{U}_{be}$、$\dot{U}_i$、$\dot{U}_f$ 三者同相位。于是 $U_{be}=U_i-U_f$,净输入信号被削弱,因而是负反馈。

(2)被引回的反馈信号是取自输出电流还是输出电压。

由于
$$\dot{U}_{\rm f}=(\dot{I}_{\rm cl}+\dot{I}_{\rm f})R_{\rm E1}\approx\dot{I}_{\rm f}R_{\rm E1}=\frac{R_{\rm E1}}{R_{\rm E1}+R_{\rm F}}\dot{U}_{\rm o}$$

可见,$\dot{U}_{\rm f}$ 与输出电压 $\dot{U}_{\rm o}$ 成正比,被引回的反馈信号取自输出电压,因而是电压反馈。

(3)反馈信号与信号源的连接方式。在输入端,反馈信号 $\dot{U}_{\rm f}$ 和信号源 $\dot{U}_{\rm i}$ 是串联关系 ($\dot{U}_{\rm i}=\dot{U}_{\rm be}+\dot{U}_{\rm f}$),因而是串联反馈。

综合起来看,本放大电路的负反馈类型为电压串联负反馈。

通过以上两个例题的分析可知,要判断反馈的类型,大体上可依据以下方法进行:

① 正反馈或负反馈。用瞬时极性法找出反馈信号与输入信号的瞬时极性(或相位),根据净输入信号是增加或减弱来判断。

② 电流反馈或电压反馈。根据反馈信号与输出信号的关系判断。若反馈信号与输出电流成正比,是电流反馈;若反馈信号与输出电压成正比,是电压反馈。对于共发射极放大电路来说,反馈信号取自晶体管发射极的是电流反馈;取自集电极的是电压反馈。

③ 串联反馈或并联反馈。反馈信号以电压形式引回,加到晶体管的发射极上与输入电压信号比较,是串联反馈;反馈信号以电流形式引回,加到基极上与输入电流信号比较,是并联反馈。

根据上述分析思路,请读者自行分析图 11.29 所示两个电路的反馈类型。

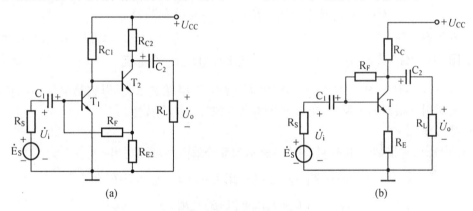

图 11.29　反馈类型分析

放大电路引入负反馈,对放大电路的工作性能会产生显著影响。负反馈的主要作用是:

① 降低放大倍数,但能提高放大倍数的稳定性;

② 减小波形失真,改善波形传输质量;

③ 加宽频带,改善频率特性;

④ 串联负反馈能使输入电阻增大,并联负反馈能使输入电阻减小;

⑤ 电流负反馈能稳定输出电流(相当于输出电阻增大),电压负反馈能稳定输出电压(相当于输出电阻减小)。

11.5.3　负反馈的典型应用电路

图 11.30(a)所示电路称为射极输出器,其中含有深度的负反馈,是负反馈的典型应用电路,因其输出信号是从晶体管发射极输出的,故而得名。从图 11.30(b)所示交流通路可

以看出,集电极是输入回路和输出回路的公共端,因而射极输出器是共集电极电路。

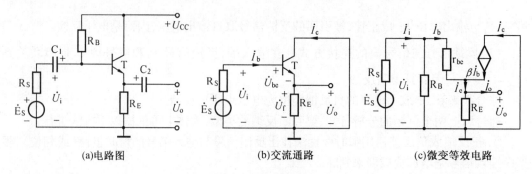

(a)电路图 (b)交流通路 (c)微变等效电路

图 11.30 射极输出器

1. 静态分析

由图 11.30(a)画出其直流通路,如图 11.31 所示。

由直流通路,有

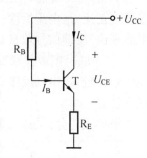

$$I_B = \frac{U_{CC} - U_{BE}}{R_B + (1+\beta) R_E} \qquad (11.16)$$

$$I_C = \beta I_B \qquad (11.17)$$

$$U_{CE} = U_{CC} - R_E I_E \approx U_{CC} - R_E I_C \qquad (11.18)$$

2. 负反馈类型

图 11.31 图 11.30(a)的直流通路

由图 11.30(b)可知,通过反馈元件 R_E 把输出电压 $\dot{U}_o$ 全部反馈到输入端($\dot{U}_f = \dot{U}_o$),从反馈类型看,因为 $\dot{U}_f$ 与 $\dot{U}_i$ 是串联关系,所以它是电压串联负反馈电路。由于引入很深的负反馈,射极输出器具有独特的动态特性。

3. 动态分析

(1)电压放大倍数。由图 11.30(c)所示微变等效电路可以写出

$$\dot{U}_i = \dot{I}_b r_{be} + \dot{I}_e R_E = \dot{I}_b r_{be} + (1+\beta) \dot{I}_b R_E = \dot{I}_b [r_{be} + (1+\beta) R_E]$$

$$\dot{U}_o = \dot{I}_e R_E = (1+\beta) \dot{I}_b R_E$$

所以

$$A_u = \frac{\dot{U}_o}{\dot{U}_i} = \frac{(1+\beta) R_E}{r_{be} + (1+\beta) R_E} \approx 1 \qquad (11.19)$$

可以看出:

① 电压放大倍数接近 1,但恒小于 1。这是因为 $r_{be} \ll (1+\beta) R_E$,所以 $\dot{U}_o \approx \dot{U}_i$,但 $\dot{U}_o$ 略小于 $\dot{U}_i$。虽然射极输出器没有电压放大作用,但因 $\dot{I}_e = (1+\beta) \dot{I}_b$,仍有电流放大和功率放大作用。

② 输出电压与输入电压同相位,且大小基本相等,因而输出电压总是跟随输入电压变化,有跟随作用。所以射极输出器又称为射极跟随器。

(2)输入电阻。射极输出器是电压串联负反馈电路。前面说过,串联负反馈能增大输入电阻。我们分析一下射极输出器,看是否如此。在图 11.30(c)的微变等效电路的输入端,输入电压 $\dot{U}_i$ 的关系式为

$$\dot{U}_i = \dot{I}_b r_{be} + \dot{I}_e R_E = \dot{I}_b [r_{be} + (1+\beta) R_E]$$

此时的输入电阻暂不考虑 R_B 的影响,即

$$r'_i = \frac{\dot{U}_i}{\dot{I}_b} = r_{be} + (1+\beta) R_E$$

把 R_B 考虑进去后的输入电阻为

$$r_i = \frac{\dot{U}_i}{\dot{I}_i} = R_B /\!/ [r_{be} + (1+\beta) R_E] \qquad (11.20)$$

由于 R_B 阻值很大(几十千欧到几百千欧),$[r_{be} + (1+\beta) R_E]$ 也很大,所以射极输出器的输入电阻确实很高。由式(11.20)还可以看出,发射极回路中的电阻 R_E 若要折合到基板回路中,需乘以 $(1+\beta)$ 倍。

(3)输出电阻。前面说过,电压负反馈能稳定输出电压,这相当输出电阻的减小。射极输出器中含有很深的电压负反馈,它的输出电阻是否很小呢? 我们来分析一下。

现用"加压求流"的方法计算射极输出器的输出电阻。

求解电路见图 11.32,先令输入信号源 $\dot{E}_S$ 为零,即将交流信号源短路,保留其内阻 R_S,R_S 与 R_B 并联后的等效电阻为 R'_S。再把 R_L 从输出端拿掉,在输出端加一交流电压 $\dot{U}_o$,求出交流电流 $\dot{I}_o$,即

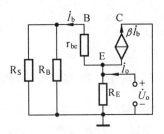

图 11.32 计算输出电阻 r_o 的等效电路

$$\dot{I}_o = \frac{\dot{U}_o}{R_E} + (1+\beta) \frac{\dot{U}_o}{R'_S + r_{be}}$$

式中,$\dfrac{\dot{U}_o}{R_E}$ 是流入 R_E 中的电流,$(1+\beta) \dfrac{\dot{U}_o}{R'_S + r_{be}}$ 是流入晶体管基极和集电极的电流。

射极输出器的输出电阻为

$$r_o = \frac{\dot{U}_o}{\dot{I}_o} = \frac{\dot{U}_o}{\dfrac{\dot{U}_o}{R_E} + (1+\beta) \dfrac{\dot{U}_o}{R'_S + r_{be}}} = \frac{1}{\dfrac{1}{R_E} + \dfrac{(1+\beta)}{R'_S + r_{be}}} = \frac{R_E (R'_S + r_{be})}{(R'_S + r_{be}) + (1+\beta) R_E} =$$

$$\frac{R_E \left(\dfrac{R'_S + r_{be}}{1+\beta} \right)}{\dfrac{R'_S + r_{be}}{1+\beta} + R_E}$$

故可把 r_o 看成是由电阻 $\dfrac{R'_S + r_{be}}{1+\beta}$ 和 R_E 并联而成。通常 $\dfrac{R'_S + r_{be}}{1+\beta} \ll R_E$,$\beta \gg 1$,故有

$$r_o \approx \frac{R'_S + r_{be}}{\beta} \qquad (11.21)$$

可见,基极回路的等效电阻 $R'_S + r_{be}$,等效到射极回路时应减小到原来的 $1/(1+\beta)$,所以射极输出器的输出电阻很小,一般只有几十欧到上百欧的数量级。

例如,若信号源内阻 $R_S = 50~\Omega$,$R_B = 120~\text{k}\Omega$,晶体管的 $\beta = 60$,$r_{be} = 0.9~\text{k}\Omega$。因为 $R_S \ll$

R_B,所以 $R'_S \approx R_S = 50$ Ω,那么

$$r_o \approx \frac{50+900}{60} = 15.8 \text{ Ω}$$

可见,射极输出器的输出电阻确实很小,它的数值比共发射极放大电路的输出电阻要小得多,因而有很强的带负载能力。

由于射极输出器具有上述特点,因而得到了广泛的应用,主要用于两个方面:

① 因为有 $\dot{U}_o \approx \dot{U}_i$,大小近似相等、相位相同的特点,射极输出器常用作电压跟随器;

② 因为有输入电阻大、输出电阻小的特点,射极输出器常用作多级放大电路的输入级、输出级或中间级。

思 考 题

11.14　如果需要稳定输出电压,并提高输入电阻,应当引入何种类型反馈?

11.15　射极输出器的主要特点是什么? 有哪些主要应用?

11.6　功率放大电路

11.6.1　功率放大的概念

在一些电子设备中,常常要求放大电路的输出级能够带动某种负载,例如驱动电表,使指针偏转;驱动扩音机的扬声器,使之发出声音;驱动自动控制系统中的执行机构等,因而要求放大电路具有足够大的输出功率,这种放大电路称为功率放大电路。

功率放大电路与电压放大电路一样,都是以晶体管为核心组成的放大电路。不同之处在于,电压放大电路的主要任务是把微弱的电压信号的幅度加以放大,然后输出较大的电压信号,而功率放大电路的主要任务是既能输出较大的电压信号,又能输出较大的电流信号,以保证一定的功率输出。一般的多级放大电路,末级都是功率放大器,如图 11.16 所示。

对于功率放大电路,通常有以下三个基本要求:

① 根据负载要求提供所需的输出功率。为此,要求放大电路的输出电压和输出电流都要有足够大的变化量。通常给出的最大输出功率 P_{om} 是指在正弦输入信号条件下,输出波形不超过规定的非线性失真指标时,放大电路最大输出电压和最大输出电流有效值的乘积。

② 具有较高的效率。放大电路输出给负载的功率是由直流电源提供的。在输出功率比较大的情况下,效率问题尤为突出。如果功率放大电路的效率不高,消耗在电路内部的电能转换成为热量,将造成直流电源能量的浪费。放大电路的效率为

$$\eta = \frac{P_o}{P_E} \times 100\% \tag{11.22}$$

式(11.22)中的 P_o 为放大电路输出给负载的功率,而 P_E 为直流电源 U_{CC} 所提供的直流功率。

③ 尽量减小非线性失真。由于在功率放大电路中,晶体管的工作点在较大范围内变化,从而充分暴露出晶体管特性曲线的非线性问题。因此,输出波形的非线性失真相比于小信号电压放大电路要严重得多。在实际的功率放大电路中,应根据负载的要求来规定允许

的失真范围。

　　输出功率、效率以及失真三者之间并非相互独立,而是有着密切的关联。由于功率放大电路中的晶体管通常工作在大信号状态,因此在分析时,不再采用微变等效电路法,而常常采用图解法进行分析。

　　放大电路通常有三种工作状态,如图 11.33 所示。在图 11.33(a)中,静态工作点 Q 约位于交流负载线中点,这种工作状态称为甲类工作状态。在甲类工作状态,不论有无输入信号,直流电源提供的功率 $P_E = U_{CC} I_C$ 不变。当无信号输入时,直流电源提供的功率全部消耗在晶体管与电阻上。当有信号输入时,其中一部分转换为有用输出功率 P_o,信号越大,则输出功率也越大。可以证明,在理想情况下,甲类功率放大电路的最高效率也只能达到 50%。

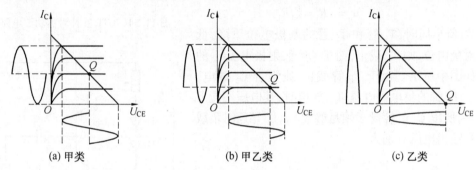

图 11.33　放大电路的工作状态

　　为了提高效率,或增加放大电路的动态工作范围,或减小电源提供的功率。而后者需要在 U_{CC} 一定的条件下使静态值 I_C 减小,即将静态工作点 Q 沿负载线下移,如图 11.33(b)所示,这种工作状态称为甲乙类工作状态。若将静态工作点 Q 下移至 $I_C \approx 0$ 处,则晶体管功耗最小,这种工作状态称为乙类工作状态,如图 11.33(c)所示。在甲乙类和乙类状态下工作时,直流电源提供的功率为 $P_E = U_{CC} \bar{I}_C$,式中 $\bar{I}_C$ 为集电极电流的平均值,而在甲类工作状态下工作时,集电极电流的静态值即为其平均值。

　　从图 11.33 可以看出,在甲乙类与乙类状态下工作,虽然能够提高效率,但却会产生严重的失真,为此需要采用互补对称放大电路,在提高效率的同时,减小信号波形的失真。

11.6.2　OTL 功率放大电路

　　无输出变压器(Output Transformer Less,OTL)互补对称放大电路原理如图 11.34 所示。

　　输入电压同时加在晶体管 T_1 和 T_2 的基极,二者发射极相连,然后通过大电容 C_2 接至负载电阻 R_L,T_1 与 T_2 类型不同,分别为 NPN 型和 PNP 型,R_{B1}、R_{B2}、D_1 和 D_2 共同组成分压式偏置电路。

　　① 静态。OTL 功率放大电路的静态电路如图 11.35 所示。调 R_{B1},使 T_1、T_2 两管的发射结正偏电压稍大于死区电压,两管便处于微导通状态($I_{C1} = I_{C2} \approx 0$),工作在甲乙类状态。此时两管的集–射电压相等(输出电容 C_2 被充电,其上电压加在 T_2 上),即

$$U_{CE1} = -U_{CE2} = \frac{1}{2} U_{CC}$$

$$V_E = \frac{1}{2} U_{CC}$$

$$U_D = U_{BE1} - U_{BE2} \quad (U_{BE2}\text{本身为负值})$$

② 动态。OTL 功率放大电路的动态电路如图 11.36 (a)所示。

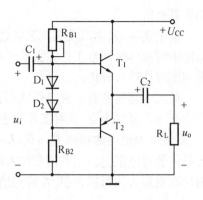

图 11.34 OTL 互补对称功放电路

T$_1$ 和 T$_2$ 两管轮流导通和截止,其过程为:若 u_i 为正半周时,T$_1$ 管和 T$_2$ 管的基极电位上升,高于发射极电位(V_E 为定值),则 T$_1$ 导通,射极电流 i_{e1} 通过 C$_2$ 流入负载 R$_L$。此时 T$_2$ 截止。负载电流和输出电压分别为

$$i_o = i_{e1}$$
$$u_o = i_o R_L = i_{e1} R_L$$

若 u_i 为负半周时,T$_1$ 管和 T$_2$ 管的基极电位下降,低于发射极电位,则 T$_1$ 截止,而 T$_2$ 导通,射极电流 i_{e2} 的方向如图中所示。由于 T$_1$ 管截止,则电容 C$_2$ 放电,相当于 T$_2$ 管的集电极电源(C$_2$ 放电时,其电压不能下降太多,所以 C$_2$ 的容量必须足够大)。T$_2$ 导通时负载电流和输出电压分别为

$$i_o = -i_{e2}$$
$$u_o = i_o R_L = -i_{e2} R_L$$

u_i、i_o 和 u_o 的波形如图 11.36(b)所示。

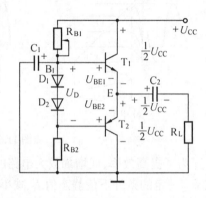

图 11.35 OTL 功率放大电路的静态电路

由以上分析可见,在输入正弦信号 u_i 的一个周期内,电流 i_{e1} 和 i_{e2} 以正反不同的方向轮流通过负载 R$_L$,在 R$_L$ 上合成一个完整的正弦输出电压 u_o。

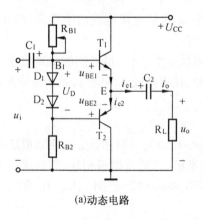

(a)动态电路

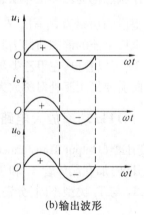

(b)输出波形

图 11.36 OTL 功率放大电路的动态电路

由于静态时两管的集电极电流很小,故其功率损耗也很小,因而提高了效率。可以证明,这种电路的最高理论效率为 78.5%。

11.6.3　OCL 功率放大电路

上面介绍的 OTL 互补对称电路中两个晶体管的发射极需要一个大电容 C_2 接到电阻 R_L 上。大电容常具有电感效应,在高频时将产生相移,而且,大容量电容显然无法用集成电路的工艺制造。为此,可以采用无输出电容(Output Capaciter Less, OCL)互补对称放大电路,如图 11.37 所示。OCL 功率放大电路中省去了大电容,将晶体管 T_1 和 T_2 的发射极连在一起后直接与输出端的负载电阻 R_L 相连。为了在 T_1 和 T_2 导电时分别提供电源,电路中需采用正负两路直流电源 U_{CC} 和 $-U_{CC}$。

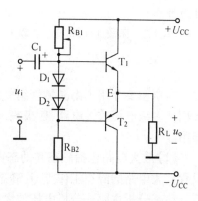

图 11.37　双电源互补对称放大电路

由于电路对称,静态时两管电流相等,负载电阻 R_L 中无电流通过,即两管的发射极电位 $V_E = 0$。当有输入信号时,在输入正弦电压 u_i 的正半周,晶体管 T_1 导通,T_2 截止,有正向电流流过负载 R_L;在 u_i 的负半周 T_2 导通,T_1 截止,R_L 上电流反向,在负载 R_L 上合成一个完整的正弦输出电压 u_o。

OCL 电路省去了大电容,既改善了低频响应,又有利于实现集成化,其输出最大功率时的效率约为 78.5%,与 OTL 相同,因而得到了更为广泛的应用。OCL 电路存在的主要问题是,两个晶体管的发射极直接连接到负载电阻上,如果静态工作点失调或电路内元器件损坏,将造成一个较大的电流长时间流过负载,从而可能导致电路和负载设备的损坏。为了预防出现此种情况,实际应用中常常在负载回路接入熔断丝作为保护。

11.6.4　集成功率放大电路

目前,国内外厂家已生产出多种型号的集成功率放大器,它的应用愈来愈广泛,将逐步取代分立元件的功率放大电路。现以 LM386 为例作简单介绍(见图 11.38)。LM386 是通用低压集成功率放大电路的一个代表品种。它功耗低(静态电流 4 mA),工作电源电压范围宽(4～12 V),外接元件少,调整方便,被广泛应用于收录音机、电子琴及通信电子设备等产品中。它的内部是由输入级、中间级和输出级三部分组成。输入级是抑制零漂效果显著的差动放大电路;中间级是电压放大倍数高的共发射

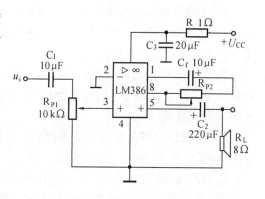

图 11.38　集成功率放大电路示例

极放大电路;输出级是互补对称功率放大电路,由于 LM386 是单电源功率放大电路,所以输出端与负载之间必须串接一个大电容,接成 OTL 电路形式。

图 11.38 是 LM386 的一个应用电路。调节可变电阻 R_{P2} 可调节电压放大倍数,从而改变输出功率。图中的 R、C_3 是电源去耦电路,可滤掉电源中的高频交流分量。

思 考 题

11.16　对功率放大电路的基本要求是什么? 功率放大电路的乙类和甲乙类工作状态有何特点?

11.17　在图11.36中,电容C_2起什么作用?

本 章 小 结

本章主要介绍了由晶体管组成的基本放大电路,包括交流电压放大电路、阻容耦合及直接耦合多级电压放大电路、射极输出器和功率放大电路,并讨论了放大电路中的负反馈及其作用。

(1)放大电路包括静态和动态两种工作状态。在电压放大电路中,静态分析就是合理设置放大电路的静态工作点Q,静态工作点由U_{BE}、I_B、I_C、U_{CE}决定,一般采用估算法求静态值。动态分析主要是分析电压放大倍数、输入电阻和输出电阻。一般常采用微变等效电路法确定A_u、r_i、r_o。

(2)为了提高放大电路的工作质量,改善放大电路工作的稳定性,在放大电路中引入负反馈电路。负反馈包括直流负反馈和交流负反馈。放大电路引入直流负反馈,可以稳定静态工作点。引入交流负反馈可以改善放大电路动态工作性能,即增强放大倍数的稳定性、提高放大电路的带负载能力、改善波形传输质量、展宽通频带等。

负反馈共有电流串联负反馈、电压串联负反馈、电流并联负反馈、电压并联负反馈四种类型。其中,并联负反馈使输入电阻减小,串联负反馈使输入电阻增大。电流负反馈稳定输出电流(使输出电阻增大),电压负反馈稳定输出电压(使输出电阻减小)。

要判断负反馈的类型可按如下方法进行:

① 用瞬时极性法找出反馈信号与输入信号的瞬时极性,如果净输入信号被削弱即为负反馈。

② 如果反馈信号与输出电流成正比(共发射极放大电路,反馈信号从晶体管的发射极取出)即为电流反馈。如果反馈信号与输出电压成正比(共发射极放大电路,反馈信号从晶体管的集电极取出)即为电压反馈。

③ 如果反馈信号以电流的形式引回输入端(加到晶体管的基极),与输入电流比较即为并联反馈。如果反馈信号以电压的形式引回输入端(加到晶体管的发射极),与输入电压比较即为串联反馈。

(3)射极输出器是负反馈的典型应用电路,存在电压串联负反馈。它具有输入电阻高,输出电阻低,输入、输出电压同相位,电压放大倍数近似等于1等特点,因而常用作多级放大电路的输入级、输出级或中间级以及电压跟随器。

(4)为了带动负载,放大电路的末级需要采用功率放大电路。对功率放大电路的基本要求是在输出信号不失真的情况下尽可能输出较大的功率和有较高的效率,因而功率放大电路一般工作在甲乙类工作状态。

(5)多级放大电路的连接方式常采用阻容耦合和直接耦合。阻容耦合放大电路只能放大交流信号,不能放大直流信号。而直接耦合放大电路既能放大交流信号,又能放大直流信号,由于不需要大电容耦合,被广泛应用于集成电路中。

本章内容是电子技术中的最重要、最基础的知识,要求熟练掌握。

习　题

11.1　试判断题图 11.1 所示各电路能否放大交流信号? 为什么?

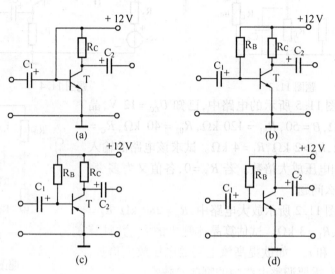

题图 11.1

11.2　晶体管放大电路如题图 11.2 所示,已知 $U_{CC} = 12$ V,$R_C = 3$ kΩ,$R_B = 240$ kΩ,晶体管的 β 为 40,$R_L = 6$ kΩ。试求:

（1）静态值 I_B、I_C、U_{CE}。

（2）电压放大倍数 A_u。

（3）如果不带负载,再求 A_u。

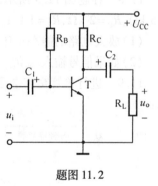

题图 11.2

11.3　题图 11.3 为一分压式偏置放大电路。已知 $R_{B1} = 60$ kΩ,$R_{B2} = 20$ kΩ,$R_C = 3$ kΩ,$R_E = 2$ kΩ,$R_L = 6$ kΩ,$U_{CC} = 12$ V,$\beta = 60$。试求:

（1）I_B、I_C、U_{CE};

（2）画出微变等效电路;

（3）计算 A_u;

（4）计算 r_i 和 r_o。

11.4　比较题图 11.2 和题图 11.3 两个放大电路的优缺点,具体说明题图 11.3 电路中 R_{B2}、R_E 及 C_E 的作用。

11.5　在题图 11.4 所示的放大电路中,设 $U_{CC} = 10$ V,$R_E = 5.6$ kΩ,$R_B = 240$ kΩ,$\beta = 40$,$R_S = 10$ kΩ。试估算静态工作点,并计算其电流放大倍数、电压放大倍数以及输入、输出电阻。

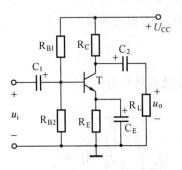

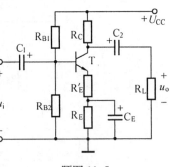

题图11.3　　　　　　　　　　　　　　　　题图11.4

11.6　在题图11.5所示的电路中,已知 $U_{CC} = 12$ V,晶体管的 $r_{be} = 1$ kΩ,$\beta = 50$,$R_{B1} = 120$ kΩ,$R_{B2} = 40$ kΩ,$R_C = 4$ kΩ,$R'_E = 100$ Ω,$R_E = 2$ kΩ,$R_L = 4$ kΩ。试求该电路的输入电阻、输出电阻和电压放大倍数。若 $R'_E = 0$,各值又为多少? 两组结果说明什么问题?

11.7　在题图11.2所示放大电路中,$R_B = 280$ kΩ,$R_C = 3$ kΩ,$U_{CC} = 12$ V,$R_L = 3$ kΩ。试估算晶体管 T 的 r_{be},并计算放大电路的 A_u、r_i 和 r_o。如欲提高该电路的电压放大倍数,可采用何种措施? 需要调整电路中的哪些参数?

题图11.5

11.8　在题图11.3所示的分压偏置放大电路中,工作点稳定,已知 $R_{B1} = 2.5$ kΩ,$R_{B2} = 7.5$ kΩ,$R_C = 2$ kΩ,$R_E = 1$ kΩ,$R_L = 2$ kΩ,$U_{CC} = 12$ V,晶体管 T 的 $\beta = 30$。试求:

(1)放大电路的静态工作点,以及电压放大倍数、输入电阻和输出电阻。

(2)如果信号输入端 $R_S = 10$ kΩ,则此时的电压放大倍数为多少?

11.9　进行单管交流电压放大电路实验的线路及所使用的仪器如题图11.6所示。试求:

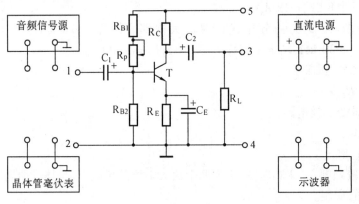

题图11.6

(1)请将各仪器与放大电路正确连接起来。

(2)说明如何通过观察输出电压波形来调整静态工作点?

(3)如果发现输出电压波形的上半波失真,这是何种失真? 如果发现输出波形的下半波失真,这又是何种失真? 两种失真怎样调整才能消除?

11.10　如果在11.9题中出现如下现象,试分析其原因或电路出现何种故障(设各仪器与放大电路完好,且连接正确)。

(1)静态工作点虽然已调到最佳位置,但输出电压波形仍有失真;

(2)输入信号 u_i 的幅值不变,静态工作点不变,将信号源的频率减小到某一数值后,输出无电压波形;

(3)输入信号 u_i 的幅值及频率不变,静态工作点不变,但输出电压波形的幅度明显减小;

(4)输出电压波形含有直流分量。

11.11　在题图 11.7 所示的放大电路中,晶体管的 $\beta=50$, $r_{be}=1\ k\Omega$,信号源的 $E_S=10\ mV$,$R_S=0.5\ k\Omega$。试求:

(1)U_{o1}、U_{o2} 和 U_o;

(2)当信号源波形为如图所示的正弦波时,试画出输出电压 $\dot{U}_{o1}$ 和 $\dot{U}_{o2}$ 的波形。

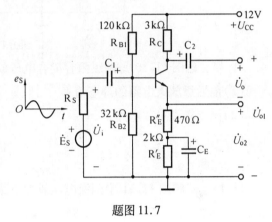

题图 11.7

11.12　放大电路如题图 11.8(a)所示,图中晶体管 T 的输出特性以及放大电路的交直流负载线如题图 11.8(b)所示。试求:

(1)R_B、R_C、R_L。

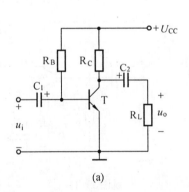

(a)

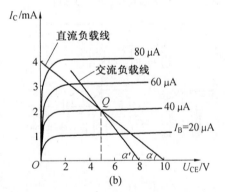

(b)

题图 11.8

(2)不产生失真的最大输入电压 U_{iM}。

(3)若不断加大输入电压的幅值,该电路首先出现何种性质的失真? 调节电路中的哪个电阻能够消除此失真? 如何调节?

(4)将 R_L 电阻调大,对交、直流负载线会产生什么影响?

(5)若电路中其他参数不变,只将晶体管换成 β 值小一半的管子,此时 I_B、I_C、U_{CE} 以及 $|A_u|$ 将如何变化?

11.13　两级阻容耦合电压放大电路如题图 11.9 所示,已知 $r_{be1}=1\ k\Omega$,$r_{be2}=1.47\ k\Omega$,$\beta_1=50$,$\beta_2=80$。试求:

(1)放大电路各级的输入电阻和输出电阻。

(2)各级放大电路的电压放大倍数和总的电压放大倍数(设 $R_S=0$)。

（3）若 $R_S=600\ \Omega$，当信号源电压有效值 $E_S=8\ \mu V$ 时，放大电路的输出电压是多少？

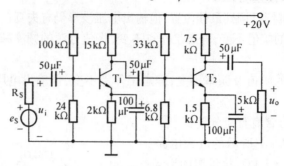

题图 11.9

11.14　题图 11.10 是两级阻容耦合电压放大电路，已知 $\beta_1=\beta_2=50$。试求：

（1）前后级放大电路的静态值；

（2）画出微变等效电路；

（3）A_{u1}、A_{u2}、A_u；

（4）r_i 和 r_o。

11.15　求题图 11.11 中两级电压放大电路的输入电阻、输出电阻及电压放大倍数。已知，$\beta_1=\beta_2=50$，$U_{CC}=24\ V$，$r_{be1}=2.85\ k\Omega$，$r_{be2}=1.6\ k\Omega$，$R_B=1\ M\Omega$，$R_{E1}=27\ k\Omega$，$R'_{B1}=82\ k\Omega$，$R'_{B2}=43\ k\Omega$，$R_{C2}=10\ k\Omega$，$R'_{E2}=7.5\ k\Omega$，$R''_{E2}=510\ \Omega$。

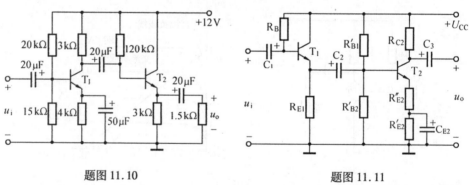

题图 11.10　　　　　　　　　题图 11.11

11.16　题图 11.12 是由 T_1 和 T_2 组成的复合管，各管的电流放大系数分别为 β_1 和 β_2，输入电阻为 r_{be1} 和 r_{be2}。试证明复合管的电流放大系数为 $\beta=\beta_1\beta_2$，输入电阻 $r_{be}\approx\beta_1 r_{be2}$。由此说明采用复合管有何好处？

11.17　在题图 11.13 给出的两级直接耦合放大电路中，已知 $R_B=240\ k\Omega$，$R_{C1}=3.9\ k\Omega$，$R_{C2}=500\ \Omega$，稳压管 D_Z 的工作电压 $U_{DZ}=4\ V$，$\beta_1=45$，$\beta_2=40$，$U_{CC}=24\ V$。试计算放大电路各级的静态工作点。如果静态值 I_{C1} 由于温度的升高而增加 1%，试计算静态输出电压 U_o 的变化量。

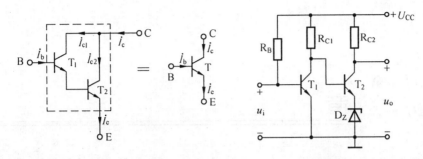

题图 11.12　　　　　　　　题图 11.13

11.18　判断题图 11.14 所示各电路存在什么类型的交流反馈。

11.19　如果需要实现下列要求,交流放大电路中应引入哪种类型的负反馈?

(1)要求输出电压 U_o 基本稳定,并能提高输入电阻;

(2)要求输出电流基本稳定,并能提高输入电阻;

(3)要求提高输入电阻,减小输出电阻。

11.20　试画出能使输出电压 U_o 比较稳定、输出电阻小,而输入电阻大信号源负担小的负反馈放大电路。

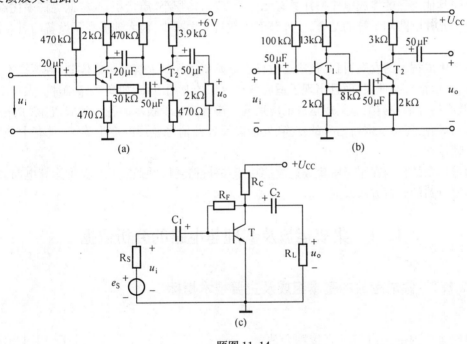

题图 11.14

第12章

集成运算放大电路

运算放大器(以下简称运放)是一种具有极高电压放大倍数和深度负反馈的多级直接耦合放大电路,因初期用于模拟计算机进行多种数学运算而得此名。早期的运放是由分立元件组成的,随着电子技术的发展和半导体工艺的不断完善,20世纪60年代初出现了集成运放,其特点是将半导体管、电阻元件和引线都制作在一块硅片上,成为一个单元部件。集成运放同其他类型的集成电路一样具有元件密度高、体积小、质量小、成本低等许多优点,而且实现了元件电路和系统的结合,使外部引线数目大大减少,极大地提高了设备的可靠性和稳定性。

随着集成技术的发展,目前集成运放已由原始型进入到大规模集成体制,各项技术指标不断改善,价格日益低廉,而且出现了适应各种要求的专用电路,如高速、高阻抗、大功率、低功耗、低漂移等多种类型。集成运放的应用几乎渗透到电子技术的各个领域,它除了用来进行信号的运算,还可以进行信号的变换、处理以及各种信号波形的产生等等,具有十分广泛的应用领域。

学习本章的目的在于了解集成运放的功能和外部特性,并通过几种典型运算电路,掌握集成运放电路的分析方法及应用。

12.1　集成运放及其理想电路的分析依据

12.1.1　集成运放的基本组成及主要技术指标

1. 基本组成

集成运放内部是由多级直接耦合放大电路组成,其中包括输入级、中间级、输出级和偏置电路四个部分,其框图如图12.1所示。其中输入级是决定整个电路性能的关键部分,一般采用差动放大的形式,以减小零点漂移的影响;中间级主要是提供电压放大倍数,它一般由二、三级直接耦合共射放

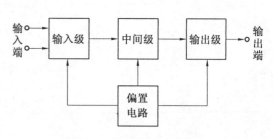

图12.1　集成运放的方框图

大电路组成;输出级多采用互补对称功率放大电路或射级输出器,为了提供一定功率,减小输出电阻,提高带负载能力。

目前常用的集成运放多是采用双列直插式,其外形如图12.2(a)所示。集成运放有许多引线端(引脚),通常包括:两个输入端、一个输出端、正负电源端、接地端和调零端等。集成运放在电路中用图 12.2(b)中的符号来表示。其中 u_-、u_+ 为输入端,A_{uo} 为开环电压放大倍数,电源及调零端常省略不画。

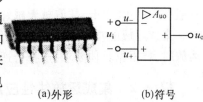

(a)外形　　(b)符号

图 12.2　集成运放外形和电路符号

由 u_- 端输入信号时,输出信号 u_o 与输入信号反相(或极性相反),故 u_- 端称为反相输入端,用"-"号表示;由 u_+ 端输入信号时,输出信号 u_o 与输入信号同相(或极性相同),故 u_+ 端称为同相输入端,用"+"号表示。

2. 主要技术指标

集成运放的性能可用一些参数来表征。为了合理选择和正确使用集成运放,必须了解这些参数的意义。

(1)开环电压放大倍数 A_{uo}(又称开环电压增益)。开环电压放大倍数是指运放输出端和输入端之间没有外接元件(即无反馈)时,输出端开路,在两输入端 u_-、u_+ 之间加一个低频小信号电压时所测出的电压放大倍数。A_{uo} 愈大,运算精度就愈高。实际运放的 A_{uo} 一般为 $10^4 \sim 10^7$。

(2)最大输出电压 U_{om}。运放在不失真的条件下输出的最大电压称为运放的最大输出电压。它可以通过运放的开环电压传输特性曲线直观地反映出来,如图 12.3 所示。由曲线可以看出,在线性工作区内,运放的输出电压 u_o 与输入电压 u_i 之间呈线性关系,即

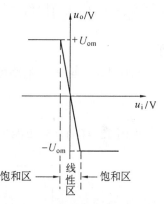

$$u_o = -A_{uo}u_i \qquad (12.1)$$

该段曲线的斜率即为运放的开环电压放大倍数 A_{uo}。当 $|u_i|$ 大于某一值后,$|u_o|$ 趋于一定值,该值即为运放的最大输出电压 U_{om},其大小接近正、负电源的电压,此电压也称为运放的输出饱和电压。在饱和区,运放已进入非线性工作状态,即 $u_o \neq -A_{uo}u_i$。运放在非线性应用时就工作在此状态。

图 12.3　集成运放的开环传输特性曲线

(3)差模输入电阻 r_{id}。差模输入电阻是指运放开环时,两输入端之间的输入电压变化量与由它引起的输入电流变化量之比。它反映了运放输入端向信号源取用电流的大小,r_{id} 越大越好。运放由于采用了差动式输入电路,r_{id} 阻值很高,可达到兆欧量级。

(4)输出电阻 r_o。它反映了运放在小信号输出时的负载能力,r_o 愈小愈好。运放的输出电阻因采用互补对称式输出电路而阻值较低,一般只有几十欧。

(5)共模抑制比 K_{CMRR}。它等于差模电压放大倍数 A_{od} 与共模电压放大倍数 A_{oc} 之比的绝对值,即

$$K_{CMRR} = \left| \frac{A_{od}}{A_{oc}} \right|$$

K_{CMRR} 常用分贝(dB)表示,即

$$K_{CMRR} = 20 \lg \left| \frac{A_{od}}{A_{oc}} \right|$$

一般在 100 dB 以上,其值越大越好。

集成运放的技术参数很多,它们的意义只有结合具体应用才能正确领会。在选用集成运放时,要根据具体要求,选择合适的型号。

12.1.2　集成运放线性应用的分析依据

在分析集成运放的应用电路时,为了简化分析过程,可将集成运放理想化,即:

① 开环电压放大倍数 $A_{uo} = \infty$;

② 输入电阻 $r_{id} = \infty$;

③ 输出电阻 $r_o = 0$;

④ 共模抑制比 $K_{CMRR} = \infty$。

集成运放经过理想化处理后,可以从以下分析中得到三个重要结论。由图 12.4(a)所示电路可知,当理想运放工作在线性区时,输出电压

$$u_o = -A_{uo}(u_- - u_+)$$

$$u_+ - u_- = \frac{u_o}{A_{uo}}$$

由于 $A_{uo} = \infty$,u_o 为有限值,所以

$$u_+ - u_- = 0$$

即

$$u_+ = u_-$$

由图 12.4(b)所示电路可知,由于 $r_{id} = \infty$,因而流入理想运放输入端的电流等于零,即

$$i_+ = 0$$

$$i_- = 0$$

由图 12.4(c)所示电路可知,当同相输入端接地时,$u_+ = 0$,所以 $u_- = 0$。

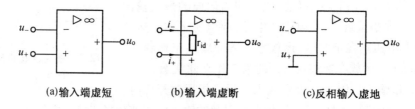

(a)输入端虚短　　　　　(b)输入端虚断　　　　　(c)反相输入虚地

图 12.4　理想运放的几个重要关系

理想运放工作在线性区的三个结论:

① 同相输入端和反相输入端的电位相等,即

$$u_+ = u_- \tag{12.2}$$

同相输入端和反相输入端之间相当于短路,但实际上不能短路,称为"虚短"。

② 流过同相输入端和反相输入端的电流等于零,即

$$i_+ = i_- = 0 \tag{12.3}$$

同相输入端和反相输入端之间相当于断路,但实际上不能断路,称为"虚断"。

③ 当同相输入端接地时,则

$$u_- = 0 \tag{12.4}$$

反相输入端相当于接地,但实际上不能接地,称为"虚地"。

上面三条结论是分析集成运放线性应用的重要依据,有了这三个依据,各种运算电路的分析计算就变得十分简单了。

由于实际运放的技术指标与理想运放十分接近,因此用理想运放代替实际运放所带来的误差很小。

运放的应用范围很广,下面我们主要介绍常用的基本运算电路、常用的线性应用电路及非线性应用电路。

思 考 题

12.1 什么是理想运算放大器?理想运算放大器工作在线性区和饱和区各有什么特点?

12.2 理想运放工作在线性区的分析依据是什么?

12.2 集成运放的基本运算电路

集成运放工作在线性区时,能完成比例、加法、减法、积分与微分、对数与反对数以及乘除等运算,本书只介绍前面几种。

12.2.1 比例运算电路

1. 反相比例运算电路

图 12.5 为反相比例运算电路,输入信号 u_i 经过电阻 R_1 接到反相输入端,同相输入端经过电阻 R_2 接地。为使运放工作在线性区,输出电压 u_o 经反馈电阻 R_F 反馈到反相输入端,形成负反馈。

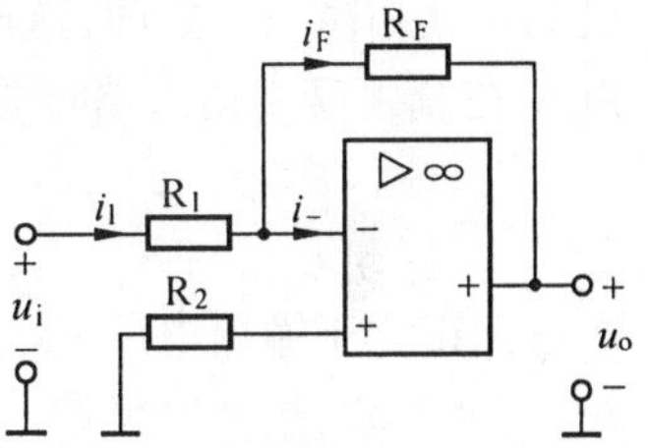

下面从理想运放工作在线性区的三条依据出发,分析该运算电路的比例关系。

图 12.5 反相比例运算电路

根据式(12.3),$i_- = 0$,所以

$$i_1 = i_F$$

而

$$i_1 = \frac{u_i - u_-}{R_1} \quad i_F = \frac{u_- - u_o}{R_F}$$

根据式(12.2)和式(12.4),$u_- = u_+ = 0$,所以

$$i_1 = \frac{u_i}{R_1} \quad i_F = \frac{-u_o}{R_F}$$

$$\frac{u_i}{R_1} = -\frac{u_o}{R_F}$$

$$u_o = -\frac{R_F}{R_1} u_i \tag{12.5}$$

可见输出电压与输入电压为比例关系,负号表明二者极性相反,故称为反相比例运算电路。

由于此时运放不是工作在开环状态,所以得到的电压放大倍数称为闭环电压放大倍数。用 A_{uf} 表示,即

$$A_{uf} = \frac{u_o}{u_i} = -\frac{R_F}{R_1} \tag{12.6}$$

R_2 是静态平衡电阻。为了保证运放的两个输入端在静态时处于对称的平衡状态,应使两输入端对地的电阻相等。也就是说,当输入信号 $u_i = 0$ 时,输出信号 $u_o = 0$,此时可以认为 R_1 和 R_F 并联接到反相输入端,因此 R_2 的大小应为

$$R_2 = R_1 /\!/ R_F \tag{12.7}$$

反相比例运算电路的一个特例是当 $R_F = R_1$ 时, $A_{uf} = -1$。说明输出电压信号 u_o 与输入电压信号 u_i 大小相等,极性相反。此时的反相比例运算电路称为反相器或反号器。

综上所述,对反相比例运算电路可以做出以下结论:

① 反相比例运算电路的电压放大倍数为

$$A_{uf} = -\frac{R_F}{R_1}$$

此式表明输出电压与输入电压为比例关系,输出电压与输入电压反相位。

② 比例系数 R_F/R_1 的精度取决于电阻 R_F 与 R_1,与集成运放的参数无关。只要 R_F 和 R_1 的阻值足够精确和稳定,就可以保证运算的精度和稳定性。

③ 当 $R_F = R_1$ 时, $A_{uf} = -1$,反相比例运算电路称为反相器或反号器,常用于信号的反相或反号运算。

④ 电阻 R_1 和 R_F 构成反馈网络,形成一个深度的并联电压负反馈。因为 R_F 跨接在输出端和反相输入端之间,这两个端口电位的瞬时极性是反相的,所以反馈电流 i_F 和输入电流 i_1 在流入反相输入端时总是反相的,因而削弱了净输入电流 i_-($=i_1-i_F$),是负反馈;并且

$$i_F = -\frac{u_o}{R_F}$$

取自并正比于输出电压 u_o,是电压反馈;反馈信号与输入信号在输入端以电流的形式作比较,两者并联,是并联反馈。总之,反相比例运算引入了深度并联电压负反馈。

【例 12.1】 在图 12.6 所示电路中,若电阻 R_F 支路对 R_3 和 R_4 电路的分流作用很小,可以忽略不计。试求:(1) A_{uf} 的表达式;(2)分析电路的功能。

解 (1)这是一个反相输入运算电路,由于 $u_+ = u_- = 0$,则

$$i_1 = \frac{u_i}{R_1} \qquad i_F = \frac{-u_o'}{R_F}$$

所以

$$u_o' = -\frac{R_F}{R_1} u_i$$

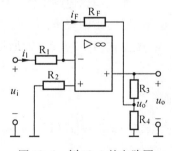

图 12.6 例 12.1 的电路图

又因为 R_F 对 R_3、R_4 的分流作用可以忽略,故 u_o' 又可由 R_3 和 R_4 对 u_o 的分压,得

$$u_o' = \frac{R_4}{R_3 + R_4} u_o$$

故
$$-\frac{R_F}{R_1}u_i = \frac{R_4}{R_3+R_4}u_o$$

$$u_o = -\frac{R_F}{R_1}(1+\frac{R_3}{R_4})u_i$$

$$A_{uf} = \frac{u_o}{u_i} = -\frac{R_F}{R_1}(1+\frac{R_3}{R_4})$$

（2）可见该电路也是一个反相比例运算电路，不同的是 A_{uf} 不仅取决于电阻 R_F 与 R_1 的比值，还与电阻 R_3 和 R_4 有关，这样可以通过选择阻值较小的电阻，以获得较高的电压放大倍数。

2. 同相比例运算电路

同相比例运算电路的输入信号是从同相输入端引入的。但为了保证电路稳定工作在线性区，反馈电阻 R_F 仍须接到反相输入端形成负反馈，电路如图 12.7 所示。根据理想运放工作在线性区时的分析依据，由图 12.7 可知

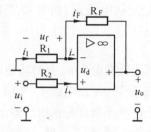

$$i_+ = i_- = 0 \quad u_- = u_+ = u_i$$

$$i_1 = -\frac{u_-}{R_1} = -\frac{u_i}{R_1}$$

图 12.7 同相比例运算电路

$$i_F = \frac{u_- - u_o}{R_F} = \frac{u_i - u_o}{R_F}$$

$$i_1 = i_F$$

故
$$-\frac{u_i}{R_1} = \frac{u_i - u_o}{R_F}$$

整理得
$$u_o = (1+\frac{R_F}{R_1})u_i \tag{12.8}$$

$$A_{uf} = 1 + \frac{R_F}{R_1} \tag{12.9}$$

静态平衡电阻 $R_2 = R_1 /\!/ R_F$。

同相比例运算电路也有一个特例，即当 $R_F = 0$ 或 $R_1 = \infty$ 时，$A_{uf} = 1$，$u_o = u_i$，说明输出电压信号 u_o 与输入信号 u_i 大小相等，极性相同。此时的同相比例运算电路称为电压跟随器或同号器，其电路如图 12.8 所示。

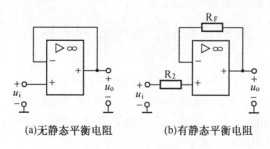

(a)无静态平衡电阻　　(b)有静态平衡电阻

图 12.8 电压跟随器

综上所述，对同相比例运算电路也可以得出以下结论：

① 同相比例运算的电压放大倍数为

$$A_{uf} = 1 + \frac{R_F}{R_1}$$

表明输出电压与输入电压的比值总是大于或等于1,输出电压与输入电压极性相同。

② 比例系数的精度取决于电阻 R_F 与 R_1,与集成运放的参数无关。

③ 当 $R_F = 0$ 或 $R_1 = \infty$ 时,$A_{uf} = 1$。此时的同相比例运算电路称为同号器或电压跟随器,常用作多级放大电路的输入或输出级,其作用同分立元件的电压跟随器(共集电极放大电路)相同。

④ 由于 $u_- = u_+ = u_i \neq 0$,所以同相比例运算电路的反相输入端不是虚地。

⑤ 反馈网络仍由电阻 R_1 和 R_F 构成,形成一个深度串联电压负反馈。此时反馈信号是 R_1 上的电压 u_F,如图 12.7 所示,且

$$u_F = \frac{R_1}{R_1 + R_F} u_o$$

因为反馈电压 u_F 是对输出电压 u_o 的分压,而输出电压 u_o 与输入电压 u_i 的瞬时极性是同相的,所以,反馈电压 u_F 与输入电压 u_i 同相,则净输入电压 $u_d (= u_i - u_F)$ 被削弱,是负反馈;且反馈电压取自并正比于输出电压,是电压反馈;反馈信号又与输入信号在输入端以电压的形式作比较,两者串联,是串联反馈。

【例 12.2】 在图 12.9 所示的运算电路中,已知 $u_i = 1$ V,$R_1 = R_{F1} = 10$ kΩ,$R_4 = 20$ kΩ,$R_{F2} = 100$ kΩ,求输出电压 u_o 及静态平衡电阻 R_2、R_3。

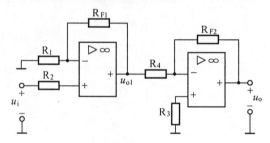

图 12.9　例 12.2 的电路图

解　这是两级运算电路,第一级为同相比例运算电路,其输出电压为

$$u_{o1} = \left(1 + \frac{R_{F1}}{R_1}\right) u_i = (1+1) \times 1 = 2 \text{ V}$$

第二级为反相比例运算电路,其输出电压为

$$u_o = -\frac{R_{F2}}{R_4} u_{i2} = -\frac{R_{F2}}{R_4} u_{o1} = -\frac{100}{20} \times 2 = -10 \text{ V}$$

静态平衡电阻为

$$R_2 = R_{F1} /\!/ R_1 = 10 /\!/ 10 = 5 \text{ k}\Omega$$
$$R_3 = R_{F2} /\!/ R_4 = 100 /\!/ 20 \approx 16.7 \text{ k}\Omega$$

【例 12.3】　电路如图 12.10 所示,① 试推导出输出电压 u_o 的表达式;② 若实现 $u_o = 0.5 u_i$,应如何选择各电阻的阻值。

解　① 此电路也是同相比例运算电路,但同相输入端的电位不是 u_i,而是

$$u_+ = \frac{R_3}{R_2 + R_3} u_i$$

由于
$$i_1 = i_F$$

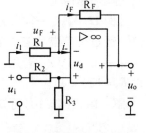

故
$$\frac{0 - u_-}{R_1} = \frac{u_- - u_o}{R_F}$$

根据虚短有

$$u_- = u_+ = \frac{R_3}{R_2 + R_3} u_i$$

则代入上式,可得

$$u_o = (1 + \frac{R_F}{R_1}) u_+ = (1 + \frac{R_F}{R_1}) \frac{R_3}{R_2 + R_3} u_i$$

图 12.10　同相比例运算电路之二

② 若实现 $u_o = 0.5\ u_i$,则需

$$(1 + \frac{R_F}{R_1}) \frac{R_3}{R_2 + R_3} = 0.5$$

可取 $R_1 = \infty$,即开路,$R_2 = R_3 = 10\ \text{k}\Omega$,$R_F = R_2 /\!/ R_3 = 5\ \text{k}\Omega$。注意此运算式利用图 12.7 的同相比例运算电路是实现不了的,因为 $A_{uf} = 1 + \dfrac{R_F}{R_1} \geqslant 1$。

12.2.2　加法运算电路

如果在反相输入端增加若干个输入电路,则构成反相加法运算电路,如图 12.11 所示。

在图 12.11 中,设有三个输入信号 u_{i1}、u_{i2} 和 u_{i3}。由于反相输入端为虚地,故

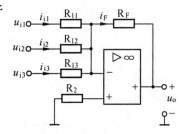

$$i_{i1} = \frac{u_{i1}}{R_{11}}$$

$$i_{i2} = \frac{u_{i2}}{R_{12}}$$

$$i_{i3} = \frac{u_{i3}}{R_{13}}$$

图 12.11　求和运算电路

$$i_F = \frac{-u_o}{R_F}$$

而
$$i_{i1} + i_{i2} + i_{i3} = i_F$$

即
$$\frac{u_{i1}}{R_{11}} + \frac{u_{i2}}{R_{12}} + \frac{u_{i3}}{R_{13}} = -\frac{u_o}{R_F}$$

整理得
$$u_o = -(\frac{R_F}{R_{11}} u_{i1} + \frac{R_F}{R_{12}} u_{i2} + \frac{R_F}{R_{13}} u_{i3}) \qquad (12.10)$$

若取 $R_{11} = R_{12} = R_{13} = R_1$,则

$$u_o = -\frac{R_F}{R_1}(u_{i1} + u_{i2} + u_{i3}) \qquad (12.11)$$

式中,负号表示输出电压与输入电压之和成反相关系。当 $\dfrac{R_F}{R_1} = 1$ 时,则

$$u_o = -(u_{i1} + u_{i2} + u_{i3})$$

可见加法运算电路的精度也与运放本身的参数无关。

静态平衡电阻　　　　　　　　$R_2 = R_{11} /\!/ R_{12} /\!/ R_{13} /\!/ R_F$　　　　　　　　　　(12.12)

【例12.4】　一个控制系统输出电压 u_o 与温度、压力和速度三个物理量所对应的电压信号(经过传感器将三个物理量转换成电压信号分别为 u_{i1}、u_{i2} 和 u_{i3})之间的关系为 $u_o = -10u_{i1} - 4u_{i2} - 2.5u_{i3}$,若用图12.11所示电路来模拟上述关系,试计算电路中各电阻的阻值(设 $R_F = 100$ kΩ)。

解　由式(12.10)可知

$$\frac{R_F}{R_{11}} = 10 \quad \frac{R_F}{R_{12}} = 4 \quad \frac{R_F}{R_{13}} = 2.5$$

因而

$$R_{11} = \frac{R_F}{10} = \frac{100}{10} = 10 \text{ kΩ}$$

$$R_{12} = \frac{R_F}{4} = \frac{100}{4} = 25 \text{ kΩ}$$

$$R_{13} = \frac{R_F}{2.5} = \frac{100}{2.5} = 40 \text{ kΩ}$$

$$R_2 = R_{11} /\!/ R_{12} /\!/ R_{13} /\!/ R_F \approx 5.7 \text{ kΩ}$$

【例12.5】　在图12.12所示的运算电路中,已知 $u_{i1} = 1$ V,$u_{i2} = -1$ V,$R_1 = R_F = 10$ kΩ,$R = 5$ kΩ,试求输出电压 u_o。

解　这是一个两级运算电路,第一级是反相器,其输出电压为

$$u_{o1} = -\frac{R_F}{R_1} u_{i1} = -1 \text{ V}$$

第二级是反相输入加法运算电路,其输出电压为

$$u_o = -\frac{2R}{R}(u_{o1} + u_{i2}) = -2(-1-1) = 4 \text{ V}$$

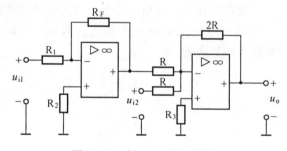

图12.12　例12.5的电路图

【例12.6】　图12.13为同相加法运算电路,试写出输出电压 u_o 的表达式

解　参考例12.3及利用叠加原理可知,当 u_{i1} 单独作用时,$u_{i2} = u_{i3} = 0$,其输出电压为

$$u'_o = \left(1 + \frac{R_F}{R_1}\right) \frac{R_{22} /\!/ R_{23}}{R_{21} + R_{22} /\!/ R_{23}} u_{i1}$$

同理当 u_{i2} 单独作用时,$u_{i1} = u_{i3} = 0$,其输出电压为

$$u''_o = \left(1 + \frac{R_F}{R_1}\right) \frac{R_{21} /\!/ R_{23}}{R_{22} + R_{21} /\!/ R_{23}} u_{i2}$$

当 u_{i3} 单独作用时,$u_{i1} = u_{i2} = 0$,其输出电压为

$$u'''_o = \left(1 + \frac{R_F}{R_1}\right) \frac{R_{21} /\!/ R_{22}}{R_{23} + R_{21} /\!/ R_{22}} u_{i3}$$

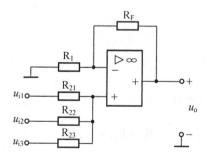

图12.13　例12.6的电路图

故

$$u_o = u'_o + u''_o + u'''_o = \left(1 + \frac{R_F}{R_1}\right)\left(\frac{R_{22} /\!/ R_{23}}{R_{21} + R_{22} /\!/ R_{23}} u_{i1} + \frac{R_{21} /\!/ R_{23}}{R_{22} + R_{21} /\!/ R_{23}} u_{i2} + \frac{R_{21} /\!/ R_{22}}{R_{23} + R_{21} /\!/ R_{22}} u_{i3}\right)$$

此题也可以利用结点电压法先求 u_+，再根据同相输入比例运算电路的结果，即 $u_o = (1 + \frac{R_F}{R_1}) u_+$，求得输出电压，即

$$u_+ = \frac{\dfrac{u_{i1}}{R_{21}} + \dfrac{u_{i2}}{R_{22}} + \dfrac{u_{i3}}{R_{23}}}{\dfrac{1}{R_{21}} + \dfrac{1}{R_{22}} + \dfrac{1}{R_{23}}}$$

代入 $u_o = (1 + \frac{R_F}{R_1}) u_+$ 中即可。

12.2.3 减法运算电路

如果运放的两个输入端都有信号输入，则构成减法运算电路，这种输入方式又称为差动输入。减法运算电路如图 12.14 所示。

减法运算电路可利用叠加原理来分析：

当 u_{i1} 单独作用时，$u_{i2} = 0$（接地）。此时电路为反相比例运算电路，则

$$u'_o = -\frac{R_F}{R_1} u_{i1}$$

当 u_{i2} 单独作用时，$u_{i1} = 0$（接地）。此时电路为同相比例运算电路，即

$$u''_o = (1 + \frac{R_F}{R_1}) u_+ = (1 + \frac{R_F}{R_1}) \frac{R_3}{R_2 + R_3} u_{i2}$$

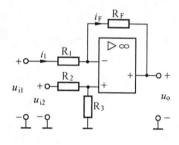

图 12.14 差动减法运算电路

故

$$u_o = u'_o + u''_o = (1 + \frac{R_F}{R_1}) \frac{R_3}{R_2 + R_3} u_{i2} - \frac{R_F}{R_1} u_{i1} \qquad (12.13)$$

当 $R_1 = R_2$ 和 $R_F = R_3$ 时，上式变为

$$u_o = \frac{R_F}{R_1} (u_{i2} - u_{i1}) \qquad (12.14)$$

当 $R_1 = R_F$ 时，则得

$$u_o = u_{i2} - u_{i1} \qquad (12.15)$$

由上两式可见，输出电压与输入电压之差成正比，可以进行减法运算。

由式(12.14)可得出电压放大倍数

$$A_{uf} = \frac{u_o}{u_{i2} - u_{i1}} = \frac{R_F}{R_1}$$

在实际应用中，为了保证运放的两个输入端处于平衡工作状态，通常选 $R_1 = R_2$ 和 $R_F = R_3$。

差动减法运算电路除了可以进行减法运算外，还经常用作测量放大器。这种电路对元件的对称性要求较高，如果元件对称性不好，将产生附加误差。

【例 12.7】 电路如图 12.15 所示，试求输出电压 u_o。

解 这是一个三级运算电路，第一级 A_1 构成反相加法运算电路，第二级 A_2 是差动减法运算电路，第三级 A_3 是反相比例运算电路。则

$$u_{o1} = -\left[\frac{6R_1}{R_1} \times 2 + \frac{6R_1}{2R_1} \times (-1)\right] = -12 + 3 = -9 \text{ V}$$

$$u_{o3} = -\frac{2R_3}{R_3} u_o = -2u_o$$

由式(12.15)得

$$u_o = u_{o3} - u_{o1} = -2u_o + 9$$

所以

$$u_o = \frac{9}{3} = 3 \text{ V}$$

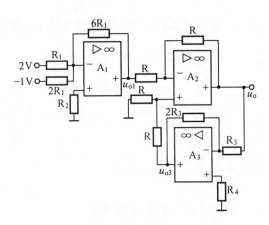

图 12.15   例 12.7 的电路

12.2.4   积分运算电路

1. 基本积分电路

基本积分电路如图 12.16 所示。运放的反相输入端为虚地,故

$$i_1 = \frac{u_i}{R_1}$$

又

$$i_F = i_1 = \frac{u_i}{R_1}$$

$$u_o = -u_C = -\frac{1}{C_F}\int i_F dt$$

所以

$$u_o = -\frac{1}{R_1 C_F}\int u_i dt \qquad (12.16)$$

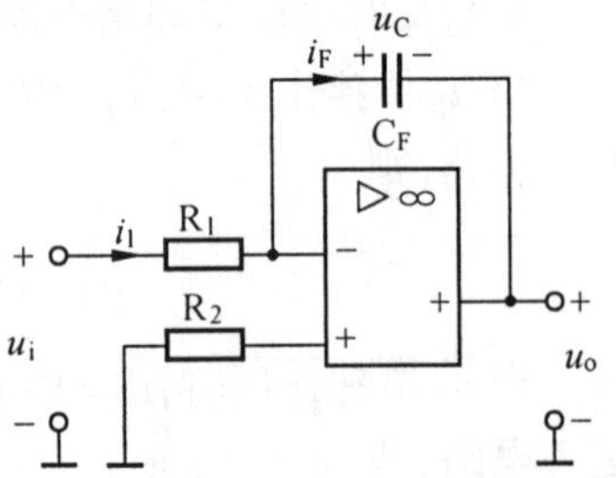

图 12.16   基本积分电路

式(12.16)表明,输出电压 u_o 与输入电压 u_i 为积分关系,负号表示 u_o 与 u_i 极性相反。

【例 12.8】 当图 12.16 所示的基本积分电路输入一个如图 12.17(a)所示的阶跃信号时,试求 u_o 的表达式,并画出 u_o 的波形(设 $u_o(0_+) = 0$)。

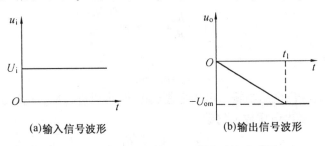

(a)输入信号波形   (b)输出信号波形

图 12.17   积分电路输入阶跃信号时的波形图

解 由图 12.17(a)可知

$$u_i = U_i \qquad t \geq 0$$

将 $u_i = U_i$ 代入式(12.16)中,得

$$u_o = -\frac{1}{R_1 C_F}\int U_i dt = -\frac{U_i}{R_1 C_F}t \qquad t_1 > t \geq 0$$

可见输出电压 u_o 与时间 t 呈线性关系,其波形如图 12.17(b)所示。由 u_o 的波形可知,当 u_o 向负值方向增大到运放的饱和电压 $(-U_{om})$ 时,运放进入非线性工作区,u_o 与 u_i 不再为积分

关系, u_o 保持在运放的饱和电压值(近似等于直流工作电源的电压值)不变。所以, 电路的积分关系只在运放的线性工作区才有效。

2. 比例积分电路

图 12.18 为比例积分电路, 其输出电压 u_o 与输入电压 u_i 之间既有比例关系又有积分关系。

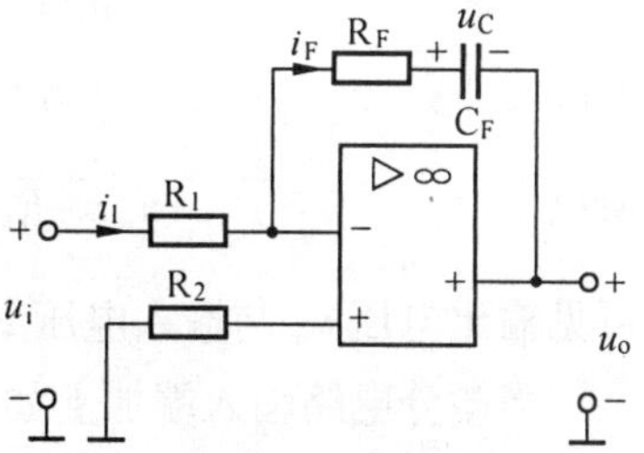

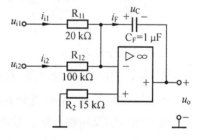

由于运放的反相输入端为虚地, 所以有

$$i_F = i_1 = \frac{u_i}{R_1}$$

$$u_o = -u_C - i_F R_F = -u_C - \frac{R_F}{R_1} u_i$$

而

$$u_C = \frac{1}{C_F} \int i_F dt = \frac{1}{R_1 C_F} \int u_i dt$$

图 12.18　比例积分电路

所以

$$u_o = -\frac{R_F}{R_1} u_i - \frac{1}{R_1 C_F} \int u_i dt \qquad (12.17)$$

式(12.17)中第一项为比例部分, 第二项为积分部分。故此比例(P)-积分(I)电路又称为 PI 调节器, 在自动控制系统中应用非常广泛。

【例 12.9】　图 12.19 为反相加法积分运算电路。试求其输出电压 u_o 与输入信号的运算关系式。

解　根据虚断、虚短和虚地可得

$$i_{i1} + i_{i2} = i_F$$

$$i_{i1} = \frac{u_{i1}}{R_{11}}$$

$$i_{i2} = \frac{u_{i2}}{R_{12}}$$

图 12.19　例 12.9 的电路

$$i_F = C\frac{du_C}{dt} = -C\frac{du_o}{dt}$$

故

$$\frac{u_{i1}}{R_{11}} + \frac{u_{i2}}{R_{12}} = -C\frac{du_o}{dt}$$

则

$$u_o = -\frac{1}{CR_{11}} \int u_{i1} dt - \frac{1}{CR_{12}} \int u_{i2} dt$$

代入数值

$$u_o = -50 \int u_{i1} dt - 10 \int u_{i2} dt$$

12.2.5　微分运算电路

1. 基本微分电路

微分运算是积分的逆运算, 只需将积分电路中反相输入端的电阻和反馈电容调换位置, 就构成微分运算电路, 如图 12.20 所示。

由于运放的反相输入端为虚地, 所以

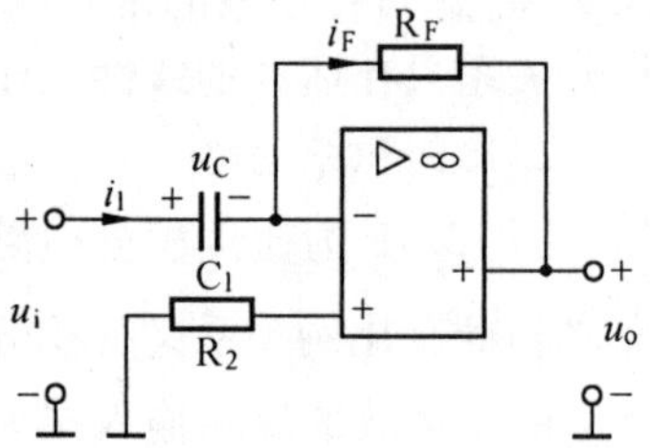

$$i_1 = C_1 \frac{du_C}{dt} = C_1 \frac{du_i}{dt}$$

$$u_o = -i_F R_F$$

又因为 $\qquad i_F = i_1$

所以 $\qquad u_o = -R_F C_1 \frac{du_i}{dt}$ （12.18）

可见输出电压 u_o 与输入电压 u_i 为微分关系。

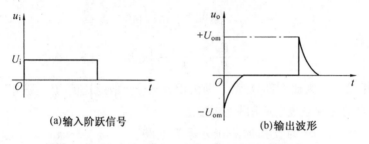

图 12.20　基本微分电路

当微分电路输入端加上如图 12.21(a)所示的阶跃信号时,运放的输出端在输入信号发生突变时,将出现尖脉冲电压,如图 12.21(b)所示。尖脉冲的幅度与 $R_F C_1$ 的大小及 u_i 的变化速率成正比,但最大值受运放输出饱和电压的限制。

(a)输入阶跃信号 　　　　　(b)输出波形

图 12.21　微分电路输入阶跃信号时的波形

2. 比例微分电路

图 12.22 为比例微分电路,其输出电压 u_o 与输入电压 u_i 之间既有比例关系,又有微分关系。

由于运放的反相输入端为虚断,所以

$$i_F = i_{R1} + i_{C1}$$

又由于运放的反相输入端为虚地,所以

$$u_o = -i_F R_F$$

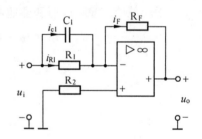

图 12.22　比例微分电路

故得 $\qquad u_o = -(i_{R1} + i_{C1}) R_F = -\left(\frac{u_i}{R_1} + C_1 \frac{du_i}{dt}\right) R_F =$

$$-\left(\frac{R_F}{R_1} u_i + R_F C_1 \frac{du_i}{dt}\right)$$ （12.19）

式中,第一项为比例部分;第二项为微分部分。比例(P)-微分(D)电路又称 PD 电路。

思　考　题

12.3　为什么在运算电路中要引入深度负反馈?在反相比例运算电路和同相比例运算电路中引入了什么形式的负反馈?

12.4　电压跟随器的输出信号和输入信号相同,为什么还要应用这种电路?

12.5　在图 12.23 所示电路中,当 $u_i = 1$ V 时,$u_o = ?$

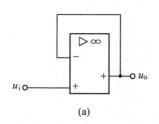 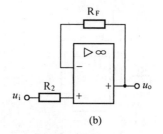

$$(a) \qquad\qquad (b)$$

图 12.23　思考题 12.5 的图

12.3　集成运放的其他应用

除了基本运算电路外,集成运放的应用还有其他许多方面,例如,在线性应用方面:信号的转换与处理等;在非线性应用方面:信号幅度的比较和鉴别,波形的产生等。下面分别介绍几种应用情况。

12.3.1　线性应用

1. 电压-电流转换电路

图 12.24 是电压转换为电流的电路,它能使流过负载的电流 i_L 与输入电压 u_i 成正比。

根据理想运放工作在线性区时的分析依据,有

$$u_- = u_+ = u_i$$

$$i_L = i_1 = \frac{u_-}{R_1} = \frac{u_i}{R_1} \qquad (12.20)$$

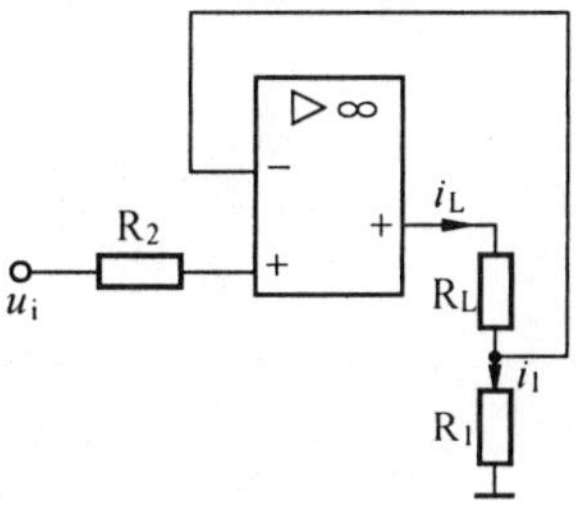

式(12.20)表明,负载电流 i_L 与输入电压 u_i 成正比,而与负载电阻 R_L 大小无关。i_L 可由电阻 R_1 进行调节。

图 12.24　电压-电流转换电路

2. 恒压源电路

图 12.25 是简单的恒压源电路,输入电压由稳压管提供。其输入电压与输出电压关系为

$$u_o = -\frac{R_F}{R_1} U_Z \qquad (12.21)$$

由于输出电压 u_o 与 U_Z 成正比,输出电压 u_o 不随负载 R_L 的变化而波动,输出电压恒定。当改变 R_F(电位器)时,输出电压可调。因此图 12.25 是一种输出电压可调的恒压源电路。

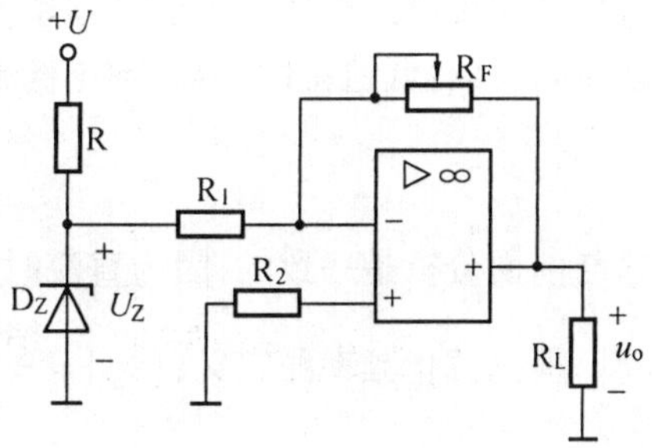

图 12.25　可调恒压源电路

3. 低通滤波器

低通滤波器用来选取低频信号,衰减高频信号,图 12.26 所示为有源低通滤波器的电路和幅频特性。由图 12.26(b)的幅频特性可知,频率低于 f_0 的信号可以全部通过,而高于 f_0 的信号则受到衰减。f_0 称为截止频率,它是电压放大倍数下降到最大电压放大倍数的 $1/\sqrt{2}$ 时的频率。

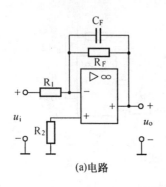
(a)电路

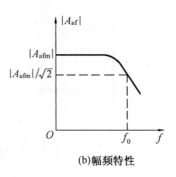
(b)幅频特性

图 12.26　低通滤波器

图 12.26(a)为反相输入方式的放大器,若把正弦信号 $u_i = U_m \sin \omega t$ 加到其输入端,R_F 与 C_F 并联看成是一个复阻抗 Z_F,根据前面的分析可知,此电路就是反相输入比例运算电路,其电压放大倍数为

$$A_{uf} = \frac{\dot{U}_o}{\dot{U}_i} = -\frac{Z_F}{Z_1}$$

其中

$$Z_1 = R_1 \qquad Z_F = R_F \mathbin{/\mkern-5mu/} \frac{1}{j\omega C_F} =$$

$$\frac{R_F \dfrac{1}{j\omega C_F}}{R_F + \dfrac{1}{j\omega C_F}} = \frac{R_F}{1 + j\omega R_F C_F}$$

所以

$$A_{uf} = -\frac{R_F / R_1}{1 + j\omega R_F C_F}$$

$$|A_{uf}| = \frac{R_F / R_1}{\sqrt{1 + (\omega R_F C_F)^2}} = \frac{R_F / R_1}{\sqrt{1 + (2\pi f R_F C_F)^2}} \qquad (12.22)$$

可见其电压放大倍数的大小与频率 f 有关。频率越高,放大倍数越低;而频率越低,放大倍数越高,具有低通特性。当 $f = 0$(直流)时,具有最大的电压放大倍数 A_{ufm},即

$$|A_{ufm}| = \frac{R_F}{R_1}$$

这与前面分析是一致的,因为直流时电容 C_F 相当于开路。

根据截止频率的定义,$|A_{uf}| = \dfrac{|A_{ufm}|}{\sqrt{2}}$ 时,$(\omega R_F C_F)^2 = 1$,因此电路的截止角频率为

$$\omega_0 = \frac{1}{R_F C_F} \qquad (12.23)$$

截止频率为

$$f_0 = \frac{\omega_0}{2\pi} = \frac{1}{2\pi R_F C_F} \qquad (12.24)$$

4. 半波整流电路

图 12.27(a)是由集成运放组成的半波整流电路。设 $u_i = \sqrt{2}\, U \sin \omega t$ V,则波形如图 12.27(b)所示。在 u_i 的正半周,u'_o 为负,二极管 D_1 承受正向电压而导通,二极管 D_2 承受

反向电压而截止,所以,R_F 上没有电流流过,$u_o = u_- = 0$;在 u_i 的负半周,u'_o 为正,二极管 D_1 承受反向电压而截止,二极管 D_2 承受正向电压而导通,集成运放组成的是反相比例运算电路,所以,$u_o = u'_o = -\dfrac{R_F}{R_1} u_i$。当 $R_F = R_1$ 时,$u_o = -u_i$,得到半波整流,其输出电压的波形如图 12.27(b)所示。

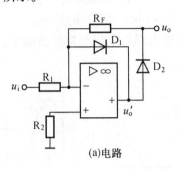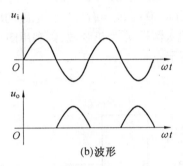

(a)电路　　　　　　　　　　　　　(b)波形

图 12.27　集成运放半波整流电路及输入、输出电压波形

12.3.2　非线性应用

当集成运放不外加负反馈,在开环情况下工作时,集成运放一般处在非线性区,输出电压 u_o 与输入电压 u_i 之间不存在线性放大关系,$u_o = -A_{uo}(u_- - u_+)$ 不再适用。此时 u_o 只有两种可能的状态(这是分析非线性应用的两条依据),即:

① 当 $u_+ > u_-$ 时,u_o 等于正饱和电压值,即 $u_o = +U_{om}$;

② 当 $u_+ < u_-$ 时,u_o 等于负饱和电压值,即 $u_o = -U_{om}$。

这是因为理想运放的 $A_{uo} = \infty$,当运放处于开环甚至引入正反馈时,只要输入电压 $u_i = u_+ - u_-$ 有很小的变化量,由图 12.3 可见,输出电压立即超出线性范围,达到正饱和值或负饱和值。

1. 电压比较器

电压比较器是运放非线性应用的最基本电路,用于信号幅度的比较和鉴别。

(1)电平检测比较器。电平检测比较器用来检测输入信号 u_i 是否达到某一电压值,当达到该电压时(称为临界电压),输出电压 u_o 的状态发生转换。图 12.28(a)为临界电压等于 U_R 的反相电平检测比较器。当输入电压 $u_i > U_R$ 时,$u_o = -U_{om}$;当 $u_i < U_R$ 时,$u_o = +U_{om}$。其中,U_{om} 为运放的输出饱和电压,这种电路的电压传输特性如图 12.28(b)所示。

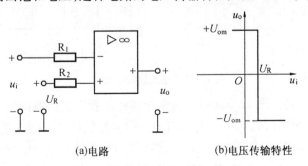

(a)电路　　　　　　　　　(b)电压传输特性

图 12.28　电压比较器

U_R 称为基准电压(参考电压),可以是正的或负的,也可以是按某个系统函数变化的变量。

(2)过零比较器。当电平检测比较器的临界电压为零时,即为过零比较器,电路如图 12.29(a)所示。

过零比较器用来检测输入信号 u_i 是大于零还是小于零,又称为检零器。当 $u_i>0$ 时,$u_o=-U_{om}$;当 $u_i<0$ 时,$u_o=+U_{om}$。该电路的电压传输特性如图 12.29(b)所示。

如果输入信号 u_i 为正弦波,则利用图 12.29(a)的电路可以得到矩形波输出,其波形如图 12.30 所示。

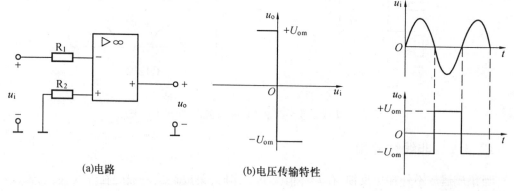

(a)电路   (b)电压传输特性

图 12.29 过零比较器

图 12.30 过零比较器的输入、输出电压波形

2. 限幅电路

(1)二极管限幅电路。图 12.31(a)是由半导体二极管组成的单向限幅电路,设输入信号 u_i 为正弦波。当 $u_i>0$ 时,$u'_o=-U_{om}$,二极管 D 正向导通,忽略其正向压降,则 $u_o=0$;当 $u_i<0$ 时,$u'_o=+U_{om}$,二极管 D 反向截止,则 $u_o=u'_o=+U_{om}$。其输出电压波形如图 12.31(b)所示。

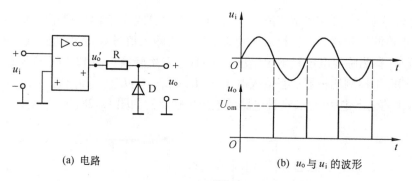

(a) 电路   (b) u_o 与 u_i 的波形

图 12.31 单向限幅电路

(2)稳压管限幅电路。图 12.32(a)是由半导体稳压管组成的双向限幅电路,设输入信号 u_i 为正弦波。当 $u_i>0$ 时,$u'_o=-U_{om}$,稳压管 D_{Z2} 正向导通,D_{Z1} 反向击穿稳压,若忽略 D_{Z2} 的正向压降,则 $u_o \approx -U_{Z1}$;当 $u_i<0$ 时,$u'_o=+U_{om}$,稳压管 D_{Z1} 正向导通,D_{Z2} 反向击穿稳压,忽略 D_{Z1} 的正向压降,则 $u_o \approx U_{Z2}$,其中 U_{Z1}、U_{Z2} 为稳压管的击穿电压。其输出电压波形如图 12.32(b)所示。

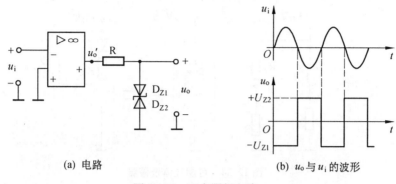

| (a) 电路 | (b) u_o 与 u_i 的波形 |

图 12.32　双向限幅电路

3. 窗口比较器

前面介绍的比较器,其输入电压只与某一给定参考电压进行比较,使输出电压发生状态转换,是单限比较器。而窗口比较器的输入电压则要同时与两个给定参考电压作比较,才能决定输出电压状态的转换,是一种双限比较器。图 12.33(a)是一种窗口比较器电路,它由两个运放组成。R_1、R_2 和稳压管 D_Z 是限幅电路,两个给定的参考电压 $U_{RH} > U_{RL}$。

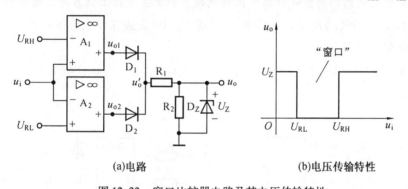

| (a)电路 | (b)电压传输特性 |

图 12.33　窗口比较器电路及其电压传输特性

当输入电压 u_i 大于 U_{RH} 时,必然也大于 U_{RL},集成运放 A_1 的输出 u_{o1} 为正饱和电压 $+U_{om}$,A_2 的输出 u_{o2} 为负饱和电压 $-U_{om}$,使得 D_1 管导通,D_2 管截止,忽略 D_1 管的导通压降,$u_o' \approx u_{o1} \approx +U_{om}$,稳压管 D_Z 工作在稳压状态,输出电压 $u_o = +U_Z$。

当输入电压 u_i 小于 U_{RL} 时,必然也小于 U_{RH}。两个比较器比较的结果与上述相反,u_{o1} 为负饱和电压 $-U_{om}$,u_{o2} 为正饱和电压 $+U_{om}$,则 D_2 管导通,D_1 管截止,但仍有 $u_o' = u_{o2} \approx +U_{om}$,结果同上种情形一样,输出电压 u_o 仍为 $+U_Z$。

当输入电压在参考电压两者之间,即 $U_{RH} > u_i > U_{RL}$。两个比较器输出均为负饱和电压,$u_{o1} = u_{o2} = -U_{om}$,$D_2$、$D_1$ 均截止,稳压管 D_Z 也截止,$u_o = 0$。

假如 U_{RH} 和 U_{RL} 均大于零,可以画出该电路的电压传输特性如图 12.33(b)所示。由传输特性可见,参考电压 U_{RH} 和 U_{RL} 的差值越大,特性上的"窗口"开得越大。

4. 比较器的应用——可燃气体报警器

图 12.34 是一种应用电压比较器构成的可燃气体报警器。其中电压比较器采用 74LM393 集成芯片。比较器的反相输入端接于电阻分压电路中,取得基准电压 U_R,同相输入端接于由气敏元件组成的分压电路中,取得变化的输入电压 V_B。

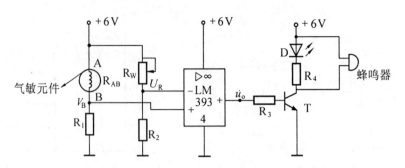

图 12.34　可燃气体报警器

正常工作时，$V_B < U_R$，比较器的输出 $u_o = 0$（因为负电源端接地），则晶体管 T 截止，蜂鸣器不响，报警灯 D 不亮；当空气中燃气浓度超过允许值时，气敏元件的电阻值 R_{AB} 减小，则 V_B 上升大于 U_R，比较器输出 u_o 为 +6 V，则晶体管 T 饱和导通，蜂鸣器响，报警灯亮。

思 考 题

12.6　电压比较器的功能是什么？用作比较器的集成运放工作在什么区域？

12.7　在图 12.35(a) 所示的电路中，二极管 D_1、D_2 是为保护集成运放而设置的，试分析它们有什么保护作用。

12.8　在图 12.35(b) 所示的电路中，D_1、D_2 是钳位二极管，试分析它们为什么有钳位作用。

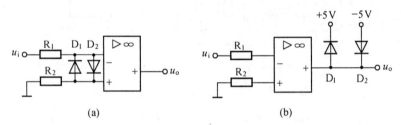

图 12.35　思考题 12.7、12.8 的图

本 章 小 结

本章主要讲述了集成运算放大器的组成、性能、线性应用电路和非线性应用电路以及它们的分析方法。由于集成运放的应用深入到电子技术的各个领域，因此本章是本门课程的重点内容之一。

(1) 集成运放是一种直接耦合式多级放大器，它具有开环电压放大倍数高、输入电阻高、输出电阻低以及使用方便等特点。

(2) 集成运放本身并不具备计算功能，只有在外部电路配合下，使集成运放工作在线性区，才能实现各种运算。本章介绍了最常用的五种基本运算电路，介绍了集成运放线性应用时的三条分析依据。这就是：

① $u_+ = u_-$;　② $i_+ = i_- = 0$;　③ 同相端接地时，$u_- = 0$。

（3）集成运放的非线性应用也很广泛。分析非线性应用时的分析依据是：

① $u_+ > u_-$ 时，$u_o = +U_{om}$；② $u_+ < u_-$ 时，$u_o = -U_{om}$。

（4）本章中所给出的电路大部分是原理电路，集成运放在实际应用中，还应加入保护电路、补偿电路等。在要求高的场合，还应考虑非理想运放所带来的误差等。

习　题

12.1　试写出如题图 12.1 所示电路中的输入、输出电压关系式。

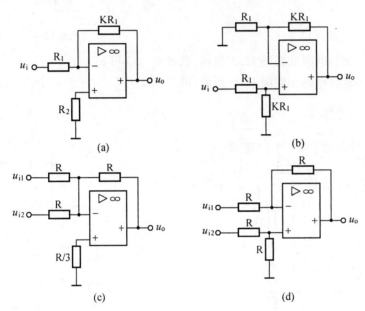

(a)　　　　　　　　　　　　(b)

(c)　　　　　　　　　　　　(d)

题图 12.1

12.2　电路如题图 12.2 所示，$u_i = 1$ V。试求输出电压 u_o、静态平衡电阻 R_2 和 R_3。

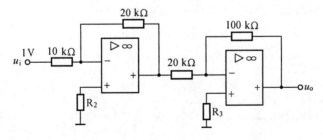

题图 12.2

12.3　电路如题图 12.3 所示，试求输出电压 u_o。

12.4　在题图 12.4 所示电路中，$u_{i1} = 0.5$ V，$u_{i2} = 2$ V，试求 u_o。

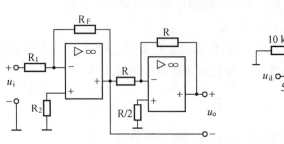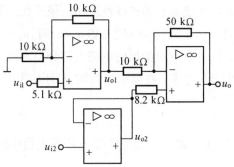

題圖 12.3　　　　　　　　題圖 12.4

12.5　已知运算电路如題圖 12.5 所示,试求 u_{o1}、u_{o2} 和 u_{o3}。

12.6　已知运算电路如題圖 12.6 所示,试求 u_o。

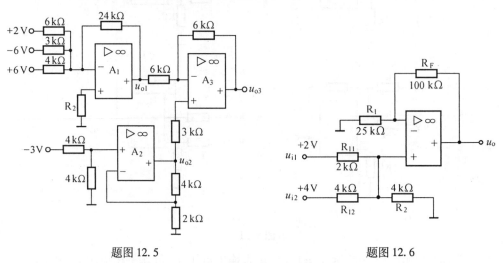

題圖 12.5　　　　　　　　題圖 12.6

12.7　已知运算电路如題圖 12.7 所示,试求输出电压 u_o。

12.8　題圖 12.8 为一运算电路,试求输出电压 u_o。

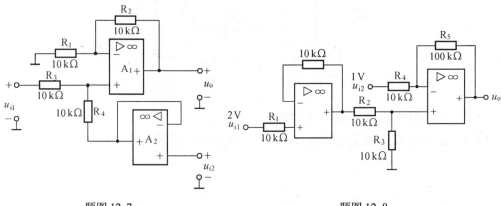

題圖 12.7　　　　　　　　題圖 12.8

12.9　某积分电路如題圖 12.9 所示,已知基准电压 $U_R = 0.5$ V,试求:

（1）当开关 S 接通 U_R 时，输出电压由 0 下降到 -5 V 所需要的时间；

（2）当开关 S 接通被测电压 u_i，测得输出电压从 0 V 下降到 -5 V 所需时间为 2 s 时，计算被测电压值。

12.10　在题图 12.10 中，运放的工作电压为 ±15 V，输入信号 u_{i1} 和 u_{i2} 为阶跃电压信号。试求输入信号接入 5 s 后，输出电压 u_o 上升到几伏？

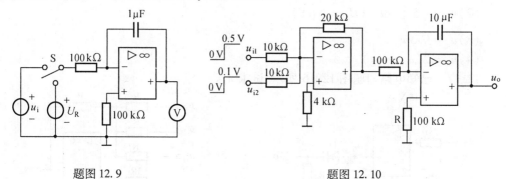

题图 12.9　　　　　　　　　　　　　　　题图 12.10

12.11　电路和输入电压 u_i 的波形如题图 12.11 所示，试画出输出电压 u_o 的波形及电压传输特性。已知稳压管的稳定电压 $U_Z = 5$ V，正向导通压降为 0.7 V，基准电压 $U_R = 5$ V。

12.12　已知电路如题图 12.12 所示，试求：开关 S 打开时，输出电压 u_o；开关 S 闭合时，输出电压 u_o。

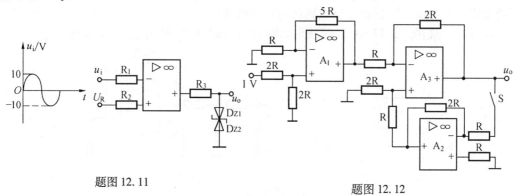

题图 12.11　　　　　　　　　　　　　　　题图 12.12

12.13　电路如题图 12.13 所示。试分别画出点 a、b、c 的电压波形（二极管正向导通压降忽略不计）。

12.14　已知运算电路如题图 12.14 所示。试求 u_o。

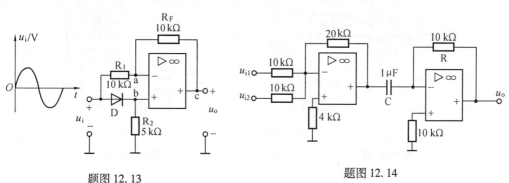

题图 12.13　　　　　　　　　　　　　　　题图 12.14

12.15　在题图 12.15 所示电路中,输入电压 $u_i = 10 \sin \omega t$,集成运放的 $\pm U_{om} = \pm 13$ V,二极管 D 的正向电压降可忽略不计。试画出输出电压 u'_o 和 u_o 的波形。

12.16　按下列运算关系画出运算电路,并计算各电阻值。

$(1) u_o = -10 \int u_{i1} dt - 5 \int u_{i2} dt \quad (C_F = 1\ \mu F)$

$(2) u_o = -5 \int u_i dt \quad (C_F = 1\ \mu F)$

$(3) u_o = 0.5 u_i$

$(4) u_o = 2(u_{i2} - u_{i1})$

12.17　已知电路如题图 12.16 所示,试求 u_o。

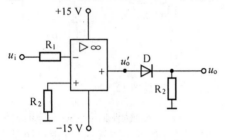

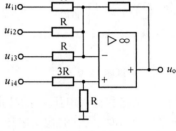

题图 12.15　　　　　　　　　题图 12.16

12.18　窗口比较器电路如图 12.33(a)所示。已知参考电压 $U_{RH} = +3$ V,$U_{RL} = -2$ V,稳压管稳定电压 $U_Z = 6$ V,试画出该电路的电压传输特性。

12.19　在题图 12.17 中,u_i 的波形如图 12.17(a)所示,设 $u_{C(0-)} = 0$。试求 u_o。

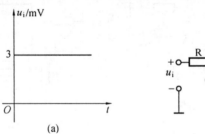

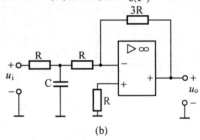

(a)　　　　　　　　　　(b)

题图 12.17

12.20　题图 12.18 是利用运放测量电流的电路。当被测电流 I 分别为 5 mA、0.5 mA 和 50 μA 时,电压表均达到 5 V 满量程,求各挡对应的电阻值。

12.21　已知运算电路如题图 12.19 所示,试求 u_o。

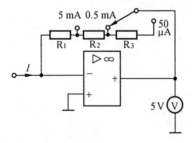

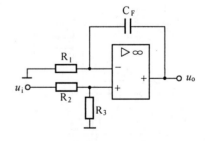

题图 12.18　　　　　　　　　题图 12.19

第 *13* 章

直流稳压电源与振荡电源

13.1　线性直流稳压电源电路

目前,在生产和科技领域广泛应用半导体直流稳压电源。直流稳压电源分为线性直流稳压电源和开关稳压电源。线性直流稳压电源由于电路结构简单,工作可靠,维修方便而广泛应用于高校的科学实验中,开关稳压电源由于体积小、质量小而广泛应用于各类电子产品中。

本节主要介绍实验室常用的线性直流稳压电源的工作原理。

图 13.1 是线性直流稳压电源的原理方框图,它表示交流电变换为直流电的过程。图中各环节的功能如下。

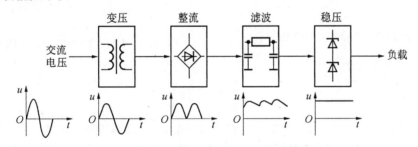

图 13.1　线性直流稳压电源原理方框图

① 整流变压器:将交流电压变换为符合整流需要的交流电压;

② 整流电路:将交流电压变换为单向脉动的直流电压(整流电压),这是图示电路中的主要部分;

③ 滤波电路:减小整流电压的脉动程度,以适合负载的需要;

④ 稳压电路:在交流电源电压波动或负载变动时,使直流输出电压稳定。

13.1.1　整流电路

1. 单相半波整流电路

图 13.2 所示电路为单相半波整流电路。该电路由整流变压器 B、整流二极管 D 及负载电阻 R_L 组成。

设 $u_2 = U_{2m}\sin \omega t$,当 u_2 为正半波时,点 a 为“+”,点 b 为“-”,此时二极管 D 加正向电压

（又称正向偏置，简称正偏），二极管 D 导通，负载 R_L 中流过电流 i_o，在 R_L 上产生的压降 u_o 为上"+"下"-"。若忽略二极管的管压降，负载电阻上的电压即为变压器副边电压，其波形如图 13.3 所示。

当 u_2 为负半波时，点 a 为"⊖"，点 b 为"⊕"，此时二极管 D 承受反向电压（又称反向偏置，简称反偏），处于截止状态。负载电阻 R_L 中无电流通过，即 $i_o=0$，$u_o=0$。

由以上分析可知，在电源电压变化的过程中，负载上的电压、电流均为单向脉动值。这种单向脉动电压常用一个周期的平均值来说明它的大小，即单相半波整流电压的平均值为

$$U_o = \frac{1}{2\pi}\int_0^\pi \sqrt{2}\,U_2\sin\omega t\,\mathrm{d}(\omega t) =$$

$$\frac{\sqrt{2}}{\pi}U_2 = 0.45U_2 \tag{13.1}$$

式中，U_2 为变压器副边交流电压的有效值。

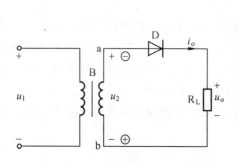

图 13.2　单相半波整流电路

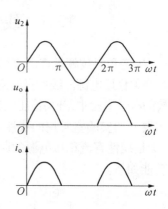

图 13.3　单相半波整流电路的波形图

整流电流的平均值为

$$I_o = \frac{U_o}{R_L} = 0.45\frac{U_2}{R_L} \tag{13.2}$$

整流电路所用的二极管，一般根据所需要的直流电压（即整流输出电压 U_o）和直流电流（即 I_o）及二极管截止时所承受的最高反向工作电压来选择。显然在单相半波整流电路中，二极管不导通时承受的最高反向工作电压就是变压器副边交流电压 u_2 的最大值 U_{2m}，即

$$U_{\mathrm{DRM}} = U_{2m} = \sqrt{2}\,U_2 \tag{13.3}$$

【例 13.1】　有一单相半波整流电路如图 13.2 所示。已知负载电阻 $R_L=750\ \Omega$，变压器副边交流电压的有效值 $U_2=20\ \mathrm{V}$，试求 U_o、I_o 及 U_{DRM}，并选择二极管。

解

$$U_o = 0.45U_2 = 0.45 \times 20 = 9\ \mathrm{V}$$

$$I_o = \frac{U_o}{R_L} = \frac{9}{750} = 0.012\ \mathrm{A} = 12\ \mathrm{mA}$$

$$U_{\mathrm{DRM}} = \sqrt{2}\,U_2 = \sqrt{2} \times 20 = 28.2\ \mathrm{V}$$

查附录或手册，可知应选用二极管 2AP4，其最大整流电流 $I_{\mathrm{FM}}=16\ \mathrm{mA}$，反向峰值电压为 50 V，满足电路要求。

2. 单相桥式整流电路

单相半波整流的缺点是只利用了电源的半个周期,整流电路的输出电压低,且脉动较大。为了克服这些缺点,常采用全波整流电路,其中最常用的是单相桥式整流电路。图13.4是由四个二极管组成的桥式整流电路,下面分析其工作原理。

设 $u_2 = \sqrt{2}\, U_2 \sin \omega t$。当 u_2 为正半波时,设点 a 为"+",点 b 为"-",二极管 D_1、D_3 因承受正向电压而导通。在负载中有电流 i_o 流过,R_L 上产生压降 u_o,此时二极管 D_2、D_4 因承受反向电压而截止。

当 u_2 为负半波时,点 a 为"⊖",点 b 为"⊕",二极管 D_2、D_4 因承受正向电压而导通。在负载电阻 R_L 中流过电流 i_o,其大小和方向与正半波时相同,因而在 R_L 两端产生与正半波时相同的压降 u_o,如图 13.5 所示。

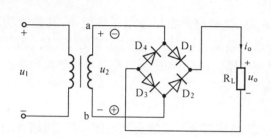

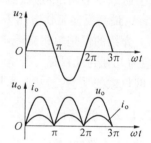

图 13.4　单相桥式整流电路　　　　图 13.5　单相桥式整流电路波形图

由波形图可以看出,单相桥式整流电路的输出电压 u_o 同样是单向脉动的,其平均值为单相半波整流电路的 2 倍,即

$$U_o = 2 \times 0.45 U_2 = 0.9 U_2 \tag{13.4}$$

整流电流的平均值为
$$I_o = \frac{U_o}{R_L} = 0.9\,\frac{U_2}{R_L} \tag{13.5}$$

由上述分析可知,流过每个二极管的电流平均值是 I_o 的 1/2,即

$$I_{D1} = I_{D2} = I_{D3} = I_{D4} = \frac{1}{2} I_o = 0.45\,\frac{U_2}{R_L}$$

二极管截止时所承受的最高反向工作电压与单相半波整流电路相同,即

$$U_{DRM} = \sqrt{2}\, U_2 \tag{13.6}$$

二极管的选择原则也和单相半波整流电路相同。

为了使用方便和装配简单,可把桥式整流电路连接好后密封在壳体中,构成一种新的器件——全波桥式整流器,又称整流桥。整流桥一般由硅整流二极管的管芯,按伏安特性挑选配对构成。密封后的桥体有两个交流输入端和两个直流输出端(有正负极之分),其外形和电路符号如图 13.6 所示。

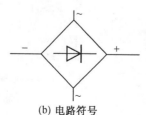

(a) 外形图　　　　　　　　　(b) 电路符号

图 13.6　整流桥

整流桥的参数和二极管相近,包括额定正向整流电流 I_F、最高反向工作电压 U_{DRM}、平均整流电压 U_o 等,选用的原则也与二极管相同。

【例 13.2】 有一整流电路,要求输出的直流电压为 110 V,电流为 50 mA,应选用哪种型号的整流桥?

解 由 $U_o = 0.9U_2$ 可求出变压器副边交流电压的有效值为

$$U_2 = \frac{U_o}{0.9} = \frac{110}{0.9} = 122 \text{ V}$$

整流桥承受的最高反向工作电压为

$$U_{DRM} = \sqrt{2}\, U_2 = \sqrt{2} \times 122 = 172 \text{ V}$$

查手册或本书附录可知,选用 1CQ–1D 型整流桥能满足要求。其额定正向整流电流 $I_F = 50$ mA,最高反向工作电压 $U_{DRM} = 300$ V。

以上介绍的仅是单相交流电的整流电路,这种电路常用于电子装置中,其整流功率较小,一般为几瓦到几百瓦。若电气设备要求的整流功率较大,达到几千瓦以上时,为了保证三相电网负载的平衡,通常应采用三相整流电路,其原理和分析方法与单相整流电路类似。

13.1.2　滤波电路

由图 13.5 可知,整流电路的输出电压已经是方向不变的直流电压,但电压的大小仍在变化,这种直流电称为脉动直流电。脉动直流电对某些工作(如电镀、蓄电池充电等)已经能满足要求,但在更多的场合,则需要脉动程度较低的平稳直流电。怎样才能将脉动较大的直流电变为脉动较小的直流电呢? 这就需要滤波电路。

图 13.7 是单相半波整流电容滤波电路及其输出电压波形。由图 13.7(a)可知,当二极管 D 导通时,一方面给负载供电,同时又给电容 C 充电。在忽略二极管正向压降的情况下,电容电压 u_C 基本上随着电源电压 u_2 上升,即 $u_C = u_o \approx u_2$。当 u_C 达到电源电压最大值之后,u_2 按正弦曲线下降,而滤波电容通过负载电阻 R_L 放电,故 u_C 按指数规律下降。通常放电时间常数 $R_L C$ 都较大,一般 $R_L C \geqslant (3 \sim 5)\dfrac{T}{2}$($T$ 为 u_2 的周期),故在 u_2 最大值之后的某一时间(图中为 t_2)之后,u_o 开始大于 u_2,因此二极管截止,电容继续放电,R_L 中仍有电流流过。到 t_3 之后,u_2 又大于 u_o,二极管 D 导通,电容充电,如此往复进行,因而得到图 13.7(b)所示的输出电压波形。可见电容滤波使输出电压 u_o 的脉动程度大大降低,输出电压的平均值 U_o 增大,通常按下述估算关系式计算 U_o。

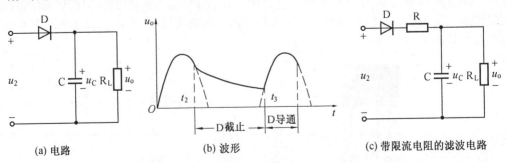

(a) 电路　　　　　　　(b) 波形　　　　　　(c) 带限流电阻的滤波电路

图 13.7　单相半波整流电容滤波电路及波形

$$\begin{cases} U_{\circ} = 1.0U_2 & \text{（半波）} \\ U_{\circ} = 1.2U_2 & \text{（全波）} \end{cases} \tag{13.7}$$

由以上分析可见,电容滤波的特点是输出电压的平均值增加,整流二极管的导通时间缩短。故在平均电流相同的情况下,通过整流管的电流幅值增大。特别是在刚接通电源瞬间,如果电容没有剩余电压,则充电电流更大。因此,或者选用大电流容量的整流管,或者在电路中串入一个阻值为 $(\frac{1}{10} \sim \frac{1}{15})R_L$ 的限流电阻 R,如图 13.7(c)所示,以防损坏整流管。此外,由于电容放电时间常数 R_LC 与负载有关,因此负载变化对输出电压平均值有一定影响。所以,电容滤波电路适用于输出电压高、输出电流小、负载变化不大的场合。滤波电容的数值一般在几十微法到几千微法,其耐压应大于输出电压的最大值。

除电容滤波外,一般常用的还有电感、电容滤波电路、Ⅱ形 LC 滤波电路和 Ⅱ 形 RC 滤波电路,此处不作详细介绍。

13.1.3　稳压电路

经整流和滤波后的电压往往会随交流电源电压的波动和负载的变化而变化。电压的不稳定有时会产生测量误差,影响控制装置的控制精度。精密的电子测量仪器、自动控制、计算机装置都要求有稳定的直流电源供电。

1. 稳压管稳压电路

图 13.8 是稳压管稳压电路。经过桥式整流电路整流和电容滤波器滤波得到直流电压 U_i,再经过限流电阻 R 和稳压管 D_Z 组成的稳压电路接到负载电阻 R_L 上。这样,负载上得到的便是一个比较稳定的直流电压。

引起输出电压不稳定的原因是交流电源电压的波动和负载电流的变化。下面分析在这两种情况下稳压电路的作用。若交流电源电压增加而使整流输出电压 U_i 随着增加时,负载电压 $U_\circ$ 也要增加($U_\circ$ 即为稳压管两端的反向电压)。

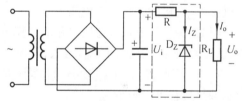

图 13.8　稳压管稳压电路

当负载电压 $U_\circ$ 稍有增加时,稳压管的电流 I_Z 就显著增加,使电阻 R 上的压降增加,以抵偿 U_i 的增加,从而使负载电压 $U_\circ$ 保持近似不变。相反,如果交流电源电压降低而使 U_i 减小时,负载电压 $U_\circ$ 也要减小,因而稳压管的电流 I_Z 显著减小,电阻 R 上的电压也减小,仍然保持负载电压 $U_\circ$ 近似不变。同理,如果当电源电压保持不变而是负载电流变化引起负载电压 $U_\circ$ 改变时,上述稳压电路仍能起到稳压的作用。例如,当负载电流增大时,电阻 R 上的压降增大,负载电压 $U_\circ$ 下降,稳压管的电流 I_Z 显著减小,流过电阻 R 的电流和其上的压降随之减小,因此负载电压 $U_\circ$ 上升,维持近似稳定不变。当负载电流减小时,稳压过程相反。

2. 晶体管串联型稳压电路

稳压管稳压电路稳压精度较低,且受稳压管最大稳定电流的限制,负载电流不能太大,只适用于稳压要求不高的小功率的电子设备。因此,为了提高稳压性能,广泛采用晶体管稳压电路。图 13.9 是一种串联型晶体管稳压电路,它包括以下四个部分:

(1)采样环节。采样环节是由 R_1、R_2、R_P 组成的电阻分压器,它将输出电压 $U_\circ$ 的一部

分

$$U_f = \frac{R_2 + R_2'}{R_1 + R_2 + R_p} U_o。$$

取出送到放大环节。电位器 R_p 是调节采样电压用的。

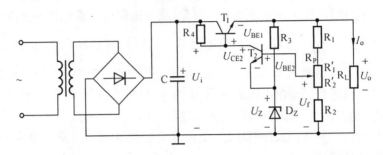

图 13.9　串联型晶体管稳压电路

（2）基准电压。由稳压管 D_Z 和电阻 R_3 构成的电路中取得，即取稳压管的电压 U_Z，它是一个稳定性较高的直流电压，作为调整、比较的标准。R_3 是稳压管的限流电阻。

（3）放大环节。放大环节是由晶体管 T_2 构成的直流放大电路，它的基-射极电压 U_{BE2} 是采样电压与基准电压之差，即 $U_{BE2} = U_f - U_Z$。将这个电压差值放大后去控制调整管 T_1。R_4 是 T_2 的负载电阻，同时也是调整管 T_1 的偏置电阻。

（4）调整环节。调整环节一般由工作于线性区的功率管（调整管）T_1 组成，它的基极电流受放大环节输出信号控制。只要能控制基极电流 I_{B1}，就可以改变集电极电流 I_{C1} 和集-射极电压 U_{CE1}，从而调整输出电压 U_o。

图 13.9 所示串联型稳压电路的工作情况如下：当输出电压 U_o 升高时，采样电压 U_f 就增大，T_2 的基-射极电压 U_{BE2} 增大，其基极电流 I_{B2} 增大，集电极电流 I_{C2} 上升，集射极电压 U_{CE2} 下降。因此，T_1 的 U_{BE1} 减小，I_{C1} 减小，U_{CE1} 增大，输出电压 U_o 下降，使之保持稳定。这个自动调整过程可以表示为

$$U_o\uparrow \rightarrow U_{BE2}\uparrow \rightarrow I_{B2}\uparrow \rightarrow I_{C2}\uparrow \rightarrow U_{CE2}\downarrow$$
$$U_o\downarrow \leftarrow U_{CE1}\uparrow \leftarrow I_{C1}\downarrow \leftarrow I_{B1}\downarrow \leftarrow U_{BE1}\downarrow$$

当输出电压降低时，调整过程相反。

3. 三端集成稳压电路

（1）集成稳压电路简介。集成稳压器精度高、体积小、使用方便。集成稳压器的规格和种类繁多，下面主要介绍三端集成稳压器的外部结构、特点和主要参数。

① 外形和型号。三端集成稳压器的外形如图 13.10（a）所示。它有三个引线端，即输入端、输出端和公共端。其表示符号如图 13.10（b）所示。

不同型号的稳压器，三端对应的引脚不同，常用固定输出的三端集成稳压器的型号有 W78××、W79××、W78M××、W79M××、W78L×× 和 W79L×× 等系列。不同的系列对应不同的输出电压极性和输出电流。78 系列输出正电压，79 系列输出负电压。W78 和 W79 系列的输出电流为 1.5 A；W78M 和 W79M 系列的输出电流为 0.5A；W78L 和 W79L 系列的输出电流为 0.1 A。每个系列都有几个固定输出电压等级，一般为 5、6、9、12、15、18、24 V 等。型号

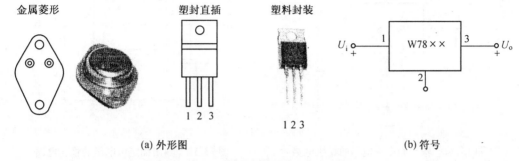

(a) 外形图　　　　　　　　　　　　　　　　(b) 符号

图 13.10　三端集成稳压器的外形和符号

中的××代表输出电压的绝对值。例如,W7812 的输出电压为 12 V,输出电流为1.5 A;
W79M09 的输出电压为-9 V,输出电流为 0.5 A。

除了固定输出的集成稳压器外,还有输出电压可调的三端稳压器。如 W117/227/317
系列集成稳压器,其输出电压的可调节范围为 1.25 ~ 37 V。此外,还有 W137/237/337 系列
集成稳压器,其输出电压的可调范围为-1.25 ~ -37 V。

② 主要参数。

i. 输出电压 U_o。输出电压即稳压器的稳定输出电压。一般稳压器的输出电压偏差小
于等于 14%。

ii. 电压调整率 S_U。电压调整率是指当输入电压变化 10% 时,输出电压的相对变化量。
S_U 越小,说明稳压效果越好。

iii. 电流调整率 S_I。电流调整率是指当输出电流 I_o 从给定最小值变到最大值时,输出电
压的变化量。

iv. 最小压差 $U_i - U_o$。最小压差表明了所要求的最小输入电压值,即最小输入电压等于
输出电压加最小压差。只有保证输入电压大于最小输入电压,才能得到稳定的输出电压
U_o。最小压差一般为 3 V 左右。

v. 最大输入电压 U_{IM}。最大输入电压即保证稳压器不被损坏的最大输入电压。

(2)集成稳压器的典型应用。三端集成稳压器使用方便,应用时只要从手册中查到其
有关参数和外引线排列,配上适当的散热片(特别是满载情况下更要配上足够大的散热片,
否则,散热效果不好,组件的带负载能力下降),就可以按要求接成稳压电路。

① 输出固定正电压。输出固定正电压的稳压电路如图 13.11 所示。其中电容 C_i 和 C_o
用来减小输入、输出电压的脉动和改善负载的瞬态响应。

例如要输出 12 V 电压,可根据负载电流的要求,选用 W7812(或 W78M12、W78L12)稳
压器接入图 13.11 所示电路中,典型电路参数为:$U_i \geqslant 1.2 U_o$, $C_i = 0.33$ μF, $C_o = 0.01$ μF。
其中 U_i 为整流电路的输出电压,也是稳压器的输入电压。

② 输出固定负电压。输出固定负电压的稳压电路如图 13.12 所示。参数选择与输出
正电压的相同,实际应用要注意电容的极性。

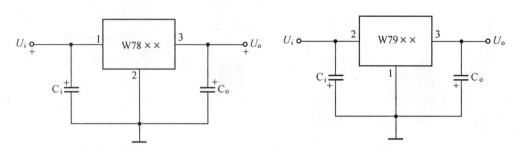

图 13.11 输出固定正电压的稳压电路　　　　　图 13.12 输出固定负电压的稳压电路

③ 同时输出正、负电压。同时输出正、负电压的电路如图 13.13 所示。这种接法可使两个稳压器共用一个整流电路,节省元件。

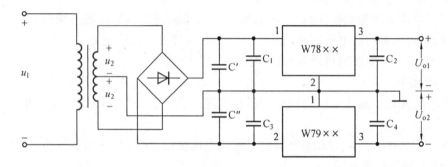

图 13.13 正、负电压输出的稳压电路

例如,选 W7815 和 W7915,可得到±15 V 的直流电压。其中 $C_1 = 0.33\ \mu F$, $C_2 = 0.1\ \mu F$, $C_3 = 2.2\ \mu F$, $C_4 = 1.0\ \mu F$。

④ 输出电压可调。输出电压可调的稳压电路如图 13.14 所示。图中 W117 为三端可调集成稳压器,3 脚为输入端,1 脚为调整端,2 脚为输出端。其输出电压为 $U_o = 1.25(1 + \dfrac{R_2}{R_1})$ V,按图 13.14 中的参数配置,其输出电压调节范围在 1.25 ~ 28 V 之间。三端可调集成稳压器的输入、输出之间的压差在 3 ~ 40 V 之间,即 $3\ V \leqslant (U_i - U_o) \leqslant 40\ V$。它的最高输入电压为 40 V,则最高输出电压为 37 V,即输出电压的最大调节范围为 1.25 ~ 37 V。

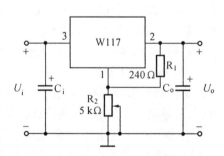

图 13.14 输出电压可调的稳压电路

三端集成稳压器的核心是一个串联型晶体管稳压电路,此外还集成了过压、过流和过热保护电路,这类稳压器目前广泛应用于小功率电源的直流稳压。

思 考 题

13.1　如何选择整流二极管?

13.2　在单相桥式整流电路中,每个二极管导通时流过的电流为多少? 其波形如何?

13.3　在图 13.4 中,若二极管 D_1 损坏而短路,后果如何?

13.4　试画出图13.4中变压器副边电流 i_2 和负载电流 i_o 的波形。

13.5　在单相桥式整流电路中有电容滤波时,输出电压 U_o 为多少? 每个二极管承受的最高反向工作电压是多少?

13.6　在图13.11中,若三端集成稳压器选用 W7815,当输入电压 $U_i = 15$ V 时,输出电压 U_o 是否也等于15 V? 为什么?

13.2　正弦波振荡电路

无需外部激励,本身就能产生指定频率和波形的电信号电路,称为自激振荡器或简称振荡器。振荡器按输出波形的不同,可分为正弦波振荡器和非正弦波振荡器两大类。正弦波振荡电路输出电压的幅度和频率均可在一定范围内方便调节,输出功率可从几毫瓦到几千瓦。因此,它既可用做信号源,也可用做能源,广泛应用于科学实验、无线电通讯与检测技术等领域。

常用的正弦波振荡电路主要由决定频率的选频网络和维持振荡的正反馈网络及放大电路三部分组成。按选频网络所采用的元件不同,可分为 LC 振荡电路、RC 振荡电路及石英晶体振荡电路等。

振荡电路凭借自身特有的电路结构能够稳定地输出等幅的正弦波信号,这种功能称为自激振荡。那么,自激振荡是如何产生的? 条件又是什么呢?

13.2.1　自激振荡的条件

一个放大电路,在输入端加上输入信号的条件下,输出端才有信号输出。如果输入端无外加信号,输出端仍有一定频率和幅度的信号输出,这种现象称为放大电路的自激振荡。自激振荡对放大电路来说是有害的,它使放大电路不能正常工作。而振荡电路正是利用了自激振荡原理来工作的。

在图13.15中,A_u 是放大电路的电压放大倍数,$\dot{U}_i$ 是外加输入信号,$\dot{U}_o$ 是输出信号,F 是反馈电路。当把开关合在"1"的位置时,就是一般的交流电压放大电路。输入信号 $\dot{U}_i$ 加在放大电路的输入端,输出信号 $\dot{U}_o$ 为同频率的交流信号。现将输出信号 $\dot{U}_o$ 的一部分 $\dot{U}_f = F\dot{U}_o$

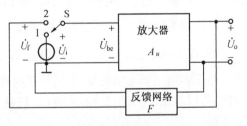

图13.15　振荡电路的自激原理

送回到输入端"2"(F 是反馈系数)。如果送回的反馈信号 $\dot{U}_f$ 与原输入信号 $\dot{U}_i$ 完全一样,即 $\dot{U}_f = \dot{U}_i$,同时,开关"S"合在"2"处,这样,用 $\dot{U}_f$ 代替 $\dot{U}_i$ 效果是一样的,该电路仍能维持原来的工作状态,保持稳定的输出。形成:输出→反馈→输入→输出→反馈……的循环。这时已不再需要外加输入信号 $\dot{U}_i$,仅仅依靠电路本身的反馈信号 $\dot{U}_f$ 即可工作。这就是自激振荡。由此可见,产生自激振荡的条件是

$$\dot{U}_f = \dot{U}_i$$

上式也可表示成两个条件:

① 幅度条件:反馈信号的幅度等于原输入信号的幅度,即

$$U_f = U_i$$

② 相位条件:反馈信号与原输入信号要相位相同,即必须是正反馈。

13.2.2 LC 正弦波振荡电路

图 13.16(a)是一种实际的 LC 正弦波振荡电路,它由放大电路、变压器反馈电路和 LC 选频电路三部分组成。变压器 B 原边绕组 L 与电容 C 并联组成选频电路,代替放大电路中的集电极电阻 R_c,副边绕组 L_f 为反馈绕组,它产生的感应电压通过耦合电容 C_B 送到放大电路的输入端。变压器 B 的另一副边绕组 L_2 是输出绕组,与负载 R_L 相连。

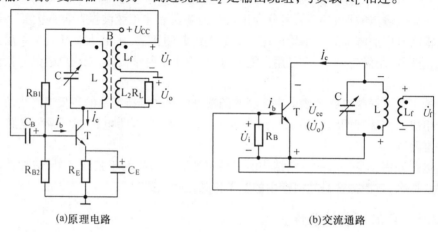

(a)原理电路   (b)交流通路

图 13.16   LC 振荡电路

1. 振荡条件

首先我们用瞬时极性法判断反馈绕组 L_f 上的反馈是否为正反馈。在图 13.16(b)所示的交流通路中,假定某一瞬时放大电路的输入端电压 $\dot{U}_i$ 的极性为上"+"下"-",由于 LC 并联电路在谐振时相当于电阻性负载,所以,晶体管的集电极输出电压 $\dot{U}_{ce}$ 的极性与输入电压 $\dot{U}_i$ 的极性相反(上负下正)。因此可以看出,LC 并联电路两端电压极性为上"-"下"+"。又由变压器绕组同名端可知,此时反馈电压 $\dot{U}_f$ 的极性与放大电路原来的输入电压 $\dot{U}_i$ 极性相同,所以是正反馈,满足相位条件。只要反馈绕组 L_f 有足够的匝数,即可满足 $U_f = U_i$ 的幅度条件。

2. LC 并联选频电路的特性

LC 正弦波振荡电路是利用 LC 并联电路发生并联谐振来选择输入信号进行放大的。在图 13.16(a)中,LC 并联电路是共射放大电路的集电极负载,其输入信号是集电极电流 $\dot{I}_c$,LC 并联电路的两端电压为 $\dot{U}$(实际上是输出电压 $\dot{U}_o$),其理想电路与非理想电路如图 13.17(a)、(b)所示。

(1)谐振频率。并联谐振的定义和串联谐振的定义相同,即当 $\dot{U}$ 与 $\dot{I}_c$ 同相位时,电路就发生了并联谐振。

在图 13.17(a)中,根据并联谐振的定义,有 $I_1 = I_2$,即

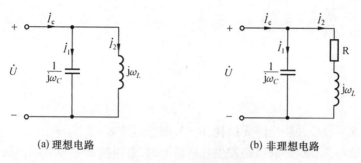

(a) 理想电路　　　　　　　　　　(b) 非理想电路

图 13.17　LC 并联谐振电路

$$\frac{U}{X_C}=\frac{U}{X_L}$$

所以

$$\frac{1}{\omega_0 C}=\omega_0 L$$

谐振频率为

$$f_0=\frac{1}{2\pi\sqrt{LC}} \tag{13.8}$$

与串联谐振频率相同。

考虑实际情况,LC 并联电路总是有损耗的,各种损耗等效成电阻 R,与 L 串联,电路如图 13.17(b) 所示。

在 13.17(b) 中

$$\dot{I}_c=\dot{I}_1+\dot{I}_2 \tag{13.9}$$

其中

$$\dot{I}_1=\frac{\dot{U}}{-jX_C}\qquad \dot{I}_2=\frac{\dot{U}}{R+jX_L}$$

所以

$$\dot{I}_c=\left(\frac{1}{R+j\omega L}+j\omega C\right)\dot{U}=\left[\frac{R}{R^2+(\omega L)^2}-j\left(\frac{\omega L}{R^2+(\omega L)^2}-\omega C\right)\right]\dot{U} \tag{13.10}$$

根据谐振条件,令虚部=0,$\dot{U}$ 与 $\dot{I}_c$ 同相,求出谐振频率,即

$$\frac{\omega_0 L}{R^2+(\omega_0 L)^2}-\omega_0 C=0$$

得

$$\omega_0=\sqrt{\frac{1}{LC}-\frac{R^2}{L^2}}=\frac{1}{\sqrt{LC}}\sqrt{1-\frac{C}{L}R^2} \tag{13.11}$$

当 $\frac{C}{L}R^2\approx 0$ 时(因为 CR^2 很小),$\omega_0\approx\frac{1}{\sqrt{LC}}$,所以谐振频率为

$$f_0\approx\frac{1}{2\pi\sqrt{LC}}$$

与理想电路情况的谐振频率近似相等。

(2)谐振阻抗 Z。在式(13.10)中,令虚部为零,电路发生并联谐振,$\dot{U}$ 与 $\dot{I}_c$ 同相位,电路为电阻性质,即

$$\dot{I}_c=\frac{R}{R^2+(\omega L)^2}\dot{U} \tag{13.12}$$

将 $\omega_0 = \sqrt{\dfrac{1}{LC} - \dfrac{R^2}{L^2}}$ 代入式(13.12),得

$$\dot{U} = \frac{L}{RC}\,\dot{I}_c \tag{13.13}$$

谐振阻抗

$$Z = \frac{L}{RC} \tag{13.14}$$

当理想情况下,LC 并联电路无损耗,$R=0$,谐振阻抗 $Z = Z_{max} = \infty$。

由以上分析可见,LC 并联电路发生并联谐振时,总阻抗 Z 是很大的。所以当 LC 并联电路输入一个恒流($\dot{I}_c$)时,在电感两端就会产生一个很大的输出电压($\dot{U}_o$)。

3. 起振过程及振荡的稳定

在图 13.15 所示方框原理图中,工作之初,放大电路是在外加输入信号 $\dot{U}_i$ 作用下,产生输出电压 $\dot{U}_o$;然后通过反馈电路,用反馈电压 $\dot{U}_f$ 代替 $\dot{U}_i$,振荡电路继续工作,形成自激振荡。而在图 13.16(a) 所示电路中,没有外加输入信号,怎么会有输出呢? 反馈电压从何而来? 自激振荡又如何建立? 下面我们先来分析电路的起振过程。

在接通电源 $+U_{CC}$ 的初始瞬间,$+U_{CC}$ 在晶体管的集电极电路中产生一个电冲击,这个电冲击会激起一个微小的电流变化量 Δi_c,Δi_c 就是电路中的起始信号,它的波形具有随机性质,属于非正弦量。由谐波分析原理可知,这个起始非正弦信号中含有许多不同频率的正弦波分量,其中总会有与 f_0(LC 电路的谐振频率)相同或接近的分量。在众多正弦波电流分量中,LC 电路只对频率为 f_0 的分量 i_c 发生并联谐振,使该频率信号分量 i_c 得到最显著的放大,而其他频率的信号分量不能发生谐振,受到抑制。这就是 LC 电路在起振时的选频作用。

起振时,和 LC 电路谐振频率 f_0 相同的微弱正弦电流 $\dot{I}_c$ 在 LC 并联电路两端产生一个微弱的输出电压 $\dot{U}_o$($\dot{U}_o = \dot{I}_c Z$,Z 是并联谐振的总阻抗),$\dot{U}_o$ 通过变压器耦合,在反馈绕组上产生反馈电压 $\dot{U}_f$,$\dot{U}_f$ 被送到放大电路的输入端,成为输入信号 $\dot{U}_i$,这就是振荡电路的最初输入信号,如图 13.16(b) 所示。

$\dot{U}_i(\dot{U}_f)$ 经过放大,在 LC 并联电路两端产生 $\dot{U}_{o1}$,通过反馈网络又得到 $\dot{U}_{f1}$,只要 $\dot{U}_{f1}$ 与 $\dot{U}_i(\dot{U}_f)$ 同相,而且 $U_{f1} > U_f$,尽管起始输出振荡电压 $\dot{U}_o$ 很微弱,但是经过反馈、放大、再反馈、再放大等多次正反馈循环,一个与 LC 并联电路的振荡频率相同的正弦波振荡电压便由小到大建立起来了。此过程可用放大电路的幅频特性和反馈特性曲线来表示,如图 13.18 所示。

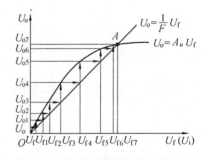

图 13.18　振荡的建立过程及稳定

在图 13.18 中可以看出,由于每一次反馈信号 U_f 都大于前一次输入电压 U_i,振荡幅度迅速增大(正反馈过程),最后由于晶体管的非线性的限制(晶体管进入非线性工作区时,β 值减小),使输出信号的幅度不会无限制地增大,而是稳定在某一值上,振荡电路便可输出稳定的正弦波信号(起振过程结束)。

　　在上述振荡过程中可见,起振时,每一次的反馈电压 $\dot{U}_f$ 都大于前一次输入电压 $\dot{U}_i$,稳定之后,反馈电压 $\dot{U}_f$ 就与前一次的输入电压 $\dot{U}_i$ 相等了。也就是说,正弦波振荡电路起振时的幅度条件为 $U_f > U_i$;稳定时的幅度条件为 $U_f = U_i$。

　　LC 振荡电路的振荡频率一般通过改变电容 C 的数值来调节,即

$$f_0 = \frac{1}{2\pi\sqrt{LC}}$$

　　LC 正弦波振荡电路所产生的信号频率较高,在几千赫至几十兆赫,甚至 100 MHz 以上,这是因为 L 和 C 的数值一般都比较小。如果要想得到低频率的正弦波时,靠增大 L 和 C 的数值来实现,会导致设备体积和质量增大、造价增高等不良后果。因此,LC 振荡电路不适宜产生较低频率的正弦波。产生较低频率的正弦波信号可采用 RC 振荡电路。

13.2.3　RC 正弦波振荡电路

　　当要求产生较低频率(几十千赫兹以下)信号时,通常都采用 RC 网络作选频网络。RC 网络又兼作反馈网络,在工作原理上与 LC 反馈型振荡器相同。根据 RC 选频网络的不同,RC 振荡器可分为文氏电桥型、桥 T 型及相移型等等。

　　图 13.19 是典型的文氏桥振荡电路。图 13.19(a) 是由两级共射放大器组成的分立元件振荡电路,图 13.19(b) 是由集成运算放大器组成的振荡电路。RC 串并联网络构成放大器的正反馈支路,以保证满足起振条件;电阻 R_f 和 R_3 构成负反馈支路,以保证满足平衡条件。在这里,RC 网络既是正反馈电路,又是选频电路。与 LC 振荡电路一样,RC 振荡电路也是由放大电路、正反馈电路和选频电路三部分组成。

　　1. 振荡条件

　　在图 13.19(a) 中的放大电路的输入端,假设有一输入正弦信号 u_i,那么在输出端就有输出正弦信号 u_o,由于是两级放大,所以 u_o 与 u_i 同相。u_o 返回到 RC 网络上,在其并联部分 $(R_2、C_2)$ 分压取得反馈电压 u_f(u_f 是 u_o 的一部分),可以让 u_f 代替原先的输入电压 u_i。因为 u_f 与 u_i 同相,是正反馈,所以满足相位条件,再加上放大电路有足够的电压放大倍数,又满足了幅度条件。于是,该振荡电路就能维持正常振荡,有稳定的正弦波输出。

　　2. RC 网络的反馈与选频作用

　　在图 13.19(c) 所示的 RC 网络中,用相量表示正弦电压,则反馈电压可表示为

$$\dot{U}_f = \frac{Z_2}{Z_1 + Z_2}\dot{U}_o$$

式中　串联部分　　　　　　　$Z_1 = R_1 + j\frac{1}{\omega C_1}$

　　　　并联部分　　　　　　　$Z_2 = R_2 /\!/ j\frac{1}{\omega C_2}$

而　　$\dfrac{\dot{U}_f}{\dot{U}_o} = \dfrac{Z_2}{Z_1 + Z_2} = \dfrac{R_2 /\!/ \dfrac{1}{j\omega C_1}}{R_1 + \dfrac{1}{j\omega C_1} + R_2 /\!/ \dfrac{1}{j\omega C_2}} =$

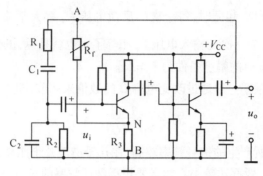

(a)两级共射放大器组成的 RC 振荡电路

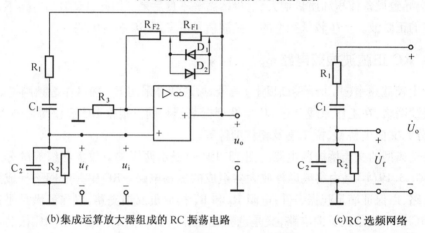

(b)集成运算放大器组成的 RC 振荡电路　　　(c)RC 选频网络

图 13.19　RC 振荡电路

$$\frac{\dfrac{R_2\dfrac{1}{j\omega C_2}}{R_2+\dfrac{1}{j\omega C_2}}}{R_1+\dfrac{1}{j\omega C_1}+\dfrac{R_2\dfrac{1}{j\omega C_2}}{R_2+\dfrac{1}{j\omega C_2}}}=\frac{R_2}{j\omega C_2\left(R_2+\dfrac{1}{j\omega C_2}\right)\left(R_1+\dfrac{1}{j\omega C_1}\right)+R_2}$$

整理得

$$\frac{\dot{U}_f}{\dot{U}_o}=\frac{1}{\left(1+\dfrac{R_1}{R_2}+\dfrac{C_2}{C_1}\right)+j\left(\omega R_1 C_2-\dfrac{1}{\omega R_2 C_1}\right)}$$

若

$$\omega R_1 C_2=\frac{1}{\omega R_2 C_1} \tag{13.15}$$

则

$$\frac{\dot{U}_f}{\dot{U}_o}=\frac{1}{1+\dfrac{R_1}{R_2}+\dfrac{C_2}{C_1}}=\frac{R_2 C_1}{R_1 C_1+R_2 C_2+R_2 C_1} \tag{13.16}$$

RC 振荡电路的振荡频率由 RC 网络确定(选频),由式(13.15)得

$$\omega_0^2 = \frac{1}{R_1 R_2 C_1 C_2}$$

振荡频率为

$$\left. \begin{array}{l} \omega_0 = \dfrac{1}{\sqrt{R_1 R_2 C_1 C_2}} \\[3mm] f_0 = \dfrac{1}{2\pi \sqrt{R_1 R_2 C_1 C_2}} \end{array} \right\} \tag{13.17}$$

R_1、C_1 和 R_2、C_2 取值不同,RC 网络的反馈和选频结果也不同,可以设计出多种不同方案的 RC 振荡电路。如果取 $R_1 = R_2 = R$,$C_1 = C_2 = C$,则可获得最简单而又最常用的一种 RC 振荡电路,其振荡频率由式(13.17)可知

$$\left. \begin{array}{l} \omega_0 = \dfrac{1}{RC} \\[3mm] f_0 = \dfrac{1}{2\pi RC} \end{array} \right\} \tag{13.18}$$

此时由式(13.16)可知

$$\frac{\dot{U}_f}{\dot{U}_o} = \frac{RC}{RC + RC + RC} = \frac{1}{3} \tag{13.19}$$

RC 串并联选频网络的幅频、相频特性如图 13.20 所示。

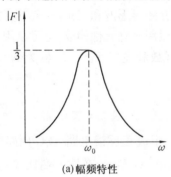
(a)幅频特性

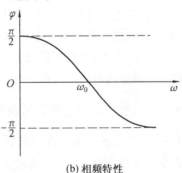
(b)相频特性

图 13.20 RC 串并联网络的频率特性

由式(13.19)可知:① 反馈电压 $\dot{U}_f$ 与输出电压 $\dot{U}_o$ 同相;② 反馈电压数值 U_f 为输出电压 U_o 数值的 $\frac{1}{3}$。由此可以推出图 13.19(b)中的同相比例放大电路的电压放大倍数为

$$A_{uf} = 1 + \frac{R_F}{R_3} = 1 + \frac{R_{F1} + R_{F2}}{R_3} = 3$$

也就是 $R_{F1} + R_{F2} = 2R_3$。为使 RC 振荡电路容易起振,设计时应使 $A_{uf} \geqslant 3$,即 $R_{F1} + R_{F2} \geqslant 2R_3$。

3. 起振过程及振荡的稳定

RC 振荡电路的起振过程与 LC 振荡电路类似,在接通图 13.19(b)中的工作电源(即集成运放的电源)瞬间,放大电路的输出端产生一随机非正弦信号 Δu_o,此信号引至 RC 选频电路上。经选频后,把频率为 f_0 的信号分量 u_f 当做放大电路的输入信号 u_i 送至其同相输入端,经放大再反馈回来,而且 $u_f > u_i$,形成正反馈循环过程,使频率为 f_0 的信号幅度逐渐增

大,建立振荡,并迅速达到稳定工作状态。

在图 13.19(b)中,$R_F(R_F=R_{F1}+R_{F1})$与 R_3 构成负反馈电路。如果在 R_{F1} 上并联两只正反向二极管 D_1 和 D_2,则能起到自动稳幅作用,它们在输出电压 u_o 的正半周和负半周分别导通。在起振之初,u_o 值尚小,不足以使二极管导通,D_1 和 D_2 对 u_o 基本无影响;随着 u_o 幅度的增大,正半周时,D_1 导通,负半周时,D_2 导通,这均可减小 R_{F1} 的阻值,减小电压放大倍数 $A_{uf}=1+\dfrac{R_{F1}+R_{F2}}{R_3}$,自动稳定输出电压 u_o 的幅度。

思 考 题

13.7 正弦波振荡电路由哪几部分组成?为什么要有选频电路?没有选频电路是否也能产生振荡?

13.8 LC 振荡电路和 RC 振荡电路的选频电路有何不同?写出 LC 振荡电路和 RC 振荡电路的振荡频率 f_0 的计算公式。

13.3　非正弦波振荡电路

在脉冲数字电路中,经常需要产生脉冲波形或进行波形的变换。常用的脉冲波形为矩形波、矩齿波和三角波等,能够产生这些波形的振荡电路目前已有现成的集成电路产品,通常只需要外接少量的元件即可,应用十分广泛。下面介绍矩形波和三角波振荡电路。

构成非正弦波的振荡电路的形式多种多样,既可以用分立元件构成,也可以用集成电路与非门、运放、集成 555 定时器等器件构成。下面以运放和集成 555 定时器为例,讨论矩形波、方波和三角形振荡电路的工作原理。

13.3.1　由运放构成的矩形波振荡电路

图 13.21 是由运放构成的矩形波振荡器。R_1、R_2 组成正反馈电路,R_fC 回路既作为延迟环节,又作为反馈网络,电容 C 通过对 R_f 进行充放电,u_C 与 u_R 在输入端比较,实现输出状态的自动转换。

设电路开始工作时运放处于正饱和状态,此时 $u_o=+U_Z$,使加在同相输入端的正反馈电压 $U_R=\dfrac{R_1}{R_1+R_2}U_Z$,而加在反相输入端的负反馈电压是 u_C。输出电压 $+U_Z$ 经过 R_f 对电容 C 充电,u_C 逐渐增大,但是只要 u_C 还低于 $+U_R$,输出就保持 $+U_Z$ 不变。当 u_C 增长到稍大于 $U_R=\dfrac{R_1}{R_1+R_2}U_Z$ 时,输出 u_o 由 $+U_Z$ 翻转成 $-U_Z$。此时,U_R 也随着变成 $U_R=-\dfrac{R_1}{R_1+R_2}U_Z$。由于 $u_o=-U_Z$,于是电容 C 将通过 R_f 放电。u_C 逐渐下降至零并反向充电,直至 u_C 下降到略低于 $U_R=-\dfrac{R_1}{R_1+R_2}U_Z$ 时,输出 u_o 又由 $-U_Z$ 翻转到 $+U_Z$。如此周而复始,输出便形成矩形波,其工作波形如图 13.22 所示。

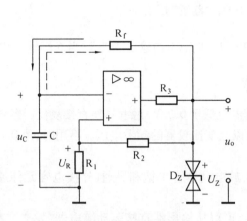

图 13.21　矩形波振荡电路

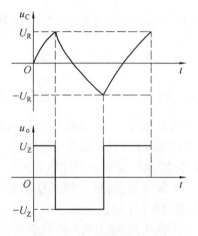

图 13.22　矩形波振荡电路的波形图

矩形波电路的振荡周期为：$T = 2R_f C \ln(1 + \dfrac{2R_1}{R_2})$，振荡频率为 $f = \dfrac{1}{T}$。由上式分析可知，调整电阻 R_1、R_2、R_f 和 C 的数值，可以改变电路的振荡频率。

13.3.2　由 555 集成电路构成的方波振荡电路

555 集成定时器的内部电路和芯片管脚排列如图 13.23(a)、(b)所示。

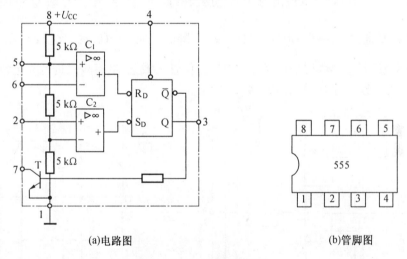

(a)电路图　　　　　　　　　　　　(b)管脚图

图 13.23　555 集成定时器

555 集成定时器内部含有 C_1 和 C_2 两个电压比较器、一个基本 R-S 触发器、一个放电晶体管 T 以及由三个 5 kΩ 的电阻组成的分压器。比较器 C_1 的参考电压为 $\dfrac{2}{3}U_{CC}$，加在同相输入端；C_2 的参考电压为 $\dfrac{1}{3}U_{CC}$，加在反相输入端。两者均在分压器上取得。各外引线端的用途是：

2 为低电平触发端，当 2 端的输入电压高于 $\dfrac{1}{3}U_{CC}$ 时，C_2 的输出为"1"；当 2 端的输入电

压低于 $\frac{1}{3}U_{CC}$ 时，C_2 的输出为"0"，使基本 R–S 触发器置"1"。

6 为高电平触发端，当 6 端输入电压低于 $\frac{2}{3}U_{CC}$ 时，C_1 的输出为"1"；当 6 端输入电压高于 $\frac{2}{3}U_{CC}$ 时，C_1 的输出为"0"，使触发器置"0"。

4 为复位端，由此端输入负脉冲（或使其电位低于 0.7 V）触发器便直接复位（置"0"）。

5 为电压控制端，在此端可外加一电压，以改变比较器的参考电压。不用时，经 0.01 μF 的电容接"地"，以防止干扰的引入。

7 为放电端，当触发器的 $\overline{Q}$ 端为"1"时，放电晶体管 T 饱和导通，外接电容元件通过 T 放电（图 13.24(a)）。

3 为输出端，输出电流可达 200 mA，因此可以从输出端直接驱动继电器、发光二极管、扬声器、指示灯等。输出高电压约低于电源电压 U_{CC} 1~3 V。

8 为电源端，可在 5~18 V 范围内使用。

1 为接地端。

555 集成定时器应用范围很广，其中一个应用是外接 R_1、R_2 和 C 就组成了方波振荡器。电路如图 13.24(a)所示。

当电路接通电源 U_{CC} 后，电容 C 被充电，u_C 上升。充电回路是 +U_{CC}→R_1→R_2→C→地。当 $u_C > \frac{2}{3}U_{CC}$ 时，比较器 C_1 的输出为"0"，将触发器置"0"，u_o = "0"。这时 $\overline{Q}$ = 1，晶体管 T 饱和导通，电容 C 通过 R_2→T→地进行放电，u_C 下降。当 $u_C < \frac{1}{3}U_{CC}$ 时，比较器 C_2 输出为低电平，将触发器置"1"，u_o = "1"。由于 $\overline{Q}$ = "0"，晶体管 T 截止，电容 C 又进行充电，重复上述过程，输出 u_o 为连续的方波，如图 13.24(b)所示。

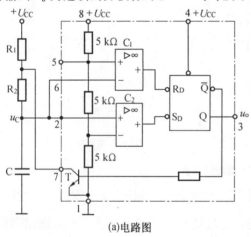

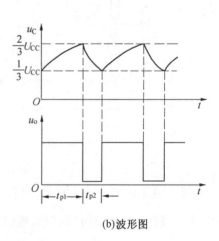

(a)电路图　　　　　　　　　　　　　　(b)波形图

图 13.24　方波振荡器

方波振荡器的振荡周期为

$$T = t_{p1} + t_{p2} = 0.7(R_1 + 2R_2)C$$

【例 13.3】　图 13.25(a)是由两个方波振荡器构成的声响发生器。第一个振荡器的

R_1、R_2 和 C_1 是按 $f_1 = 1$ Hz 设计的,第二个振荡器的 R_3、R_4 和 C_2 是按 $f_2 = 2$ kHz 设计的。本电路的工作原理是:

(1) 两个振荡器产生如图 13.25(b)所示的方波信号。u_{o1} 的频率为 $f_1 = 1$ Hz,u_{o2} 的频率为 $f_2 = 2$ kHz。

(2) 第一振荡器的 u_{o1}(1 Hz 的连续方波)送至第二振荡器的直接复位端 4。在 u_{o1} 的高电平期间(0.5 s),第二振荡器振荡,输出 u_{o2}(2 kHz 的方波);在 u_{o1} 的低电平期间(0.5 s),第二振荡器因被复位(置 0)而停止振荡。

(3) 在信号电压 u_{o2} 的作用下,扬声器便发出"呜—呜—"的声响。

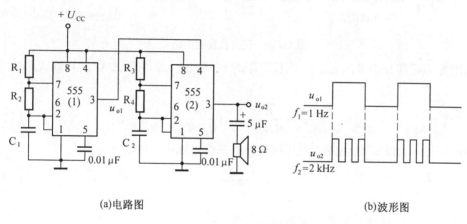

(a)电路图　　　　　　　　　　　　　　(b)波形图

图 13.25　例 13.3 的图

思 考 题

13.9　555 集成定时器接成多谐振荡器时,第④脚为什么接高电平?

13.10　在图 13.21 所示的矩形波振荡电路中,R_3 电阻起什么作用? 调节哪些参数可以改变矩形波的频率?

13.4　三角波振荡电路

由前面对矩形波、方波产生电路的分析可见,电容电压的波形近似为三角波。由于电容在充电过程中,充电电流随 u_C 的增大而减小,即电容不是恒流充、放电,所以使 u_C 输出的三角波线性度不够理想。为了获得理想的三角波,必须使电容充、放电的电流保持恒定。为了解决这个问题,用集成运放组成有源积分电路,代替 RC 积分电路,获得理想的三角波。

图 13.26 为三角波发生电路,它由电压比较器和有源积分器构成。其中,电压比较器由运放 A_1 和电阻 R_1、R_2 及 R_3、D_Z 组成;有源积分器由运放 A_2、电阻 R 和电容 C 组成。电压比较器的输出电压 u_{o1} 是积分器的输入信号,积分器的输出电压 u_o 反馈到电压比较器的输入端,作为电压比较器的输入信号。双向稳压管 D_Z 和限流电阻 R_3 组成稳压电路,用来限制运放 A_1 输出电压的幅值,即 $u_{o1} = \pm U_Z$。

由图 13.26(a)可知,电压比较器 A_1 的同相输入端有两个输入信号,一个是 A_1 的输出电压 u_{o1} 经过 R_1 加到 A_1 的同相输入端,另一个是 A_2 的输出 u_o 经过 R_2 加到 A_1 的同相输入

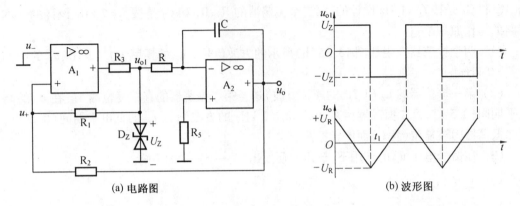

(a) 电路图　　　　　　　　　　　(b) 波形图

图 13.26　三角波发生电路

端。利用叠加定理分别求出 u_{o1}、u_o 单独作用时 u'_+ 和 u''_+，即可求出 A_1 同相输入端的电压，即

$$u_+ = \frac{R_2}{R_1+R_2}u_{o1} + \frac{R_1}{R_1+R_2}u_o = \pm\frac{R_2}{R_1+R_2}U_Z + \frac{R_1}{R_1+R_2}u_o \qquad (13.20)$$

令 $u_+ = u_- = 0$，所求得 u_o 的值即为电压比较器的基准电压 U_R，由上式可得

$$U_R = \pm\frac{R_2}{R_1}U_Z \qquad (13.21)$$

因此，当 $u_{o1} = +U_Z$ 时，基准电压为 $+U_R$，即 $U_R = \frac{R_2}{R_1}U_Z$；

当 $u_{o1} = -U_Z$ 时，基准电压为 $-U_R$，$U_R = -\frac{R_2}{R_1}U_Z$。下面分析其工作原理。

在图 13.26(a) 中，当 $u_{o1} = +U_Z$ 时，基准电压为 $+U_R$，此时，积分器 A_2 中的电容反向充电，其输出电压 u_o 负向线性增大。当 u_o 下降到稍小于基准电压 $-U_R$ 时，A_1 的输出电压 u_{o1} 从 $u_{o1} = U_Z$ 跳变到 $u_{o1} = -U_Z$。此时，基准电压就变为 $-U_R$，积分器 A_2 的输出电压 u_o 正向线性增大，当 u_o 增大到稍大于基准电压 $+U_R$ 时，u_{o1} 又从 $u_{o1} = -U_Z$ 跳变到 $u_{o1} = +U_Z$。如此循环，产生振荡，u_{o1} 为矩形波，u_o 为三角波。其中，三角波的幅值为 $|U_R| = \frac{R_2}{R_1}U_Z$，其输出电压的波形如图 13.26(b) 所示。

下面分析三角波的振荡周期和频率。在图 13.26(b) 中，当 $u_{o1} = +U_Z$ 时，u_o 从 $+U_R$ 负向增大到 $-U_R$ 的时间 t_1 恰好是输出信号周期 T 的 $1/2$。所以，当 $t = t_1$ 时，u_o 为

$$u_o = u_o(t_1) = u_o(0_+) - \frac{1}{RC}\int_0^{t_1}U_Z\mathrm{d}t = \frac{R_2}{R_1}U_Z - \frac{U_Z}{RC}t_1$$

由于此时 $u_o = -\frac{R_2}{R_1}U_Z$，则上式得 $\frac{1}{RC}t_1 = 2\frac{R_2}{R_1}$，所以

$$t_1 = 2RC\frac{R_2}{R_1} \qquad (13.22)$$

输出信号的周期和频率为

$$T = 2t_1 = 4RC\frac{R_2}{R_1} \qquad (13.23)$$

$$f = \frac{1}{T} = \frac{R_1}{4R_2RC} \tag{13.24}$$

由式(13.23)和式(13.24)可见,三角波的输出幅度±U_R 及频率 f 均与 R_2/R_1 有关,调整 R_2/R_1 改变输出信号的幅度,调整 R 和 C,改变输出信号的工作频率。

思　考　题

13.11　为什么有源积分电路中,电容的充电、放电的电流是恒流?

本　章　小　结

1. 线性直流稳压电源

(1)线性直流稳压电源由工频变压器、整流电路、滤波电路、稳压电路组成。单相半波整流及单相桥式整流输出电压平均值为

半波　　　　　　　　　　　　$U_o = 0.45U_2$

桥式(全波)　　　　　　　　　$U_o = 0.9U_2$

(2)为了减小输出电压的脉动量,可采用电容滤波电路,则输出电压与负载有关。通常取:

半波　　　　　　　　　　　　　$U_o = U_2$

全波　　　　　　　　　　　　　$U_o = 1.2U_2$

为了得到稳定的输出电压,可用稳压管组成简单的稳压电路,但其稳压精度不高。目前,应用较多的是三端集成稳压器,它使用简便,且稳压精度高。

2. 振荡电源

常用的振荡电源有正弦波振荡电源和非正弦波振荡电源两大类。

(1)正弦波振荡电源。正弦波振荡电源的电路结构形式有 LC 振荡电路和 RC 振荡电路两种,LC 振荡电路频率高,RC 振荡电路频率低。它们凭借自身特有的电路结构可以产生自激振荡,有稳定的正弦波输出。

① 正弦波振荡电路的组成。LC 振荡电路和 RC 振荡电路都是由三部分组成的,即放大电路、正反馈电路和选频电路。

② 自激振荡的条件与振荡的稳定。正弦波自激振荡的条件为:

幅度条件,$U_f \geqslant U_i$;相位条件,正反馈。

对 LC 振荡电路而言,要求它的反馈绕组 L_f 有足够的匝数,以保证 $U_f \geqslant U_i$(起振时 $U_f > U_i$,稳定时 $U_f = U_i$)。晶体管的非线性有自动稳幅的作用,使 LC 振荡电路有稳定的正弦波输出。

对于由集成运放电路组成的 RC 振荡电路而言,当 $R_1 = R_2 = R$ 和 $C_1 = C_2 = C$ 时,要求它的同相比例放大电路的电压放大倍数 $A_{uf} \geqslant 3$(起振时,$A_{uf} > 3$,稳定时 $A_{uf} = 3$)。并联在 R_{F1} 上的正反向二极管 D_1 和 D_2 有自动稳幅的作用,使 RC 振荡电路有稳定的正弦波输出。

③ 振荡频率

LC 振荡电路　　　　　　　　$f_0 = \dfrac{1}{2\pi\sqrt{LC}}$

RC 振荡电路　　　　　　　$f_0 = \dfrac{1}{2\pi\sqrt{R_1 R_2 C_1 C_2}}$

当 $R_1 = R_2 = R$ 和 $C_1 = C_2 = C$ 时

$$f_0 = \frac{1}{2\pi RC}$$

（2）非正弦波振荡电源。非正弦波振荡电源可以产生方波、矩形波、三角波和锯齿波等输出信号,本章只介绍了矩形波、方波和三角波振荡电源。非振荡电源的结构形式有多种,常用的是由 555 定时器和集成运放组成。

① 矩形波的振荡周期（集成运放组成）为

$$T = 2R_f C \ln\left(1 + \frac{2R_1}{R_2}\right)$$

② 方波振荡周期（由 555 定时器组成）为

$$T = t_{p1} + t_{p2} = 0.7(R_1 + 2R_2)C$$

③ 三角波的振荡周期（集成运放组成）为

$$T = 4RC\frac{R_2}{R_1}$$

习　题

13.1　在题图 13.1 中,已知 $R_L = 80\ \Omega$,直流伏特计 V 的读数为 110 V,试求:(1)直流安培计 A 的读数;(2)整流电流的最大值;(3)交流伏特计 V_1 的读数。二极管的正向压降忽略不计。

13.2　整流稳压电路如题图 13.2 所示。已知整流电压 $U_o' = 27$ V,稳压管的稳定电压为 9 V,稳压管的最小稳定电流为 5 mA,最大稳定电流为 26 mA,限流电阻 $R = 0.6$ kΩ,负载电阻 $R_L = 1$ kΩ。

（1）试求电流 I_o、I_Z 和 I。

（2）如果负载开路,稳压管能否正常工作? 为什么?

（3）如果电源电压不变,该稳压电路允许负载电阻变化的范围是多少?

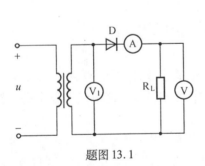

题图 13.1

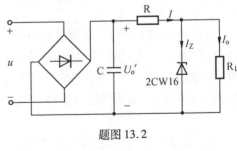

题图 13.2

13.3　试分析题图 13.3 所示的变压器副绕组有中心抽头的单相整流电路,副绕组两段的电压有效值各为 U。

（1）标出负载电阻 R_L 上电压 u_o 和滤波电容器 C 的极性。

（2）分别画出无滤波电容器和有滤波电容器两种情况下负载电阻上电压 u_o 的波形,其

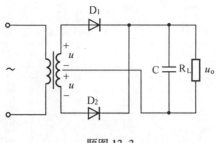

题图 13.3

电路是全波整流还是半波整流?

(3)如无滤波电容器,负载整流电压的平均值 U_o 和变压器副绕组每段的交流电压有效值 U 之间的数值关系如何? 如有滤波电容,则又如何?

(4)分别说明有滤波电容器和无滤波电容器两种情况下,二极管截止时所承受的最高反向电压 U_{DRM} 是否都等于 $2\sqrt{2}U$。

(5)如果整流二极管 D_2 虚焊,U_o 是否是正常情况下的一半? 如果变压器副边中心抽头虚焊,这时有输出电压吗?

(6)如果把 D_2 的极性接反,电路是否能正常工作? 会出现什么问题?

(7)如果 D_2 因过载损坏造成短路,还会出现什么其它问题?

(8)如果输出端短路,又将出现什么问题?

(9)如果把图中的 D_1 和 D_2 都反接,是否仍有整流作用? 所不同的是什么?

13.4　有一单相桥式整流电路如题图 13.4 所示。已知负载电阻 $R_L = 800\ \Omega$,变压器副边交流电压的有效值 $U_2 = 16\ V$。试求:(1)U_o、I_o;(2)选择二极管。

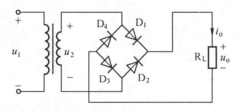

题图 13.4

13.5　用两个 W7815 稳压器构成输出(1)+30 V、(2)-30 V、(3)±15 V 的稳压电路。

13.6　一直流负载的工作电压为 5 V,工作电流小于 1 A,另一负载的额定工作电压为-12 V,工作电流小于 0.5 A,请分别选用集成稳压器组成所需的电源,并给出稳压器输入的电压值。

13.7　在题图 13.4 中,若接有滤波电容 C 时,试求输出电压 U_o 和负载 R_L 中的电流 I_o。

13.8　在图表中选出适当的元器件,设计出一个 +12 V、1 A 的直流稳压电源,画出电路图。

整流变压器	整 流 二 极 管		
220 V/10 V	型　号	最大整流电流	反向工作峰值电压
220 V/20 V	2CP10	0.1 A	25 V
220 V/36 V	2CZ12	0.5～2 A	50 V
滤波电容	集 成 稳 压 块		
	型　号	最大输入 电压	最小输入 电压	最大输出 电流
100 μF/16 V	W7812	35 V	15 V	1.5 A
1 000 μF/25 V	W7820	35 V	15 V	1.5 A
1 000 μF/50 V	W7912	-35 V	-15 V	1.5 A
	W7920	-35 V	-15 V	1.5 A

13.9　题图 13.5 所示的 LC 正弦波振荡电路不能起振,但将反馈绕组 L_f 的两个接线端 A、B 对调一下便能起振了。试说明原因,并标出原绕组 L 和反馈绕组 L_f 的同名端。

13.10　在图 13.16(a)所示正弦波振荡电路中,电感 $L = 100$ μH,电容 C 可从 30 pF 到 300 pF 连续变化,试计算其振荡频率 f_o 的变化范围。

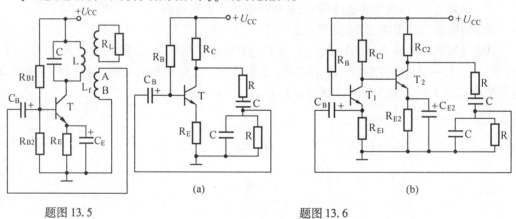

题图 13.5　　　　　　　　　　　　　　题图 13.6

13.11　试根据自激振荡的相位条件,判断题图 13.6 所示两个电路能否产生正弦波振荡,并说明原因。若不能产生振荡,问采取什么措施才能使其产生振荡?

13.12　题图 13.7 是由 555 定时器组成的门铃电路,试分析其工作原理,并说明电容 C_3 的作用。

13.13　题图 13.8 是一个防盗报警电路,a、b 两点之间由一细铜丝接通。将该细铜丝置于盗窃者必经之处。当盗窃者行窃碰断细铜丝时,扬声器立即发生报警声。(1)试说明 555 定时器接成了何种电路? (2)分析本报警电路的工作原理。

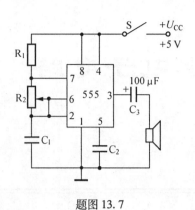

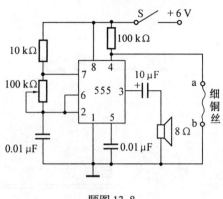

题图 13.7   题图 13.8

13.14　在题图 13.9 中，已知 $R_1 = R_2 = 25\ \text{k}\Omega$，$R_3 = 5\ \text{k}\Omega$，$R_w = 100\ \text{k}\Omega$，$C = 0.1\ \mu\text{F}$，$\pm U_Z = \pm 8\ \text{V}$，试求：

（1）输出电压的幅值和振荡频率约为多少？

（2）占空比的调节范围是多少？

$$\left(\text{占空比} = \frac{\text{矩形波宽度}\ T_1}{\text{周期}\ T}\right)$$

13.15　在题图 13.10 中，已知 $R_1 = R_2 = 10\ \text{k}\Omega$，$R = 100\ \text{k}\Omega$，$C = 0.01\ \mu\text{F}$，$R_3 = 3.9\ \text{k}\Omega$，$R_5 = 100\ \text{k}\Omega$。试求输出信号的振荡周期和频率。

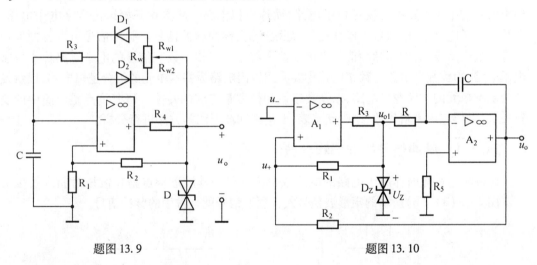

题图 13.9   题图 13.10

第四部分 数字电子电路

第 14 章

组合逻辑电路

14.1 概　述

在前面几章的电子电路中,电信号都是连续变化的,这种电信号称为模拟信号。工作于模拟信号的电子电路称为模拟电子电路,简称模拟电路。从本章开始讨论数字电子电路。在数字电子电路中,电信号不连续变化,是跳变的,称为脉冲信号。脉冲信号可以方便地用二进制数码来表示,因而脉冲信号也称为数字信号。工作于数字信号的电子电路称为数字电子电路,简称数字电路。数字电路主要介绍以门电路为基本单元的组合逻辑电路,以触发器为基本单元的时序逻辑电路,以及数字量和模拟量之间的转换。研究重点是电路中的逻辑关系,主要应用逻辑代数、逻辑状态表、卡诺图和波形图等方法进行分析。

14.1.1　脉冲信号的波形和参数

脉冲是一种短时作用于电路的电压或电流信号。其波形特点是在极短时间内发生突变。图 14.1(a)、(b)所示的矩形波信号及尖顶波信号就是常用的脉冲信号。

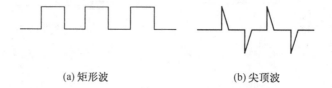

(a) 矩形波　　　　　　　　　　(b) 尖顶波

图 14.1　常见的脉冲波形

下面以矩形波为例说明数字电路中脉冲信号的参数。在实际工作中所用的矩形波信号并不像图 14.1(a)所示那样理想,它的实际波形如图 14.2 所示。

(1) 脉冲信号的幅度 A:脉冲信号从一个状态变化到另一个状态的最大值。

(2) 脉冲信号的前沿时间 t_r:从信号幅度的 10% 上升到 90% 所需要的时间。

（3）脉冲信号后沿时间 t_f：从信号幅度的 90% 下降到 10% 所需要的时间。

（4）信号的宽度 t_p：从信号前沿幅度的 50% 到信号后沿幅度的 50% 所需要的时间。

（5）信号的周期 T：脉冲信号作周期性变化时，信号前后两次出现的时间间隔。

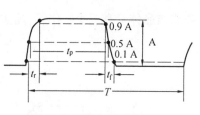

图 14.2　矩形波实际波形

（6）脉冲频率 f：在单位时间内，脉冲信号变化的次数。频率与周期之间的关系为 $f = \dfrac{1}{T}$。

另外，根据实际工作的需要，脉冲信号有正负之分，既有正脉冲，也有负脉冲。当脉冲信号变化后的电平值比初始电平值高，称之为正脉冲；当脉冲信号变化后的电平值比初始电平值低，称之为负脉冲。正负脉冲如图 14.3（a）、（b）所示。

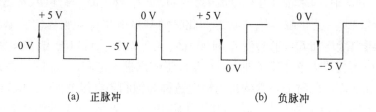

（a）　正脉冲　　　　　　　　（b）　负脉冲

图 14.3　正脉冲与负脉冲

14.1.2　脉冲信号的逻辑状态

由于数字电路的工作信号是如上所述的脉冲信号，从信号的波形上看，它只有两种相反的状态：不是低电平，就是高电平。这种相反的状态可以用两个数字"0"与"1"表示。所以，数字电路中的数码不是"0"，就是"1"。因此在数字电路中用"0"与"1"表示信号的状态和电路的工作状态。例如，可将图 14.1（a）所示的脉冲信号表示成如图 14.4 所示的数字信号，其中"0"表示低电平，"1"表示高电平。

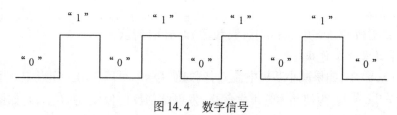

图 14.4　数字信号

14.1.3　数字电路中晶体管的开关工作状态

由第 10 章可知，晶体管有三种工作状态，在一定条件下，晶体管可以工作在放大状态、饱和状态和截止状态。在前面所讲的模拟电子电路中，晶体管工作在放大状态。而在数字电路中，晶体管则是工作在饱和状态和截止状态，即工作在"开"和"关"的状态。下面具体讨论晶体管作为开关运用的工作特性。

晶体管的工作电路和它的输出特性曲线如图 14.5（a）、（b）所示。从输出特性曲线可以看出晶体管有三个工作区,晶体管可以在三种状态下工作。

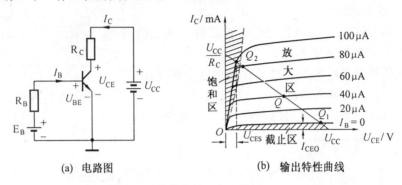

(a) 电路图　　　　(b) 输出特性曲线

图 14.5　晶体管的三个工作区

1. 晶体管的饱和工作状态

在图 14.5(b)中,如果增加基极电流 I_B,例如,使 $I_B = 80$ μA 时,可以看出,工作点 Q 上移至 Q_2,接近饱和区,处于临界饱和状态。此时的基极电流称为临界饱和基极电流 I'_B,即 $I'_B = 80$ μA。再继续增加 I_B,例如,使 $I_B = 100$ μA(大于 I'_B)时,可以看出,集电极电流 I_C 基本上不再增大,I_C 不再受 I_B 的控制(即 $I_C \neq \beta I_B$),工作点进入饱和区,晶体管失去电流放大作用,工作于饱和状态。此时晶体管的集电极电流称为饱和集电极电流,用 I_{CS} 表示,它近似等于 U_{CC}/R_C;此时晶体管的管压降称为饱和管压降,用 U_{CES} 表示,数值约为 0.2~0.3 V $\approx$ 0,比发射结电压 U_{BE}(0.6~0.7 V)还要小,集电结由反偏变为正偏。一般认为,当 $I_B \geqslant I'_B$ 时,晶体管即工作于饱和状态。

晶体管工作在饱和状态下的特点为:

① 发射结正向偏置,集电结也正向偏置。此时 $U_{CE} < U_{BE}$,集电极电位比基极电位低。

② 集电极电流饱和,不受基极电流的控制,即

$$I_C = I_{CS} \approx \frac{U_{CC}}{R_C}$$

而管压降　　　　　　　　　　　$$U_{CE} = U_{CES} \approx 0$$

结论:当晶体管工作在饱和状态时,由于 $U_{CES} \approx 0$,晶体管的 C、E 之间电压近似为 0,晶体管 C、E 之间相当于一个开关 S 的接通,如图 14.6(b)所示。

2. 晶体管的截止工作状态

在图 14.5(b)中,如果减小基极电流 I_B,例如使 $I_B = 0$,可以看出工作点 Q 下移至 Q_1,晶体管截止,$I_C = I_{CEO} \approx 0$。为使晶体管可靠截止,发射结加反向偏压,使 $U_{BE} < 0$,如图 14.7(a)所示,工作点进入截止区,晶体管工作在截止状态。

晶体管工作在截止区有如下特点:

① 发射结反偏($U_{BE} < 0$ 时),集电结反偏;

② 集电极电流近似等于零,即

$$I_C = I_{CEO} \approx 0$$

而管压降　　　　　　　　　　　$$U_{CE} \approx U_{CC}$$

结论:晶体管工作在截止状态时,由于 $I_C = I_{CEO} \approx 0$,晶体管的 C、E 之间相当于一个开关 S 的断开,如图 14.7(b)所示。

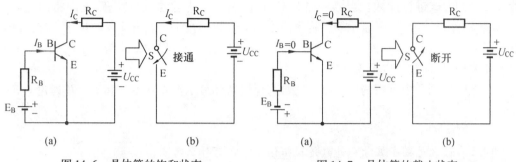

图 14.6　晶体管的饱和状态　　　　　　　　图 14.7　晶体管的截止状态

14.1.4　数字电路的应用举例

由于数字电路的"0"和"1"两种工作状态可由晶体管的开关状态实现,因而电路结构比较简单,对元件的精度要求不高,易于集成化。数字电路研究的主要问题是输出信号的状态与各输入信号的状态之间的逻辑关系。数字电路可对输入的数字信号进行算术运算和逻辑运算(以及编码和译码)。数字电路也可对输入的数字信号进行计数和寄存,并具有记忆功能。

数字电子技术的发展,使它在计算机、自动控制、测量、通讯、雷达、广播电视、仪器仪表等科技领域以及生产和生活的各个方面得到愈来愈广泛的应用。现举例说明数字电路的应用。

在某些工业生产及物品贮藏系统中,需要随时地检测料位的高低。检测料位高度的方法很多,这里仅举一个较为简单并且直观的数字式料位测量装置,其结构原理如示意图14.8所示。

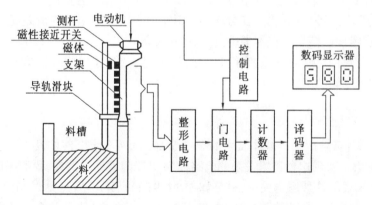

图 14.8　料位测量系统

料槽的上部装有一个支架,支架的长度等于料槽的高度。支架上每相隔一定位置就装一个磁性接近开关。当需要检测料位高度时,控制电路发出检测信号,电动机开始转动,带动测杆向下运动。与此同时,控制电路将门电路打开,计数器准备计数。测杆上的磁体与支架上的磁性接近开关相遇,磁性接近开关产生脉冲信号。测杆向下运动与磁性接近开关相遇的次数,就是脉冲信号的个数,脉冲信号的个数反映了料槽中的料位的高低。这些脉冲信号经过整形电路整形,变成具有一定幅值、一定宽度的标准脉冲,然后通过门电路送到计数器按二进制方式进行计数。当测杆碰到料位时,测杆停止运动,控制电路立即将门电路关闭,计数器停止计数,译码显示器就将料槽中的料位数据按十进制方式反映出来。然后测杆上升回到原位,由于这时控制电路已经将门电路关闭,上升过程中即使测杆上的磁体与磁性接近开关相遇,计数器也不再计数。

在上面的例子中所用的门电路、计数器、译码器和显示器将在本章和下一章讨论。

思 考 题

14.1 什么是数字信号?什么是模拟信号?各有什么特点?

14.2 什么是正脉冲?什么是负脉冲?

14.3 晶体管工作在饱和状态或截止状态时,为什么相当于一个开关的闭合或断开?

14.2 基本逻辑门电路

在数字电路中,逻辑门电路是基本的逻辑元件,它的应用极为广泛。由于半导体集成技术的发展,目前数字电路中所使用的各种逻辑门电路,几乎全部采用集成元件。但是,为了叙述和理解的方便,我们仍然从分立元件逻辑门电路讲起。

所谓"门"电路就是一种逻辑开关,在一定的条件下它允许信号通过,条件不满足,它就不允许信号通过。因此,门电路的输入信号与输出信号之间存在一定的逻辑关系,所以门电路又称为逻辑门电路。

在分析逻辑门电路时,只存在两种相反的工作状态,通常用"1"和"0"两个数码来表示。门电路输入和输出信号都是用电位(或叫电平)的高低来表示的,而电位的高低则用"1"和"0"两种数码来区别。若规定高电位为"1",低电位为"0",称为正逻辑。若规定低电位为"1",高电位为"0",称为负逻辑。在分析一个逻辑电路时,首先要弄清是正逻辑还是负逻辑,否则将出现错误的结果。在本书中,均采用正逻辑。

最基本的逻辑门电路有三种,它们是"与"逻辑门、"或"逻辑门和"非"逻辑门。下面将分别介绍它们的逻辑功能。

14.2.1 与门电路

所谓"与"逻辑,是指某一事件发生的条件全部满足后,此事件才发生。这样的逻辑关系称为"与"逻辑。实现这种逻辑关系的电路称为"与"门电路。例如,我们用两个开关串联控制一盏电灯来表示这种逻辑关系,电路如图 14.9(a)所示。当开关 A 与 B 同时接通时,电灯 F 才亮。只要有一个开关不接通,电灯 F 就不亮。在这里,开关全部接通是灯亮的条件。因此,我们称开关 A 与 B 对电灯 F 的关系为"与"逻辑关系。由这两个开关串联控制灯泡的电路就是一个"与"门逻辑电路。这里,A、B 的开与关作为与门的输入信号,F 的亮与不亮作为与门的输出信号。由分立元件二极管组成的与门电路如图 14.9(b)所示,图 14.9(c)是与门的逻辑符号,下面分析其逻辑关系。

在图 14.9(b)中采用正逻辑,即规定高电平("1")为+3 V,低电平("0")为 0 V。只有当输入端 A、B、C 同时为高平时,F 才为高电压,逻辑输出 F=1,这合乎"与"逻辑的关系。此关系可写成下面的表达式

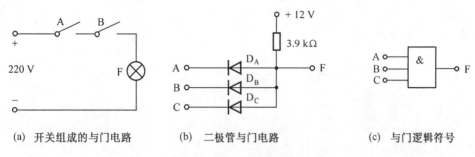

(a)　开关组成的与门电路　　　(b)　二极管与门电路　　　(c)　与门逻辑符号

图 14.9　与门电路和逻辑符号

$$F = A \cdot B \cdot C$$

在上述电路中有三个输入端,输入信号有"1"和"0"两种状态,共有八种组合,即输入端可能有八种情况。把这八种输入端的情况及相应的输出端的情况列出一个表格(表 14.1),称为真值表。此表表达了该电路所有可能的逻辑关系。

表 14.1　与门电路真值表

A	B	C	F
0	0	0	0
0	0	1	0
0	1	0	0
0	1	1	0
1	0	0	0
1	0	1	0
1	1	0	0
1	1	1	1

由真值表可以看出,与门电路的逻辑功能为:全 1 出 1,有 0 出 0。即只有输入端都为高电平时,输出端才为高电平,只要输入端有一个为低电平,输出端即为低电平。

以上与门电路是由二极管组成的,它还可以由晶体管组成。现代电子技术的发展已使门电路集成化,制造成集成门电路(集成芯片),例如,目前常用的与门集成芯片有 CT40[1]08(74LS[2]08)、CT4009(74LS09)、CT4011(74LS11)、CT4015(74LS15)、CT4021(74LS21)等。

【例 14.1】　已知与门的输入端 A 为一串方波信号,如图 14.10(a)所示。试画出当输入端 B = 1 及 B = 0 时,输出端 F 的波形。

解　通过作图可以看出:

当 B = 1 时,输出端 F 的波形即为输入端 A 的波形,如图 14.10(a)所示。

当 B = 0 时,不论 A 端的状态如何,输出端 F 都为 0,如图 14.10(b)所示。

由此例可得出如下结论:

当 B = 1 时,与门打开,A 端信号通过。

当 B = 0 时,与门关闭,A 端信号被封锁。

---

① 　CT40 系列为国内型号

② 　74LS 系列为国际型号

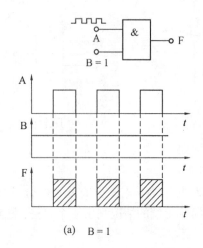

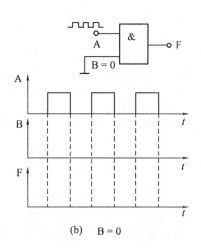

图 14.10　例 14.1 输入、输出信号波形图

14.2.2　或门电路

所谓"或"逻辑是指：只要满足所有条件之中的一个条件，事件就能发生的逻辑关系，称为"或"逻辑。实现这种功能的电路称为"或"门电路。例如，我们用两个开关并联控制一盏灯来表示这种逻辑关系，电路如图 14.11(a)所示。当开关 A、B 中有一个接通，电灯 F 就亮。因此，开关中至少要有一个接通是灯亮的条件。所以，我们称开关 A、B 对电灯 F 的关系为"或"逻辑关系。由二极管组成的或门电路如图 14.11(b)所示，图 14.11(c)是或门的逻辑符号，下面分析其逻辑关系。

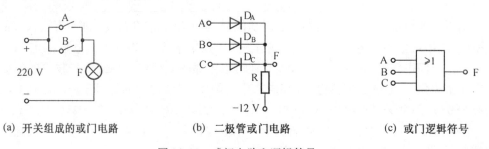

(a) 开关组成的或门电路　　(b) 二极管或门电路　　(c) 或门逻辑符号

图 14.11　或门电路和逻辑符号

在图 14.11(b)中，只要 A、B、C 当中有一个高电平+3 V，其输出端就为高电平；只有当 A、B、C 全为低电平 0 V 时，输出端才是低电平。这合乎"或"逻辑的关系。或门的逻辑关系为

$$F = A + B + C$$

其真值表如表 14.2 所示。由真值表总结其逻辑功能为：全 0 出 0，有 1 出 1。

目前常用的或门芯片有 CT4032(74LS32)等。

14.2.3　非门电路

所谓"非"逻辑是指:当条件具备时,事件(结果)不发生;而条件不具备时,事件(结果)一定发生。简单说,"非"逻辑是一种因果相反的逻辑关系。例如,我们用一个开关 A 控制一盏灯来表示这种逻辑关系,电路如图 14.12(a)所示。当开关 A 闭合时,灯不亮;当开关 A 断开时,灯却亮。因此,开关 A 和电灯 F 之间的逻辑关系是 $F = \overline{A}$。图 14.12(b)所示电路是由晶体管构成的非门电路,图 14.12(c)是非门的逻辑符号。非门电路的输入端只有一个,其输出和输入状态总是相反。在图 14.12(b)中,当输入端 A = 1 时(设其电位为+3 V),使晶体管 T 处于饱和导通状态,其集电极电位近似为 0 V(晶体管饱和压降 $U_{CES} = 0.3$ V),即 $V_F \approx 0$ V,F = 0;当 A = 0,即 $V_A = 0$ V 时,晶体管 T 在负电源的作用下,使发射结反偏而截止。此时集电极电位 $V_C = V_F \approx +3$ V(当晶体管 T 截止时,二极管 D 导通,F 点的电位被钳制在+3 V),即 F = 1。由此可见,非门电路输出和输入状态相反,符合非逻辑。其真值表如表 14.3 所示。

表 14.2　或门电路真值表

A	B	C	F
0	0	0	0
0	0	1	1
0	1	0	1
0	1	1	1
1	0	0	1
1	0	1	1
1	1	0	1
1	1	1	1

表 14.3　非门电路真值表

A	F
1	0
0	1

常用的非门集成芯片有 CT4004(74LS04)、CT4005(74LS05)等。

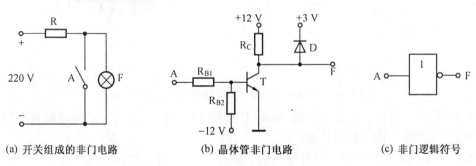

(a) 开关组成的非门电路　　　　(b) 晶体管非门电路　　　　(c) 非门逻辑符号

图 14.12　非门电路和逻辑符号

14.2.4　与非门电路

在实际工作中,经常将与门、或门及非门组合使用,组成与非门、或非门等其它门电路,以增加逻辑功能,满足实际需要。

将与门放在前面,非门放在后面,两个门串联起来就构成了"与非"门电路,其逻辑电路示意图和逻辑符号如图 14.13(a)、(b)所示。由此可知,"与非"门电路的逻辑功能是"先与

后非",其逻辑表达式为

$$F=\overline{A \cdot B \cdot C}$$

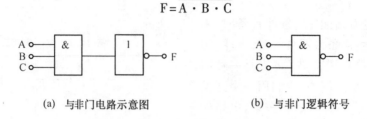

(a) 与非门电路示意图   (b) 与非门逻辑符号

图 14.13　与非门电路示意图和逻辑符号

其真值表如表 14.4 所示。由真值表可以看出,"与非"门电路具有:有 0 出 1、全 1 出 0 的逻辑功能。

表 14.4　与非门电路真值表

A	B	C	F
0	0	0	1
0	0	1	1
0	1	0	1
0	1	1	1
1	0	0	1
1	0	1	1
1	1	0	1
1	1	1	0

常用的"与非"门集成芯片有 CT4000（74LS00）、CT4003（74LS03）、CT4010（74LS10）和 CT4020（74LS20）等。CT4000（74LS00）集成"与非"门管脚排列和外形如图 14.14 所示,它具有四个相同的与非门,每个与非门有两个输入端,使用起来很方便。

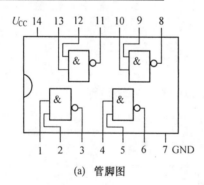

(a) 管脚图   (b) 外形图

图 14.14　CT4000（74LS00）集成与非门管脚图和外形图

【例 14.2】 有一个三输入端的"与非"门如图 14.15(a)所示,如果只使用其中两个输入端时,不用的输入端应如何处理?

解 与非门多余输入端处理的原则是不影响"与非"门的逻辑功能。

在图 14.15(a)中,设 C 端为多余端。令 C=0,这时不论 A、B 输入端的状态如何,"与非"门的输出总为 1,不能反映 F 与 A、B 之间的"与非"逻辑关系。令 C=1,这时"与非"门的输出 F 和输入信号 A、B 符合"与非"的逻辑关系,例如,A=B=1,F=0;A=0,B=1,F=1。因此多余端 C 可接高电平 1,如图 14.15(b)所示。

多余端 C 也可与使用端相连,变为二输入端与非门,如图 14.15(c)所示。

第三个办法是把多余端 C 悬空,悬空相当于接高电平 1,如图 14.15(d)所示。由图 14.9(b)所示二极管与门电路可以看出:当 C 端悬空时,若 A=B=1 时,D_A、D_B 同时导通,

F=1;若 A=0、B=1,D_A 导通,D_B 截止,F=0;若 A=B=0,D_A、D_B 同时导通,F=0。由此可知,C 端悬空时,F 与 A、B 的逻辑关系与 C=1 时相同,即多余端悬空不影响与非门的逻辑关系。但多余端悬空会引入干扰,所以一般多采用前两种处理方法。

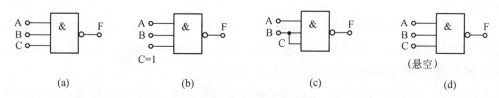

图 14.15　例 14.2 的图

14.2.5　或非门电路

或门在前,非门在后,将两个门串联起来就构成了"或非"门电路。其逻辑电路示意图和逻辑符号如图 14.16(a)、(b)所示。由此可知,"或非"门的逻辑功能是"先或后非",其表达式为

$$F = \overline{A + B + C}$$

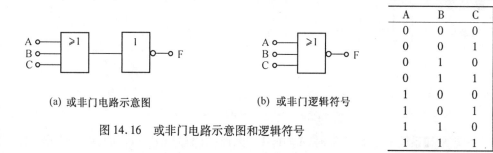

(a) 或非门电路示意图　　　　(b) 或非门逻辑符号

图 14.16　或非门电路示意图和逻辑符号

表 14.5　或非门电路真值表

A	B	C	F
0	0	0	1
0	0	1	0
0	1	0	0
0	1	1	0
1	0	0	0
1	0	1	0
1	1	0	0
1	1	1	0

或非门的真值表如表 14.5 所示。从真值表上看出,"或非"门电路具有:全 0 出 1,有 1 出 0 的逻辑功能。常用的或非门集成芯片有 CT4002(74LS02)、CT4027(74LS27)等。

14.2.6　三态与非门电路

三态与非门电路与一般的与非门电路不同,一般的与非门电路输出端只有两个状态,不是高电平就是低电平,而三态与非门输出端有三种状态,即高电平状态、低电平状态和高阻抗状态。三态与非门电路的逻辑符号如图 14.17(a)、(b)所示。

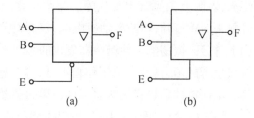

图 14.17　三态与非门逻辑符号

三态与非门除输入端和输出端外,还有一个控制端 E,E 端控制三态与非门输出的工作状态。从图 14.17(a)、(b)中可以看出,它具有两种不同的控制形式。对于图(a),当 E=0 时,三态与非门的输出处于正常的与非工作状态,当 E=1 时,三态与非门输出处于高阻抗状态。对于图(b),当 E=1 时,三态与非门输

出处于正常的与非工作状态,当 E＝0 时,三态与非门输出处于高阻抗状态。三态门集成电路在复杂数字系统中广泛应用,例如,利用三态门集成电路可以将若干门电路的输出信号分时传送到数据总线上。常用的集成芯片有 CT4240(74LS240)、CT4241(74LS241)、CT4365(74LS365)等。

以上对数字电路中常用的与门、或门、非门、与非门及或非门电路做了比较详细的分析,这些门电路是组成数字电路的基本单元,因此必须对它们的逻辑功能、真值表、逻辑表达式做到熟练掌握,这样在分析逻辑电路时才能运用自如。

【例 14.3】 图 14.18 是由门电路组成的故障报警控制电路。当系统 A 和系统 B 工作正常时,A＝1,B＝1,该电路不发出报警信号。如果 A、B 系统工作不正常时,该电路则发出报警信号。试分析该报警电路工作原理。

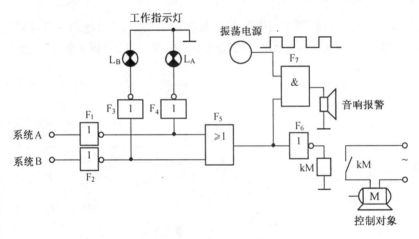

图 14.18　例 14.3 的图

解　当系统 A 和系统 B 工作正常时,A＝B＝1。因而非门输出 $F_1＝F_2＝0$,$F_3＝F_4＝1$,工作指示灯 L_A 和 L_B 都亮。与此同时,或门输出 $F_5＝0$,它一方面控制 F_6,使 $F_6＝1$,继电器 KM 线圈通电,其常开触头 KM 吸合,控制对象(电动机 M)正常工作;另一方面,或门 $F_5＝0$ 的信号把与门 F_7 关闭,使 $F_7＝0$,振荡电源被封锁,扬声器不响。

如果系统工作不正常,例如 B 路出现故障,则 B 由 1 变 0,$F_2＝1$,$F_3＝0$,工作指示灯 L_B 熄灭,表明 B 路系统出现故障。与此同时,或门 $F_5＝1$,使 $F_6＝0$,继电器 KM 线圈断电,其常开触头 KM 打开,切断电动机电源,控制对象 M 停止工作;另一方面,或门 $F_5＝1$ 的信号把与门 F_7 打开,振荡电源使扬声器发出报警声响。实际上,只要听到报警声响,就知道 A、B 系统发生了故障,再看一下工作指示灯,哪个熄灭了,就知道故障在哪一路。

上面电路可以扩展为多路的故障报警控制电路。

【例 14.4】 图 14.19 是由门电路组成的智力竞赛抢答电路,供二组使用,试分析其工作原理。

解　未抢答之前,抢答开关 S_1、S_2 都接低电平(接地),与非门 1、2 输出为高电平,两个指示灯 L_1 和 L_2 不亮。与非门 3 输出低电平,晶体管 T 截止,蜂鸣器不响。当某一组抢先拨动抢答开关时,抢答开始,若设第一组 S_1 抢先接高电平,与非门 1 输出为低电平(因为此时

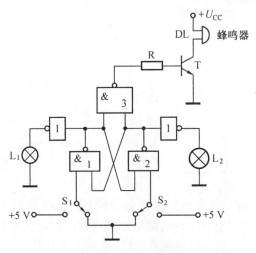

图 14.19　抢答电路

S_2 仍接低电平,与非门 2 输出高电平),则 L_1 指示灯亮,与非门 3 输出为高电平,晶体管 T 导通,蜂鸣器响。若第二组 S_2 随后接高电平,与非门 2 输出仍然为高电平(因为此时与非门 1 输出为低电平),L_2 指示灯不亮,表示第二组抢答无效。

思　考　题

14.4　有一个两输入端的或门,其中一端接输入信号,另一端应接什么电平时或门才允许输入信号通过?

14.5　在实际应用中,能否将与非门当做非门用? 为什么? 举例说明。

14.6　若将图 14.9(b)电路中的 +12 V 误接成 −12 V,F 与 A、B、C 之间还满足"与"逻辑的关系吗? 此时 V_F =?

14.3　逻辑函数的表示方法及化简

14.3.1　逻辑函数的表示方法

逻辑代数又称布尔代数,是分析与设计逻辑电路的数学工具。逻辑代数和普通代数一样,也用字母(A、B、…)表示变量,称为逻辑变量。但是在逻辑代数中,变量的取值只有"0"、"1"两种可能。此时 0、1 已不再表示数量的大小,而是代表两种相反(或不同)的逻辑状态。它们表示的是一种逻辑上的关系,而非数量关系,这是两种代数本质上的区别。

逻辑函数是描述逻辑变量之间的函数运算关系。如以逻辑变量作为输入,以运算结果作为输出,则当输入变量的取值确定之后,输出变量的取值随之而定。输入与输出之间的关系即是一种函数关系,此种函数关系即称为逻辑函数。记为

$$Y = F(A, B, C, \cdots)$$

表 14.6   裁判表决电路的真值表

A	B	C	Y
0	0	0	0
0	0	1	0
0	1	0	0
0	1	1	0
1	0	0	0
1	0	1	1
1	1	0	1
1	1	1	1

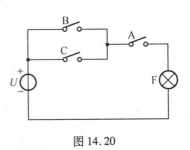

图 14.20

如在某举重比赛中,有一名主裁判和两名副裁判。三名裁判中必须有两人以上(而且必须包括主裁判)认定运动员动作合格,试举才算有效。此时主裁判掌握按钮 A,两名副裁判分别掌握按钮 B 和 C。当运动员举起杠铃时,裁判认为动作合格就合上按钮,否则不合。显然指示灯 Y 的状态(亮或暗)是按钮 A、B、C 状态的函数。如以 1 表示灯亮,0 表示灯暗,则指示灯 Y 是开关 A、B、C 的逻辑函数,即

$$Y = F(A, B, C)$$

逻辑函数的表示方法一般有逻辑真值表、逻辑式、逻辑图和卡诺图四种。

1. 逻辑真值表

将输入变量的所有取值下对应的输出值找出来,列成表格,即可得到逻辑真值表。

如以上面的电路为例,根据电路的工作原理不难看出,只有 A = 1,B 和 C 至少有一个为 1 时,Y 才等于 1,所以可以列出如表 14.6 的逻辑真值表。

2. 逻辑式

逻辑式是用与、或、非等运算来表达逻辑函数的表达式。

在图 14.20 的裁判表决电路中,根据对电路功能的要求和逻辑与、或的定义,由表 14.6 可以得到输出的逻辑式为

$$Y = AB + AC + ABC = A(B + C)$$

3. 逻辑图

将逻辑函数中各变量之间的与、或、非等逻辑关系用图形符号表示出来,就可以得到表示函数关系的逻辑图。图 14.20 所示电路的逻辑图如图 14.21 所示。

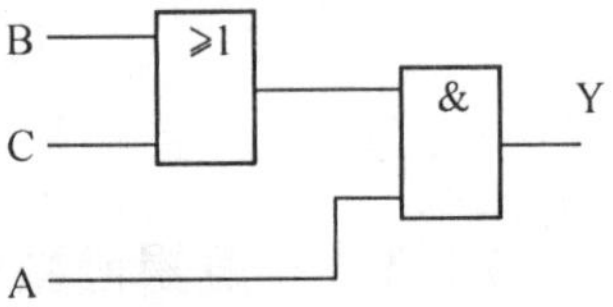

在逻辑电路中,由于逻辑式不是唯一的,故逻辑图也不是唯一的。在逻辑电路中,也可以根据逻辑图写出逻辑式。

图 14.21

14.3.2   逻辑代数的基本运算法则和公式

在逻辑代数中,只有逻辑乘(与运算)、逻辑加(或运算)和求反(非运算)三种基本运算。根据这些基本运算可以推导出逻辑运算的一些法则,就是逻辑代数的运算法则。

1. 基本逻辑运算及运算规则

(1) 逻辑乘(与):设变量为 A 和 B,逻辑式为 $F = A \cdot B$;

(2) 逻辑加(或):设变量为 A 和 B,逻辑式为 $F = A + B$;

（3）逻辑非（反）：设变量为 A，逻辑式为 $F = \overline{A}$。

逻辑乘的运算规则	逻辑加的运算规则	逻辑非的运算规则
$A \cdot 0 = 0$	$A + 0 = A$	$\overline{\overline{A}} = A$
$A \cdot 1 = A$	$A + 1 = 1$	
$A \cdot A = A$	$A + A = A$	
$A \cdot \overline{A} = 0$	$A + \overline{A} = 1$	

2. 基本运算法则

（1）交换律

$$A \cdot B = B \cdot A \qquad A + B = B + A$$

（2）结合律

$$(A \cdot B)C = A(B \cdot C) \qquad (A + B) + C = A + (B + C)$$

（3）分配律

$$A(B + C) = AB + AC \qquad A + BC = (A + B)(A + C)$$

（4）吸收律

① $A + AB = A$　证明 $A + AB = A(1 + B) = A$

② $A + \overline{A}B = A + B$　证明

$$A + B = (A + B)(A + \overline{A}) = A \cdot A + A\overline{A} + AB + \overline{A}B = A + AB + \overline{A}B = A + \overline{A}B$$

③ $A \cdot (A + B) = A$　证明 $A \cdot (A + B) = A \cdot A + AB = A + AB = A$

（5）反演律

$$\overline{A + B} = \overline{A} \cdot \overline{B} \qquad \overline{A \cdot B} = \overline{A} + \overline{B}$$

反演律可用真值表证明，即真值表 14.7、14.8。从真值表 14.7 可知，$\overline{A + B}$ 与 $\overline{A} \cdot \overline{B}$ 的结果完全相同，所以 $\overline{A + B} = \overline{A} \cdot \overline{B}$。同样从表 14.8 可证明 $\overline{A \cdot B} = \overline{A} + \overline{B}$。

表 14.7　$\overline{A + B}$ 与 $\overline{A} \cdot \overline{B}$ 的真值表

A	B	$\overline{A + B}$	$\overline{A} \cdot \overline{B}$
0	0	1	1
0	1	0	0
1	0	0	0
1	1	0	0

表 14.8　$\overline{A \cdot B}$ 与 $\overline{A} + \overline{B}$ 的真值表

A	B	$\overline{A \cdot B}$	$\overline{A} + \overline{B}$
0	0	1	1
0	1	1	1
1	0	1	1
1	1	0	0

以上都是常用的基本公式，应该熟练掌握。

注意：

①逻辑代数的运算规则和基本定律公式表达的是逻辑关系而不是数量关系；

②逻辑代数中用字母表示的变量与普通代数中的字母变量含义完全不同，逻辑代数中的变量称为逻辑变量，只有两个取值 0 或 1，它们不表示数量的大小，而是代表两种相反的逻辑状态，例如，电平的高和低，半导体器件的导通和截止等；

③与普通代数的多种运算方式不同,逻辑代数不论逻辑变量有多少,基本的逻辑运算只有三种:逻辑乘(与运算)、逻辑加(或运算)、逻辑非(求反运算),其他运算都由这三种运算组合而成。

14.3.3 逻辑函数的化简

在进行逻辑运算时,由逻辑状态表写出的逻辑式,又由此画出的逻辑图,往往比较复杂。如果经过化简,就可少用元件,而且电路的可靠性也能因此提高。因此,经常需要通过化简的手段找出逻辑函数的最简形式。

1. 公式法化简法

公式法化简就是反复利用逻辑代数的基本公式和常用公式消去函数式中多余的乘积项和多余因子,从而得到函数的最简形式。

(1)并项法。应用 $A+\overline{A}=1$,将两项合并成一项,并消去一个或两个变量。如

$$Y=A\,\overline{\overline{B}CD}+A\overline{B}CD=A(\overline{\overline{B}CD}+\overline{B}CD)=A$$

(2)配项法。应用 $B=B(\overline{A}+A)$、$A=A+A$ 等重复写入某一项,有时能获得更加简单的化简结果。如

$$Y=AB+\overline{A}\ \overline{C}+B\ \overline{C}=$$
$$AB+\overline{A}\ \overline{C}+B\ \overline{C}(A+\overline{A})=$$
$$AB+\overline{A}\ \overline{C}+AB\ \overline{C}+\overline{A}B\ \overline{C}=$$
$$AB(1+\overline{C})+\overline{A}\ \overline{C}(1+B)=$$
$$AB+\overline{A}\ \overline{C}$$

(3)吸收法

应用 $A+AB=A$,消去多余的因子。如

$$Y=\overline{B}\ C+A\ \overline{B}C(D+E)=\overline{B}\ C$$

2. 卡诺图化简法

用逻辑代数公式法化简逻辑函数需要较强的技巧和熟练性,当逻辑函数较为复杂时,就显得很麻烦,而且不易得到最简式。在这种情况下,又出现了一种卡诺图化简法,卡诺图是由美国工程师卡诺等首先提出的,故称卡诺图。用卡诺图来化简逻辑函数,直观、简便、迅速,而且容易得到最简式。讨论卡诺图,首先要从"最小项"概念谈起。

1. 逻辑变量的最小项

设有变量 A、B、C,它的乘积项(即与项)有 $\overline{A}\ \overline{B}\ \overline{C}$、$\overline{A}\ \overline{B}\ C$、$\overline{A}B\ \overline{C}$、$\overline{A}BC$、$A\ \overline{B}\ \overline{C}$、$A\ \overline{B}\ C$、$AB\ \overline{C}$、$ABC$,共 8 个。这就是变量 A、B、C 的最小项(注意:AB、BC 等这一类不是最小项,最小项要包含所有变量)。如果有 n 个逻辑变量。那么就有 2^n 个最小项。以三变量 A、B、C 为例,它们的 8 个最小项具有以下特点:

(1) 每个最小项都必须包括所有的(三个)逻辑变量;

(2) 每个逻辑变量都是最小项的一个因子,而且只出现一次;

(3) 每个因子都以原变量(如 A)或者反变量(如 $\overline{A}$)的形式出现。

三变量最小项排列及编号如表 14.9 所示。

下面举例说明把一个逻辑函数化为最小项表达式的方法。

表 14.9　三变量最小项

逻辑变量 A　B　C	最小项	最小项编号 m_i
0　0　0	$\overline{A}\ \overline{B}\ \overline{C}$	m_0
0　0　1	$\overline{A}\ \overline{B}\ C$	m_1
0　1　0	$\overline{A}\ B\ \overline{C}$	m_2
0　1　1	$\overline{A}\ B\ C$	m_3
1　0　0	$A\ \overline{B}\ \overline{C}$	m_4
1　0　1	$A\ \overline{B}\ C$	m_5
1　1　0	$A\ B\ \overline{C}$	m_6
1　1　1	$A\ B\ C$	m_7

【例 14.5】　把逻辑函数 $F=\overline{A}B+BC+A\ \overline{B}\ \overline{C}$ 化为最小项表达式。

解　因为 $\overline{A}B$ 和 BC 不是最小项,所以将函数中的 $\overline{A}B$ 和 BC 分别乘以 $(C+\overline{C})$、$(A+\overline{A})$,化为包括所有变量 A、B、C 的乘积项

$$F=\overline{A}B+BC+A\ \overline{B}\ \overline{C}=\overline{A}B(\overline{C}+C)+(\overline{A}+A)BC+A\ \overline{B}\ \overline{C}=$$

$$\overline{A}B\overline{C}+\overline{A}BC+\overline{A}BC+ABC+A\overline{B}\overline{C}=$$

$$\overline{A}B\overline{C}+\overline{A}BC+A\overline{B}\overline{C}+ABC=m_2+m_3+m_4+m_7=\sum m(2,3,4,7)$$

2. 逻辑函数的卡诺图表示法

所谓卡诺图表示法,就是将变量的最小项按一定规则填入一个方格图中。方格图的每个小方格填入一个最小项。n 个变量有 2^n 个最小项,所以其对应的方格图也有 2^n 个小方格。图 14.22(a)、(b)、(c)分别为二变量、三变量和四变量的卡诺图。画法是:

(1)在卡诺图的行和列,分别标出变量(左上角 AB,ABC,ABCD)及其状态 0 和 1。例如图 14.22(c),变量 AB 的状态分别标为 00,01,11,10(注意:不是二进制数递增的顺序 00,01,10,11),这样排列是为了使任意相邻的两个最小项只有一个变量的状态不同。

(2) 在每个小方格内按编号 m_i 填上最小项。

3. 逻辑函数的卡诺图化简法

卡诺图之所以能化简逻辑函数,依据是:其最小项方格具有"逻辑相邻"的性质。任意相邻的两个小方格的最小项只有一个变量状态不同,当它们相加时,可以消去一个变量。以图 14.22(c)为例,"逻辑相邻"的概念包括:

(1)上下、左右任何相邻的两个小方格都是逻辑相邻的(例如 m_5 和 m_{13},m_5 和 m_7,m_5 和 m_4,m_5 和 m_1);

(2)最上一行和最下一行是逻辑相邻的(例如 m_0 和 m_8,m_1 和 m_9,m_3 和 m_{11},m_2 和 m_{10}),即上下两行具有循环邻接的特性;

(3)最左一列和最右一列也是逻辑相邻的(例如 m_0 和 m_2),即左右两列也具有循环邻

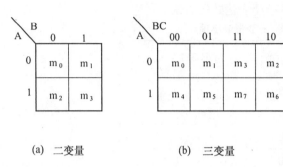

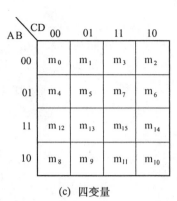

(a) 二变量　　　　　　(b) 三变量　　　　　　　(c) 四变量

图 14.22　卡诺图

接的特性。

【例 14.6】　用卡诺图化简逻辑函数 $F = \overline{A}\overline{B}\overline{C} + \overline{A}B\overline{C} + A\overline{B}CD + AB\overline{C}D$。

解　(1)将上式化为最小项表达式

$$F = \overline{A}\overline{B}\overline{C}(\overline{D}+D) + \overline{A}B\overline{C}(\overline{D}+D) + A\overline{B}CD + AB\overline{C}D =$$

$$\overline{A}\overline{B}\overline{C}\overline{D} + \overline{A}\overline{B}\overline{C}D + \overline{A}B\overline{C}\overline{D} + \overline{A}B\overline{C}D + A\overline{B}CD + AB\overline{C}D =$$

$$m_0 + m_1 + m_4 + m_5 + m_{11} + m_{13} =$$

$$\sum m(0,1,4,5,11,13)$$

(2)用卡诺图化简逻辑函数。其步骤为：

① 将最小项按顺序用符号1填入卡诺图的小方格中(其余方格填0)，如图14.23所示；

② 在卡诺图上将有1且相邻的小方格按包括1，2，4，8，…的方格格数画圈，可以画三个圈，如图14.23所示；

③ 写逻辑式。

第一个圈含四个最小项，可以消掉2个变量。因为

$$F_1 = m_0 + m_1 + m_4 + m_5 =$$

$$\overline{A}\overline{B}\overline{C}\overline{D} + \overline{A}\overline{B}\overline{C}D + \overline{A}B\overline{C}\overline{D} + \overline{A}B\overline{C}D =$$

$$\overline{A}\overline{B}\overline{C} + \overline{A}B\overline{C} = \overline{A}\overline{C}(\overline{B}+B) = \overline{A}\overline{C}(消掉2个$$

变量)

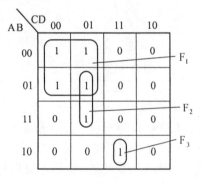

图 14.23　例 14.6 的图

实际上，这个结果直接从卡诺图上就可以看出来：AB 变量这一列，两个小方格的最小项中，B 的状态相反(0,1)可以消去；CD 变量这一行，两个小方格的最小项中，D 的状态相反(0,1)，可以消去。所以直接写出

$$F_1 = \overline{A}\overline{C}$$

第二个圈含两个最小项，可以消掉1个变量。按同样方法，可以看出：AB 变量这一列可以消去 A。所以直接写出

$$F_2 = B\overline{C}D$$

第三个圈只含一个最小项，不能消去变量，只能照样写下来

$$F_3 = A\overline{B}CD$$

化简的最后结果为

$$F = F_1 + F_2 + F_3 = \overline{A}\overline{C} + B\overline{C}D + A\overline{B}CD$$

从上例可以看出,用卡诺图化简逻辑函数时,对最小项画圈这一步骤十分关键。画圈时必须注意以下几点:

① 将逻辑相邻有 1 的小方格按 2^n($n = 0,1,2,3$)数目(即 1,2,4,8,16 个)画圈。

② 先圈大圈,后圈小圈。圈画得越大越好(化简后,乘积项的变量最少);圈的个数越少越好(化简后,乘积项的项数最少)。

③ 同一个 1 的小方格,可以多次被圈。

④ 每一个圈至少应包含一个新的不属于其他圈的 1。

⑤ 不要遗漏任何有 1 的小方格,必须覆盖所有的 1。

⑥ 如果有孤立的 1,就将孤立的 1 画一个圈。

如上所述,卡诺图具有循环邻接的特性,图 14.24(a)、(b)、(c)所示卡诺图就是三个这样的例子。

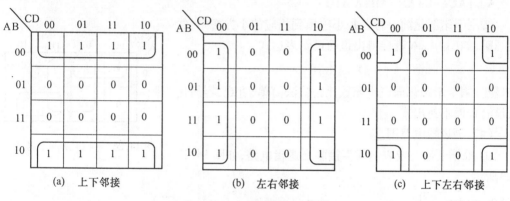

图 14.24　卡诺图的循环邻接

在图(a)中,上下两行 8 个小方格画一个大圈,可消去 3 个变量,可以看出 $F = \overline{B}$。在图(b)中,左右两列 8 个小方格画一个大圈,可消去 3 个变量,可以看出 $F = \overline{D}$。在图(c)中,上下左右四个角 4 个小方格画一个大圈,可消去 2 个变量,可以看出 $F = \overline{B}\overline{D}$。

最后,我们观察如图 14.25 所示画圈的例子,会发现什么问题?

图中有 4 个小圈和 1 个大圈。可以发现:大圈里的 4 个 1 都分别属于 4 个小圈,大圈里没有新的 1,这不符合注意事项的第④条,是多余的圈,应当舍去,否则将产生多余项。因此,在卡诺图上画圈时,一定注意检查有无多余圈,避免逻辑函数化简结果不是最简式。

【例 14.7】 某校师生举办联欢晚会。教师持红票入场,学生持绿票入场,持黄票者师生均可入场。试设计一入场检票的逻辑电路。

解 (1)列真值表。根据题意,为减少逻辑变量,设 $A = 1$(教师),$A = 0$(学生),$B = 1$(持红票),$B = 0$(持绿票),$C = 1$(有黄票),$C = 0$(无黄票);$F = 1$(可入场),$F = 0$

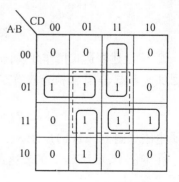

图 14.25　检查有无多余圈

（不可入场）。

真值表如表 14.10 所示。

（2）列逻辑式。根据 14.10 真值表列出 F=1 的逻辑表达式

$$F=\overline{A}\,\overline{B}\,\overline{C}+\overline{A}\,\overline{B}\,C+\overline{A}BC+A\,\overline{B}\,\overline{C}+$$
$$AB\,\overline{C}+ABC$$

（3）化简逻辑式。

① 用公式法化简

$$F=\overline{A}\,\overline{B}\,\overline{C}+\overline{A}\,\overline{B}C+\overline{A}BC+A\,\overline{B}\,\overline{C}+AB\,\overline{C}+ABC=$$
$$\overline{A}\,\overline{B}+\overline{A}BC+A\,\overline{B}\,\overline{C}+AB=$$
$$\overline{A}(\overline{B}+BC)+A(\overline{B}\,\overline{C}+B)=$$
$$\overline{A}\,\overline{B}+\overline{A}C+AC+AB=AB+\overline{A}\,\overline{B}+C$$

② 用卡诺图化简。将各最小项填到相应的小方格中，然后画圈，如图 14.26 直接得出最简逻辑表达式

$$F=AB+\overline{A}\,\overline{B}+C$$

很显然，用卡诺图化简逻辑函数比公式法简单、直观，容易化成最简式而不易出错。

（4）画逻辑电路图。

① 根据上述与或表达式直接画出逻辑电路，如图 14.27（a）所示。

表 14.10　例 14.7 的真值表

	A	B	C	F
学生	0	0	0	1
	0	0	1	1
	0	1	0	0
	0	1	1	1
教师	1	0	0	0
	1	0	1	1
	1	1	0	1
	1	1	1	1

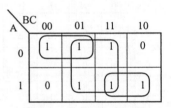

图 14.26　例 14.7 的卡诺图

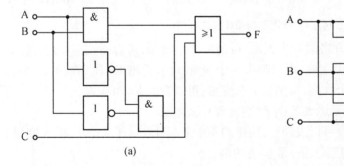

(a)　　　　　　　(b)

图 14.27　例 14.7 的逻辑电路

② 将上述表达式稍作变换，全部用与非门实现逻辑电路，不仅可以减少使用芯片数量，而且实际调试、操作及检查故障方便，即

$$F=AB+\overline{A}\,\overline{B}+C=\overline{\overline{AB+\overline{A}\,\overline{B}+C}}=\overline{\overline{AB}\cdot\overline{\overline{A}\,\overline{B}}\cdot\overline{C}}$$

逻辑电路如图 14.27(b)所示。

在本例中，可列 F=0 的表达式（只有 2 个乘积项），然后再求反函数最为方便，可不用卡诺图化简，即

$$\overline{F}=\overline{A}B\,\overline{C}+A\,\overline{B}\,\overline{C}$$

于是

$$F = \overline{\overline{F}} = \overline{\overline{(\overline{AB} + A\,\overline{B})\overline{C}}} =$$

$$\overline{\overline{(\overline{AB} + A\,\overline{B})} + C} =$$

$$\overline{(\overline{\overline{AB}} \cdot \overline{A\,\overline{B}})} + C =$$

$$(A + \overline{B}) \cdot (\overline{A} + B) + C = AB + \overline{A}\,\overline{B} + C$$

结果与前面相同。

14.4　组合逻辑电路的分析与设计

由若干基本逻辑门组成的逻辑电路称为组合逻辑电路,其特点是该电路在任意时刻的输出信号仅与该时刻的输入信号有关,而与信号输入之前该电路的状态无关。也就是说,当输入信号改变时,输出信号就随之改变。因此,任何一个组合逻辑电路,无论其复杂程度如何,都可用逻辑函数表示,即输出信号是输入信号的函数,并可利用逻辑代数的运算规律,对组合逻辑电路的逻辑功能进行研究。

组合逻辑电路的研究包括两方面内容:电路的分析与设计。

14.4.1　组合逻辑电路的分析

组合逻辑电路的分析,是在已知逻辑电路的情况下分析其逻辑功能。组合逻辑电路分析的具体步骤为:

① 根据给定的逻辑电路图写出逻辑表达式;

② 对逻辑表达式进行化简;

③ 列出真值表;

④ 由真值表总结出电路的逻辑功能。

下面举例说明逻辑电路的分析方法。

【例 14.8】　分析如图 14.28 所示逻辑电路的逻辑功能。

解

(1)写出逻辑电路输出端 F 的表达式。写表达式要由前级逐级往后写,即第一级与非门输出为 $\overline{A}\,\overline{B}$,第二级两个与门的输出分别为 $A \cdot \overline{A\,B}$ 和 $B \cdot \overline{A\,B}$,最后或非门输出为

$$F = \overline{A \cdot \overline{AB} + B \cdot \overline{AB}}$$

(2)将逻辑表达式化简,即

$$F = \overline{A \cdot \overline{AB} + B \cdot \overline{AB}} =$$

$$\overline{\overline{AB} \cdot (A + B)} =$$

$$\overline{\overline{AB}} + \overline{(A + B)} =$$

$$AB + \overline{A}\,\overline{B} = A \odot B$$

(3)根据化简的表达式列出真值表。上面表达式的真值表如表 14.11 所示。

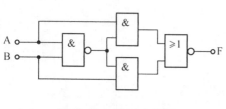

图 14.28　例 14.8 的图

表 14.11　例 14.8 的真值表

A	B	F
0	0	1
0	1	0
1	0	0
1	1	1

（4）分析逻辑功能。从真值表上看出，当输入变量 A、B 的取值相同时，输出为"1"，否则输出为"0"。这种逻辑关系称为"同或"，该电路称为同或电路（即"同或门"），是应用广泛的逻辑单元电路。同或门的逻辑符号如图 14.30（a）所示。

同或电路常常用在高可靠性设备的监测上，当电路出故障时发出报警信号。

【**例 14.9**】　分析图 14.29 所示逻辑电路的逻辑功能。

解　用上例中同样的方法写出逻辑电路的逻辑表达式，并进行化简

$$F = \overline{\overline{\overline{AB} \cdot A} \cdot \overline{\overline{AB} \cdot B}} = \overline{\overline{AB} \cdot A} + \overline{\overline{AB} \cdot B} =$$

$$\overline{AB} \cdot A + \overline{AB} \cdot B = (\overline{A} + \overline{B})A + (\overline{A} + \overline{B})B =$$

$$A\overline{B} + \overline{A}B = A \oplus B$$

表 14.12　例 14.9 的真值表

A	B	F
0	0	0
0	1	1
1	0	1
1	1	0

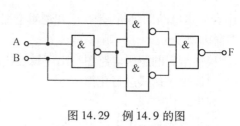

图 14.29　例 14.9 的图

根据此结果可列出真值表如表 14.12 所示。由该表可总结出其逻辑功能为：当输入变量 A、B 的取值不同时，输出为"1"，否则为"0"。这种逻辑关系称为"异或"，该电路称作异或电路（即"异或门"），也是一种应用十分广泛的逻辑单元电路，有集成电路产品可供选用，

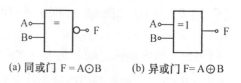

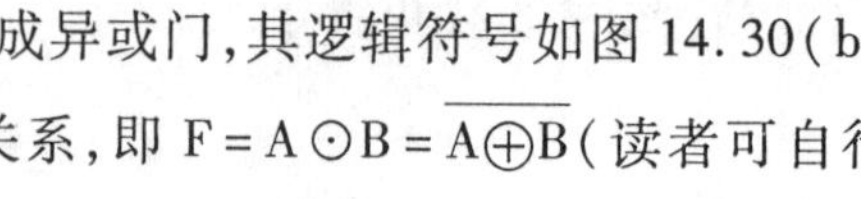

(a) 同或门 F = A⊙B　　(b) 异或门 F = A⊕B

图 14.30　同或门和异或门的逻辑符号

例如，CT4086（74LS86）是包含四个两输入端的集成异或门，其逻辑符号如图 14.30（b）所示。事实上，"异或"与"同或"之间互为"非"的关系，即 $F = A \odot B = \overline{A \oplus B}$（读者可自行证明）。

14.4.2　组合逻辑电路的设计

组合逻辑电路的设计是在已知逻辑要求的基础上，设计出最简单合理的组合逻辑电路，具体步骤为：

① 根据给定的逻辑要求,列出真值表;

② 由真值表写出逻辑表达式;

③ 对逻辑表达式进行化简;

④ 画出相应的逻辑电路图。

【例14.10】 试用与非门元件设计一个三人表决电路。A、B、C 三人每人一个电键,按下为"1"表示同意,不按为"0"表示反对。表决结果用指示灯 F 显示,多数赞成,灯亮(F=1)表示通过;否则灯不亮(F=0)表示没有通过。

解 (1)根据题意列出真值表。A、B、C 三人作为三个输入变量,同意为 1 反对为 0。共有八种情况,见表 14.13。

(2)根据表 14.13 写出 F 的逻辑式。由表 14.13 可见,下面四种情况中的任何一种都表示通过(F=1),即

$$A=0,B=1,C=1$$
$$A=1,B=0,C=1$$
$$A=1,B=1,C=0$$
$$A=1,B=1,C=1$$

表 14.13 例 14.10 的表

A	B	C	F
0	0	0	0
0	0	1	0
0	1	0	0
0	1	1	1
1	0	0	0
1	0	1	1
1	1	0	1
1	1	1	1

可以表示为

$\overline{A}BC$ ($\overline{A}$ 表示 A 反对)

$A\overline{B}C$ ($\overline{B}$ 表示 B 反对)

$AB\overline{C}$ ($\overline{C}$ 表示 C 反对)

ABC (ABC 均同意)

四种情况为"或"逻辑关系,可以写出下式

$$F = \overline{A}BC + A\overline{B}C + AB\overline{C} + ABC$$

(3)根据布尔代数运算法则化简逻辑表达式

$$F = \overline{A}BC + A\overline{B}C + AB\overline{C} + ABC =$$
$$\overline{A}BC + A\overline{B}C + AB\overline{C} + ABC + ABC + ABC =$$
$$BC(\overline{A} + A) + AC(\overline{B} + B) + AB(\overline{C} + C) =$$
$$BC + AC + AB$$

(4)根据逻辑式用"与非"门画出逻辑图

用二次求"非"及反演律将上面"与或"逻辑式变换为"与非"逻辑式

$$F = AB + AC + BC = \overline{\overline{AB + AC + BC}} =$$
$$\overline{\overline{AB} \cdot \overline{AC} \cdot \overline{BC}}$$

由此可画出由"与非"门所构成的逻辑电路,如图 14.31 所示。

【例14.11】 已知报警电路如图 14.32 所示,试用集成与非门实现此报警电路。

解 (1)写出图 14.32 中 F 的表达式,即

$$F = AB + BC$$

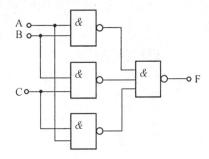

图 14.31 例 14.10 的图

（2）将上式变换成"与非"逻辑表达式，即

$$F = AB + BC = \overline{\overline{AB} + \overline{BC}} = \overline{\overline{AB} \cdot \overline{BC}}$$

（3）画出用与非门实现上面"与非"表达式的逻辑图，如图 14.33 所示。

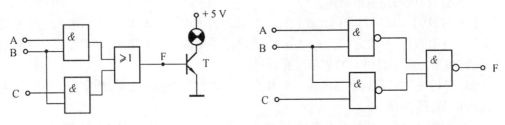

图 14.32　例 14.11 的图　　　　　　图 14.33　用与非门实现的逻辑图

【例 14.12】　某工厂有 A、B、C 三个车间和一个自备电站，站内有两台发电机 F_1 和 F_2。如果一个车间开工，只需 F_1 运行；如果两个车间开工，只需 F_2 运行（F_2 的容量是 F_1 的 2 倍）；如果三个车间都开工，则需 F_1 和 F_2 同时运行。试设计一个关于发电机 F_1 和 F_2 运行的逻辑电路。

解　（1）根据本题的逻辑要求，画出真值表。

设车间开工为 1，不开工为 0；发电机运行为 1，不运行为 0。真值表如表 14.14 所示。

表 14.14　例 14.12 的其值表

A	B	C	F_1	F_2
0	0	0	0	0
0	0	1	1	0
0	1	0	1	0
0	1	1	0	1
1	0	0	1	0
1	0	1	0	1
1	1	0	0	1
1	1	1	1	1

（2）由真值表写出逻辑表达式

$$F_1 = \overline{A}\,\overline{B}C + \overline{A}B\,\overline{C} + A\,\overline{B}\,\overline{C} + ABC$$

$$F_2 = \overline{A}BC + A\,\overline{B}C + AB\,\overline{C} + ABC$$

（3）化简逻辑表达式

$$F_1 = \overline{A}\,\overline{B}C + \overline{A}B\,\overline{C} + A\,\overline{B}\,\overline{C} + ABC =$$

$$(\overline{A}\,\overline{B} + AB)C + (\overline{A}B + A\,\overline{B})\overline{C} =$$

$$(A \odot B)C + (A \oplus B)\overline{C} =$$

$$(\overline{A \oplus B})C + (A \oplus B)\overline{C} = A \oplus B \oplus C$$

式 F_2 和例 14.10 的逻辑式 F 形式相同，其最简式为

$$F_2 = AB + BC + CA$$

（4）由式 F_1、F_2 画出逻辑电路，如图 14.34 所示。

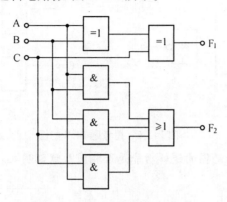

图 14.34 例 14.12 的图

【例 14.13】 试用一片 CT4000（74LS00）集成与非门（图 14.14（a））实现逻辑关系 $F = \overline{\overline{AB} \cdot \overline{CD}}$，并画出接线图。

解 CT4000（74LS00）集成与非门含有四个二输入端与非门，本题只需要三个二输入端与非门，选用方案如下。

设 $F_1 = \overline{AB}$ $F_2 = \overline{CD}$ $F = F_3 = \overline{F_1 \cdot F_2} = \overline{\overline{AB} \cdot \overline{CD}}$

接线图如图 14.35 所示。

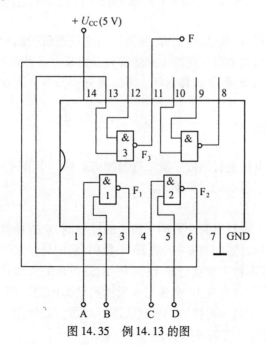

图 14.35 例 14.13 的图

思 考 题

14.7 若在图 14.29 所示异或电路的输出端再加上一个非门，试分析其逻辑功能。

14.8　写出图 14.36 所示两图的逻辑式。

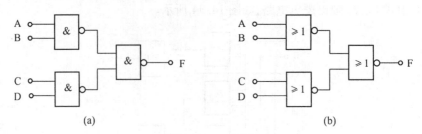

图 14.36　思考题 14.8 的图

14.9　图 14.37 所示两图的逻辑功能是否相同？试证明之。

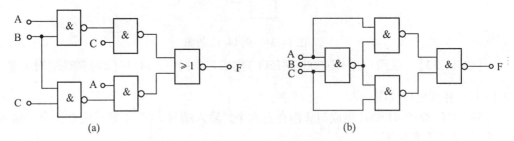

图 14.37　思考题 14.9 的图

14.5　常用中规模组合逻辑电路

在实践中遇到的逻辑问题层出不穷，而为解决这些逻辑问题而设计的逻辑电路也非常多，但是在研究中发现，其中有些逻辑电路经常大量出现在各种数字系统当中。这些电路包括加法器、编码器、译码器、数据选择器等。下面就分别介绍一下这些器件的工作原理和使用方法。

14.5.1　加法器

加法器是用数字电路进行的数字量二进制加法运算。本节讨论的二进制加法器是数字系统和电子计算机中最基本的运算单元。

1. 二进制

二进制计数制是一种只有两个数码 0 和 1 的计数制，它的计数规则是"逢二进一"。而我们通常熟悉的十进制计数制有 0～9 共 10 个数码，它的计数规则是"逢十进一"。在电路中，能很容易找到具有两种工作状态的元件（例如，晶体管的饱和导通与截止状态）来代表 0 和 1 这两个数码，而要找到具有 10 个状态的元件则极为困难。因此，数字电路中一般均采用二进制计数，而十进制数须转换为二进制数进行运算。如果用二进制数的计数方法来表示十进制数 0～15，则其对应关系如表 14.15 所示。

表 14.15　十进制与二进制数对照表

十进制数	二进制数	十进制数	二进制数
0	0	8	1000
1	1	9	1001
2	10	10	1010
3	11	11	1011
4	100	12	1100
5	101	13	1101
6	110	14	1110
7	111	15	1111

根据"逢二进一"的计数规则,两个一位二进制数相加时,只可能有以下四种情况

$$0+0=0 \qquad\qquad 0+1=1$$
$$1+0=1 \qquad\qquad 1+1=10$$

前三种情况没有进位,只有第四种情况才有进位。注意:二进制数运算中的算术加与逻辑运算中的逻辑加是不同的。在二进制数运算中,0 和 1 是表示数值大小的数码,而在逻辑运算中,0 和 1 是表示相反的两种逻辑状态。逻辑加的规则是 $1+1=1$;而二进制数加法的规则是 $1+1=10$,其中 0 称为本位的和,1 是向高位送出的进位。

2. 半加器

所谓半加,是只求本位数的和,不考虑低位数相加后送来的进位数。即半加器能向高位送出进位信号,但它不能接受从低位送来的进位信号。由此可知:半加器有两个输入端,加数 A 和被加数 B;有两个输出端,本位和 S 和进位 C。

根据半加器应完成的加法运算功能,其真值表如表 14.16 所示。由真值表可写出半加器的逻辑表达式

表 14.16　半加器真值表

A	B	S	C
0	0	0	0
0	1	1	0
1	0	1	0
1	1	0	1

$$S = \overline{A}B + A\overline{B} = A \oplus B$$
$$C = AB = \overline{\overline{AB}}$$

可见,半加和(本位和)S 可用一个异或门实现,在异或门上附加一个与门以取得进位 C,即可得到一个半加器。或者根据图 14.29 所示由四个与非门组成的异或门电路,再加一个非门,即可画出半加器逻辑图如图 14.38(a)所示。由集成异或门和与门电路构成的半加器如图 14.38(b)所示。半加器的逻辑符号如图 14.38(c)所示。

3. 全加器

当两个多位的二进制数相加时,在高位运算中会遇到从低位送来的进位数。所以高位的相加除了有加数和被加数之外,还有一个低位送来的进位数。这三个数所进行的二进制一位加法运算称为全加。用于实现全加运算的电路称为全加器。因此全加器有三个输入端:加数 A_i、被加数 B_i 和来自低位的进位 C_{i-1}。全加器有两个输出端:全加和 S_i、送往高位的进位 C_i。

根据全加器所应完成的加法运算功能,可列出其输入、输出的真值表如表 14.17 所示。

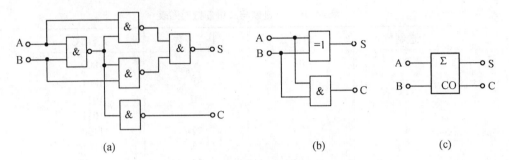

图 14.38　半加器逻辑图和逻辑符号

表 14.17　全加器真值表

A_i	B_i	C_{i-1}	S_i	C_i
0	0	0	0	0
0	0	1	1	0
0	1	0	1	0
0	1	1	0	1
1	0	0	1	0
1	0	1	0	1
1	1	0	0	1
1	1	1	1	1

由真值表可写出全加器输出端的逻辑表达式

$$S_i = \overline{A}_i \overline{B}_i C_{i-1} + \overline{A}_i B_i \overline{C}_{i-1} + A_i \overline{B}_i \overline{C}_{i-1} + A_i B_i C_{i-1}$$

$$C_i = \overline{A}_i B_i C_{i-1} + A_i \overline{B}_i C_{i-1} + A_i B_i \overline{C}_{i-1} + A_i B_i C_{i-1}$$

经化简,得

$$S_i = (A_i \oplus B_i) \oplus C_{i-1}$$

$$C_i = (A_i \oplus B_i) C_{i-1} + A_i B_i$$

可见,全加器可用两个半加器外加一个或门组成,其逻辑电路如图 14.39(a)所示。

全加器有现成的集成芯片可供选用,其逻辑符号如图 14.39(b)所示,其中 CI 表示输入进位端,CO 表示输出进位端。

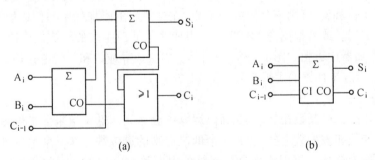

图 14.39　全加器逻辑图和逻辑符号

【例 14.14】　试用四个集成全加器构成一个四位二进制加法器,以实现两个四位二进制数 $A = A_3 A_2 A_1 A_0 = 1101$(十进制的 13)和 $B = B_3 B_2 B_1 B_0 = 1011$(十进制的 11)的加法运算。

解　构成的四位全加器电路如图 14.40 所示。根据全加器的逻辑功能,由图 14.40 可以看出,A、B 相加可得和数 $S = S_3S_2S_1S_0 = 1000$(十进制为 8),进位数 $C = C_3 = 1$(十进制为 16)。总计 A+B=11000(十进制为 24)。

在图 14.40 中,因最低位全加器的低位进位为 0,所以该输入端应接地。

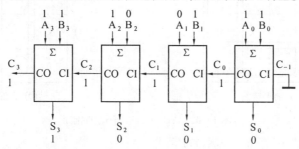

图 14.40　例 14.14 的图

*14.5.2　编码器

在数字电路中,常常需要将一些控制信号、十进制数及指令转换为二进制代码,这个转换过程称为“编码”,具有编码功能的电路称为“编码器”。

目前常用的编码器有普通编码器和优先编码器,下面就分别介绍这两种编码器的工作原理。

1. 普通编码器

普通编码器就是在任何时刻,对所有要编码的信号只允许输入一个编码信号,否则编码器将输出混乱。现以 2 位二进制普通编码器为例分析其工作原理。两位二进制编码器输入端有 4 个,输出端有 2 个(称为 4 线–2 线编码器),其框图如图 14.41 所示。在该框图中,$I_0 \sim I_3$ 是 4 个输入信号,每个输入信号只有两种工作状态,分别用高电平和低电平表示。Y_0 和 Y_1 是输出信号,是两位二进制代码。两位二进制代码有 00、01、10、11 四种组态,分别代表相应的输入信号。输出与输入的对应关系如表 14.18 所示。

表 14.18　2 位二进制编码器的功能表

输	入			输	出
I_0	I_1	I_2	I_3	Y_1	Y_0
1	0	0	0	0	0
0	1	0	0	0	1
0	0	1	0	1	0
0	0	0	1	1	1

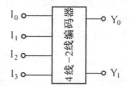

图 14.41　2 位二进制编码器框图

由功能表可知,编码器为高电平有效,每一时刻编码器只有一个输入信号为高电平,其余都为低电平。其输出变量的表达式为

$$Y_0 = \bar{I}_0 I_1 \bar{I}_2 \bar{I}_3 + \bar{I}_0 \bar{I}_1 \bar{I}_2 I_3$$
$$Y_1 = \bar{I}_0 \bar{I}_1 I_2 \bar{I}_3 + \bar{I}_0 \bar{I}_1 \bar{I}_2 I_3$$

利用卡诺图对 Y_0 和 Y_1 表达式进行化简,其 Y_0 和 Y_1 的卡诺图如图 14.42(a)、(b)所示。

在图 14.42 的卡诺图中,×表示无关项,可代表 1 或者 0,其作用是使逻辑函数式能够进一步化简。在图 14.42(a)、(b)中,利用无关项(将无关项当作 1)和 1 组成两个大圈,得到 Y_0 和 Y_1 的最简表达式

$$Y_0 = I_1 + I_3$$
$$Y_1 = I_2 + I_3$$

由于功能表的输入部分具有每一行、每一列仅有一个“1”的特点,这样,Y_0 和 Y_1 的输出表达式可直接

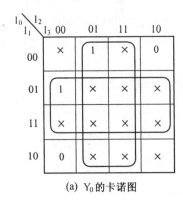

(a) Y_0 的卡诺图

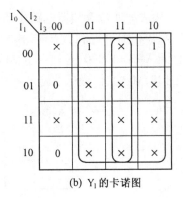

(b) Y_1 的卡诺图

图 14.42　Y_0 和 Y_1 的卡诺图化简

用输入变量本身写出,而不用写出最小项,如上两式。

由最简表达式画出普通编码器的逻辑图如图 14.43 所示。

2. 优先编码器

优先编码器就是在任何时刻允许同时输入两个以上编码信号,但是在设计编码器时,已经对所有输入信号规定了优先级,当同时输入几个信号时,只对其中优先权最高的一个编码信号进行编码。

图 14.44 是 8 线-3 线集成优先编码器 CT4148(74LS148)的逻辑符号,CT4148(74LS148)编码器有 8 个信号输入端($I_0 \sim I_7$),3 个输出端($\overline{Y}_0 \sim \overline{Y}_2$),输入和输出均为低电平有效。CT4148(74LS148)优先编码器还有输入控制端(EI)和输出控制端(EO)及工作状态控制端 GS。

输入控制端 EI,低电平有效,即 EI = 0 时,编码器工作;EI = 1 时,禁止编码,3 个输出端均为高电平。

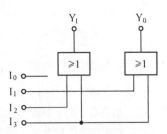

图 14.43　2 位二进制编码器的逻辑图

输出控制端 EO,低电平有效,即 EI = 0 时,并且所有的编码输入端都是高电平(即没有编码输入)时,EO 才为低电平,其他情况均为 1。所以,EO = 0 表示电路工作,但无编码输入。在实际应用中,EO 常与另一片同样编码器的 EI 端相接,用以增加编码器的输入端数。

工作状态控制端 GS,低电平有效,即 EI = 0 且输入端至少有一个编码信号输入时(有编码信号输入),其 GS = 0,表示编码器工作在编码状态;当 EI = 0,无编码信号输入时,GS = 1,表示编码器处于非编码工作状态。CT4148(74LS148)优先编码器的功能表如表 14.19 所示。

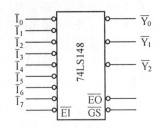

图 14.44　CT4148(74LS148)编码器的逻辑符号

表 14.19　CT4148(74LS148)的功能表

	输			入					输		出		
$\overline{EI}$	$\overline{I}_0$	$\overline{I}_1$	$\overline{I}_2$	$\overline{I}_3$	$\overline{I}_4$	$\overline{I}_5$	$\overline{I}_6$	$\overline{I}_7$	$\overline{Y}_2$	$\overline{Y}_1$	$\overline{Y}_0$	$\overline{EO}$	$\overline{GS}$
1	×	×	×	×	×	×	×	×	1	1	1	1	1
0	1	1	1	1	1	1	1	1	1	1	1	0	1
0	×	×	×	×	×	×	×	0	0	0	0	1	0
0	×	×	×	×	×	×	0	1	0	0	1	1	0
0	×	×	×	×	×	0	1	1	0	1	0	1	0
0	×	×	×	×	0	1	1	1	0	1	1	1	0
0	×	×	×	0	1	1	1	1	1	0	0	1	0
0	×	×	0	1	1	1	1	1	1	0	1	1	0
0	×	0	1	1	1	1	1	1	1	1	0	1	0
0	0	1	1	1	1	1	1	1	1	1	1	1	0

由功能表可知,输入信号的优先顺序是 $\bar{I}_7 \sim \bar{I}_0$,其中 $\bar{I}_7$ 的优先权最高,$\bar{I}_0$ 的优先权最低。当 $\bar{I}_7 = 0$ 时,不论其他输入端是 0 还是 1(表中用×表示),编码器只对 $\bar{I}_7$ 编码,输出 $\bar{Y}_2\bar{Y}_1\bar{Y}_0 = 000$;当 $\bar{I}_7 = 1$、$\bar{I}_6 = 0$ 时,无论其他输入端是 0 还是 1,编码器只对 $\bar{I}_6$ 进行编码,输出 $\bar{Y}_2\bar{Y}_1\bar{Y}_0 = 001$。其余的输出状态依次类推。

14.5.3　译码器

译码是编码的反过程,就是将用二进制代码表示的"原意"翻译出来。这个翻译过程称为译码,具有译码功能的电路称为"译码器"。常用的译码器有二进制译码器、二-十进制译码器和显示译码器三类。

1. 二进制译码器

二进制译码器的功能是将数字电路中具有特定含义的二进制代码的不同组态,按其原意翻译成相对应的输出信号。

现以两位二进制译码器为例说明二进制译码器的工作原理。两位二进制代码 BA 共有四种不同的组态:00、01、10、11。两位二进制译码器输入端有 2 个,输出端有 4 个(称为 2 线-4 线译码器),对应于输入的每一组二进制代码,只有一个输出端为高电平 1,其余皆为低电平 0。若设输出变量为 Y_0、Y_1、Y_2、Y_3,则该译码器的真值表如表 14.20 所示。当二进制代码 BA 分别为 00、01、10、11 时,Y_0、Y_1、Y_2、Y_3 分别为 1(高电平有效)。

由真值表可写出各输出端的逻辑表达式

$$Y_0 = \bar{B}\,\bar{A} \qquad Y_1 = \bar{B}A \qquad Y_2 = B\bar{A} \qquad Y_3 = BA$$

实现这些逻辑关系的译码电路如图 14.45 所示。

表 14.20　两位二进制译码器真值表

输	入	输		出	
B	A	Y_0	Y_1	Y_2	Y_3
0	0	1	0	0	0
0	1	0	1	0	0
1	0	0	0	1	0
1	1	0	0	0	1

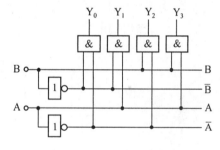

图 14.45　两位二进制译码器

2. 集成二进制译码器

CT4139(74LS139)集成译码器是两位二进制译码器,其内部电路由与非门构成,如图 14.46 所示。表 14.21 是 CT4139 的功能表,其中 B、A 是输入端,$\bar{Y}_0$、$\bar{Y}_1$、$\bar{Y}_2$、$\bar{Y}_3$ 是输出端,$\bar{S}$ 是使能控制端。当 $\bar{S} = 0$ 时,译码器处于工作状态;此时若 BA 分别为 00、01、10、11,则 $\bar{Y}_0$、$\bar{Y}_1$、$\bar{Y}_2$、$\bar{Y}_3$ 分别为 0(低电平有效)。当 $\bar{S} = 1$ 时,译码器处于禁止译码状态,输出端的四个与非门被封锁,无论 BA 为何种组态(表中×号表示任意状态),输出 $\bar{Y}_0 \sim \bar{Y}_3$ 全为 1。

在图 14.46 中,B、A 输入端的四个反相器(即非门)组成了输入缓冲级。输入缓冲级的作用有二:一方面提供了互补变量(例如 A 和 $\bar{A}$);另一方面可以提高输入信号源的带负载能力。图中引入的使能端 $\bar{S}$ 能增强译码器的逻辑功能,使用更加灵活。

表 14.21　CT4139 译码器功能表

输入端			输出端			
使能	输入		$\overline{Y}_0$	$\overline{Y}_1$	$\overline{Y}_2$	$\overline{Y}_3$
$\overline{S}$	B	A				
1	×	×	1	1	1	1
0	0	0	0	1	1	1
0	0	1	1	0	1	1
0	1	0	1	1	0	1
0	1	1	1	1	1	0

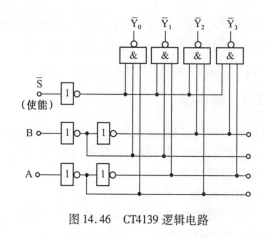

图 14.46　CT4139 逻辑电路

【例 14.15】　试用 5 片 2 线-4 线 CT4139 集成译码器扩展成 4 线-16 线译码器。

解　将 5 片 2 线-4 线译码器芯片连接成如图 14.47 所示的电路。它有四个输入端 $A_3A_2A_1A_0$，十六个输出端 $\overline{Y}_0 \sim \overline{Y}_{15}$（低电平有效），芯片⑤的使能端 $\overline{S}$ 接地。各芯片的分工是：①～④译码，⑤产生片选信号，控制①～④的工作。整个电路的译码过程如下：当芯片⑤的两位高位输入代码 $A_3A_2 = 00$ 时，片选信号 $\overline{y}_0 = 0$，使芯片①工作（其余芯片被禁止译码），$\overline{Y}_0 \sim \overline{Y}_3$ 中有译码输出。当 $A_3A_2 = 01$ 时，$\overline{y}_1 = 0$，使芯片②工作（其余芯片被禁止译码），$\overline{Y}_4 \sim \overline{Y}_7$ 有译码输出。同理，当 $A_3A_2 = 10$ 或 11 时，$\overline{y}_2 = 0$ 或 $\overline{y}_3 = 0$，使芯片③或芯片④工作，$\overline{Y}_8 \sim \overline{Y}_{11}$ 或 $\overline{Y}_{12} \sim \overline{Y}_{15}$ 有译码输出。以上过程实际上就是，当输入代码 $A_3A_2A_1A_0$ 由 $0000 \sim 1111$ 时（共十六种组态），输出端的译码信号 $\overline{Y}_0 \sim \overline{Y}_{15}$ 分别为 0，有译码输出，其功能如表 14.22 所示。

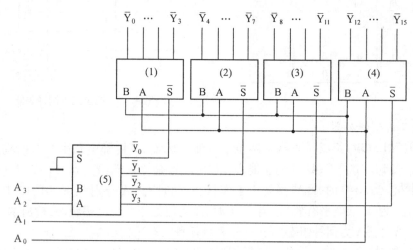

图 14.47　例 14.15 的图

表 14.22　例 14.15 的译码器真值表

片选	A_3	A_2	A_1	A_0	$\overline{Y}_0$	$\overline{Y}_1$	$\overline{Y}_2$	$\overline{Y}_3$	$\overline{Y}_4$	$\overline{Y}_5$	$\overline{Y}_6$	$\overline{Y}_7$	$\overline{Y}_8$	$\overline{Y}_9$	$\overline{Y}_{10}$	$\overline{Y}_{11}$	$\overline{Y}_{12}$	$\overline{Y}_{13}$	$\overline{Y}_{14}$	$\overline{Y}_{15}$
(1)	0	0	0	0	0	1	1	1	1	1	1	1	1	1	1	1	1	1	1	1
	0	0	0	1	1	0	1	1	1	1	1	1	1	1	1	1	1	1	1	1
	0	0	1	0	1	1	0	1	1	1	1	1	1	1	1	1	1	1	1	1
	0	0	1	1	1	1	1	0	1	1	1	1	1	1	1	1	1	1	1	1
(2)	0	1	0	0	1	1	1	1	0	1	1	1	1	1	1	1	1	1	1	1
	0	1	0	1	1	1	1	1	1	0	1	1	1	1	1	1	1	1	1	1
	0	1	1	0	1	1	1	1	1	1	0	1	1	1	1	1	1	1	1	1
	0	1	1	1	1	1	1	1	1	1	1	0	1	1	1	1	1	1	1	1
(3)	1	0	0	0	1	1	1	1	1	1	1	1	0	1	1	1	1	1	1	1
	1	0	0	1	1	1	1	1	1	1	1	1	1	0	1	1	1	1	1	1
	1	0	1	0	1	1	1	1	1	1	1	1	1	1	0	1	1	1	1	1
	1	0	1	1	1	1	1	1	1	1	1	1	1	1	1	0	1	1	1	1
(4)	1	1	0	0	1	1	1	1	1	1	1	1	1	1	1	1	0	1	1	1
	1	1	0	1	1	1	1	1	1	1	1	1	1	1	1	1	1	0	1	1
	1	1	1	0	1	1	1	1	1	1	1	1	1	1	1	1	1	1	0	1
	1	1	1	1	1	1	1	1	1	1	1	1	1	1	1	1	1	1	1	0

3. 二–十进制译码器

二–十进制译码器能对二–十进制代码(二–十进制代码又称 BCD 码)进行译码。译码器有四个数码输入端,作为用二进制表示的十进制代码(即二–十进制代码,此代码可来自十进制计数器等其他逻辑电路)的输入端;译码器有十个输出端,每个输出端的信号与一组代码相对应。如果输入的二–十进制代码为 8421 码[1],并要求对应于输入的每组代码,十个输出端中只有一个相应的为高电平 1,其余九个都为低电平 0,则可列出译码器输入和输出的真值表,如表 14.23 所示。

表 14.23　二–十进制译码器真值表

输　入　端					输　出　端									
对应十进制数	D	C	B	A	Y_0	Y_1	Y_2	Y_3	Y_4	Y_5	Y_6	Y_7	Y_8	Y_9
0	0	0	0	0	1	0	0	0	0	0	0	0	0	0
1	0	0	0	1	0	1	0	0	0	0	0	0	0	0
2	0	0	1	0	0	0	1	0	0	0	0	0	0	0
3	0	0	1	1	0	0	0	1	0	0	0	0	0	0
4	0	1	0	0	0	0	0	0	1	0	0	0	0	0
5	0	1	0	1	0	0	0	0	0	1	0	0	0	0
6	0	1	1	0	0	0	0	0	0	0	1	0	0	0
7	0	1	1	1	0	0	0	0	0	0	0	1	0	0
8	1	0	0	0	0	0	0	0	0	0	0	0	1	0
9	1	0	0	1	0	0	0	0	0	0	0	0	0	1

---

[1]　8421 码是指:表示十进制数 0~9 的四位二进制数 DCBA,从高位至低位,每位的 1,依次表示十进制数的 8,4,2,1。这种二–十进制代码称为 8421BCD 码。

由真值表可以看出,当输入代码 DCBA 由 0000 变化至 1001 时,输出端的译码信号 $Y_0 \sim Y_9$ 依次为 1(高电平有效)。图 14.48 是二-十进制译码器的逻辑电路。

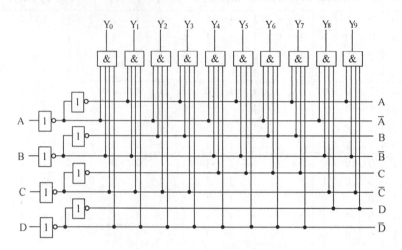

图 14.48　二-十进制译码器逻辑图

4. 数字显示译码器

在数字测量仪表以及其他各种数字系统中,都需要将十进制数字直观的显示出来。目前显示器件有辉光数码管、荧光数码管、半导体发光数码显示器和液晶显示器等。以常用的半导体发光二极管数码显示器(LED)、液晶显示器为例,简单介绍数码显示原理。

(1)半导体数码管(LED)。半导体数码管(发光二极管)是由半导体磷化镓、砷化镓等材料制成。当发光二极管两端加上正向电压时,二极管导通流过正向电流,放出能量,发出一定波长的光(有红、绿、黄等不同颜色)。常见的 LED 显示器有七个笔划段另加一个小数点"·",每个字段为一个发光二极管。LED 显示器分为共阳极、共阴极两大类型。例如,FR.206A(共阳极型)、FR.206C(共阴极型),其外形与结构如图 14.49(a)、(b)、(c)所示。

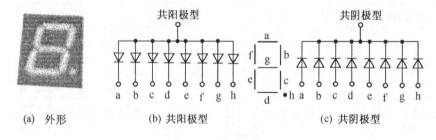

(a) 外形　　　　(b) 共阳极型　　　　(c) 共阴极型

图 14.49　LED 数码管

当某个二极管导通时,相应的字段发光。例如,如果二极管 a、b、c、d、e、f、g 导通,则笔划段全亮,显示出 8 的字样。共阳极的 LED 显示器,低电平输入时,相应字段发光(低电平有效);共阴极的 LED 显示器,高电平输入时,相应字段发光(高电平有效)。

LED 显示器体积小、工作可靠、寿命长、工作电压低(1~2.5 V),适用于小型设备和小型计算机的数字显示。

（2）液晶显示器（LCD）。液晶显示器是通过在液态晶体薄层上加电压，以改变其光学特性而进行显示的器件。利用液晶可制成分段式和点阵式数码显示器，分段式液晶显示器（LCD）的结构如图 14.50 所示。透明电极可刻成"8"字形状（与 LED 数码管字形相似），分为七个（或八个）笔划段。若在某笔划段电极上加电压，则该笔划段便显示出来。液晶显示器件本身并不发光，必须借助自然光或外界光源才显示，故适宜于在明亮的环境下使用。由于液晶显示器工作电压低，工作电流极小，且结构简单，成本低，因此在电子计算器、手机、电子手表、数字仪表等场合得到广泛使用。

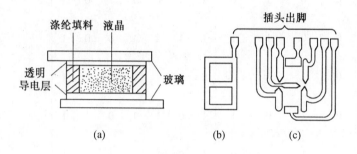

图 14.50　液晶显示器结构示意图

（3）七段显示译码器

半导体发光数码管（LED）和液晶数码显示器（LCD）都需要通过七段显示译码器，先对输入的二-十进制代码进行译码，才能把其所代表的十进制数字显示出来。七段显示译码器的输入是二-十进制代码（即 BCD 码），因此称它为 BCD-7 段显示译码器。它的输入线有四根，从低位至高位由 A、B、C、D 表示；输出线有七根，用 a、b、c、d、e、f、g 表示，并分别与七段显示器件（LED 数码管）的七个显示段 a、b、c、d、e、f、g 相对应。根据对七段显示译码器输入和输出关系的要求，可设计出其相应的逻辑电路。

现介绍一种 8421BCD 码七段显示译码器，该译码器能将每一组 8421BCD 码翻译成相对应的七个代码，再通过数码管显示出来，原理框图如图 14.51 所示（图中 R 为二极管的限流电阻）。七段显示译码器真值表如表 14.24 所示，配接共阴极接法的 LED 数码管。

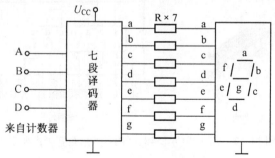

图 14.51　七段译码及显示电路原理框图

表 14.24　8421BCD-7 段显示译码器真值表（LED 为共阴接法）

编码数字	输入				输出							字形
	D	C	B	A	a	b	c	d	e	f	g	
0	0	0	0	0	1	1	1	1	1	1	0	
1	0	0	0	1	0	1	1	0	0	0	0	
2	0	0	1	0	1	1	0	1	1	0	1	
3	0	0	1	1	1	1	1	1	0	0	1	
4	0	1	0	0	0	1	1	0	0	1	1	
5	0	1	0	1	1	0	1	1	0	1	1	
6	0	1	1	0	1	0	1	1	1	1	1	
7	0	1	1	1	1	1	1	0	0	0	0	
8	1	0	0	0	1	1	1	1	1	1	1	
9	1	0	0	1	1	1	1	1	0	1	1	

中规模集成 BCD-7 段译码器目前得到广泛应用，例如，常用的 CT4047（74LS47）和 CT4048（74LS48）七段译码器。CT4048（74LS48）七段译码器（配接共阴接法 LED），其外形和管脚如图 14.52 所示。

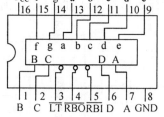

| (a) 外形 | (b) 管脚图 |

图 14.52　CT4048（74LS48）译码器外形与管脚排列图

CT4048（74LS48）内部是由与非门、与或非门组成。其外部几个主要管脚意义如下：

管脚 A、B、C、D（7、1、2、6）为译码器数据输入端，管脚 a、b、c、d、e、f、g（13、12、11、10、9、15、14）为译码器输出端，配接共阴极 LED 显示器件。管脚 U_{CC}（16）为电源端，管脚 GND（8）为地端。

管脚$\overline{LT}$(3)为试灯输入端。当$\overline{LT}=0$,所有字段全亮,显示 8,其作用是校验数码管各段是否正常发光。当正常工作时,$\overline{LT}=1$。

管脚$\overline{BI}(\overline{RBO})$(4)为灭灯输入控制端。当$\overline{BI}=0$时,不论输入状态如何,所有字段同时熄灭,数码管不显示。

管脚$\overline{RBI}$(5)为灭零输入端(或称动态灭灯输入端)。当$\overline{RBI}=0$且 $A=B=C=D=0$ 时,显示器各字段都不亮。而若此时$\overline{RBI}=1$,则正常显示数字 0。该端可用于当输入为 0000 而又不需显示 0 的场合。

14.5.4　数据选择器

数据选择器的作用就是能从多个输入数据中选择出一个作为输出。图 14.53 所示为 CT74LS153 双 4 选 1 数据选择器的逻辑图。图中 $D_3 \sim D_0$ 是四个数据输入端,A_1 和 A_0 是数据选择端,$\overline{S}$ 是选通端或使能端,低电平有效,Y 是输出端。

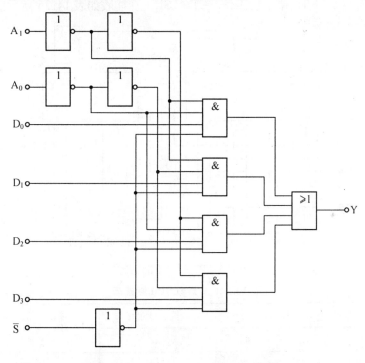

图 14.53　CT74LS153 4 选 1 数据选择器

由逻辑图可以写出逻辑式为

$$Y=D_0\overline{A_1}\,\overline{A_0}S+D_1\overline{A_1}A_0S+D_2A_1\overline{A_0}S+D_3A_1A_0S$$

由逻辑式可以列出选择器的功能表 14.25。

表 14.25 CT74LS153 功能表

选择		选通	输出
A_1	A_0	$\overline{S}$	Y
×	×	1	0
0	0	0	D_0
0	1	0	D_1
1	0	0	D_2
1	1	0	D_3

当 $\overline{S}=1$ 时,$Y=0$,禁止选通;$\overline{S}=0$ 时,正常工作。

数据选择器有四个输出端,就需要两个选择端;如果有八个输入端,就需要三个选择端。

图 14.54 是用两块 8 选 1 数据选择器 CT74LS151 构成的 16 选 1 数据选择器。当 $\overline{S}=0$ 时,第一块工作;当 $\overline{S}=1$ 时,第二块工作。CT74LS151 功能表如表 14.26 所示。

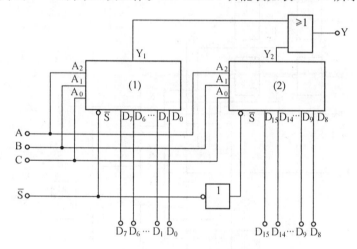

图 14.54 16 选 1 数据选择器

表 14.26 CT74LS151 功能表

选 择			选 通	输 出
A_2	A_1	A_0	$\overline{S}$	Y
×	×	×	1	0
0	0	0	0	D_0
0	0	1	0	D_1
0	1	0	0	D_2
0	1	1	0	D_3
1	0	0	0	D_4
1	0	1	0	D_5
1	1	0	0	D_6
1	1	1	0	D_7

思　考　题

14.10　$1+1=10, 1+1=1$ 两式的含义是什么?

14.11　什么是普通编码器? 什么是优先编码器? 它们的主要区别是什么?

14.12　CT4148(74LS148)优先编码器的 EI 端、EO 端和 GS 端各起什么作用?

14.13　什么叫译码? 什么叫二进制译码器? 什么叫二-十进制译码器? 什么叫 8421BCD 码?

14.14　什么叫译码器的使能输入端? CT4139(74LS139)译码器的使能输入端 S 上的非号是什么含义?

14.15　有一个 7 段显示译码器, 输出高电平有效, 如要显示数据, 试问配接的数码管 (LED) 应是共阳极型的还是共阴极型的?

本　章　小　结

在数字电路中, 由于电信号是脉冲信号, 因此可以用二进制数码"1"和"0"表示。此时脉冲信号也称为数字信号。

在数字电路中, 门电路起着控制数字信号的传递作用。它根据一定的条件("与"、"或"条件)决定信号的通过与不通过。

基本的门电路有与门、或门和非门三种, 它们的共同特点是利用二极管和三极管的导通与截止作为开关来实现逻辑功能。由与门和非门可以组成常用的与非门电路。目前在数字电路中所用的门电路全部是集成逻辑门电路。

在数字电路中, 有正负逻辑之分, 用逻辑"1"表示高电平, 逻辑"0"表示低电平, 为正逻辑; 若用逻辑"0"表示高电平, 逻辑"1"表示低电平, 为负逻辑, 本教材采用正逻辑。

逻辑代数和卡诺图是分析和设计数字逻辑电路的重要数学工具和化简手段, 应用它们可以将复杂的逻辑函数式进行化简, 以便得到合理的逻辑电路。

对于组合逻辑电路的分析, 首先写出逻辑表达式, 然后利用逻辑代数及卡诺图进行化简, 列出真值表, 分析其逻辑功能。

对于组合逻辑电路的设计, 则应首先根据逻辑功能和要求, 列出真值表, 然后写出逻辑函数表达式, 再利用逻辑代数和卡诺图将其化简为最简式, 最后画出相应的逻辑电路。

加法器是用数字电路实现二进制算术加法运算的电路。常用的有半加器和全加器。

编码器由组合逻辑电路组成, 按其功能分为普通编码器和优先编码器, 其功能是将输入相应的信号进行编码, 用二进制代码表示。

译码器由组合逻辑电路组成, 它可将给定的数码转换成相应的输出电平, 驱动数字显示电路工作。应用最普遍的是二-十进制译码器、七段显示译码器。

数据选择器是一种能从多个输入数据中选择出一个作为输出的组合逻辑电路。

在使用集成门电路时, 应按集成电路手册上的产品介绍正确使用。

习　　题

14.1　已知输入信号 A 和 B 的波形如题图 14.1 所示, 试画出"与"门输出 $F = A \cdot B$ 和 "或"门输出 $F = A + B$ 的波形。

14.2　已知输入信号 A、B、C 的波形如题图 14.2 所示,试分别画出"与非"门输出 F =
$\overline{A \cdot B \cdot C}$ 和"或非"门输出 F = $\overline{A+B+C}$ 的波形。

题图 14.1　　　　　　　　　　　　　　　题图 14.2

14.3　根据下列各逻辑代数式,画出逻辑图。

(1) F=(A+B)C　　　　　　　　(2) F=A(B+C)+BC

(3) F=A$\overline{B}$+B$\overline{C}$+C$\overline{A}$　　　　　　(4) F=AB+BC+CA+$\overline{A}\overline{B}$C

14.4　已知逻辑电路如题图 14.3 所示,试写出其逻辑式、化简并分析逻辑功能。

14.5　已知逻辑电路如题图 14.4 所示,试写出其逻辑式、化简并分析逻辑功能。

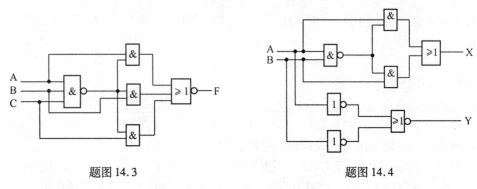

题图 14.3　　　　　　　　　　　　　　题图 14.4

14.6　已知逻辑电路如题图 14.5 所示,试写出其逻辑式、化简并分析逻辑功能。

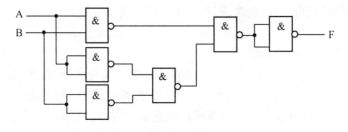

题图 14.5

14.7　用与非门实现以下逻辑关系,画出逻辑图。

(1) F=A+B+C　　　　　　　　(2) F=$\overline{A+B+C}$

(3) F=AB+BC+CA　　　　　　(4) F=$\overline{A}\overline{B}$+($\overline{A}$+$\overline{B}$)

14.8　试用卡诺图法将下列逻辑函数化简为最简式。

(1) F(A,B,C)=$\overline{A}\overline{B}\overline{C}$+$\overline{A}B\overline{C}$+A$\overline{B}\overline{C}$+A$\overline{B}$C+ABC

(2) F(A,B,C)=$\overline{A}\overline{B}\overline{C}$+$\overline{A}B\overline{C}$+$\overline{A}$BC+A$\overline{B}$C+AB$\overline{C}$+ABC

(3) F(A,B,C,D)= $\sum$ m(3,5,7,9,11,12,13,15)

(4) F(A,B,C,D)= $\sum$ m(0,5,7,8,12,14)

14.9　试用一片 CT4000(74LS00)集成与非门(管脚引线见图 14.14(a))实现逻辑式 $F = \overline{\overline{AB} \cdot \overline{CD}}$,画出接线图。

14.10　某组合逻辑电路的框图及其输入、输出波形如题图 14.6(a)、(b)所示,试用与非门实现此逻辑电路,画出逻辑图。

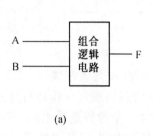

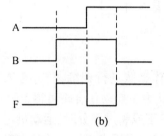

(a)　　　　　　　　　　　　　　(b)

题图 14.6

14.11　已知电路如题图 14.7 所示。当逻辑电路(框图)的输入变量 A、B、C 中有两个或两个以上为高电平时,继电器 KM 才动作,试用与非门构成框图里的逻辑电路,并说明二极管 D 的作用。

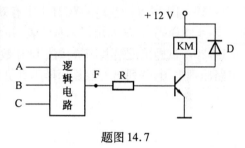

题图 14.7

14.12　试设计一个判奇数的逻辑电路,其逻辑功能为:当输入变量 A、B、C 中有奇数个"1"时,输出为"1",否则为"0"。

14.13　试设计一个判一致的逻辑电路,其逻辑功能为:当输入变量 A、B、C 电平一致时输出为"1",否则为"0"。

14.14　写出题图 14.8 所示两图的逻辑式。

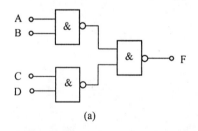

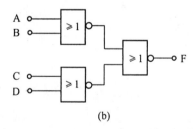

(a)　　　　　　　　　　　　　　(b)

题图 14.8

14.15　题图 14.9 所示两图的逻辑功能是否相同? 试证明之。

14.16　交通十字路口有红、黄、绿信号指示灯。正常状态下,只允许有一个灯亮;其余情况均为故障状态,应自动报警及时检修。试为该指示灯系统设计一个故障报警的逻辑电路。

14.17　某汽车驾驶员培训班结业考核有 A、B、C 三名评判员,其中 A 为主评判员,B、C 为副评判员。评判时按少数服从多数的原则通过;但若主评判认为合格,亦可通过。试设计该考核逻辑电路(提示:此题按 $\overline{F}$ 列逻辑式,经化简再取反,得逻辑式 F,比较简单)。

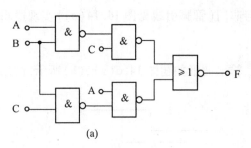
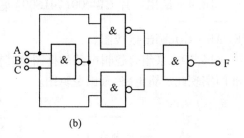

题图 14.9

14.18　某体操队进行训练考核,有 A、B、C、D 四位裁判(A 为主裁判,B、C、D 为副裁判),考核时 A 认为主要动作合格可得 2 分;B、C、D 各位认为其他规定动作合格可分别得 1 分。当总得分等于或超过 3 分时,运动员考核通过。试设计一个考核逻辑电路(提示:此题列出真值表后,建议采用卡诺图法化简逻辑式。画圈时尽量画大圈,以获得最简式)。

14.19　图 14.45 是 $Y_0 \sim Y_3$ 高电平有效的 2 线–4 线译码器。现需 $\overline{Y}_0 \sim \overline{Y}_3$ 低电平有效的 2 线–4 线译码器,试列出译码真值表,并画出译码器逻辑图。

14.20　试画出配接共阳极接法 LED 数码管的 8421 码二–十进制七段译码器及数码显示电路原理框图,并列出七段显示译码真值表。

第 *15* 章

时序逻辑电路

　　上一章介绍的组合逻辑电路的特点是,任一时刻的输出信号仅由输入信号决定,一旦输入信号消失,输出信号随即消失。也就是说,组合逻辑电路只有逻辑运算功能,而没有存储或记忆功能。本章将要讨论的时序逻辑电路则具有记忆功能。即它们的输出信号不仅和输入信号有关,而且与电路原来的状态有关,输入信号消失后,电路的状态仍能保留,可以存储信息。因此,时序逻辑电路在计算机技术、自动控制技术、自动检测技术等许多领域中得到了广泛的应用。

　　本章首先讨论双稳态触发器,然后讨论由双稳态触发器构成的寄存器、计数器等主要的逻辑部件。

15.1　双稳态触发器

　　双稳态触发器是组成时序逻辑电路的基本单元电路,它的内部电路是由集成门组成。随着大规模集成电路技术的迅速发展,目前可以在一个硅片上制作数个触发器。双稳态触发器有 R-S 触发器、J-K 触发器和 D 触发器等基本类型。

15.1.1　R-S 触发器

1. 基本 R-S 触发器

　　(1)电路的构成。基本 R-S 触发器是由两个与非门输出端和输入端交叉连接组成,其电路如图 15.1 所示。

表 15.1　真值表

S_D	R_D	Q_{n+1}
1	0	0
0	1	1
1	1	Q_n
0	0	不定

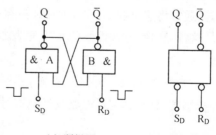

(a)　逻辑图　　　(b)　逻辑符号

图 15.1　基本 R-S 触发器

R_D 和 S_D 是触发器的输入端,输入信号必须是负脉冲才能改变电路输出端的状态。输入端 R_D 称为置"0"端或复位端,S_D 称为置"1"端或置位端。

触发器有两个输出端,即 Q 和 $\overline{Q}$,Q 与 $\overline{Q}$ 的状态总是相反的,即 Q 为 0,$\overline{Q}$ 就为 1,或者 Q 为 1,$\overline{Q}$ 就为 0。习惯上规定,触发器输出端 Q 的状态代表触发器的输出状态。例如,Q 为 1,说明触发器为"1"态,输出端置"1",即输出端为高电平;Q 为 0,说明触发器为"0"态,输出端置"0",即输出端为低电平。

(2)逻辑功能。触发器的 R_D 端和 S_D 端无信号时,处于"1"态(高电平)。下面就对输入端加不同信号时对电路的逻辑功能进行分析。

① $R_D=0$,$S_D=1$。当输入端 R_D 加负脉冲(低电平,即 0 电平)时,$R_D=0$,而 $S_D=1$。由图 15.1(a)可知,与非门 B 的输入端信号为 0,则 B 门的输出为 1,即 $\overline{Q}=1$,$Q=0$。

② $R_D=1$,$S_D=0$。当输入端 S_D 加负脉冲时,即 $S_D=0$,A 门输出为"1",即触发器输出端 Q 为"1"态。

③ $R_D=1$,$S_D=1$。当两个输入端全为 1 时,触发器输出端的状态不变,保持"0"态或"1"态。即 RS 触发器具有记忆功能。

④ $R_D=0$,$S_D=0$。当两个输入端同时加负脉冲时,即 $R_D=0$,$S_D=0$,与非门 A、B 输出都为 1。这种状态在实际工作中是不允许出现的。因为,当负脉冲消失后,触发器的输出将由各种偶然因素决定。

(3)真值表。从上述分析可知,基本 R-S 触发器具有三种逻辑功能,即:置"0"、置"1"和保持不变。基本 R-S 触发器的真值表如表 15.1 所示(Q_n 表示不变)。

基本 R-S 触发器的逻辑符号如图 15.1(b)所示,其中 R_D 和 S_D 端的小圆圈表示负脉冲(0 电平)触发。

(4)应用。由图 15.1(a)可知,在基本 R-S 触发器中,输入信号直接加在输出门上,它们的所有变化(包括 $R_D=0$,$S_D=0$),都能直接改变触发器输出端 Q 和 $\overline{Q}$ 的状态,所以,R_D 又叫直接复位端,S_D 又叫直接置位端,这就是基本 R-S 触发器的工作特点。根据基本 R-S 触发器的工作特点,在实际应用中,基本 R-S 触发器是作为其他触发器的一部分,用来预置其他触发器工作之前的初始状态。

2. 可控 R-S 触发器(时钟触发器)

在数字系统中,为了各个单元电路能够有序的工作,常常要求触发器在接到控制信号之后才能工作。也就是说,触发器要在控制信号来到时,才能按照输入信号的状态改变其输出状态。通常将这个控制信号称为时钟脉冲,或称为时钟信号,简称时钟,用 C 或 CP 表示。所以,这种受时钟脉冲控制的 R-S 触发器称为可控 R-S 触发器。可控触发器又称为时钟触发器。

(1)电路的构成。可控 R-S 触发器是由基本 R-S 触发器外加两个导引门和一个时钟脉冲控制端组成,其逻辑电路及逻辑符号如图 15.2(a)、(b)所示。

表15.2　真值表

S	R	Q_{n+1}
0	1	0
1	0	1
0	0	Q_n
1	1	不定

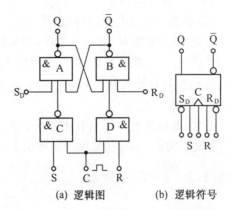

(a) 逻辑图　　　　(b) 逻辑符号

图 15.2　可控 R-S 触发器

在可控 R-S 触发器中,R_D 和 S_D 起直接复位和置位作用,预置触发器的初始状态。R、S 端是输入信号端,C 端是触发器的时钟脉冲控制端。只有 C 端来了正脉冲,即 C=1 时,R 端和 S 端的信号才能通过 C 门与 D 门进入基本 R-S 触发器。也就是说,只有 C=1 时,触发器输出端 Q 的状态才由 R 与 S 端的信号决定。因此,C 端没有控制命令(正脉冲)时,R 端和 S 端的信号不能进入触发器。

(2)逻辑功能。当时钟脉冲 C=0 时,无论 R、S 信号状态如何,导引电路 C 门、D 门的输出都为 1,基本 R-S 触发器保持原态。因此,时钟脉冲 C 为 0 时,输入端信号对触发器的输出状态没有影响。

当时钟脉冲 C=1 时,触发器的输出状态由 R、S 输入信号决定,具体分析如下:

设触发器原态为"0"(即 Q=0,这个状态是在时钟脉冲 C=0 时,在 R_D 端加负脉冲预置的)。

① 当 R=0,S=1 时:

在 C 脉冲作用期间,D 门的输出为 1,C 门的输出为"0"。无论 A 门的其他输入端信号如何,A 门的输出都为 1,即 Q=1。此时 B 门的输入端全为 1,其输出为"0",即 $\overline{Q}$=0,Q=1。故当 R=0,S=1,触发器输出状态为 1,即 Q=1。

② 当 R=1,S=0 时:

在 C 脉冲作用期间,即 C=1,R=1,D 门的输出为 0,而 C 门因 S=0,其输出为 1。由于 D 门的输出为 0,不论 B 门的其他输入端状态如何,B 门的输出都为 1,即 $\overline{Q}$=1。此时 A 门的输入端全为 1,即 $\overline{Q}$=1,C 门输出=1,S_D=1,触发器的输出状态 Q 端为 0 态,即 Q=0。

③ 当 R=0,S=0 时:

在 C 脉冲作用期间,尽管 C=1,但 R=0,S=0,所以 C 门、D 门的输出都为 1。此时对基本 R-S 触发器来说,输入信号全为 1,触发器的输出状态不变(见基本 R-S 触发器的真值表)。

④ 当 R=1,S=1 时:

在 C 脉冲作用期间,即 C=1,R=1,S=1 时,使 C 门、D 门输出都为 0。于是 A、B 门的输出都为 1,这是不允许出现的状态。另一方面,当时钟脉冲消失后,输出端为何种状态不能确定。因此这种状态称为禁态。

（3）真值表。由以上分析可见,可控 R－S 触发器也具有置"0"、置"1"和保持不变的三种逻辑功能,但与基本 R－S 触发器不同的是,触发器输出端状态受时钟脉冲 C 的控制。当 C 为 0 时,不论 R、S 端信号如何,触发器输出状态都不变。当 C 为 1 时,触发器的状态由 R、S 端信号决定,其真值表见表 15.2。从真值表上可以看出,它的逻辑功能与基本 R－S 触发器正好相反。

可控 R－S 触发器除了具有上述功能之外,还有计数功能,但存在空翻问题①,造成逻辑功能的混乱。为避免空翻,常采用主从型 J－K 触发器和维持阻塞型 D 触发器。

15.1.2　J－K 触发器

1. 结构

主从型 J－K 触发器内部是由两个可控 R－S 触发器和一个非门组成,其电路如图 15.3（a）所示。其中 F_1 称为主触发器,F_2 称为从触发器。非门 G 的作用是使从触发器在时钟脉冲 C 后沿到时才翻转。J、K 是触发器的信号输入端,J 端和 K 端往往不是一个,而是多个,例如,J_1、J_2,K_1、K_2。这些输入端之间的关系是"与"的关系,即 $J=J_1 \cdot J_2$,$K=K_1 \cdot K_2$。从触发器输出端 $\overline{Q}$ 与 Q 即是 J－K 触发器的输出端。

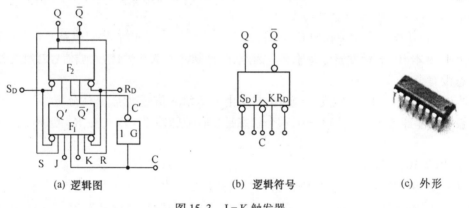

(a) 逻辑图　　　　　　(b) 逻辑符号　　　　　　(c) 外形

图 15.3　J－K 触发器

2. 逻辑功能

设 J 与 K 端的输入信号为某种状态,当 C 脉冲前沿到来时,即 C=1,主触发器 F_1 的输出端随着 J、K 输入信号的状态而变,即将 J、K 端的信息储存在 F_1 中,输出为 Q'。此时,由于从触发器 F_2 的 $C'=0$,因此,从触发器 F_2 的状态不变。当 C 脉冲后沿到来时,即 C=0,主触发器 F_1 的状态不变,仍为 Q'。这时,时钟脉冲 C 经过 G 门反相,从触发器的 $C'=1$,从触发器接收信息,即 J－K 触发器的输出状态翻转,F_1 中的信息进入 F_2 中,输出为 $Q(Q=Q')$。因此,主从型 J－K 触发器从整体来看,是在 C 脉冲的后沿翻转。它不仅有置"0"、置"1"和保持不变的功能,还具有计数的功能(即当 J=1,K=1 时,来一个 C 脉冲,触发器就翻转一次,其状态用 $\overline{Q}_n$ 表示)。J－K 触发器的逻辑功能如真值表 15.3 所示。

3. 应用

由真值表可以看出,J－K 触发器比 R－S 触发器的逻辑功能更完善,因此,J－K 触发器

---

① 空翻就是输入一个时钟脉冲,触发器可翻转多次。

的实际应用十分广泛,可以组成分频器、计数器、寄存器等。主从型 J－K 触发器的逻辑符号如图 15.3(b)所示,其中 C 端上的小圆圈表示 J－K 触发器是在时钟脉冲 C 后沿翻转。

主从型 J－K 触发器抗干扰能力较差,目前经常应用其他结构形式的 J－K 触发器,例如边沿型 J－K 触发器。边沿型 J－K 触发器抗干扰能力强,在脉冲 C 作用期间,即使输入端出现干扰信号,触发器输出状态也不改变。

常用的集成 J－K 触发器有 CT4112(74LS112)、CT4076(74LS76)、CT4073(74LS73)等。CT4073(74LS73)管脚排列如图 15.4 所示。

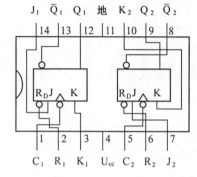

图 15.4　CT4073(74LS73)的外引线排列图

表 15.3　真值表

J	K	Q_{n+1}
0	0	Q_n
0	1	0
1	0	1
1	1	$\overline{Q}_n$

【例 15.1】　在图 15.5(a)所示的主从型 J－K 触发器中,已知 J、K 输入端连在一起接高电平,试画出在时钟脉冲 C 的作用下输出端 Q 的波形。

解　设触发器的初始状态为"0"。由于 J＝K＝1,由真值表可知,触发器处于计数状态,即来一个脉冲,触发器翻转一次。输出波形如图 15.5(b)所示,可见它是一个 2 分频器。

【例 15.2】　已知主从型 J－K 触发器的 J、K 输入信号与时钟脉冲 C 的波形如图 15.6 所示,试画出主从型 J－K 触发器输出端 Q 与 $\overline{Q}$ 的波形。

解　设触发器原态为"0"。当第一个时钟脉冲后沿到时,由于 J＝1,K＝0,触发器翻转,即 Q＝1。第二个时钟脉冲后沿到时,由于 J＝0,K＝0,触发器输出状态不变,即 Q 仍为 1。当第三个时钟脉冲后沿到时,J＝0,K＝1,触发器翻转,Q＝0。当第四个时钟脉冲后沿到时,J＝1,K＝1,触发器翻转,即 Q＝1。输出端 Q 与 $\overline{Q}$ 的波形如图 15.6 所示。

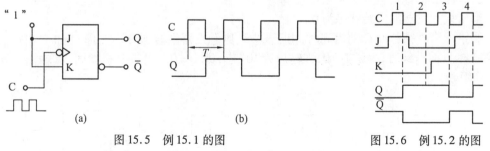

图 15.5　例 15.1 的图　　　　　　　　　图 15.6　例 15.2 的图

15.1.3　维持阻塞型 D 触发器

维持阻塞型 D 触发器内部是由六个与非门组成,通过维持与阻塞方式消除空翻现象,因而称为维持阻塞型触发器,其逻辑符号如图 15.7 所示。D 触发器具有一个输入端 D,一个时钟脉冲控制端 C,两个输出端 Q 和 $\overline{Q}$,还有直接置位端 S_D 和直接复位端 R_D。维持阻塞

D 触发器是在时钟脉冲的前沿触发。逻辑功能的分析过程与 J－K 触发器相似,这里不作具体分析。

　　D 触发器的逻辑功能见真值表 15.4,从真值表上可以看出,当时钟脉冲前沿来到时,若触发器输入端 D 原来状态为 0,触发器的输出状态也为 0;当时钟脉冲前沿到来时,若触发器输入端 D 原来状态为 1,触发器的输出状态也为 1。这就是说,时钟脉冲到来后,D 触发器的输出状态随输入变化,即 D=0,Q=0;D=1,Q=1。D 触发器的应用也十分广泛,例如 CT4074 (74LS74)、CT4174(74LS174)和 CT4175(74LS175)等都是常用的维持阻塞型集成 D 触发器,其中 CT4074 (74LS74)的管脚引线如图 15.8 所示。它是由两个 D 触发器组成,使用起来十分方便。

表 15.4　真值表

D	Q_{n+1}
0	0
1	1

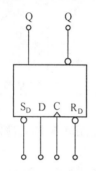

图 15.7　D 触发器的逻辑符号

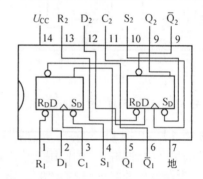

图 15.8　CT4074(74LS74)D 触发器

　　【例 15.3】　在图 15.9(a)中,已知 D 触发器的输入端 D 和 $\bar{Q}$ 端连在一起。试画出在时钟脉冲 C 的作用下,D 触发器输出端 Q 的波形。设触发器的初始状态为"0"。

　　解　由于 D=$\bar{Q}$,又因为触发器的初始状态为"0",则 $\bar{Q}$=1,即 D=1。当第一个时钟脉冲 C 前沿到时,触发器就翻转到"1"态。当第二个时钟脉冲 C 前沿到时,由于 D=$\bar{Q}$=0,则触发器又翻转回"0"态。输出波形如图 15.9(b)所示,可见它是一个 2 分频器。

　　【例 15.4】　在图 15.10 中,已知 D 触发器的输入信号 D 与时钟脉冲 C 的波形,试画出 D 触发器输出端 Q 的波形。

　　解　设触发器的初始状态为 0。

　　当第一个时钟脉冲 C 前沿到时,由于 D=1,则触发器翻转到"1"态,即 Q=1。当第二个时钟脉冲 C 前沿到时,由于 D=0,则输出为"0"态,即 Q=0。以下分析类同,其输出波形如图 15.10 所示。

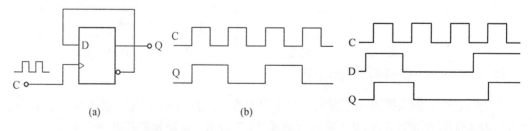

（a）　　　　　　　　　　（b）

图 15.9　例 15.3 的图　　　　　　　　图 15.10　例题 15.4 的图

思　考　题

15.1　基本 R−S 触发器的两个输入端为什么不能同时加低电平?

15.2　时钟脉冲 C 起什么作用? 主从型 J−K 触发器、维持阻塞型 D 触发器分别在时钟脉冲的前沿触发还是后沿触发?

15.3　在 J−K 触发器和 D 触发器中,R_D、S_D 端起什么作用?

15.2　时序逻辑电路的分析

由逻辑门电路和双稳态触发器可以组成各种逻辑部件,寄存器就是基本的逻辑部件之一,用来暂存各种需要运算的数码和运算结果。例如,在数字计算机中,对于暂时不需要参与计算的数据或各种命令数据,先将它们存放在寄存器中,等到需要时,再将这些数据调出来。寄存器属于时序逻辑电路。时序逻辑电路与组合逻辑电路不同,它在任何时刻的输出信号不仅取决于当时的输入信号,而且还取决于电路原来所处的状态,时序逻辑电路具有记忆过去状态的本领。

15.2.1　寄存器

凡是具有记忆功能的触发器都能寄存数据,一个触发器只能寄存一位二进制数码,寄存多位数码时,就需要多个触发器。寄存器可分为两大类:数码寄存器及移位寄存器。这两种寄存器的不同之处是,移位寄存器除了有寄存数码的功能外,还具有移位的功能。

1. 数码寄存器

下面以基本 R−S 触发器组成的寄存器为例分析数码寄存器的工作原理。

图 15.11 是由四个基本 R−S 触发器及四个与非门组成的四位数码寄存器的逻辑图。$F_0 \sim F_3$ 的作用是存储数据,与非门的作用是控制数据的输入。

① 清除数码。在寄存器存放数码之前,先将寄存器内部数码清除。具体做法是,首先在清零端 R_D 给一个清零负脉冲,使 $F_0 \sim F_3$ 触发器的 R_D 端为低电平,由于此时寄存指令为零(正脉冲没来),则 $F_0 \sim F_3$ 的输出端为"0"状态,为寄存数码做好准备。

② 寄存数码。当寄存指令到来时(寄存指令为正脉冲),与非门 1 ~ 4 打开,外部输入数码才能被寄存器接收而存入寄存器中。例如输入数码为 1010,此时,第一个和第三个与非门的输出为 1,触发器 F_0 和 F_2 状态不变,仍然为"0"状态,输出为 0;第二个和第四个与非门输出为 0,则 F_1 和 F_3 置"1",输出为 1。可见,在寄存指令来到后,1010 这四位二进制数码就存入寄存器了。数码寄存器存入数码之后,只要不清零,寄存器中的数码就将长久保持下去。

③ 取出数码。当需要从寄存器中取出数码时,可在取出指令端给一个取出指令(正脉冲),与门 1 ~ 4 打开,数码 1010 就从数码输出端取出。

这种寄存器结构简单,应用广泛。

图 15.12 是由四个 D 触发器及四个与门组成的四位数码寄存器,其工作原理请读者自行分析。

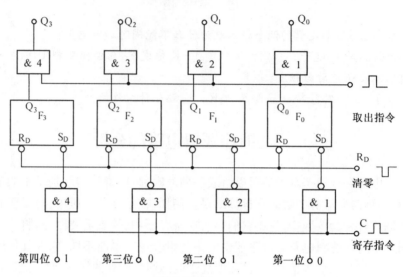

图 15.11 由基本 R-S 触发器组成的寄存器

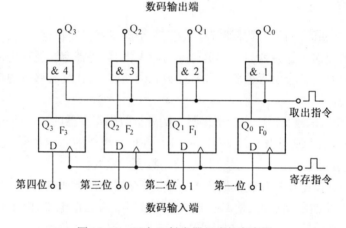

图 15.12 四个 D 触发器组成的寄存器

2. 移位寄存器

在数字系统中,常常需要将寄存器中的数码按照时钟的节拍向左或向右移位,即来一个时钟脉冲,数码向左移或右移一位(或多位)。

图 15.13 所示电路是由四个 D 触发器组成的右移寄存器,它的输入、输出方式是串行输入、串并行输出(串行输入就是数码从一个触发器的输入端逐位送入。串行输出就是数码从一个输出端逐位取出。并行输出就是数码从各个触发器的输出端同时取出)。

图 15.13 的时钟脉冲信号 C 作为移位脉冲。寄存的数码是从第 4 个与门的输入端送入。输出可并行输出,也可以从第一个触发器的输出端逐位取出,即串行输出。

工作原理分析:数码的移位操作由右移控制端控制,当右移控制端为高电平("1")时,与门 1~4 打开,高一位触发器的输出才能通过与门 3、2、1 分别送入低一位触发器的 D 输入端,当控制端处于低电平("0")时,各与门关闭,数码的移位寄存就不能进行。下面以送入

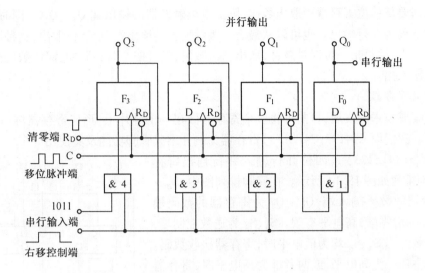

图 15.13　四位串行输入，串行、并行输出右移寄存器

数码 1011 为例分析右移过程。

　　数码 1011 按着时钟脉冲 C 的节拍从低位到高位依次送入第四个触发器 F_3 的输入端。首先寄存器要清零，即 R_D 端给一个负脉冲，使 $F_0 \sim F_3$ 的输出状态为"0000"。然后右移控制端给高电平，与门 1～4 打开，触发器 $F_3 \sim F_0$ 的输入端 $D_3 = 1, D_2 = 0, D_1 = 0, D_0 = 0$，为右移寄存数码做好准备。

　　当第一个移位脉冲 C 到来时，触发器的状态发生变化，即 $Q_3 = 1, Q_2 = 0, Q_1 = 0, Q_0 = 0$。触发器中的状态为"1000"，即在第一个移位脉冲 C 作用下，数码 1011 向右移了一位，即存入一位数码 1。

　　在第二个移位脉冲 C 到来之前，各触发器输入端状态为：$D_3 = 1, D_2 = 1, D_1 = 0, D_0 = 0$。

　　当第二个移位脉冲 C 到来之后，$Q_3 = 1, Q_2 = 1, Q_1 = 0, Q_0 = 0$，触发器的状态为"1100"，即在第二个移位脉冲 C 作用下，数码 1011 又向右移了一位，即存入二位数码 11。

　　在第三个移位脉冲 C 到来之前，各触发器输入端状态为：$D_3 = 0, D_2 = 1, D_1 = 1, D_0 = 0$。

　　在第三个移位脉冲 C 到来之后 $Q_3 = 0, Q_2 = 1, Q_1 = 1, Q_0 = 0$，触发器输出状态为 0110，又向右移了一位，即存入三位数码 011。

　　在第四个移位脉冲 C 到来之前，各触发器输入端状态为：$D_3 = 1, D_2 = 0, D_1 = 1, D_0 = 1$。

　　当第四个移位脉冲 C 到来之后，$Q_3 = 1, Q_2 = 0, Q_1 = 1, Q_0 = 1$。触发器输出状态为 1011。经过四个移位脉冲，数码 1011 全部向右送入移位寄存器中。表 15.5 说明了右移过程。

表 15.5　右移移位寄存器的状态表

移位脉冲数	Q_3	Q_2	Q_1	Q_0	移　位　过　程
0	0	0	0	0	清　　零
1	1	0	0	0	右移一位
2	1	1	0	0	右移二位
3	0	1	1	0	右移三位
4	1	0	1	1	右移四位

如果需要从移位寄存器中取出数码,可由每位触发器的输出端 $Q_3Q_2Q_1Q_0$ 同时取出,这种取出方式称为并行输出。也可以从最后一级触发器的输出端 Q_0 逐位取出,这种取出方式称为串行输出,即每来一位时钟脉冲,取出一位数码,经过四个时钟脉冲,四位数码全部从寄存器中依次取出。

3. 集成寄存器

随着集成技术的发展,目前可将多个寄存器做在一个硅片上,形成寄存器堆,用以存放多位数码。我们以 CT4173(74LS173)寄存器为例介绍其管脚功能及其使用。

CT4173(74LS173)是四位并行输入并行输出寄存器,其管脚排列如图 15.14 所示。在管脚排列图中,$D_0 \sim D_3$ 为寄存器的数码输入端,$Q_0 \sim Q_3$ 为寄存器的数码输出端。R_D 为清零端,高电平有效。$\bar{S}_A$、$\bar{S}_B$ 为送数控制端,低电平有效。当 $\bar{S}_A$、$\bar{S}_B$ 均为低电平时,寄存器接收数码。当 $\bar{S}_A$、$\bar{S}_B$ 中任一为高电平,或两者都为高电平时,寄存器不能接收数码。$\bar{E}_A$、$\bar{E}_B$ 为输出控制端,低电平有效。当 $\bar{E}_A$、$\bar{E}_B$ 均为高电平时,寄存器不能取出数码。只有当 $\bar{E}_A$、$\bar{E}_B$ 同时为低电平时,寄存器才能取出数码。C 为寄存器内部 D 触发器的时钟脉冲端。U_{CC} 为电源端,电压值为 5 V。GND 为接地端。

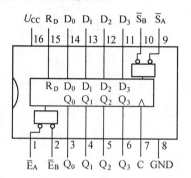

图 15.14　CT4173(74LS173)四位寄存器外引线图

【例 15.5】　试用两块 CT4173 并入并出寄存器构成 8 位并入并出寄存器。

表 15.6　CT4173 功能表

R_D	$\bar{S}_A$	$\bar{S}_B$	$\bar{E}_A$	$\bar{E}_B$	工作状态
1	×	×	×	×	置零
0	0	0	×	×	存数
0	0	1	×	×	⎰保持
0	1	0	×	×	⎱存数
0	1	1	×	×	
0	×	×	0	0	取数
0	×	×	0	1	⎰保持
0	×	×	1	0	⎱输出数
0	×	×	1	1	

解　根据表 15.6CT4173 的功能表,要构成 1 个 8 位寄存器,只需将两片 CT4173 的输入控制端 $\bar{S}_A$、$\bar{S}_B$ 并联,输出控制端 $\bar{E}_A$、$\bar{E}_B$ 并联,脉冲用同一个 CP 信号即可。如图 15.15 所示。

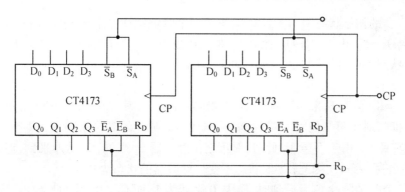

图 15.15　8 位并入并出寄存器

15.2.2　计数器

在数字电路中,计数器也是基本逻辑部件之一,它能累计输入脉冲的数目。计数器可以进行加法计数和减法计数,或者进行两者兼有的可逆计数。若从进位制来分,有二进制计数器、十进制计数器及 N 进制计数器。若从时钟脉冲的控制方式来分,有异步计数器和同步计数器等等。下面具体分析计数器的工作原理。

1. 异步二进制加法计数器

三位二进制的异步加法计数器如图 15.16 所示。它由三个 J-K 触发器组成,需要计数的时钟脉冲 C 不是同时加到各位触发器的 C 端,而是从最低位触发器的 C 端输入。其他各位触发器的时钟脉冲是由相邻低位触发器输出电平供给,则使各触发器转换状态的时间不同。这种时钟脉冲的输入方式称为异步。

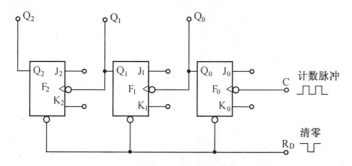

图 15.16　三位异步二进制加法计数器

在二进制计数器中,由于每一级触发器有两个状态,三级共有 $2^3 = 8$ 个状态,所以它可以记下 8 个脉冲,第 8 个脉冲来到后电路返回初始状态。如果计数器由四位触发器组成,则四级共有 $2^4 = 16$ 个状态,所以它可以记下 16 个脉冲,第 16 个脉冲来到后,电路返回初始状态。依次类推,如果用 n 表示触发器的级数,那么相应的二进制计数器就可计 2^n 个脉冲数。下面就对图 15.16 所示三位二进制加法计数器进行计数分析。

① 首先写出各触发器时钟脉冲 C 的表达式,即 $C_0 = C$, $C_1 = Q_0$, $C_2 = Q_1$;

② 写出各个触发器输入信号的逻辑表达式,即 $J_0 = K_0 = 1$、$J_1 = K_1 = 1$、$J_2 = K_2 = 1$(J、K 端悬空,相当于接高电平);

③ 根据①、②,分析工作过程,写出在时钟脉冲 C 作用下,各触发器的状态表。

设触发器的初始状态 $Q_2Q_1Q_0 = 000$，当第一个时钟脉冲 C 后沿到时，由于 $J_0 = K_0 = 1$，因此 F_0 翻转，$Q_0 = 1$。由于 $C_1 = Q_0$，此时 Q_0 是从 0 跳变到 1 属于时钟脉冲 C 前沿，因此第二位触发器 F_1 状态不变；由于 F_2 的时钟脉冲 $C_2 = Q_1 = 0$，所以，F_2 的状态也不变。计数器的状态为 001。

由于 $J_0 = K_0$ 总为 1，来一个脉冲，F_0 就翻转一次。当第二位时钟脉冲 C 后沿到时，Q_0 从 1 翻到 0，此时，对于第二位触发器 F_1 来说，即为 C_1 脉冲的后沿来到，F_1 具备翻转条件，即 Q_1 从 0 翻转到 1。由于 $C_2 = Q_1$，此时，对第三位触发器 F_2 来说，C_2 脉冲来到，但是脉冲的前沿，F_2 不具备翻转条件，因此，F_2 的状态不变。计数器的状态为 010。

当第三个时钟脉冲 C 后沿到时，F_0 从 0 翻转为 1，而 $C_1 = Q_0$ 脉冲是前沿，因而 F_1 的状态不变。$C_2 = Q_1$，此时 Q_1 保持为 1，第三位触发器 F_2 的时钟脉冲 C_2 后沿未到，因此 F_2 状态也不变。计数器的状态为 011。

当第四个时钟脉冲 C 后沿到时，F_0 从 1 翻转到 0，F_1 的 C_1 脉冲后沿来到，F_1 翻转，Q_1 从 1 翻到 0，F_2 的 C_2 脉冲后沿来到，F_2 翻转，Q_2 从 0 翻转到 1。如此进行下去，一直到第七个时钟脉冲 C 后沿到时，$Q_2 = Q_1 = Q_0 = 1$，计数器累计三位二进制数的最大值为 111。当第八个时钟脉冲后沿到时，计数器向高位进位，同时 Q_2、Q_1、Q_0 又返回到初始状态，即 $Q_2Q_1Q_0 = 000$。计数过程中各触发器的具体状态如表 15.7 所示，其工作波形如图 15.17 所示。

表 15.7   三位异步二进制计数器状态转换表

计数脉冲数 C	输出端状态			各 J、K 端状态					
	Q_2	Q_1	Q_0	J_2	K_2	J_1	K_1	J_0	K_0
0	0	0	0	1	1	1	1	1	1
1	0	0	1	1	1	1	1	1	1
2	0	1	0	1	1	1	1	1	1
3	0	1	1	1	1	1	1	1	1
4	1	0	0	1	1	1	1	1	1
5	1	0	1	1	1	1	1	1	1
6	1	1	0	1	1	1	1	1	1
7	1	1	1	1	1	1	1	1	1
8	0	0	0	1	1	1	1	1	1

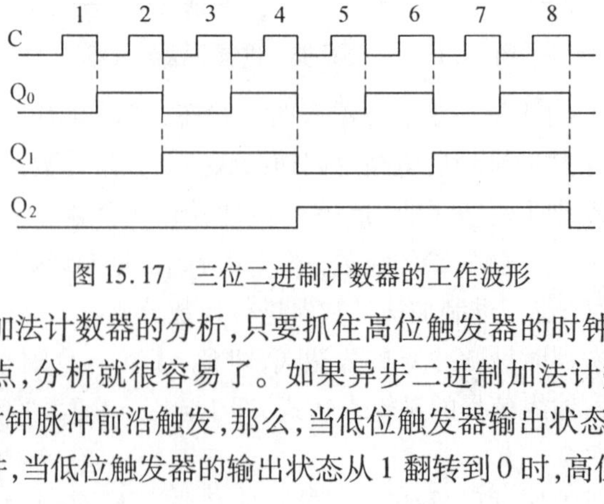

图 15.17   三位二进制计数器的工作波形

对于异步二进制加法计数器的分析，只要抓住高位触发器的时钟脉冲是由低位触发器输出状态决定这一特点，分析就很容易了。如果异步二进制加法计数器是 D 触发器组成的，由于 D 触发器是时钟脉冲前沿触发，那么，当低位触发器输出状态从 0 翻转到 1 时，高位触发器就具备翻转条件，当低位触发器的输出状态从 1 翻转到 0 时，高位触发器的状态不变。

2. 同步二进制加法计数器

由于异步计数器的时钟脉冲只加在低位触发器的时钟脉冲输入端,因而它的翻转是一级一级递推进行的,所以计数速度较慢。同步计数器中,时钟脉冲 C 同时加到各位触发器的时钟脉冲输入端,因而电路的转换速度快,提高了计数速度。下面以图 15.18 所示的由集成主从型 J－K 触发器组成的三位同步二进制加法计数器为例分析其计数原理(图中 J、K 触发器有多个 J 端和 K 端,各个 J 端或 K 端为与逻辑关系,即 $J_1 = J_{1A} \cdot J_{1B} \cdot J_{1C}$;$K_1 = K_{1A} \cdot K_{1B} \cdot K_{1C}$。其中 F_0 与 F_1 触发器只用了一个 J 端和 K 端)。

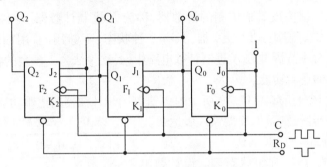

图 15.18　三位同步二进制加法计数器

(1)根据触发器输入端的连线写出其各输入端的逻辑表达式

$$J_0 = K_0 = 1 \qquad J_1 = K_1 = Q_0 \qquad J_2 = K_2 = Q_1 Q_0$$

(2)根据(1),分析工作过程,列出状态表。工作过程分析如下:首先清零,R_D 端送入一个负脉冲,各触发器输出端的状态为 000。这时,$J_0 = K_0 = 1$、$J_1 = K_1 = 0$、$J_2 = K_2 = 0$,当第一个时钟脉冲 C 后沿到达时,F_0 翻转,Q_0 由 0 变为 1,F_1、F_2 状态不变,各触发器的输出状态为 001。

表 15.8　三位同步二进制加法计数器状态转换表

计数脉冲数	输出端状态			各 J、K 端状态		
C	Q_2	Q_1	Q_0	$J_0 = K_0 = 1$	$J_1 = K_1 = Q_0$	$J_2 = K_2 = Q_1 Q_0$
0	0	0	0	1	0	0
1	0	0	1	1	1	0
2	0	1	0	1	0	0
3	0	1	1	1	1	1
4	1	0	0	1	0	0
5	1	0	1	1	1	0
6	1	1	0	1	0	0
7	1	1	1	1	1	1
8	0	0	0	1	0	0

在第二个时钟脉冲 C 后沿到来之前,$J_0 = K_0 = 1$,$J_1 = K_1 = 1$,$J_2 = K_2 = 0$。当第二个时钟脉冲 C 后沿到达时,F_0、F_1 翻转,Q_0 由 1 变到 0,Q_1 由 0 变到 1,F_2 状态不变,各触发器的输出状态为 010。在第三个时钟脉冲 C 后沿到来之前,$J_0 = K_0 = 1$,$J_1 = K_1 = Q_0 = 0$,$J_2 = K_2 = Q_1 Q_0 = 0$。当第三个时钟脉冲 C 后沿到达时,F_0 翻转,Q_0 由 0 变到 1,F_1、F_2 触发器状态不变,各触发器的输出状态为 011。如此继续下去,在第七个时钟脉冲 C 后沿到达之前,各触发器的输出状态为 110,此时,$J_0 = K_0 = 1$,$J_1 = K_1 = Q_0 = 0$,$J_2 = K_2 = Q_0 Q_1 = 0$,当第七个时钟脉冲后沿到达时,F_0 翻转,Q_0 由 0 变到 1,F_1 和 F_2 状态不变,各触发器的输出状态为 111。在第八个时钟

脉冲后沿到来之前,$J_0 = K_0 = 1$,$J_1 = K_1 = Q_0 = 1$,$J_2 = K_2 = Q_0 Q_1 = 1$,当第八个时钟脉冲 C 后沿到达时,F_0、F_1 和 F_2 都翻转,各触发器的输出状态为 000,计数器又返回到初始状态。计数过程中各触发器的具体状态如表 15.8 所示。

3. N 进制计数器

如果用 n 表示触发器级数,那么 n 级触发器则 $N = 2^n$ 个状态,可累计 2^n 个计数脉冲。例如 $n = 4$,则 $N = 2^4 = 16$,计数器的状态循环一次可累计 16 个脉冲数,因此这种二进制计数器也可称为十六进制计数器。

若 $2^{n-1} < N < 2^n$,就构成其他进制的计数器,称为 N 进制计数器。例如,十进制计数器,$N = 10$,而 $2^3 < 10 < 2^4$。若用三级触发器,只有 8 种状态,不够用;若用四级触发器,又多余 6 个状态,应设法舍去。因此在 N 进制计数电路中,必须设法舍去多余的状态。下面举例分析 N 进制计数器的逻辑功能。

【例 15.6】 试分析如图 15.19 所示的 N 进制同步计数器的逻辑功能。

解 (1)写出各触发器 J、K 端输入表达式。

$J_0 = \overline{Q_1}$,$K_0 = 1$,$J_1 = Q_0$,$K_1 = 1$。

(2)分析计数过程,列出状态表。设计数电路初始状态为 00(R_D 端输入一个负脉冲)。此时,$J_0 = 1$,$K_0 = 1$,$J_1 = 0$,$K_1 = 1$。当第一个时钟脉冲 C 后沿到达时,F_0 翻转,$Q_0 = 1$;F_1 的状态仍为 0,计数器状态为 01。在第二个时钟脉冲 C 后沿到来之前,$J_0 = 1$,$K_0 = 1$,$J_1 = 1$,$K_1 = 1$。当第二个时钟脉冲 C 后沿到达时,F_0、F_1 都翻转,$Q_0 = 0$,$Q_1 = 1$。计数器状态为 10。在第三个时钟脉冲 C 后沿到来之前,$J_0 = 0$,$K_0 = 1$,$J_1 = 0$,$K_1 = 1$。当第三个时钟脉冲 C 后沿到达时,F_0 状态仍为 0,F_1 状态翻转为 0,计数器状态为 00,返回到初始状态,其计数过程如表 15.9 所示。从以上分析可见,经过三个脉冲,计数器的状态就循环一次,因此这是一个三进制的同步加法计数器,其工作波形如图 15.20 所示。

表 15.9　三进制计数器状态转换表

C	Q_1	Q_0	$J_0 = \overline{Q_1}$	$K_0 = 1$	$J_1 = Q_0$	$K_1 = 1$
0	0	0	1	1	0	1
1	0	1	1	1	1	1
2	1	0	0	1	0	1
3	0	0	1	1	0	1

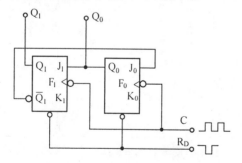

图 15.19　例 15.6 的逻辑图

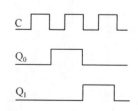

图 15.20　例 15.6 的波形图

【例 15.7】 试分析图 15.21 所示 N 进制计数器的逻辑功能。

解 (1)由图 15.21 可知,这是一个异步加法计数器。

(2)写出各触发器 J、K 端及时钟脉冲 C 端的输入表达式,即

$$J_0 = \overline{Q_2},K_0 = 1 \qquad J_1 = K_1 = 1 \qquad J_2 = Q_1 Q_0 \qquad K_2 = 1$$

$$C_0 = C_2 = C \qquad C_1 = Q_0$$

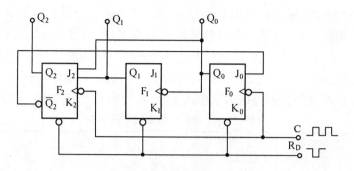

图 15.21 例 15.7 的逻辑电路图

（3）分析计数过程，列出状态表。设计数器的初始状态为 000（R_D 端输入一个负脉冲）。根据各触发器 J、K 端及时钟脉冲 C 端的输入表达式，可列出其计数状态转换表如表 15.10 所示。

表 15.10 五进制计数器状态转换表

计数脉冲数	输出端状态			各 J、K 端状态					
C	Q_2	Q_1	Q_0	$J_0 = \overline{Q_2}$	$K_0 = 1$	$J_1 = 1$	$K_1 = 1$	$J_2 = Q_1 Q_0$	$K_2 = 1$
0	0	0	0	1	1	1	1	0	1
1	0	0	1	1	1	1	1	0	1
2	0	1	0	1	1	1	1	0	1
3	0	1	1	1	1	1	1	1	1
4	1	0	0	0	1	1	1	0	1
5	0	0	0	1	1	1	1	0	1

从状态表可以看出，经过五个脉冲，计数器的状态就循环一次，因此这是一个五进制异步加法计数器。

【例 15.8】 试分析图 15.22 所示 N 进制计数器的逻辑功能。

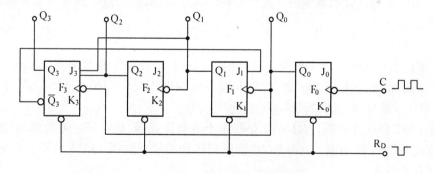

图 15.22 例 15.8 的逻辑电路图

解 （1）由图 15.22 可知，这是一个异步加法计数器。

（2）写出各触发器输入端的表达式，即

$$J_0 = K_0 = 1 \qquad C_0 = C$$

$$J_1 = \overline{Q_3} \qquad K_1 = 1 \qquad C_1 = Q_0$$

$$J_2 = K_2 = 1 \qquad C_2 = Q_1$$

$$J_3 = Q_1 Q_2 \qquad K_3 = 1 \qquad C_3 = Q_0$$

（3）分析计数过程，根据输入端的表达式列出状态表。设计数器的初始状态为 0000（R_D 端加入一个负脉冲）。当第一个时钟脉冲 C 后沿到时，由于 $J_0 = K_0 = 1$，因此 F_0 翻转，$Q_0 = 1$。由于 $C_1 = Q_0$，此时 Q_0 从 0 跳变到 1 是时钟脉冲 C 的前沿，因此第二位触发器 F_1 状态不变；由于 $C_2 = Q_1 = 0$，所以 F_2 的状态不变；由于 $C_3 = Q_0 = 1$，是时钟脉冲的前沿，所以 F_3 的状态也不变。计数器的状态为 0001。依次类推，可列出其状态转换表如表 15.11 所示。

表 15.11　十进制计数器状态转换表

计数脉冲数	二进制数码				十进制数码	各 J、K 端状态				
	Q_3	Q_2	Q_1	Q_0		$J_0 = K_0 = 1$	$J_1 = \overline{Q_3}$ $K_1 = 1$		$J_2 = K_2 = 1$	$J_3 = Q_1 Q_2$　$K_3 = 1$
0	0	0	0	0	0	1	1	1	1	0　　　1
1	0	0	0	1	1	1	1	1	1	0　　　1
2	0	0	1	0	2	1	1	1	1	0　　　1
3	0	0	1	1	3	1	1	1	1	0　　　1
4	0	1	0	0	4	1	1	1	1	0　　　1
5	0	1	0	1	5	1	1	1	1	0　　　1
6	0	1	1	0	6	1	1	1	1	1　　　1
7	0	1	1	1	7	1	1	1	1	1　　　1
8	1	0	0	0	8	1	0	1	1	0　　　1
9	1	0	0	1	9	1	0	1	1	0　　　1
10	0	0	0	0	0	1	1	1	1	0　　　1

从状态表可以看出，经过十个脉冲，计数器的状态就循环一次，因此这是一个十进制异步加法计数器。

从上分析可见，十进制计数器只能计十个状态，多余的六种状态被舍去。这种十进制计数器计的是二进制码的前十个状态（0000～1001），表示十进制 0～9 的十个数码。$Q_3 Q_2 Q_1 Q_0$ 四位二进制数，从高位至低位，每位代表的十进制数码分别为 8、4、2、1，这种编码称之为 8421 码。十进制计数器编码方式有多种。关于其他编码方法，这里不多介绍，读者可参看有关书籍。

4. 集成计数器

目前我国已系列化生产出多种集成计数器。即将整个计数电路全部集成在一个单片上，因而使用起来极为方便。下面就以 74LS191、74LS192、CT4160（74LS160）、CT4161（74LS161）型计数器为例，说明其管脚功能及使用方法。

（1）74LS192 集成计数器。74LS192 是同步十进制计数器，具有双时钟的加/减法计数器，并具有消零和置数的功能。其外形、管脚排列图和功能表如图 15.23 所示。在功能表中，"×"表示任意状态。

由功能表可以看出，CR 端为清零输入端，当 CR 输入为"1"时，计数器清零；$\overline{LD}$ 为预置数控制端（低电平有效）；D_3、D_2、D_1、D_0 为并行输入端，可作为预置数；Q_3、Q_2、Q_1、Q_0 为数据输出端；CP_U 为减法计数端，当 CP_U 为"1"时，进行减法运算，此时时钟信号由 CP_D 输入，上升沿触发；CP_D 为加法计数端，当 CP_D 为"1"时，进行加法运算，此时时钟信号由 CP_U 输入，上升沿触发；在管脚图中，$\overline{BO}$ 为减法时的借位输出端；$\overline{CO}$ 为加法时的进位输出端。

【例 15.9】　试用"反馈归零法"将 74LS192 接成九进加法制计数器和六进制加法计数

(a) 外形图

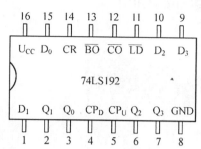

(b) 管脚图

输　　　入								输　　　出			
CR	$\overline{LD}$	CP_D	CP_U	D_3	D_2	D_1	D_0	Q_3	Q_2	Q_1	Q_0
1	×	×	×	×	×	×	×	0	0	0	0
0	0	×	×	d_3	d_2	d_1	d_0	d_3	d_2	d_1	d_0
0	1	↑	1	×	×	×	×	减计数			
0	1	1	↑	×	×	×	×	加计数			
0	1	1	1	×	×	×	×	保持			

(c) 功能表

图 15.23　74LS192 计数器

器。并分析其原理。

解　反馈归零法:是将计数器的任意输出端和清零端相连接,当输出端为高电平时,清零端清零,强迫计数器归零。

在图 15.24(a)中,Q_3、Q_0 通过与门接 CR 端,当计数脉冲加入时,从"0000"开始,经过 9 个脉冲,计数状态变为"1000";当第十个脉冲到来后,计数状态为"1001",此时与门输出为"1",计数器立即清零,强迫计数器回到初始状态"0000"。"1001"这一状态属于过渡状态。故该计数器为九进制计数器。

同理,图 15.24(b)为六进制计数器。

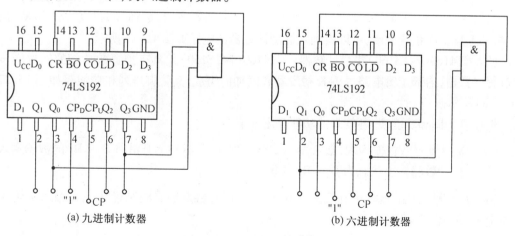

图 15.24　N 进制计数器

(2) 74LS191 集成计数器。74LS191 是同步十六进制加/减法计数器。其外形、管脚排列图和功能表如图 15.25 所示。

(a) 外形图

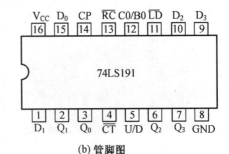

(b) 管脚图

输　　入								输　　出			
$\overline{LD}$	$\overline{CT}$	U/D	CP	D_3	D_2	D_1	D_0	Q_3	Q_2	Q_1	Q_0
0	×	×	×	d_3	d_2	d_1	d_0	d_3	d_2	d_1	d_0
1	0	0	↑	×	×	×	×	加计数			
1	0	1	↑	×	×	×	×	减计数			
1	1	×	×	×	×	×	×	保持			

(c)74LS191 功能表

图 15.25　74LS191 计数器

由功能表可以看出,当 U/D 为"0"时,为加法计数器;当 U/D 为"1"时,为减法计数器。74LS191 除了能作加/减计数外,还有一些附加功能。图中的$\overline{LD}$为预置数控端,当$\overline{LD}=0$时电路处于预置数状态,$D_3 \sim D_0$的数据被写入。$\overline{CT}$端为使能控制端,当$\overline{CT}=1$时,输出保持不变。在管脚图中,CO/BO 端为进位/借位信号输出端(也称最大/最小输出端)。CP 端为时钟脉冲端,上升沿有效。

【例 15.10】　用 74LS191 构成六进制计数器,其计数状态为 0010→0011→0100→0101→0110→0111→0010。

解　要用 74LS191 十六进制计数器构成六进制计数器,采用的方法只能是反馈归原法,利用其预置数的功能,当计数循环完成时,引入反馈到预置数状态重新开始第二次计数循环。根据这一方法,计数循环可以从任意数开始。根据题意,计数循环后的状态"1000"出现时,马上反馈回预置数端,可以得到六进制计数器的电路如图 15.26 所示。

(3) CT4160(74LS160)集成计数器。CT4160(74LS160)是具有预置数功能的四位同步十进制计数器,内部逻辑电路由 J-K 触发器和附加门组成,其管脚排列和功能表如图 15.27 (a)、(b)所示。

根据管脚图和功能表,各管脚的功能介绍如下:

$D_3 \sim D_0$ 是预置数据输入端,当$\overline{R}_D=1$,$\overline{LD}=0$时,在 C 脉冲上升沿将 $D_3 \sim D_0$ 的数据送入计数器中,使计数器输出状态为 $D_3 \sim D_0$ 的状态。

$\overline{R}_D$ 为异步复位端,低电平有效。当$\overline{R}_D=0$时,所有触发器将同时置"0",计数器的输出状态 $Q_3Q_2Q_1Q_0=0000$。

$\overline{LD}$为同步置数端,低电平有效。当$\overline{LD}=0$,$\overline{R}_D=1$时,在时钟脉冲 C 上升沿将 $D_3D_2D_1D_0$的数据送输入计数器,使计数器的输出状态 $Q_3Q_2Q_1Q_0=D_3D_2D_1D_0$ 的状态。

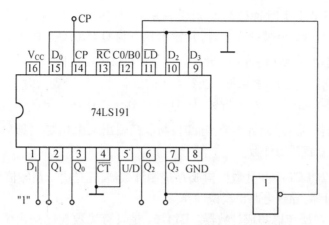

图 15.26　六进制计数器

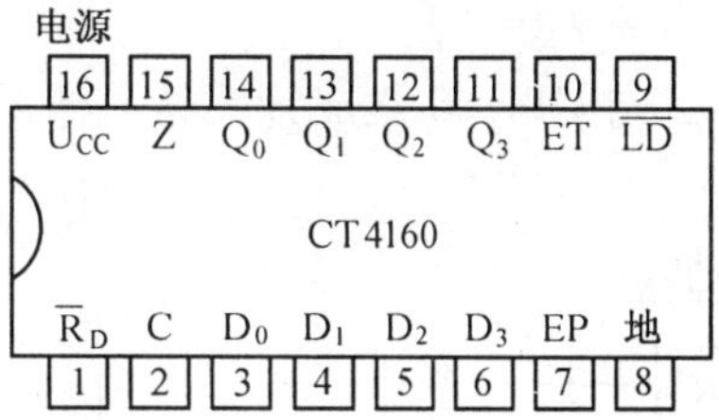

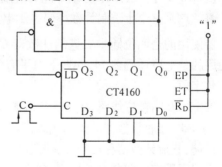

(a) CT4160 (CT4161) 的外引线排列图

C	$\overline{R_D}$	$\overline{LD}$	EP	ET	工作状态
×	0	×	×	×	置零
⊓	1	0	×	×	预置数
×	1	1	0	1	保持
×	1	1	×	0	保持(但 Z=0)
⊓	1	1	1	1	计数

(b) CT4160 (CT4161) 的功能表

图 15.27　四位同步二进制计数器 CT4160(CT4161) 的管脚图与功能表

EP、ET 为计数控制端,高电平有效。当 $\overline{R_D}=1$,$\overline{LD}=1$,EP=ET 同时为 1 时,在 C 脉冲上升沿,计数器处于计数状态;当 EP、ET 不同时为 1 时,计数器处于保持状态。

C 为同步计数脉冲,上升沿有效。计数器实现预置数和计数功能,必须受时钟脉冲 C 的控制,即在时钟脉冲 C 上升沿来到时,计数器才能预置数据和计数。

在管脚图中,Z 为进位端,其逻辑式 $Z=Q_3Q_2Q_1Q_0ET$(由计数器内部电路结构决定)。当 ET=1,且计数器状态为 1111 时,Z 端才为高电平,产生进位。

由于 CT4160 具有预置数的功能,所以 CT4160 在时序逻辑电路中广泛应用。

【例 15.11】　试用置数功能将 CT4160 计数器接成六进制计数器。

解　由于 CT4160 的置数端 $\overline{LD}$ 是低电平时计数器置数,所以 $\overline{LD}$ 端要和一个与非门的输出端相接,具体逻辑电路如图 15.28 所示。

在图 15.28 中,将 $D_3D_2D_1D_0=0000$(接地),即计数器的预置数为 0000。EP=ET=$\overline{R_D}=1$,接成计数状态。与非门的两个输入端分别与 Q_2 和 Q_0 相连接;与非门的输出端与置数端 $\overline{LD}$ 相连接。

图 15.28　例题 15.11 的逻辑电路图

首先用 $\overline{R_D}$ 端将计数器清零,使 $Q_3Q_2Q_1Q_0=0000$。计数器置"0"之后,$\overline{R_D}$ 恢复高电平,计

数器准备计数。当第 1 个时钟脉冲 C 前沿到来时,计数器开始计数,计数器输出状态为 0001;当计数器计到第 5 个时钟脉冲时,其输出状态为 $Q_3Q_2Q_1Q_0 = 0101$。此时与非门的两个输入端 Q_2、Q_0 都为 1,所以其输出为"0",使置数端 $\overline{LD}$ 为 0,计数器停止计数,而去准备接收数据输入端 $D_3D_2D_1D_0$ 的预置数据。当第 6 个时钟脉冲的前沿到来时,$D_3D_2D_1D_0 = 0000$ 的数据就置入计数器,从而使计数器置数,即 $Q_3Q_2Q_1Q_0 = D_3D_2D_1D_0 = 0000$,计数器复位,返回到初始状态 0000,得到六进制计数器。此时,与非门输出又由 0 变 1,即 $\overline{LD} = 1$,计数器又继续执行计数功能,重新开始计数。

用 $\overline{R_D}$ 端也可以将 CT4160 计数器构成 N 进制计数器,但是由于清零信号持续时间过短,使计数器工作不可靠,导致电路出现误动作。

(4) CT4161(74LS161)集成计数器。CT4161 是具有置数功能的四位同步二进制计数器(十六进制计数器),其内部电路也是由 J-K 触发器和附加门组成,其管脚排列和功能表与 CT4160 相同,如图 15.27 所示。

利用 CT4161 集成计数器也可得到任意进制的计数器。与 CT4160 集成计数器一样,可以用 $\overline{R_D}$ 端和 $\overline{LD}$ 端控制实现 N 进制计数器的功能。

【例 15.12】 试用 CT4161 计数器组成十二进制计数器。

解 用置数端 $\overline{LD}$ 实现此计数功能,具体逻辑电路如图 15.29 所示。

从图中可以看出,$D_3D_2D_1D_0 = 0000$,$\overline{LD}$ 接与非门的输出端,与非门的输入端分别与计数器的输出端 Q_3、Q_1、Q_0 端相接。$EP = ET = \overline{R}_D = 1$,计数器处于计数状态。当计数器计到第 11 个脉冲时,其输出状态为 $Q_3Q_2Q_1Q_0 = 1011$。此时与非门输出由 1 变 0,使置数端 $\overline{LD} = 0$,从而使计数器执行接收数据输入端 $D_3D_2D_1D_0 =$

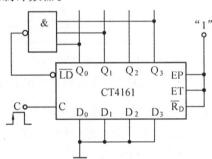

图 15.29 例题 15.12 的电路图

0000 的数据。所以,当第 12 个脉冲 C 的后沿到来时,$D_3D_2D_1D_0 = 0000$ 的数据就置入计数器,从而使计数器复位,输出全为"0"状态,实现十二进制的逻辑功能。

【例 15.13】 已知计数、译码显示电路如图 15.30 所示,试分析其工作原理。

解 这是一个十进制计数译码显示电路,由计数器、译码器和显示器 LED 组成。其中,计数器使用的是四位同步二进制计数器 CT4161,利用 $\overline{LD}$ 端置数,接成十进制计数器;译码器使用的是七段译码器 74LS47,低电平有效;显示器使用的是共阳极接法的数码管,低电平点亮各字段。

按 15.30 图接好线路,接通 5 V 电源,在时钟脉冲 C 到来时,CT4161 开始计数,随之译码器 74LS47 接收计数器的输出代码,翻译成十进制数,由数码管显示出来。

目前,集成计数器种类很多,使用时可根据实际应用的需要灵活选取。

学习了数字电路的有关知识,现举下面应用实例。通过该题的综合性框图,可以对数字电路的综合应用有个整体概念;如能把框图中每个局部都画出具体电路,学习收获将会更大。

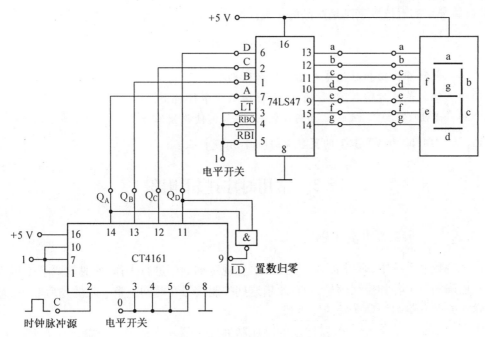

图 15.30　例题 15.13 的电路图

【**例 15.14**】　今有一产品装箱生产线,日传送产品数万箱,每箱内装 20 件产品。试拟出该生产线自动装箱的计数、译码和数字显示电路的方案图,并说明其计数原理。

解　该装箱生产线的计数系统框图如图 15.31 所示,其中包括光源、传送带、电脉冲电路、计数电路、译码电路和数码显示电路等几个部分。

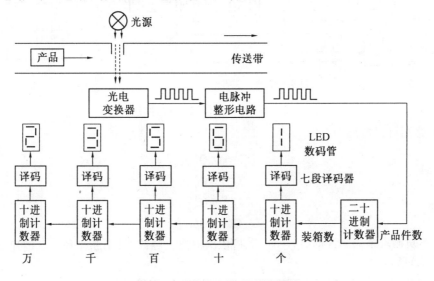

图 15.31　装箱生产线计数系统

当每件产品经过光源时,光源都被遮挡一次,光电变换器就输出一个电信号(脉冲),经过脉冲整形电路整形,输出一个标准电脉冲;多件产品经过光源时,就产生一个标准脉冲串,脉冲的个数就表示产品的件数。标准脉冲串首先送入二十进制计数器。经二十进制计数后,进行装箱计数,再送入十进制计数系统计算箱数。五位十进制计数器经七段译码器译码后,数码管显示的五位数字则是产品的箱数。

思 考 题

15.4 数码寄存器和移位寄存器有什么区别?

15.5 什么是并行输入、串行输入、并行输出和串行输出?

15.6 若用74LS192组成七进制计数器,应如何使用清零端?

15.7 CT4160 和 CT4161 的置数端$\overline{LD}$的作用是什么?

15.3   常用时序逻辑电路

15.3.1   顺序脉冲发生器

在一些数字系统中,有时需要系统按照事先规定的顺序进行操作,此时就要求控制系统不仅能正确的发出各种控制信号,而且要求这些控制信号在时间上有一定的先后顺序,能完成这样功能的电路称为顺序脉冲发生器。

图15.32(a)为用环形计数器构成的顺序脉冲发生器。当环形计数器工作在每个状态中只有一个 1 的循环状态时,就构成顺序脉冲发生器。

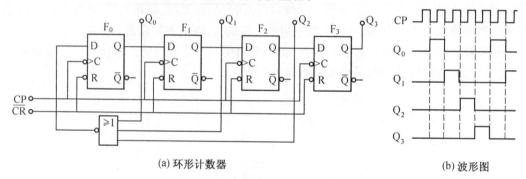

(a) 环形计数器   (b) 波形图

图 15.32   用环形计数器作顺序脉冲发生器

由电路图可以看出

$$Q_0^{n+1} = \overline{Q}_0^n \, \overline{Q}_1^n \, \overline{Q}_2^n$$
$$Q_1^{n+1} = Q_0^n$$
$$Q_2^{n+1} = Q_1^n$$
$$Q_3^{n+1} = Q_2^n$$

当 CP 端不断输入系列脉冲时,$Q_0 \sim Q_3$ 端将依次输出正脉冲,且不断循环。其时序波形图如图 15.32(b)所示。

采用环形计数器构成的顺序脉冲发生器结构简单,不需另加译码电路。但是使用的触发器较多,同时还必须采用能自启动的反馈逻辑电路。

当顺序脉冲较多时,可以采用计数器和译码器组合的顺序脉冲发生器。15.33(a)所示为74LS161 和 3 线-8 线译码器 74LS138 构成顺序脉冲发生器电路。以 74LS161 的低三位 Q_0、Q_1、Q_2 输出作为 74LS138 的 3 个输入信号。

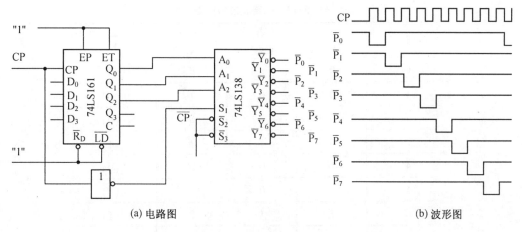

(a) 电路图　　　　　　　　　　　　　　　　(b) 波形图

图 15.33　用集成计数器构成的顺序脉冲发生器

由 74LS161 的功能表可知,为使 74LS161 工作在计数状态,$\overline{R_D}$、$\overline{LD}$、EP 和 ET 均应该接高电平。由于 74LS161 的低 3 位是按八进制连接的,所以在连续输入 CP 信号的情况下,$Q_2Q_1Q_0$ 的状态将按 000 ~ 111 的顺序反复循环,通过 74LS138 译码器的输出端依次输出 $\overline{P_0}$ ~ $\overline{P_7}$ 的顺序脉冲。为了防止竞争-冒险现象,在 74LS138 的 S_1 端加入 $\overline{CP}$ 作为选通脉冲,得到的输出波形如图 15.33(b) 所示。

15.3.2　序列信号发生器

在数字系统的传输和数字系统的测试中,有时需要用到一组特定的串行数字信号,这种特定的串行数字信号称为序列信号,序列信号可以做同步信号、地址码、数据等,也可以做控制信号。产生序列信号的电路称为序列信号发生器。

序列信号发生器的构成方式有多种。比较简单的方法是利用计数器和数据选择器组成。例如,当需要产生一个 8 位的序列信号 00100111 时,可用一个八进制计数器和一个 8 选 1 数据选择器组成来实现,如图 15.34 所示。

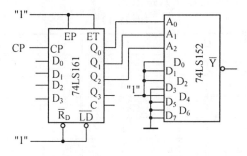

图 15.34　用计数器和数据选择器组成的序列信号发生器

表 15.12 电路状态转换表

CP 顺序	Q_2 (A_2)	Q_1 (A_1)	Q_0 (A_0)	$\overline{Y}$
0	0	0	0	$\overline{D_0}(0)$
1	0	0	1	$\overline{D_1}(0)$
2	0	1	0	$\overline{D_2}(0)$
3	0	1	1	$\overline{D_3}(1)$
4	1	0	0	$\overline{D_4}(0)$
5	1	0	1	$\overline{D_5}(1)$
6	1	1	0	$\overline{D_6}(1)$
7	1	1	1	$\overline{D_7}(1)$
8	0	0	0	$\overline{D_0}(0)$

当 CP 信号连续不断的加到计数器上时，$Q_2 Q_1 Q_0$ 的状态便按照表中的顺序不断循环。$\overline{D_0} \sim \overline{D_7}$ 的状态便不断的依次出现在 $\overline{Y}$ 端。只要令 $D_0 = D_1 = D_2 = D_4 = 1$、$D_3 = D_5 = D_6 = D_7 = 0$，便可以在 $\overline{Y}$ 端得到不断循环的序列信号 00010111。在需要修改序列信号时，只需要修改 $D_0 \sim D_7$ 的高、低电平便可以实现，而不需对电路进行更改。

构成序列信号发生器的另一种常见方法是采用带反馈电路的一位寄存器。如需要构成信号序列的位数为 m，移位寄存器的位数为 n，则应取 $2^n \geqslant m$。如仍要求产生 00010111 的 8 位序列信号，则需用 3 位移位寄存器加反馈逻辑电路实现，如图 15.35 所示。移位寄存器从 Q_2 端输出的串行信号就是所要求产生的序列信号。

根据要求产生的序列信号，可以列出寄存器的状态转换表，如表 15.13 所示。再从状态要求出发，可以得到移位寄存器的输入端 D_0 的取值要求。从表中可以得出 D_0 与 Q_2、Q_1、Q_0 的函数关系，利用卡诺图化简，得到

$$D_0 = Q_2 \overline{Q_1} Q_0 + \overline{Q_2} Q_1 + \overline{Q_2}\,\overline{Q_0}$$

图 15.35 中的反馈逻辑电路就是按上式接成的。

表 15.13

CP 顺序	Q_2	Q_1	Q_0	D_0
0	0	0	0	1
1	0	0	1	0
2	0	1	0	1
3	0	1	1	1
4	1	0	0	1
5	1	0	1	0
6	1	1	0	0
7	1	1	1	0
8	0	0	0	0

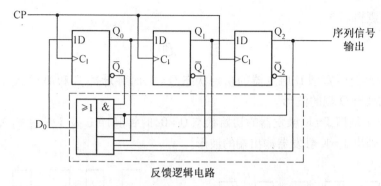

图 15.35　用移位寄存器构成的序列信号发生器

本 章 小 结

1. 双稳态触发器

常用的双稳态触发器有 R-S 触发器,J-K 触发器及 D 触发器。

基本 R-S 触发器是各种触发器的基本组成部分,它具有置"1"、置"0",保持不变三种逻辑功能。可控 R-S 触发器的逻辑功能与基本 R-S 触发器的逻辑功能大体相同,只是可控 R-S 触发器输出状态受时钟脉冲 C 的控制。

J-K 触发器具有置"0"、置"1"、计数、保持四种逻辑功能。主从型 J-K 触发器是在时钟脉冲的后沿翻转。

D 触发器具有置"0"、置"1"两种逻辑功能。维持阻塞型 D 触发器是在时钟脉冲的前沿翻转,触发器输出状态只取决于时钟脉冲前沿到来之前的 D 输入端状态。

触发器的应用很广,常常用来组成寄存器、计数器等逻辑部件。

2. 寄存器、计数器

寄存器是用来存放数码或指令的基本部件。它具有清除数码、接收数码、存放数码和传送数码的功能。寄存器可分为数码寄存器和移位寄存器。移位寄存器除了有寄存数码的功能外,还具有移位的功能。

计数器是能累计输入脉冲个数的部件。从进位制来分,有二进制计数器和 N 进制计数器两大类。从计数脉冲是否同时加到各个触发器来分,又有异步计数器和同步计数器。

二进制加法计数器能计下 2^n 个脉冲数。其中 n 为触发器的级数。异步二进制加法计数器的时钟脉冲只加到最低位触发器的时钟脉冲端,高位触发器的时钟脉冲由相邻的低位触发器输出电平供给,所以,异步二进制加法计数器是逐级翻转的。同步二进制加法计数器的时钟脉冲是同时加到各位触发器的时钟脉冲输入端的,所以,触发器是同时翻转的,因而提高了计数速度。

利用反馈归零法和置数法可以组成 N 进制计数器。N 进制计数器能计下 N 个脉冲数。十进制计数器是常用的 N 进制计数器之一。

3. 各种计数器分析步骤

(1)写出各个触发器输入信号的逻辑表达式,对于异步计数器,还应写出高位触发器的时钟脉冲 C 表达式。

(2)分析计数过程,列出状态表。

(3)分析逻辑功能。

习 题

15.1 设维持阻塞型 D 触发器的初始状态 Q=0,时钟脉冲 C 和 D 输入端信号如题图 15.1 所示,试画出 Q 端的波形。

15.2 设主从型 J-K 触发器的初始状态 Q=0,时钟脉冲 C 及 J、K 两输入信号如题图 15.2 所示,试画出 J-K 触发器输出端的波形。

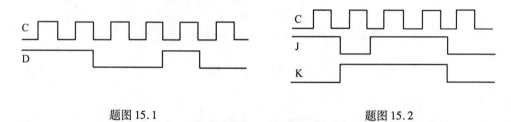

题图 15.1   题图 15.2

15.3 试画出题图 15.3 两电路在 6 个时钟脉冲作用下输出端 Q 的波形。设初始状态分别为 $Q=0$、$Q_0=0$、$Q_1=0$。

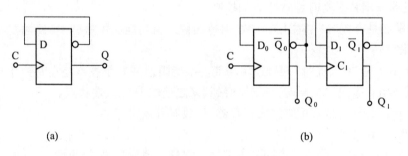

(a)   (b)

题图 15.3

15.4 电路如题图 15.4(a)所示,在图 15.4(b)所示 D 输入信号和时钟脉冲 C 作用下,画出触发器输出端 Q 的波形。设初始状态 Q=0。

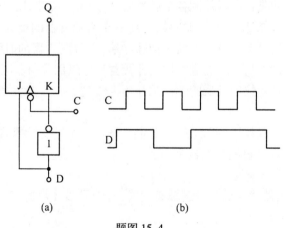

(a)   (b)

题图 15.4

15.5 试画出题图 15.5(a)所示电路在时钟脉冲 C 作用下 Q_0、Q_1 端的波形,设初始状态 $Q_0 = Q_1 = 0$。

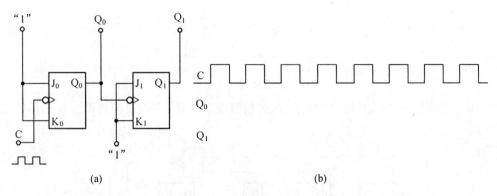

题图 15.5

15.6 试画出题图 15.6 计数器在时钟脉冲作用下各触发器输出端的波形。设触发器的初始状态为 000。

15.7 试画出题图 15.7 计数器在时钟脉冲作用下各触发器输出端的波形。设触发器的初始状态为 $Q_2 Q_1 Q_0 = 001$。

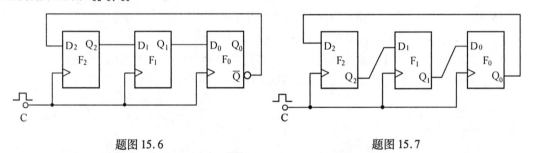

题图 15.6   题图 15.7

15.8 已知逻辑电路及相应的 C、R_D 和 D 的波形如题图 15.8(a)、(b)所示,试画出 Q_0 和 Q_1 端的波形,设初始状态 $Q_0 = Q_1 = 0$。

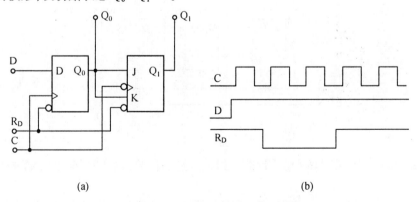

题图 15.8

15.9 已知电路如题图 15.9 所示,试分析计数器的逻辑功能,并画出波形图。设初始状态为"000"。

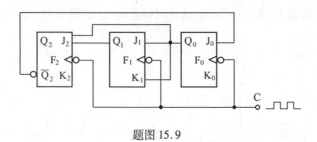

题图 15.9

15.10 已知电路如题图 15.10 所示,试分析其逻辑功能,并画出波形图。设初始状态为"000"

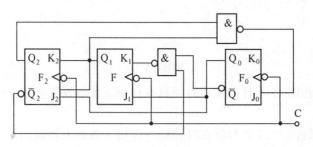

题图 15.10

15.11 已知某工作系统的信号灯逻辑控制电路如题图 15.11 所示。

(1) 试列出在 8 个时钟脉冲作用下 $Q_2Q_1Q_0$ 的状态表。

(2) 试画出在 8 个时钟脉冲作用下绿灯、黄灯和红灯上的信号波形图。

(3) 若时钟脉冲 C 的周期为 1 s,试计算每个信号灯闪亮的时间。

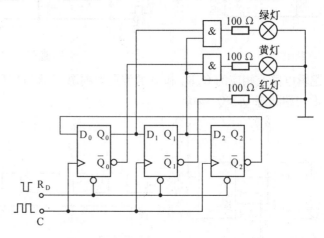

题图 15.11

15.12 试用一片 CT4160 集成计数器组成八进制计数器。CT4160 的功能表如图 15.27 所示。

15.13 试画出用一片 74LS191 和 CT4161 集成计数器分别构成十三进制计数器的电路图。

15.14 试用两片 74LS192 集成计数器组成五十进制计数器。

15.15 试用两片 CT4161 集成计数器组成六十进制计数器。

第 *16* 章

数字量和模拟量的转换

模拟量是随时间连续变化的量。例如温度、压力、流量、位移等,它们可以通过相应的传感器变换为模拟电量。而数字量是不连续变化的量。

用计算机处理模拟信号时,要先将模拟信号转换成为数字信号,这种信号的转换称为模-数转换。将模拟量转换为数字量的装置称为模-数转换器,简称 A/D 转换器或 ADC①。经过计算机处理后的数字信号在许多情况下又需要转换成模拟信号才能应用,这种信号的转换称为数-模转换。将数字量转换为模拟量的装置称为数-模转换器,简称 D/A 转换器或 DAC②。

DAC 和 ADC 是计算机与其外部设备连接的重要接口电路,也是许多数字系统中常用的部件。图 16.1 是数-模和模-数转换的原理框图。

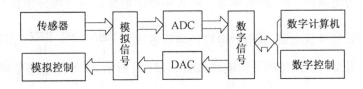

图 16.1 数-模和模-数转换的原理框图

本章对数-模和模-数转换的基本原理做一简单分析,同时介绍两种典型的集成转换器,以便读者应用。

16.1 数模转换器(D/A 转换器)

16.1.1 D/A 转换器的工作原理

实现数-模转换的方法很多,常用的是 T 型电阻网络转换电路。图 16.2 所示电路是四位 T 型电阻网络 D/A 转换器原理电路图,它由电阻网络、模拟开关及求和放大器三部分组成,可以将四位二进制数字信号转换成模拟信号。

---

① ADC 是英文 Analog. Digital Converter 的缩写。
② DAC 是英文 Digital. Analog Converter 的缩写。

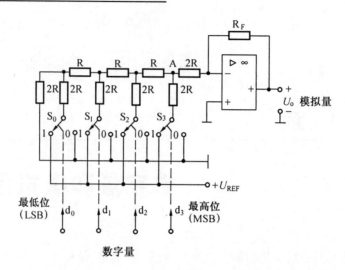

图 16.2 T 型电阻网络 D/A 转换器

图中由 R 和 2R 两种阻值的电阻构成 T 型电阻网络,其输出端接到求和运算放大器的反相输入端。$S_0 \sim S_3$ 这四个模拟开关由电子元件构成,其通、断分别由四位二进制数码 $d_3 d_2 d_1 d_0$ 控制。当二进制数码为"1"时,开关接到 U_{REF} 电源上;为"0"时,开关接地。U_{REF} 称为参考电压或基准电压。运算放大器对各模拟开关信号作求和运算,输出量是模拟电压 U_0。

为了便于分析其工作原理,在图 16.2 中,令 $d_3 d_2 d_1 d_0 = 0001$,即 S_0 接在 U_{REF} 上,而 S_1、S_2、S_3 均接地。应用戴维南定理对 T 型电阻网络进行简化,其电路如图 16.3(a)所示。00′ 左边部分可等效为电压是 $\dfrac{U_{REF}}{2}$ 的电源与电阻 R 串联的电路。而后再分别在 11′、22′、33′处计算它们左边部分的等效电路,其等效电源的电压依次为 $\dfrac{U_{REF}}{4}$、$\dfrac{U_{REF}}{8}$、$\dfrac{U_{REF}}{16}$,而等效电源的内阻均为 R。由此得出电阻网络的等效电路如图 16.3(b)所示,该等效电路是对应只有 S_0 接在 U_{REF} 时的情况,其开路电压为 $U_A = \dfrac{U_{REF}}{2^4} \cdot d_0$。接上运算放大器后,电路如图 16.4 所示。输出的模拟电压为

$$U_0 = -\frac{U_{REF}}{2^4} \cdot d_0$$

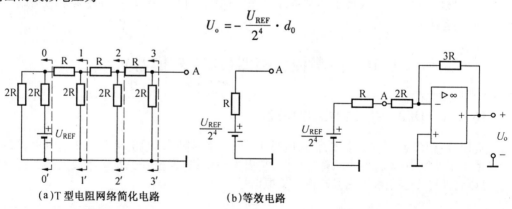

(a)T 型电阻网络简化电路   (b)等效电路

图 16.3 计算 T 型电阻网络的输出电压(当 $d_3 d_2 d_1 d_0 =$ 0001 时)

图 16.4 T 型电阻网络 D/A 转换器的等效电路($d_0 = 1$)

同理,若 S_1、S_2、S_3 分别接于参考电压 U_{REF} 时,即分别有 $d_1=1$、$d_2=1$、$d_3=1$,可求出三种情况下电阻网络的开路电压分别为

$$U_A = \frac{U_{REF}}{2^3} \cdot d_1$$

$$U_A = \frac{U_{REF}}{2^2} \cdot d_2$$

$$U_A = \frac{U_{REF}}{2} \cdot d_3$$

由此看出,当四位数字量 $d_3 d_2 d_1 d_0 = 1111$ 时,电阻网络的开路电压为

$$U_A = \frac{U_{REF}}{2} \cdot d_3 + \frac{U_{REF}}{2^2} \cdot d_2 + \frac{U_{REF}}{2^3} \cdot d_1 + \frac{U_{REF}}{2^4} \cdot d_0 =$$

$$\frac{U_{REF}}{2^4}(d_3 \cdot 2^3 + d_2 \cdot 2^2 + d_1 \cdot 2^1 + d_0 \cdot 2^0) \tag{16.1}$$

接上运算放大器后,输出的模拟电压为

$$U_o = -\frac{U_{REF}}{2^4}(d_3 \cdot 2^3 + d_2 \cdot 2^2 + d_1 \cdot 2^1 + d_0 \cdot 2^0) \tag{16.2}$$

如果输入量是 n 位二进制数,则

$$U_o = -\frac{U_{REF}}{2^n}(d_{n-1} \cdot 2^{n-1} + d_{n-2} \cdot 2^{n-2} + \cdots + d_0 \cdot 2^0) \tag{16.3}$$

括号中是 n 位二进制数按"权"列出的展开式。

16.1.2　集成 D/A 转换器

随着集成电子技术的发展,和其他集成电路一样,D/A 转换器集成电路芯片种类也很多。按输入的二进制数的位数分类有八位、十位、十二位和十六位等。

DAC0832 是单片集成的 CMOS 8 位 D/A 转换器,片中有 R-2R 构成的倒 T 形电阻转换网络,模拟开关为 CMOS 型。DAC0832 内部不包含运算放大器,需要外接一个运算放大器,才能构成完整的 D/A 转换器。图 16.5 和图 16.6 是 DAC0832 的引脚图和内部结构图。

1. DAC0832 的 20 条引脚

$DI_7 \sim DI_0$ ——八位数字量输入端;

I_{OUT_1} ——模拟电流输出端 1;

I_{OUT_2} ——模拟电流输出端 2;

$\overline{CS}$ ——片选端(低电平有效);

ILE ——允许输入锁存;

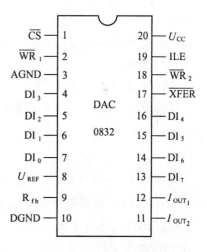

图 16.5　DAC0832 引脚图

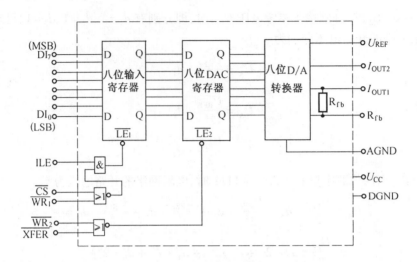

图 16.6　DAC0832 内部结构

$\overline{WR_1}$、$\overline{WR_2}$——写信号 1、2(低电平有效);

$\overline{XFER}$——传送控制信号(低电平有效);

R_{fb}——反馈电阻接出端(芯片内部 R_{fb} 端和 I_{OUT_1} 端之间接一个 15 kΩ 的电阻 R_{fb});

U_{REF}——参考电压+10 ~ –10 V;

U_{CC}——电源电压+5 ~ +15 V;

AGND——模拟量的地;

DGND——数字量的地。

DAC0832 内部由 8 位输入寄存器(锁存器)、8 位 DAC 寄存器、8 位 D/A 转换电路及转换控制电路构成。

2. DAC0832 应用特性

① DAC0832 可以充分利用微机的控制能力实现对 D/A 转换的控制,即这种芯片的许多控制引脚都可以与微机的控制线相连,接受微机的控制,如 ILE、$\overline{CS}$、$\overline{WR_1}$、$\overline{WR_2}$、$\overline{XFER}$端;

② 有两级锁存控制功能,能够实现多通道 D/A 同步转换输出;

③ DAC0832 内部没有参考电压,须外接参考电压电路;

④ DAC0832 为电流输出型 D/A 转换器,要获得模拟电压输出时,需要外加转换电路。

3. DAC0832 的工作方式

DAC0832 在进行 D/A 转换时有两种基本的工作方式,即单缓冲工作方式和双缓冲同步工作方式。

① 单缓冲工作方式。若应用系统中只有一路 D/A 转换或虽然是多路转换,但并不要求同步输出时,则采用单缓冲工作方式,电路如图 16.7 所示。

ILE 直接接+5 V,寄存器选择信号$\overline{CS}$及数据传输控制信号$\overline{XFER}$都与微机的地址选择线相连,两级寄存器的写信号都由微机的$\overline{WR}$端控制。当地址线选择好 DAC0832 后,只要输出$\overline{WR}$控制信号,DAC0832 就能一步完成数字量的输入锁存和 D/A 转换输出。

② 双缓冲同步工作方式。对于多路 D/A 转换,要求同步进行 D/A 转换输出时,必须采用双缓冲同步工作方式。这种方式数字量的输入锁存和 D/A 转换输出是分两步完成的,即首先微机分时向各路 D/A 转换器输入要转换的数字量并锁存在各自的输入寄存器中,然后在向所有的 D/A 转换器发出控制信号,使各个 D/A 转换器输入寄存器中的数据打入 DAC 寄存器,实现同步转换输出。

图 16.8 是一个两路同步输出的 D/A 转换接口电路。有关详细的分析与应用请参阅相关专业书籍。

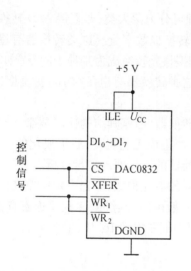

图 16.7　DAC0832 的单缓冲工作方式接口电路

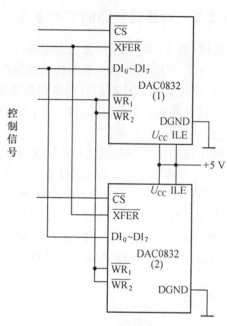

图 16.8　DAC0832 的双缓冲同步工作方式接口电路

16.1.3　应用举例

图 16.9 为 LED 灯具调光系统框图,其工作原理是:用户端有一个触摸屏(或键盘)作为 LED 灯具亮度设定设备,用户可通过触摸屏设定一定的亮度格(或通过键盘输入一定的亮度值),主系统将此输入值以数字量的形式发送给 D/A 转换器,D/A 转换器将此数字量按照比例转换成对应的模拟量(电压或者电流,一般情况下为电压量),此电压值作为后端 LED 灯具驱动电路的输出电流的控制信号。

不同的电压值对应不同的输出电流,而输出电流最终决定了 LED 灯具的亮度。由此达到智能调光的效果。

图 16.9　LED 灯具调光系统

思 考 题

16.1 如图 16.2 所示的 T 型电阻网络 D/A 转换器输出电压 U_o 的最大变化范围为多少?

16.2 模数转换器(A/D 转换器)

16.2.1 A/D 转换器的工作原理

实现模-数(A/D)转换的方法也很多,按工作原理可分为两大类,即直接 A/D 转换和间接 A/D 转换。直接 A/D 转换是将输入的模拟量直接转换成数字量。这类转换器有逐次逼近型、并联比较型等。间接 A/D 转换则是将输入的模拟量先转换成为某种中间量(如时间、频率等),然后再将中间量转换为所需的数字信号。这类转换器有电压-时间变换型(积分型)和电压-频率变换型等。

并联比较型 A/D 转换器是目前转换速度最高的转换器,但是其结构比较复杂。逐次逼近型 A/D 转换器可以达到很高的精度和速度,且易于用集成工艺实现,故集成化的 A/D 转换器大多采用此方案。本节就对逐次逼近型 A/D 转换器的工作原理进行分析。

逐次逼近型 A/D 转换器的工作原理与用天平称重的原理相似,即先设定一个初值进行比较,多去少补,逐次逼近。逐次逼近型 A/D 转换器一般由时钟脉冲、逐次逼近寄存器、D/A 转换器、电压比较器和参考电源等几部分组成,其原理框图如图 16.10(a)所示。

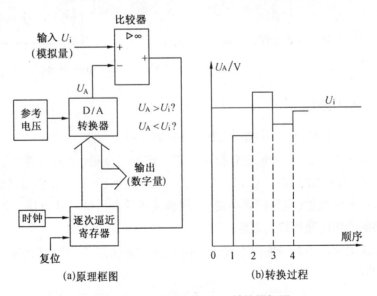

图 16.10 逐次逼近型 A/D 转换器框图

转换前,将逐次逼近寄存器清零。转换开始,时钟脉冲首先将寄存器的最高位置"1",其余位全置"0"。经 D/A 转换器转换成相应的模拟电压 U_A 送至电压比较器,与待转换的模拟输入电压 U_i 进行比较。如果 U_A 低于模拟输入电压 U_i,则最高位的"1"保留。如果 U_A

高于 U_i,则最高位的"1"被清除,次高位再置"1",再进行比较,从而决定次高位的"1"是保留还是清除。这样逐次比较下去,直至最低位为止,比较的顺序由时钟脉冲控制。转换结束后,寄存器输出的二进制数就是对应于模拟输入的数字量,完成了由模拟量向数字量的转换。图 16.10(b)中的折线表示了一种转换过程,折线(U_A 值)逐次向模拟量 U_i 逼近,转换的每一步如表 16.1 所示。

表 16.1　转换过程

顺序	寄存器数码	比较判别	逐位数码"1"保留或除去	
1	1 0000000	$U_A<U_i$	第一高位"1"	保留
2	1 1 000000	$U_A>U_i$	第二高位"1"	除去
3	10 1 00000	$U_A<U_i$	第三高位"1"	保留
4	101 1 0000	$U_A<U_i$	第四高位"1"	保留
⋮	⋮	⋮	⋮	

图 16.11 是四位逐次逼近型 A/D 转换器,其内部主要由以下几部分组成。

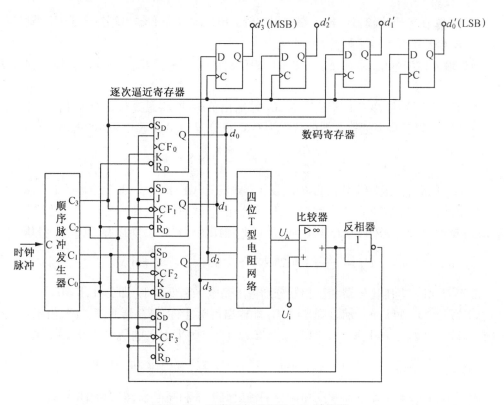

图 16.11　四位逐次逼近型 A/D 转换器

1. 顺序脉冲发生器

输入时钟脉冲 C 后,它按一定时间间隔输出顺序脉冲 C_0、C_1、C_2、C_3,波形如图 16.12 所示。

2. 逐次逼近寄存器

逐次逼近寄存器由四个 J-K 触发器 $F_3 \sim F_0$ 构成。C_0 端来负脉冲时,使最高位 F_3 置"1",其余位置"0";C_1 端来负脉冲时,使次高位 F_2 置"1";同理,若 C_2、C_3 端分别来负脉冲,则分别使 F_1、F_0 置"1"。

3. T 型电阻网络

T 型电阻网络的具体电路见图 16.2 中电阻网络部分。输入的数字量 $d_3 d_2 d_1 d_0$ 来自逐次逼近寄存器,从 T 型电阻网络输出的模拟电压为

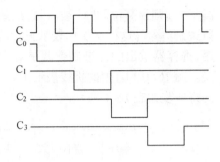

图 16.12   顺序脉冲发生器的输出波形

$$U_A = \frac{U_{REF}}{2^4}(d_3 \cdot 2^3 + d_2 \cdot 2^2 + d_1 \cdot 2^1 + d_0 \cdot 2^0)$$

4. 数码寄存器

数码寄存器由四个 D 触发器构成,四个 D 端分别与 $F_3 \sim F_0$ 的输出端相连,四个 C 端则一起接到顺序脉冲发生器的 C_3 端。数码寄存器输出的 $d_3' d_2' d_1' d_0'$ 即为转换器的二进制数码。

5. 比较器

U_A 与 U_i 在电压比较器的输入端进行比较。电压比较器的输出端接各 J-K 触发器的 J 端;再经反相器接各 J-K 触发器的 K 端。

现设输入模拟电压 $U_i = 6.51$ V,T 型电阻网络的参考电压 $U_{REF} = 8$ V。转换过程分析如下。

① 第一个时钟脉冲 C 前沿到来时,C_0 端输出负脉冲,将最高位寄存器 F_3 置"1",其余位全置"0",所以逐次逼近寄存器的状态为 $Q_3 Q_2 Q_1 Q_0 = 1000$,T 型电阻网络输出

$$U_A = \frac{U_{REF}}{2^4}(1 \times 2^3) = \frac{8}{16} \times 8 = 4 \text{ V}$$

由于 $U_A < U_i$,因而电压比较器输出高电平,反相器输出低电平,即各 J-K 触发器的 J=1,K=0。

② 第二个时钟脉冲 C 前沿到来时,C_1 端输出负脉冲,将次高位寄存器 F_2 置"1",由于 C_1 是 F_3 的时钟脉冲,又因为 J=1,K=0,所以 F_3 输出仍为"1"。所以 $Q_3 Q_2 Q_1 Q_0 = 1100$,因而

$$U_A = \frac{U_{REF}}{2^4}(1 \times 2^3 + 1 \times 2^2) = \frac{8}{16} \times 12 = 6 \text{ V}$$

由于 $U_A < U_i$,电压比较器和反相器分别输出高电平和低电平,即 J=1,K=0。

③ 第三个时钟脉冲 C 前沿到来时,C_2 端输出负脉冲,将寄存器 F_1 置"1",由于 C_2 是 F_2 的时钟脉冲,又因为 J=1,K=0,所以 F_2 输出为"1"。所以 $Q_3 Q_2 Q_1 Q_0 = 1110$,因而

$$U_A = \frac{U_{REF}}{2^4}(1 \times 2^3 + 1 \times 2^2 + 1 \times 2^1) = \frac{8}{16} \times 14 = 7 \text{ V}$$

由于 $U_A > U_i$,电压比较器和反相器分别输出低电平和高电平,即 J=0,K=1。

④ 第四个时钟脉冲 C 前沿到来时,C_3 端输出负脉冲,将寄存器 F_0 置"1",由于 C_3 是 F_1 的时钟脉冲,又因为此时 J=0,K=1,所以 F_1 输出为"0"。则 $Q_3 Q_2 Q_1 Q_0 = 1101$,因而

$$U_A = \frac{U_{REF}}{2^4}(1 \times 2^3 + 1 \times 2^2 + 1 \times 2^0) = \frac{8}{16} \times 13 = 6.5 \text{ V}$$

$U_A \approx U_i$，U_A 向 U_i 逼近的情况如图 16.13 所示。

由于数码寄存器(四个 D 触发器)的 C 端均接在顺序脉冲发生器的 C_3 端。所以，当 C_3 端负脉冲结束(上升沿)时，二进制数码 $d_3 d_2 d_1 d_0 = 1101$ 即存入数码寄存器，完成模-数转换。

16.2.2　集成 A/D 转换器

目前，单片集成 A/D 转换器品种很多。按输出的二进制数的位数分类有 4 位、8 位、10 位、12 位和 16 位等。

ADC0809 是单片集成的 CMOS 8 位 A/D 转换器，带有 8 路多路开关以及微处理机兼容的控制逻辑。ADC0809 是逐次逼近式 A/D 转换器，可以和单片机直接接口。图 16.14 和图 16.15 是 ADC0809 的引脚图和内部结构图。

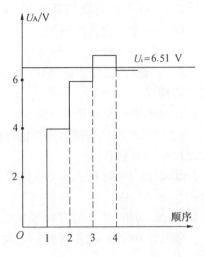

图 16.13　U_A 向 U_i 逼近

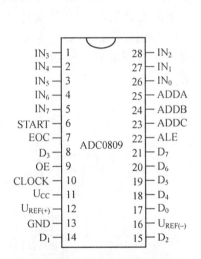

图 16.14　ADC0809 引脚图

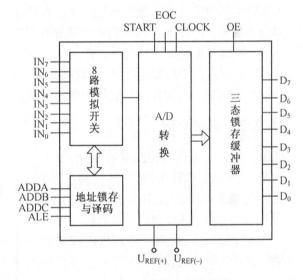

图 16.15　ADC0809 内部结构

1. ADC0809 的 28 条引脚

D_7-D_0——八位数字量输出引脚；

IN_0-IN_7——八通道模拟量输入引脚；

ADDA、ADDB、ADDC——八选一模拟量选择器的地址输入端；

U_{CC}——+5 V 工作电压；

GND——地；

$U_{REF(+)}$——参考电压正极；

$U_{REF(-)}$——参考电压负极；

START——A/D 转换启动信号输入端；

ALE——地址锁存允许信号输入端；

EOC——转换结束信号输出引脚,开始转换时为低电平,转换结束时为高电平;

OE——输出允许控制端;

CLOCK——时钟信号输入端;

ADC0809 内部由地址锁存与译码器、8 位模拟量选通开关、8 位 A/D 转换器和三态输出锁存器构成。

2. ADC0809 应用特性

① ADC0809 内部带有输入锁存器,当OE 端输出为高电平时,才可以从三态输出锁存器取走转换完的数据;

② 多路开关可选通 8 个模拟通道,允许 8 路模拟量分时输入,共用 A/D 转换器进行转换;

③ ADC0809 内部没有参考电压,须外接参考电压电路;

④ ADC0809 内部没有时钟电路,所需时钟信号必须由外界提供,通常使用的频率为 500 kHz。

3. ADC0809 的工作过程

首先将要转换的通道地址输入 3 位地址输入端上,并使 ALE = 1,地址锁存与译码将 ADDA、ADDB、ADDC 三条地址的地址信号进行锁存,经译码后被选中的通道的模拟量进入转换器进行转换。START 上升沿将逐次逼近寄存器复位,下降沿将启动 A/D 转换,转换过程中 EOC 输出信号变低电平,指示转换正在进行。直至 A/D 转换完成,EOC 变为高电平,指示 A/D 转换结束,结果数据已存入锁存器,这个信号可用作中断申请。当 OE 输入高电平时,输出三态门打开,转换结果的数字量输出到数据总线上。

16.2.3 应用举例

图 16.16 为一计算机控温系统框图,其工作原理是:利用热电偶作为测温元件(传感器)将水温转化成为电压,此电压放大后送入 A/D 转换器变为数字量送入计算机。计算机按程序接收 A/D 转换器送入的信号并与机内预置的温度限值进行比较。比较的结果可有以下三种情况:

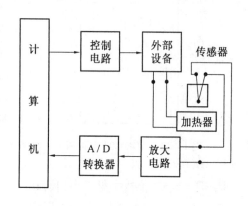

图 16.16 计算机控温系统原理框图

① 实测温度低于预置温度下限,计算机发出加热器通电的命令,加热设备通电,水温将逐渐升高;

② 实测温度高于预置温度的上限,计算机发出加热器断电的命令,加热设备断电,水温将逐渐下降;

③ 如果水温在预置温度上、下限之间,计算机不发出命令,加热器维持原工作状态不变。

计算机对加热器温度信号定时采样,并与预置比较,决定加热器的通、断电,从而可使水温控制在要求的温度范围之内。

思 考 题

16.2　如果将图 16.11 所示的逐次逼近型 A/D 转换器的输出扩展到 10 位,取时钟信号频率为 1 MHz,完成一次转换操作所需要的时间为多少?

本 章 小 结

A/D 和 D/A 转换器的种类很多,特性各异。受篇幅所限,其转换电路不一一介绍,而只着重讲其基本的转换原理及典型的转换方法。

在 D/A 转换器中,主要介绍了由 T 型电阻网络构成的 D/A 转换器。在 A/D 转换器中,主要介绍了逐次逼近型 A/D 转换器。

习 题

16.1　在图 16.2 所示 T 型电阻网络 D/A 转换器中,设 $U_{REF} = 5$ V,若 $R_F = 3R$,试求 $d_3 d_2 d_1 d_0 = 1011$ 时的输出电压 U_o。

16.2　设 DAC0832 集成 D/A 转换器的 $U_{REF} = 5$ V,试分别计算 $d_7 \sim d_0 = 10011111$、10000101、00000111 时的输出电压 U_o。

16.3　某 D/A 转换器要求十位二进制数能代表 0 ~ 10 V,试问此二进制数的最低位代表几伏?

16.4　有一四位逐次逼近型 A/D 转换器如图 16.11 所示。设 $U_{REF} = 10$ V,$U_i = 8.2$ V,转换后输出的数字量应为多少?

16.15　如果要将一个最大幅度值为 5 V 的模拟信号转换为数字信号,要求能识别出 4.88 mV 的输入信号变化,应选用几位的 A/D 转换器?

第五部分 应用电路举例

第 17 章

应用电路的分析与设计

电工与电子技术实际应用电路很多,若能看懂电路图,而且能设计出简单的实用电路,必须综合运用前面所学的知识。本章简要介绍实际应用电路的分析与设计。

17.1 应用电路的分析举例

对于电子线路的分析,应大致按如下步骤进行:

(1) 电路分解,将整个电路分解成几个部分,每部分是一个单元电路;

(2) 单元电路分析,分析每个单元电路的工作原理;

(3) 整个电路性能分析与数据估算,对每个单元电路的重要部分进行性能分析和数据定量估算,从而得到整体电路的性能指标。

下面举例说明电子线路的分析方法。

17.1.1 恒温控制电路

图 17.1 是一个小功率液体电热恒温控制电路,温度传感器由热敏电阻代替,温度调节范围根据实际需要确定。此电路主要用于对液体加热时的恒温控制。运放 $A_1 \sim A_3$ 的工作电压为 ± 12 V。

1. 电路分解

本电路是由测温电桥、温度信号放大电路、恒温预置电路、继电器驱动电路和显示电路五部分组成。

2. 单元电路的工作原理分析

(1) 测温电桥电路。测温电桥电路由 R_1、R_2、R_3、R_4 组成,其中 R_4 是热敏电阻,作为温度传感器。当温度在设定值范围内时,$V_A = V_B$,电桥平衡,输出信号为零,液体处于保温状态;当液体温度低于设定的温度值时,点 A 电位 V_A 下降,即 $V_A < V_B$,电桥失去平衡,电桥输出信号不为零,因此,液体处于加热状态。

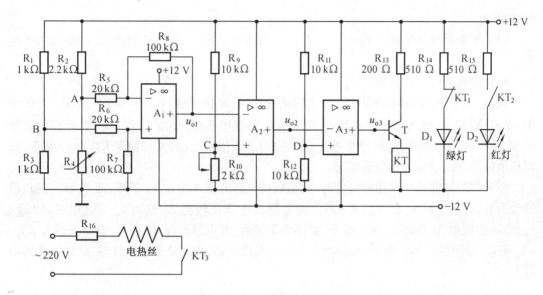

图 17.1　液体恒温控制电路

（2）温度信号放大电路。温度信号放大电路由 R_5、R_6、R_7、R_8 和运放 A_1 组成,测温电桥的输出端 A、B 分别接到 A_1 的反相输入端和同相输入端,作为差动放大电路的输入信号。

当电桥无信号输出时,即 $V_A = V_B$,运放 A_1 的输入信号为 0,其输出信号 $u_{o1} = 0$,液体的温度在设定值范围内;当电桥有信号输出时,即 $V_A < V_B$,运放 A_1 的输入端加入差值信号,经过 A_1 放大后,送到恒温预置电路,使液体处于加热状态。

（3）恒温预置电路。恒温预置电路由 R_9、R_{10} 和运放 A_2 组成,运放 A_2 是一个电压比较器,其输入信号是温度变化信号（u_{o1}）,加在 A_2 的反相输入端,A_2 的同相输入端是温度预置值的设定端,调节可变电阻 R_{10} 的阻值,进行预置值的设定,预置使用 V_C 表示。

当 $u_{o1} < V_C$（预置值）时,A_2 的输出 u_{o2} 为高电平;当 $u_{o1} > V_C$ 时,A_2 的输出 u_{o2} 为低电平。

（4）继电器驱动电路。继电器驱动电路由运放 A_3、晶体管 T 和电阻 R_{11}、R_{12}、R_{13}、继电器线圈 KT 组成。A_3 也是一个电压比较器,其输入信号是 u_{o2},加到 A_3 的反相输入端,与 A_3 的同相端基准电压 V_D 进行比较。

当 $u_{o2} > V_D$ 时,电压比较器 A_3 输出低电平,晶体管 T 处于截止状态,继电器不工作,液体处于保温状态;当 $u_{o2} < V_D$ 时,电压比较器 A_3 输出高电平,晶体管 T 处于导通状态,继电器线圈通电,其常开触点 KT_3 闭合,加热器与交流电压 220 V 接通,液体处于加热状态。

（5）显示电路。显示电路由发光二极管 D_1、D_2 和电阻 R_{14}、R_{15} 组成。当液体处于保温状态时,晶体管 T 截止,继电器 KT 不工作,工作指示灯绿灯亮（D_1）,当液体处于加热状态时,继电器的常开触点 KT_2 闭合,工作指示灯红灯亮（D_2）。

3. 各部分电路的预置值和比较电位值的确定

（1）测温电桥电路。点 B 的电位 $V_B = 6$ V,即保温状态时,点 A 的电位 $V_A = 6$ V;加热状态时,V_A 低于 V_B 的电位。

（2）温度信号放大器。$u_{o1} = 5(V_B - V_A) = 5(6 - V_A)$。

（3）恒温预置电路。V_C 是温度预置值,当液体加热时,电压比较器 A_2 反相端的电压要高于 V_C,所以 R_{10} 要用可变电阻,根据实际温度变化范围来调节 R_{10} 的阻值,保证实现液体的恒温控制。

(4)继电器驱动电路。$V_D = 6$ V,保证 u_{o2} 为高电平时,使电压比较器 A_3 的输出为低电平。

4.整体电路的功能分析

在图 17.1 中,当液体的温度在设定值范围内时,电桥平衡,$V_A = V_B = 6$ V,运放 A_1 的输出 $u_{o1} = 0$ V,使 $u_{o1} < V_C$,电压比较器 A_2 的输出 u_{o2} 为高电平,使 $u_{o2} > V_D (V_D = 6$ V),电压比较器 A_3 的输出 u_{o3} 为低电平,晶体管 T 截止,继电器 KT 线圈断电,其常开触点 KT_2、KT_3 断开,保温指示灯 D_1 亮,液体处于保温状态。

当液体的温度低于设定的温度时,测温电桥电路的点 A 电位 V_A 下降,即 $V_A < V_B$,其差值经过运放 A_1 进行放大,使 $u_{o1} > V_C$(温度设定值),电压比较器 A_2 输出 u_{o2} 为低电平,使 $u_{o2} < V_D$,电压比较器 A_3 输出 u_{o3} 为高电平,晶体管 T 导通,继电器线圈 KT 通电,其常开触点 KT_2、KT_3 闭合,常闭触点 KT_1 断开,电热丝与 220 V 电源接通,液体处于加热状态,此时加热指示灯 D_2 亮。

17.1.2　家用电器安全保护器

图 17.2 是一种家用电器安全保护电路,当市电电压低于 180 V 或高于 240 V 时,保护电路工作,自动切断家用电器的工作电源;当市电电压恢复正常后,保护电路自动接通家用电器的工作电源。

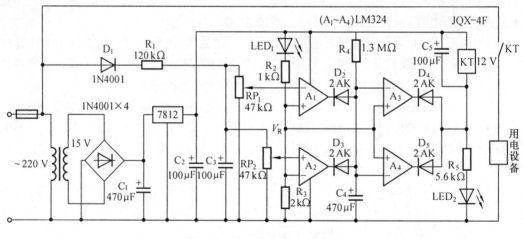

图 17.2　家用电器安全保护器

1.电路分解

本电路是由检测电路、过压和欠压比较电路、延时驱动电路以及直流稳压电源四部分组成。

2.单元电路工作原理分析

(1)检测电路。检测电路由二极管 D_1、电阻 R_1、电容 C_3、电位器 RP_1 和 RP_2 组成,其中市电的电压变化信号直接经过二极管 D_1 整流,C_3 滤波,然后分压,从电位器 RP_1 和 RP_2 上获得,作为欠压、过压比较器的输入信号。

(2)过压和欠压比较器。集成运放 A_1(图 17.2 中的集成运放的符号是国际通用符号)

组成过电压比较器，A_2 组成欠电压比较器，A_1 的反相端信号从电位器 RP_1 上取得，A_2 的同相端信号从电位器 RP_2 上取得，它们与基准电压 V_R 进行比较。例如，当市电电压低于180 V 时，即处于欠压状态时，A_1 的同相端电位 V_R 高于反相端的电位，A_1 输出高电平，二极管 D_2 截止。而 A_2 反相端的电位高于同相端电位，A_2 输出低电平。

（3）延时驱动电路。延时驱动电路由集成运放 A_3、A_4、电阻 R_4、电容 C_4 组成，其中电容 C_4 的电压与基准电压 V_R 进行比较，其结果使继电器 KT 接通或断开。例如，当 $V_{C4} < V_R$ 时，A_3、A_4 输出均为高电平，二极管 D_4、D_5 截止，继电器 KT 断电，其触点 KT 打开，用电设备的工作电源断开，用电设备处于保护状态。

（4）直流稳压电源。直流稳压电源由降压变压器、桥式整流、集成三端稳压块 7812 和电容 C_1、C_2 组成，其中变压器副边交流电压的有效值为 15 V，直流稳压电源的输出为 +12 V，作为集成运算放大器和继电器、电源指示灯电路、保护状态指示灯电路的工作电源。

3. 整体电路分析

以上我们对各单元电路功能进行了简要的分析，下面就整体电路分析其保护功能。

当市电为正常使用范围（180～240 V），保护器刚接入电网时，电容 C_4 进入充电状态，但由于刚进入充电状态，它的正极电压很低，这就使 A_3、A_4 的反相输入端电压均低于同相端的基准电压 V_R，两运放均输出高电平，二极管 D_4、D_5 因反偏而截止，使继电器 KT 处于释放状态，电器供电回路未被接通。此刻，调节 RP_1 和 RP_2，保证 A_1、A_2 同相输入电平均高于反相输入电平，其输出均为高电平，二极管 D_2、D_3 均截止。当直流电源经 R_4 向 C_4 充电大约 5 min 后，C_4 上的充电电压略大于基准电压 V_R，这就使 A_3、A_4 均输出低电平，二极管 D_4、D_5 导通，将 LED_2 和 R_5 支路短路，继电器 KT 线圈上的电压升高而通电，触点 KT 闭合，将电器供电电路与电源接通。

当市电电压低于 180 V，即处于欠压状态时，A_1 同相输入电平高于反相输入电平，它的输出端输出高电平，D_2 截止。而 A_2 同相输入端电平低于反相输入电平，它的输出端输出低电平，D_3 导通，而后 C_4 通过 D_3、A_2 输出回路迅速放电，使 C_4 上的电压下降，则 A_3、A_4 的反相输入端电平低于同相端 V_R，使 A_3、A_4 均输出高电平，D_5、D_4 截止，继电器 KT 的线圈电压不足而断电，其常开触点 KT 断开，切断用电设备的工作电源，保护状态指示灯 LED_2 亮，这便是欠压保护电路的工作过程。

当市电恢复正常后，A_2 输出高电平，D_3 截止，电容 C_4 开始充电。约经 5 min，C_4 上的电压被充至略大于基准电压 V_R，A_3、A_4 输出低电平，继电器 KT 重新通电吸合，其触点 KT 接通用电设备的工作电源。

当市电电压高于 240 V，即处于过压状态时，其保护原理同欠压保护类同，只不过这时是 A_1 的输出端为低电平而投入工作，这里不再赘述。

17.1.3 三相异步电动机缺相保护电路

图 17.3 是三相异步电动机缺相保护电路，其电路功能为：当三相异步电动机的电源缺相时，继电器 KT 的线圈通电，其触点动作，切断电动机的三相电源，从而使电动机得到保护。

1. 电路分解

本电路是由三相异步电动机缺相信号采样电路、缺相信号检测电路和控制电路三部分组成。

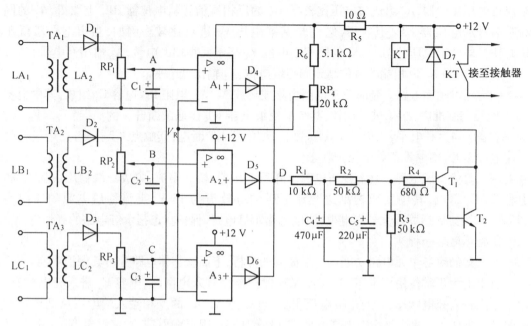

图 17.3　三相异步电动机缺相保护电路

2. 单元电路工作原理分析

（1）缺相信号采样电路。缺相信号采样电路由电流互感器 $TA_1 \sim TA_3$、整流二极管 $D_1 \sim D_3$、采样电位器 $RP_1 \sim RP_3$、滤波电容 $C_1 \sim C_3$ 组成。电流互感器的原绕组 LA_1、LB_1 和 LC_1 分别串入三相异步电动机的三根相线中，副绕组接半波整流滤波电路，整流电路输出信号从电位器 $RP_1 \sim RP_3$ 上取出。当电动机正常工作时，三个电流互感器副边感应出的三相电压信号相等，经过整流后，调节 $RP_1 \sim RP_3$，使 A、B、C 三点的电位相等，也使加到电压比较器 A_1、A_2、A_3 的同相端电位相等；当电动机有一相缺相时，A、B、C 三点电位不相等。

（2）缺相信号检测电路。缺相信号检测电路由电压比较器 A_1、A_2、A_3 和电阻 R_6、电位器 RP_4 组成。电压比较器 A_1、A_2 和 A_3 的同相端信号分别取自缺相信号采样电路的 A、B、C 三点采样信号，反相输入端信号取自 R_6 和 RP_4 的分压，作为基准信号 V_R 与同相端采样信号进行比较。当电动机正常工作时，$A_1 \sim A_3$ 的同相端信号低于反相端信号，三个电压比较器输出均为低电平，二极管 $D_4 \sim D_6$ 均截止，点 D 输出低电平；当电动机缺相时，例如电动机 A 相绕组断电，则点 B、C 电位升高，高于 V_R，比较器 A_2、A_3 输出高电平，则二极管 D_5、D_6 导通，点 D 输出高电平。

（3）控制电路。控制电路由电阻 $R_1 \sim R_4$、电容 C_4 和 C_5、晶体管 T_1 和 T_2、继电器线圈 KT 和二极管 D_7 组成。R_1 和 R_2、C_4 和 C_5 组成滤波电路，其输出电压经电阻 R_3 和 R_4 送入晶体管 T_1 的基极，这里晶体管 T_1 和 T_2 组成了复合管，其目的是提高继电器的驱动电流。当电动机正常工作时，检测电路无信号输出，晶体复合管不通，继电器线圈断电；当电动机缺相时，检测电路输出高电平，经滤波电路后使复合管导通，继电器线圈 KT 通电，其触点动作（KT 断开），切断电动机的三相电源。

3. 整体电路分析

对于图 17.3 所示电路，其整个电路工作原理简要分析如下：当三相异步电动机正常工作时,A、B、C 三点电位相等,并且低于基准信号 V_R,电压比较器 A_1、A_2 和 A_3 输出均为低电平,$D_4 \sim D_6$ 均截止,点 D 电位为低电平,复合管 T_1 和 T_2 截止,继电器 KT 线圈断电,其触点 KT 不动作;当三相异步电动机的定子绕组有一相断电(缺相)时,例如 A 相断电,则三相异步电动机定子的 B、C 绕组中的电流升高,所以电流互感器 TA_2、TA_3 的副绕组感应电流也随着增加,经 D_2 和 D_3、C_2 和 C_3 滤波后,点 B 和点 C 电位升高,即 $V_B = V_C > V_R$,电压比较器 A_2 和 A_3 输出高电平,使二极管 D_5 和 D_6 导通,点 D 输出高电平,复合管 T_1 和 T_2 导通,继电器 KT 线圈通电,其触点 KT 断开,迅速切断三相异步电动机的三相电源,从而起到保护电动机的作用。

思 考 题

17.1 在图 17.1 中,晶体管 T 工作在什么状态?

17.2 在图 17.2 中,二极管 D_1 起什么作用? 不接 D_1 行不行? D_2、D_3 和 D_4、D_5 又起什么作用?

17.3 在图 17.3 中,二极管 D_7 起什么作用?

17.2 应用电路的设计举例

对于实际应用电路的设计,应按如下步骤进行:

1. 任务要求分析

首先对设计任务的要求进行详细分析,准确掌握设计要求的含义。

2. 确定电路方案

将整个电路按功能分成几大部分,每部分为一个独立单元电路,按各部分的功能画出整个电路的方框图。

3. 单元电路设计

根据各单元电路的功能进行电路设计,画出电路的原理图,选择器件,确定电路的参数。

4. 整体电路调试

通过实验操作,先调好各单元电路,修正电路参数,技术指标达到要求之后,再将各单元电路对接,进行整体电路调试,完成设计任务。

下面举例说明电子电路的设计方法。

17.2.1 30 s 定时显示报警器的设计

目前,在自动检测系统、工业控制系统及自动生产线上常常应用定时计数、显示及报警系统,进行故障检测、过程控制、产品计数等。下面我们就设计一个 30 s 定时显示报警器。

1. 任务要求

(1) 加法计数,从 00 s 计到 30 s 时,计数器停止计数,置数 30,显示器显示 30 数字不变,电路报警;按一下复位开关,计数器又重新从 00 s 计数。重复以上过程。

(2) 计数显示范围为 00 ~ 30 s。

(3) 报警电路采用蜂鸣器报警。

(4) 要求整个电路能准确地预置数(30)和清零。

（5）集成电路芯片的工作电压为+5 V。

2. 确定电路方案

根据任务要求，本电路可由秒脉冲发生器、30 s 计数电路、译码显示电路及报警电路四部分组成，电路方框图如图17.4所示。

3. 单元电路设计

（1）秒脉冲发生器的设计。秒脉冲发生器的功能是能够产生周期为1 s的连续脉冲，作为计数器的时钟脉冲。在此方案中，秒脉冲发生器用555集成定时器组成，其电路如图17.5所示。

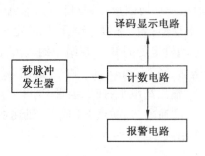

图17.4　30 s 定时显示报警器的方框图

图17.5的555定时器接成了多谐振荡器。选取电阻、电容的参数为 $R_1 = 15$ kΩ， $R_2 = 68$ kΩ， $C = 10$ μF，则振荡器输出脉冲信号的振荡周期为 $T = 0.7(R_1 + 2R_2)C = 0.7(15 + 2 \times 68) \times 10^3 \times 10 \times 10^{-6} \approx 1$ s，考虑精确度，可在 R_2 支路中串联一个2 kΩ的电位器 R_2' 进行微调，使输出信号的周期保证为1 s。

（2）计数电路的设计。计数电路的功能是，能够准确地记录时钟脉冲的个数，一个脉冲表示1 s，连续从00 s开始记录到30 s后，停止计数并置数30不变；复位后再重复以上计数过程。根据以上分析可知，计数器的计数功能是三十进制，并且要求计数器具有预置数的功能。所以选用两片具有置数功能的十进制同步计数器74LS160来实现本电路的计数功能，其电路如图17.6所示。

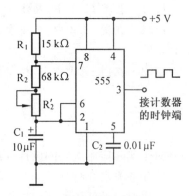

图17.5　555定时器组成的秒脉冲发生器

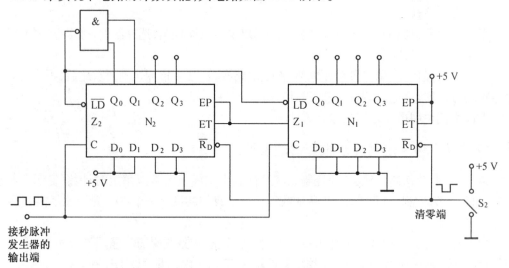

图17.6　由74LS160组成的三十进制计数器

N_2 计数器的工作状态控制端的信号由 N_1 计数器的进位信号端 Z_1 决定，即 N_2 计数器

的 $ET = EP = Z_1$。$Z_1 = Q_0Q_3$（由计数器内部逻辑电路决定），当 N_1 的输出状态 $Q_3Q_2Q_1Q_0 =$ 1001 时，$Z_1 = 1$，即 N_2 计数器的 $EP = ET = 1$，下一个时钟脉冲信号到来时，N_2 计数器为计数工作状态，计入 1，而 N_1 计数器计成 0000，它的 Z_1 端回到低电平，N_2 计数器处于保持状态，每来 10 个脉冲，N_2 计数器计数一次。由于要求构成三十进制计数器，本电路利用 74LS160 的置数功能端 $\overline{LD}$ 进行置数，首先将 N_1 计数器的送数输入端 $D_0 \sim D_3$ 接地，即送为 0000 数据，N_2 计数器的送数输入端 $D_0 = D_1 = 1$（接高电平+5 V），$D_2 = D_3 = 0$（接地），即送 0011 数据。当第 29 个脉冲来到时，N_1 计数器输出为 1001，使 N_1 计数器的进位端 $Z_1 = 1$（$Z_1 = Q_0Q_3$），所以 N_2 计数器的 $EP = ET = 1$，N_2 计数器准备计数。

当第 30 个脉冲来到时，N_2 计数器计数，输出状态由 0010 变为 0011，即 $Q_1Q_0 = 11$，所以由图 17.6 可知，与非门的两个输入端全为 1，则与非门的输出端由 1 变为 0，使 N_1 和 N_2 计数器的置数端 $\overline{LD} = 0$，将 $D_0 \sim D_3$ 的数据 0011、0000 同时置入两片 74LS160 中，从而得到三十进制的计数器。

由于第 30 个脉冲过后，N_1 计数器的进位端 $Z_1 = 0$，所以 N_2 计数器的输出状态（0011）保持不变，使 N_1 和 N_2 的置数端 $\overline{LD} = 0$ 也不变，实现了计数器停止计数，并且保持 30（0011，0000）数字不变的功能。

（3）译码及其显示电路的设计。译码显示电路的功能是，译码器将计数器记录的脉冲数（二进制代码）翻译成十进制数，通过显示电路显示出来。显示的十进制数的范围为 00 ~ 30。因此，采用七段译码及其显示电路，如图 17.7 所示。本电路选用两片 74LS48 译码器，两个共阴极 LED 数码管。74LS48 译码器是高电平译码，具体功能和管脚图请参阅 14.5.3 节内容。

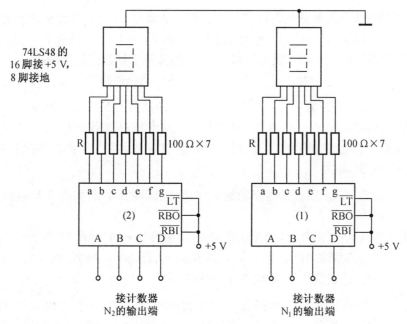

图 17.7　译码器及显示电路

在图 17.7 中，只要 74LS48 中的 $\overline{LT}$、$\overline{BI}$ 和 $\overline{RBO}$ 都接高电平时，译码器就可以接收来自计

数器的信息(二进制代码),进行译码输出,显示电路就显示出译码器翻译出的十进制数字。译码器输出端接电阻 R,起限流作用,保护数码管。

(4) 报警电路的设计。报警电路的功能是,当计数器计到 30 s 时,即显示电路显示 30 数字时,报警电路开始工作,蜂鸣器报警。报警电路由逻辑门和 5 V 的蜂鸣器组成,如图 17.8 所示。图中,非门的输入接 74LS160 的置数端 $\overline{LD}$,当正常计数时,置数端 $\overline{LD}$ 为高电平,蜂鸣器不响;当计数器计到 30 s 时,$\overline{LD}$ 由高电平变为低电平,非门输出为高电平,蜂鸣器响,开始报警。

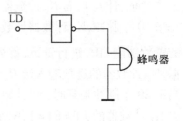

图 17.8 报警电路

4. 整体电路调试

整体电路调试分两步进行,第一步先进行单元电路调试;第二步将各单元电路从输入到输出对接进行整体调试。

(1) 秒脉冲发生器的调试。按图 17.5 接线,在 555 定时器输出端接一个发光二极管(为保护发光二极管,应串联一个 100 Ω 电阻)。接通 5 V 电源,发光二极管闪亮,调节电位器 R_2',使发光二极管按 1 Hz 的频率闪亮,即 T=1 s,指标符合要求后,进行下一单元电路的调试。

(2) 计数电路的调试。按图 17.6 接线,分别调试 N_1 和 N_2 计数器的计数功能,即将 17.6 中的 Z_1 和 N_2 计数器 ET=EP 的连接线断开,在 N_1 计数器的输出端($Q_3Q_2Q_1Q_0$)接上四个发光二极管,将计数器的时钟脉冲端 C 接秒脉冲发生器,接通+5 V 电源,观察四个发光二极管的闪亮状态,检查 N_1 是否按照十进制功能计数,若计数功能正确,采用同样的方法再检查 N_2 计数器是否按三进制计数器计数,并且当 $\overline{R_D}$ 为高电平时,可以保证输出为 0011 保持不变。两个计数器功能正确后,将 N_1 计数器的 Z_1 和 N_2 的 EP、ET 端接在一起,接通 5 V 电源,观察两计数器输出端发光二极管的闪亮状态,检查两个计数器是否按照三十进制计数功能运行,计到 30 s 就停止计数。电路调好后,进行下一单元电路调试。

(3) 译码及其显示电路的调试。按图 17.7 接线,译码器的 3 脚 $\overline{LT}$ 接低电平,检查数码管各段是否全亮,即数码管显示 8。然后,译码器的 3、4、5 脚都接高电平,A、B、C、D 接计数器的输出端,接通 5 V 电源,输入秒脉冲,观察显示器 LED 数码管显示的数据是否正确。调好之后,进行下一单元调试。

(4) 报警电路的调试。将报警电路的输入端接计数器的 $\overline{LD}$ 端,接通 5 V 电源,调试报警电路功能是否正确。

(5) 整体电路调试。将以上各单元连接起来,组成整体电路,如图 17.9 所示。

在图 17.9 中,电路整体功能如下:闭合电源开关 S_1,接通 5 V 电源,将计数器的清零端接地,即开关 S_2 接地,计数器清零,数码管显示 00 数字。而后将开关 S_2 接高电平(+5 V),即 $\overline{R_D}$ 接高电平,计数器开始计数,数码管显示计数过程,当计数器计到 30 s 时,计数器置数,显示器显示 30 数字,电路报警;此时,计数器停止计数,输出保持 30 s 状态不变。当计数器清零之后,计数器又开始计数,重复上述过程。

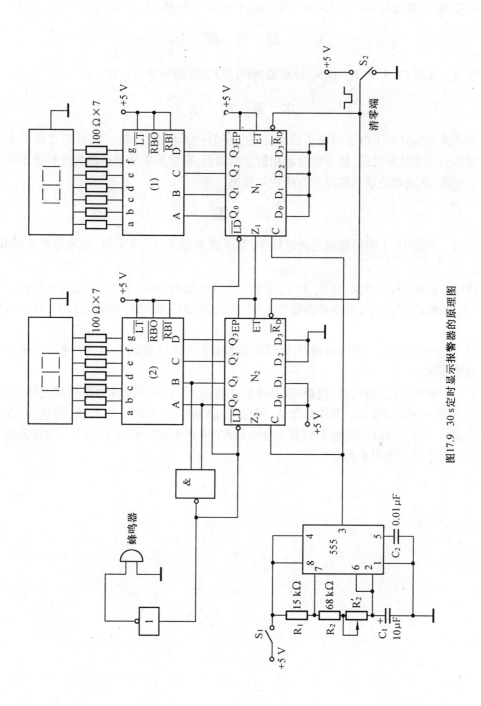

图17.9 30 s定时显示报警器的原理图

5. 电路的元器件清单

555 集成定时器一片;十进制同步计数器 74LS160 两片;七段译码器 74LS48 两片;共阴极数码管两个;集成与非门 74LS00 一片;10 μF 电容 1 个,0.01 μF 电容 1 个,电阻若干。

思 考 题

17.4   在图 17.9 中,N_1 和 N_2 计数器的$\overline{LD}$、ET、EP 端的作用是什么?

本 章 小 结

本章简要地介绍了电工与电子技术应用电路的分析与设计方法,其目的是在学生学完理论课和上完实验课之后,能够综合运用所学的知识,看懂简单的电路图和进行简单电路的设计与实践,达到理论联系实际学有所用的效果。

习   题

17.1   在图 17.1 中的测温电桥电路中,当 A 点电位 $V_A = 5.8$ V 时,试求热敏电阻 R_4 的阻值。

17.2   在图 17.2 中,电容 C_1 和 C_3 起什么作用? 试计算 C_1 和 C_3 两端的电压。

17.3   在图 17.9 中,若将译码器 74LS48 换成 74LS47,试选择数码管 LED,并画出接线图。

17.4   参照 17.2 的应用电路设计步骤,试设计一个 20 s 定时显示报警电路。要求用发光二极管报警。

17.5   购买实际器件,在面包板或万能板上将图 17.1 中的液体恒温控制电路接好,进行实际功能的调试与验证。其中运放 A_1 可选用 μA741 或 LM324;A_2 和 A_3 可选用 LM358。热敏电阻 R_4 可用 1 kΩ 的电位器代替。继电器 KT 可选用直流 12 V 的具有 2 对常开触点和一对常闭触点的直流继电器。

附　录

附录1　国际制单位(部分)

物理量	单位名称	物 理 量	单位名称
长　度	米(m)	电　阻	欧姆(Ω)
时　间	秒(s)	电　容	法拉(F)
力	牛顿(N)	电感、互感	亨利(H)
力　矩	牛顿·米(N·m)	电场强度	伏/米(V/m)
功、能、热量	焦耳(J)	磁场强度	安/米(A/m)
功　率	瓦特(W)	磁感应强度	特斯拉(T)
电荷、电量	库仑(C)	磁　通	韦伯(Wb)
电　流	安培(A)	磁动势	安匝(AT)
电位、电压、电动势	伏特(V)	磁导率	亨/米(H/m)
频　率	赫兹(Hz)	介电常数	法/米(F/m)

附录2　色环电阻

1. 色环电阻的识别法

色环电阻分为四色环表示法和五色环表示法。在识别电阻值时,要从色标离引出线较近一端的色环读起,电阻的颜色与阻值的关系如下表。

电阻的颜色与阻值的关系

色	第一个数字	第二个数字	第三个数字	指数	允许的误差(%)
黑	0	0	0	10^0	±1
棕	1	1	1	10^1	±2
红	2	2	2	10^2	
橙	3	3	3	10^3	
黄	4	4	4	10^4	
绿	5	5	5	10^5	
蓝	6	6	6	10^6	
紫	7	7	7	10^7	
灰	8	8	8	10^8	
白	9	9	9	10^9	
金	—	—	—	10^{-1}	±5
银	—	—	—	10^{-2}	±10
无色	—	—	—	—	±20

四色环电阻的表示意义为:前三条色环表示此电阻的标称阻值,最后一条表示它的偏差。例如:图示中电阻色环的颜色依次为黄、紫、橙,则此电阻标称阻值为 $47 \times 10^3 \ \Omega = 47$ kΩ,偏差±5% 。

五色环电阻的表示意义为:前四条色环表示此电阻的标称阻值,最后一条表示它的偏差。

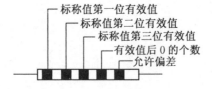

2. 电阻功率的等级

常用的电阻额定功率的等级

0.05 W	0.125 W	0.25 W	0.5 W	1 W	2 W	3 W	5 W	7 W	10 W

附录3　常用电机与电器的图形符号

名　称		符　号	名　称		符　号
直流电动机	他励式		按钮触头	常　开	
				常　闭	
	并励式		接触器与继电器的线圈		
	串励式		接触器的触头	常　开	
				常　闭	
异步电动机	笼式		继电器的触头	常　开	
				常　闭	
	绕线式		时间继电器的触头	常　开延时闭合	
				常　开延时断开	
变压器	有铁心的变压器			常　闭延时闭合	
	空心变压器			常　闭延时断开	
	单极开关	或	行程开关的触头	常　开	
	多极开关			常　闭	
	照明灯与信号灯		热继电器	常闭触头	
	闪光型信号灯			发热元件	
	电　铃			熔　断　器	

附录4 三相异步电动机的技术数据(部分)

(△接额定电压 380 V,额定频率 50 Hz)

型 号	额定功率 P_N/kW	额定转速 n_N/(r·min^{-1})	额定电流 I_N/A	额定效率 η_N/%	额定功率因数 $\cos \varphi_N$	启动电流倍数 I_{ST}/I_N	启动转矩倍数 T_{ST}/T_N	最大转矩倍数 T_m/T_N
Y132S$_1$-2	5.5	2 900	11.1	85.5	0.88	7.0	2.0	2.2
Y132S$_2$-2	7.5	2 900	15.0	86.2	0.88	7.0	2.0	2.2
Y160M$_1$-2	11	2 930	21.8	87.2	0.88	7.0	2.0	2.2
Y160M$_2$-2	15	2 930	29.4	88.2	0.88	7.0	2.0	2.2
Y132S-4	5.5	1 440	11.6	85.5	0.84	7.0	2.2	2.2
Y132M-4	7.5	1 440	15.4	87	0.85	7.0	2.2	2.2
Y160M-4	11	1 460	22.6	88	0.84	7.0	2.2	2.2
Y160L-4	15	1 460	30.3	88.5	0.85	7.0	2.2	2.2
Y180M-4	18.5	1 470	35.9	91	0.86	7.0	2.0	2.2
Y180L-4	22	1 470	42.5	91.5	0.86	7.0	2.0	2.2
Y200L-4	30	1 470	56.8	92.2	0.87	7.0	2.0	2.2
Y225S-4	37	1 480	69.8	91.8	0.87	7.0	1.9	2.2
Y225M-4	45	1 480	84.2	92.3	0.88	7.0	1.9	2.2
Y250M-4	55	1 480	102.5	92.6	0.88	7.0	2.0	2.2
Y280S-4	75	1 480	139.7	92.7	0.88	7.0	1.9	2.2
Y280M-4	90	1 480	164.3	93.6	0.89	7.0	1.9	2.2
Y180L-6	15	970	31.5	89.5	0.81	6.5	1.8	2.0
Y225M-6	30	980	59.5	90.2	0.85	6.5	1.7	2.0
Y280M-6	55	980	104.4	92	0.87	6.5	1.8	2.0
Y315S-6	75	980	142.4	92	0.87	7.0	1.6	2.0
Y180L-8	11	730	25.1	86.5	0.77	6.0	1.7	2.0
Y225M-8	22	730	47.6	90	0.78	6.0	1.8	2.0
Y280S-8	37	740	78.2	91	0.79	6.0	1.8	2.0
Y280M-8	45	740	93.1	91.7	0.80	6.0	1.8	2.0
Y315S-8	55	740	112.1	92	0.81	6.5	1.6	2.0

附录5　常用分立半导体器件的主要参数

第一部分		第二部分		第三部分		第四部分	第五部分
用数字表示器件电极数目		用汉语拼音字母表示器件的材料和极性		用汉语拼音字母表示器件类型		用数字表示器件序号	用汉语拼音字母表示规格号
符号	意义	符号	意义	符号	意义		
2	二极管	A	N 型锗材料	P	普通管		
		B	P 型锗材料	V	微波管		
		C	N 型硅材料	W	稳压管		
		D	P 型硅材料	C	参量管		
3	三极管	A	PNP 型锗材料	Z	整流管		
		B	NPN 型锗材料	L	整流堆		
		C	PNP 型硅材料	S	隧道管		
		D	NPN 型硅材料	U	光电管		
				K	开关管		
				X	低频小功率管 （截止频率<3 MHz 耗散功率<1 W)		
				G	高频小功率管 （截止频率≥ 3 MHz 耗散功率<1 W)		
				D	低频大功率管 （截止频率<3 MHz 耗散功率≥1 W)		
				A	高频大功率管 （截止频率≥3 MHz 耗散功率≥1 W)		
				T	可控整流器		

示　例

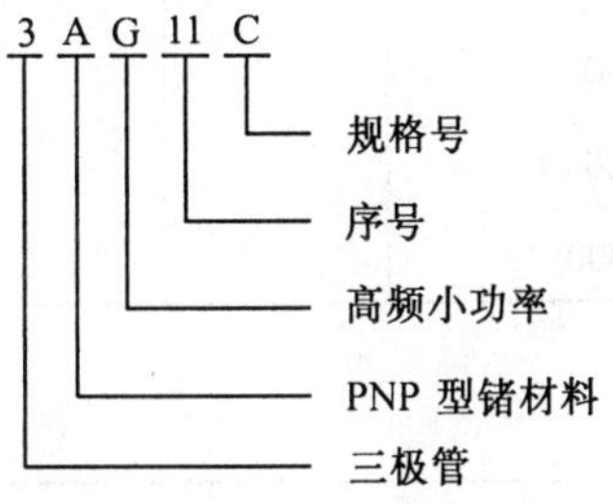

3　A　G　11　C

├── 规格号
├── 序号
├── 高频小功率
├── PNP 型锗材料
└── 三极管

1. 常用半导体二极管

（1）2AP 型锗二极管（国产）

型　号	最大整流电流 mA	最大整流电流时的正向压降 V	最高反向工作电压 V	用　　途
2AP1	16		20	
2AP2	16		30	检波及小电流整流
2AP3	25	≤1.2	30	
2AP4	16		50	
2AP5	16		75	

（2）IN 系列二极管（进口）

型号	最大整流电流/ mA	正向压降/ V	最高反向工作电压/ V	反向电流/ μA	用　途
IN4001			50		
IN4002			100		
IN4003			300	5	整流
IN4004	1	1.0	400		
IN4005			600		
IN4006			800		
IN4007			1 000		

（3）整流桥

型　　号	最高反向电压 U_{RM}/V	平均整流电压 U_o/V	正向压降 U_F/V	最大反向电流 I_R/μA	额定整流电流 I_F/A
DB101	50	30	1.1	10	1.0
DB102	100	65	1.1	10	1.0
DB103	200	130	1.1	10	1.0
RB151	50	30	1.0	10	1.5
RB152	100	65	1.0	10	1.5
RB153	200	130	1.0	10	1.5

(4)硅稳压二极管

参数及测试条件		最大耗散功率	最大工作电流	稳定电压 $I_Z = I_{Z2}$	动态电阻 $I_Z = I_{Z1}$		$I_Z = I_{Z2}$		外　形
符　号		P_{ZM}	I_{ZM}	U_Z	R_{Z1}	I_{Z1}	R_{Z2}	I_{Z2}	
单　位		W	mA	V	Ω	mA	Ω	mA	
型号	2CW50	0.25	83	1.0 ~ 2.8	300	1	50	10	金属封装
	51		71	2.5 ~ 3.5	400		60		
	52		55	3.2 ~ 4.5	550		70		
	53		41	4.0 ~ 5.8	550		50		
	54		38	5.5 ~ 6.5	500		30		
	55		33	6.2 ~ 7.5			15		
	56		27	7.0 ~ 8.8			15		
	57		26	8.5 ~ 9.5			20		
	58		23	9.2 ~ 10.5	400		25	5	
	59		20	10 ~ 11.8			30		
	60		19	11.5 ~ 12.5			40		
	61		16	12.2 ~ 14			50		
	62		14	13.5 ~ 17			60		
	63		13	16 ~ 19			70	3	
	64		11	18 ~ 21			75		
	65		10	20 ~ 24			80		

2. 常用晶体三极管的型号和主要参数

(1)3AX31 型低频小功率锗管部分型号和主要参数

型　号	集电极最大耗散功率 P_{CM}/mW	集电极最大允许电流 I_{CM}/mA	反向击穿电压			反向饱和电流		共发射极电流放大系数 h_{fe}/β	最高允许结温 T_{jM}/℃	管　脚
			集-基 BV_{CBO}/V	集-射 BV_{CEO}/V	射-基 BV_{EBO}/V	集-基 I_{CBO}/μA	集-射 I_{CEO}/μA			
3AX31A	125	122	≥20	≥12	≥10	≤20	≤1 000	30 ~ 200	75	
3AX31B	125	125	≥30	≥18	≥10	≤10	≤750	50 ~ 150	75	
3AX31C	125	125	≥40	≥25	≥20	≤6	≤500	50 ~ 150	75	
3AX31D	100	30	≥30	≥12	≥10	≤12	≤750	30 ~ 150	75	
3AX31E	100	30	≥30	≥12	≥10	≤12	≤500	20 ~ 80	75	

（2）其他 3AX 型低频小功率晶体管的主要参数

型　号	P_{CM}/ mW	I_{CM}/ mA	$V_{(BR)CEO}$/ V	$V_{(BR)CBO}$/ V	I_{CBO}/ μA	f_B	外形封装	可替代型号
3AX51M	125	125	≥6	≥15	≤25		C	AC125F(Z)
3BX51A	125	125	≥12	≥20	≤20	≥8	C	2N385A
3AX52A	150	150	≥12	≥30	≤12	f_α≥500	C	2SB56 2SB56A
3AX55A	500	500	≥20	≥50	≤80	f_α≥200	D	2SB108A
3BX55A	500	500	≥12	≥50	≤80	b	D	2SD72
3AX81A	200	200	≥10	≥20	≤30	≥6	B	2N650
3BX81A	200	200	≥10	≥20	≤30	≥6	B	2N576

（3）3DG6 型高频小功率硅管部分型号和主要参数

型　号	集电极最大耗散功率 P_{CM}/mW	集电极最大允许电流 I_{CM}/mA	反向击穿电压			集-基反向饱和电流 I_{CBO}/μA	频率 f_T/MHz	共发射极电流放大系数 h_{fe}/β	最高允许结温度 T_{jM}/℃	管　脚
			集-基 BV_{CBO}/V	集-射 BV_{CEO}/V	射-基 BV_{EBO}/V					
3DG6A	100	20	30	15	4	≤0.1	≥100	10～200	150	
3DG6B	100	20	45	20	4	≤0.01	≥150	20～200	150	
3DG6C	100	20	45	20	4	≤0.01	≥250	20～200	150	
3DG6D	100	20	45	30	4	≤0.01	≥150	20～200	150	

（4）3DG 系列型高频小功率晶体三极管主要参数

型　号	P_{CM}/ mW	I_{CM}/ mA	$V_{(BR)CEO}$/ V	I_{CEO}/ V	h_{FE}	f_T/ MHz	可替代型号
3DG100A	100	20	20	≤0.1	25～270	≥150	3DG6B,3DG6C
3DG102A	100	20	20	≤0.1	25～270	≥150	3DG64B,2SC381
3DG110A	300	50	15	≤0.1	≥30	≥150	2SC538A
3DG120A	500	100	30	≤0.2	25～270	≥150	2SC45,2SC876
3DG130A	700	300	≥30	≤1	≥30	≥150	AT441
3DG182A	700	300	≥60	≤2	≥20	≥50	3DG27A

附录6　常用集成半导体器件的主要参数

半导体集成电路型号命名方法（国际标准 GB 3430—82）

第0部分		第一部分		第二部分	第三部分		第四部分	
用字母表示器件 符合国家标准		用字母表示器件的类型		用阿拉伯数字表示器 件的系列和品种代号	用字母表示器件 的工作温度范围		用字母表示 器件的封装	
符号	意义	符号	意义		符号	意义	符号	意义
C	中国制造	T	TTL		C	0～70℃	W	陶瓷扁平
		H	HTL		E	−40～85℃	B	塑料扁平
		E	ECL		R	−55～85℃	F	全密封扁平
		C	CMOS		M	−55～125℃	D	陶瓷直插
		F	线性放大器		⋮	⋮	P	塑料直插
		D	音响、电视电路				J	黑陶瓷直插
		W	稳压器				K	金属菱形
		J	接口电路				T	金属圆形
		B	非线性电路				⋮	⋮
		M	存储器					
		u	微型机电路					
		⋮	⋮					

示例1　CT1020MD 型双四输入与非门

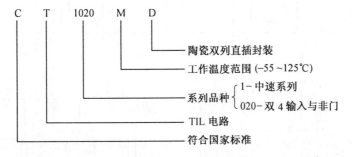

示例2　CF741CT 型运算放大器

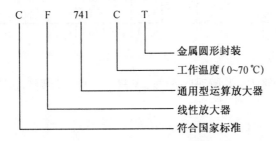

1.集成运算放大器的主要参数

国内型号	国际型号	电源电压	输入电压	差动输入电压	功率耗散	工作温度范围
CF318	LM318	±20 V	±15 V		500 mW	0 ~ +70℃
CF324	LM324	±(1.5 ~ 15) V	−0.3 ~ +26 V	32 V		
CF358	LM358	±(1.5 ~ 15) V				0 ~ +70℃
CF709	μA709	±18 V	±10 V	±5 V	300 mW	−55 ~ +125℃
CF741	μA741	+22 V	+15 V	+30 V	500 mW	−55 ~ +125℃
CF747	μA747	+22 V	+15 V	+30 V	500 mW	−55 ~ +125℃

2.集成运算放大器管脚排列图举例

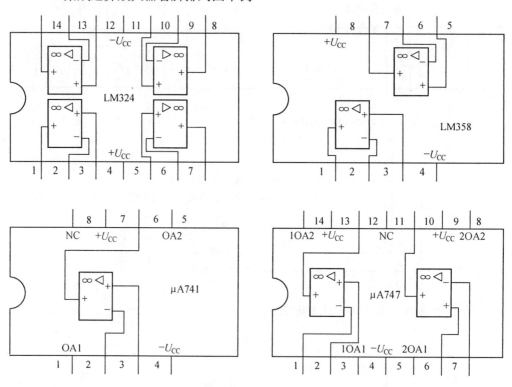

注:(1)为 LM324;(2)为 LM358;(3)为 μA741;(4)为 μA747;(5)OA 为调零端;(6)NC 为悬空端。

3. 三端集成稳压器

参数名称 符号 型号	输出电压 $\dfrac{U_o}{V}$	电压调整率 $\dfrac{S_V}{(\%\cdot V^{-1})}$	电流调整率 S_1/mV 5 mA≤I_o ≤1.5 A	噪声电压 $\dfrac{U_N}{\mu V}$	最小压差 $\dfrac{U_1-U_o}{V}$	输出电阻 $\dfrac{R_o}{m\Omega}$	峰值电流 $\dfrac{I_{oM}}{A}$	输出温漂 $\dfrac{S_r}{(mV\cdot\text{℃}^{-1})}$
W7805	5	0.007 6	40	10	3	17	2.2	1.0
W7808	8	0.01	45	10	3	18	2.2	
W7812	12	0.008	52	10	3	18	2.2	1.2
W7815	15	0.006 6	52	10	3	19	2.2	1.5
W7824	24	0.011	60	10	3	20	2.2	2.4
W7905	−5	0.007 6	11	40	3	16		1.0
W7908	−8	0.01	26	45	3	22		
W7912	−12	0.006 9	46	75	3	33		1.2
W7915	−15	0.007 3	68	90	3	40		1.5
W7924	−24	0.011	150	170	3	60		2.4

4. 数字集成电路器件
(1) 集成逻辑门

电路名称	国内型号	外引线排列与功能														国际型号 平均电源电流	
		1	2	3	4	5	6	7	8	9	10	11	12	13	14		
四2输入或非门	CT4002	1Y	1A	1B	2Y	2A	2B	地	3A	3B	3Y	4A	4B	4Y	U_{CC}	74LS02	4.3 mA
四2输入与非门	CT4000	1A	1B	1Y	2A	2B	2Y	地	3Y	3A	3B	4Y	4A	4B	U_{CC}	74LS00	3 mA
六反相器	CT4004	1A	1Y	2A	2Y	3A	3Y	地	4A	4Y	5A	5Y	6A	6Y	U_{CC}	74LS04	4.5 mA
四2输入与门	CT4008	1A	1B	1Y	2A	2B	2Y	地	3Y	3A	3B	4Y	4A	4B	U_{CC}	74LS08	6.8 mA
三3输入与非门	CT4010	1A	1B	2A	2B	2C	2Y	地	3Y	3A	3B	3C	1Y	1C	U_{CC}	74LS10	2.3 mA
三3输入与门	CT4011	1A	1B	2A	2B	2C	2Y	地	3Y	3A	3B	3C	1Y	1C	U_{CC}	74LS11	5.1 mA
四2输入或门	CT4032	1A	1B	1Y	2A	2B	2Y	地	3Y	3A	3B	4Y	4A	4B	U_{CC}	74LS32	8 mA

(2) 集成触发器

电路名称	型号	外引线排列与功能															
		1	2	3	4	5	6	7	8	9	10	11	12	13	14	15	16
双主从 J-K 触发器	CT4073	C_1	R_1	K_1	U_{CC}	C_2	R_2	J_2	$\overline{Q_2}$	Q_2	K_2	地	Q_1	$\overline{Q_1}$	J_1		
双上升沿 D 触发器	CT4074	R_1	D_1	C_1	S_1	Q_1	$\overline{Q_1}$	地	$\overline{Q_2}$	Q_2	S_2	C_2	D_2	R_2	U_{CC}		
双主从 J-K 触发器	CT4076	C_1	S_1	R_1	J_1	U_{CC}	C_2	S_2	R_2	J_2	$\overline{Q_2}$	Q_2	K_2	地	$\overline{Q_1}$	Q_1	K_1
双主从 J-K 触发器	CT4107	J_1	$\overline{Q_1}$	Q_1	K_1	Q_2	$\overline{Q_2}$	地	J_2	C	R_2	K_2	CP_1	R_1	U_{CC}		
双主从 J-K 触发器	CT4112	C_1	K_1	J_1	S_1	Q_1	$\overline{Q_1}$	$\overline{Q_2}$	地	Q_2	S_2	J_2	K_2	C_2	R_2	R_1	U_{CC}
双主从 J-K 触发器	CT4114	R_1	K_1	J_1	S_1	Q_1	$\overline{Q_1}$	地	$\overline{Q_2}$	Q_2	S_2	J_2	K_2	C	U_{CC}		
六上升沿 D 触发器	CT4174	$\overline{R_D}$	Q_1	D_1	D_2	Q_2	D_3	Q_3	地	C	Q_4	D_4	Q_5	D_5	D_6	Q_6	U_{CC}
四上升沿 D 触发器	CT4175	$\overline{R_D}$	Q_1	$\overline{Q_1}$	D_1	D_2	$\overline{Q_2}$	Q_2	地	C	Q_3	$\overline{Q_3}$	D_3	D_4	$\overline{Q_4}$	Q_4	U_{CC}

注：① NC 为空脚。
　　② 上述国产的触发器与 74LS 系列进口芯片可互换使用。例如，CT4073 可同 74LS73 互换。

（3）集成寄存器、计数器和译码器

电路名称	型号	外引线排列与功能														
		1	2	3	4	5	6	7	8	9	10	11	12	13	14	15	16
4 位移位寄存器	CT4095	D_s	D_0	D_1	D_2	D_3	M	地	$\overline{C_A}$	$\overline{C_B}$	Q_3	Q_2	Q_1	Q_0	U_{CC}		
4 位 D 型寄存器	CT4173	$\overline{E_A}$	$\overline{E_B}$	1Q	2Q	3Q	4Q	C	地	$\overline{S_A}$	$\overline{S_B}$	4D	3D	2D	1D	Cr	U_{CC}
十进制同步计数器	CT4160	$\overline{R_D}$	C	A	B	C	D	EP	地	$\overline{LD}$	ET	Q_d	Q_c	Q_b	Q_a	Z	U_{CC}
4 位二进制同步计数器	CT4161	$\overline{R_D}$	C	A	B	C	D	EP	地	$\overline{LD}$	ET	Q_d	Q_c	Q_b	Q_a	Z	U_{CC}
十进制同步计数器（同步清零）	CT4162	$\overline{R_D}$	C	A	B	C	D	EP	地	$\overline{LD}$	ET	Q_d	Q_c	Q_b	Q_a	Z	U_{CC}
4 位二进制同步计数器（同步清零）	CT4163	$\overline{R_D}$	C	A	B	C	D	EP	地	$\overline{LD}$	ET	Q_d	Q_c	Q_b	Q_a	Z	U_{CC}
4 线–七段译码器/驱动器	CT4047	B	C	$\overline{LT}$	$\overline{RBO}$	$\overline{RBI}$	D	A	地	$\overline{e}$	$\overline{d}$	$\overline{c}$	$\overline{b}$	$\overline{a}$	$\overline{g}$	$\overline{f}$	U_{CC}
4 线–七段译码器/驱动器	CT4048	B	C	$\overline{LT}$	$\overline{RBO}$	$\overline{RBI}$	D	A	地	e	d	c	b	a	g	f	U_{CC}

注：

① CT4095：D_s 为串入端，$D_0 \sim D_3$ 为并入端。M 为串并控制，当 M＝0 时，C_B 从高到低，完成右移（从 Q_0 到 Q_3）；当 M＝1，C_A 从高到低，完成左移。

② CT4173：$\overline{E_A}$、$\overline{E_B}$ 为使能输入控制端，当 $E_A＝E_B＝0$ 时，输出为寄存器中的数据。$\overline{S_A}$、$\overline{S_B}$ 为送数控制端，当 $S_A＝S_B＝0$ 时，寄存器接收数码。

③ CT4160：$\overline{LD}＝0$ 为置数，PT＝0 保持，PT＝1 为计数。Z 为进位输出端。

④ CT4047、CT4048：CT4047 低电平输出有效，配接共阳极 LED 显示器；CT4048 高电平输出有效，配接共阴极 LED 显示器。

部分习题答案

第1章

1.1　(1)依次为:关联,非关联,关联。

　　(2)6 W,吸收,负载性;12 W,吸收,负载性;-5 W,发出,电源性。

1.2　4 Ω,10 V,0.6 A

1.3　7 V,17 V,14 V,16 V

1.4　0~109.9 V

1.5　(1)7.2 V,16.8 V

　　(2)12 V,4.8 V,-12 V

1.6　6 V,0 V,-6 V

1.7　(a)$I=0,U_{ab}=0$

　　(b)$I=0,U_{ab}=0$

1.8　0.9 Ω,1.62 Ω,10 Ω

1.9　$\dfrac{R}{2},R,\dfrac{3}{2}R$

1.10　4 A,8 A,12 A,12 V

1.11　30~80 V

1.12　3 A

1.13　$U_{ab}=7.8$ V,$U_{cd}=0$

1.14　10 Ω,-16.7 V

1.15　$R_S=0.015$ Ω

第2章

2.1　15 A,10 A,25 A

2.2　1 A

2.3　4 A

2.4　5.5 A

2.5　-2 V,1 Ω;2 V,2 Ω;6 V,2 Ω

2.6　12.5 A

2.7　0.3 A

2.8　1 A

2.9　$(U_{S1}+U_{S2}+U_{S3})/4$

2.10　1.2 A

2.11　2.4 A

2.12　2 A

2.13　−1 A

2.14　1 A

2.15　0.5 A

2.16　0.154 A

2.17　8 V,1 Ω

2.18　1.25 A

2.19　3 A,18 V

2.20　1.4 A

第3章

3.1　$i=5\sqrt{2}(314t+60°)$ A

3.2　4 V,2 V;2.83 V,1.41 V;10 ms,100 Hz;$u_1=4\sin(628t+45°)$ V,$u_2=2\sin 628t$ V,$\varphi=45°$

3.3　依次为电感、电容和电阻元件

3.4　(a)100 V,(b)40 V,(c)14.1 A,(d)10 A

3.5　依次为10 V,10 V,0 V,14.1 V,10 V

3.6　依次为22 A,22 A,0 A,22 A,22 A;依次为31 A,22 A,22 A,22 A,44 A

3.7　(1)60 Ω,100 Ω,50 Ω,−53.1°;(2)4.4 A,−0.8;(3)580.8 W,−774.4 Var,968 VA

3.8　$R=24$ Ω,$X_L=32$ Ω;$\cos\varphi=0.6$;$P=726$ W,$Q=968$ Var

3.9　电容性,电感性,159 Hz

3.10　553 μF,69.9 A,47.8 A

3.11　超过;526 μF;38.28 A;1.5 kW

3.12　$R=1.5$ Ω,$C=0.02$ μF

3.13　(1)$Z_{ab}=\dfrac{1}{\sqrt{2}}\angle 45°$ Ω;(2)$5\sqrt{2}\angle{-45°}$ A,$5\angle 0°$ A,$5\angle{-90°}$ A

3.14　$1.41\angle 45°$ A,$1.2\angle{-60°}$ A

3.15　(1) 10 A,10 A,20 A,14.1 A;(2)2 200 W

3.16　(1)220 V,$I_1=15.6$ A,$I_2=11$ A,$I=11$ A;(2)$R=10$ Ω,$L=0.031\ 8$ H,$C=159$ μF

3.17　(1)$U_{ab}=5$ V,$\cos\varphi=1$,$P=5$ W,$Q=0$,$S=5$ VA

3.18　$194\angle{-20.6°}$ V

3.19　$44.1\angle{-78.7°}$ A

3.20　206 pF,0.57 μA,687.3 μV

第4章

4.1　$U_p=220$ V;$I_p=I_l=22$ A

4.2　(2)22 A;(3)$i_A=22\sqrt{2}\sin(\omega t-6.9°)$ A;$i_B=22\sqrt{2}\sin(\omega t-126.9°)$ A,$i_C=22\sqrt{2}\sin(\omega t+$

113.1°) A

4.3 $(1)I_A=44$ A$,I_B=I_C=22$ A$,I_N=22$ A$;(2)U_A=U_B=220$ V$,U_C=0,I_A=44$ A$,I_B=22$ A$,$
$I_C=0,I_N=38.1$ A$,$A、B 相负载工作正常$;(3)U_A=126.7$ V$,U_B=253.3$ V$,U_C=0;I_A=$
$I_B=25.3$ A$,I_C=0;$A、B 相负载不能正常工作

4.4 (1)不对称$;(2)I_A=I_B=I_C=22$ A$,I_N=60.1$ A$;(3)P=4\,840$ W

4.5 $U_p=U_l=380$ V$;I_p=38$ A$,I_l=65.82$ A

4.6 $(1)I_{AB}=I_{BC}=22$ A$,I_{CA}=44$ A$,P=19.36$ kW$;(2)$ $U_{AB}=220$ V$,U_{BC}=146.7$ V$,U_{CA}=73.3$
V$;I_{AB}=22$ A$,I_{BC}=I_{CA}=14.7$ A$,$BC 相和 CA 相负载不能正常工作

4.7 14.5 kW$,$43.3 kW

4.8 $28.2\underline{/-11.3°}$ A

4.9 10 A、20 A、17.3 A$;$0 V

4.10 (1) $\dot{i}_A=0.45\underline{/\ 0°}$ A$,\dot{i}_B=0.45\underline{/-120°}$ A$,\dot{i}_C=0.45\underline{/+120°}$ A$,\dot{i}_N=0;(2)\dot{i}_A=$
$0.45\underline{/\ 0°}$ A$,\dot{i}_B=0.45\underline{/-120°}$ A$,\dot{i}_{L1}=0.45\underline{/120°}$ A$,\dot{i}_{l2}=0.54\underline{/\ 60°}$ A（日光灯）,
$\dot{i}_C=0.73\underline{/\ 86°}$ A$,\dot{i}_N=\dot{i}_{l2}=0.54\underline{/\ 60°}$ A$;(3)$略

第 5 章

5.1 (1)3 A、3 A、0 A$;$0 V$;$12 V$;(2)$2 A、0 A、2 A$;$12 V$;$0 V

5.2 (1)3 A、1 A、2 A$;-$4 V$;(2)$3 A、0 A、3 A$;$0 V

5.3 R_1、R_2 电压为 2 V、8 V$;C_1$、C_2 电压均为 0 V$;L_1$、L_2 电压均为 8 V

5.4 $(1)u_C=6(1-e^{-500t});(2)$5.19 V$;(3)(6\sim10)$ ms

5.5 $(1)u_C=6e^{-50t}$ V$;(2)(60\sim100)$ ms

5.6 $(1)u_C=40(1-e^{-2t})$ V$,u_R=40e^{-2t}$ V$,i=8e^{-2t}$ mA$;(2)$ 2.94 mA

5.7 $u_C=20(1-e^{-200t})$ V

5.8 $u_C=(6+6e^{-1\,000t})$ V

5.9 $u_C=(18+36e^{-250t})$ V

5.10 $i_L=8e^{-100t}$ A$,u_L=-16e^{-100t}$ V

5.11 $i_L=(5-2e^{-2t})$ A

5.12 $u_C=12e^{-5\times10^4t}$ V$,i_3=0.48e^{-5\times10^4t}$ A

5.13 $u_C=(-5+15e^{-10t})$ V$,i_3=(0.25+0.75e^{-10t})$ mA

5.14 $u_C=3+6e^{-100t}$ V$,i_L=1.8+1.8\ e^{-1\,000t}$ mA

5.15 $u_C=5+e^{-263t}$ V

第 6 章

6.1 $k=15,I_1=1.5$ A$,I_2=22.7$ A

6.3　166 只,$I_1=3.03$ A,$I_2=45.5$ A

6.4　166 只

6.5　74 mW,$k=5\,500$ mW

6.6　288 Ω

6.9　三个副绕组可得 1 ~ 13 V 共 13 种输出电压

6.10　$\dot{U}_2=2\underline{/0°}$ V

第 7 章

7.1　3 000 r/min,2 955 r/min,0.75 Hz

7.2　①3 对极;②$s_N=0.06$;③$n=960$ r/min,$f_2=2$ Hz

7.3　$n_0=3\,000$ r/min,$n_N=2\,940$ r/min,$T_N=97.4$ N·m

7.4　60.3 N·m,120.6 N·m,132.7 N·m

7.5　转矩不变,转速降低,电流增大

7.6　(1)$n_0=1\,500$ r/min,$p=2$,$s_N=1.3\%$;(2)$I_{ST}=589.4$ N·m;(3)$T_N=290.4$ N·m;(4)$T_{ST}=551.8$ N·m,$T_m=638.9$ N·m

7.7　(1)$n_0=1\,500$ r/min,$p=2$,$s_N=2.6\%$;(2)65.4 N·m,124.3 N·m,143.9 N·m;(3)不能直接启动($I_{ST}>100$ A),可以采用 Y-△降压启动($I_{STY}=46.4$ A)

7.8　(1) $s_N=2\%$;(2) $I_N=42.5$ A,$I_{ST}=297.6$ A;(3) $T_N=142.9$ N·m,$T_{ST}=285.8$ N·m,$T_m=314.5$ N·m

7.9　(1)$P_{1N}=81.5$ kW;(2)$I_N=142.5$ A;(3)$T_N=730.9$ N·m;(4)如果直接启动:$I_{ST}=997.8$ A,$T_{ST}=1\,169.4$ N·m。能满足第二项要求,但不能满足第一项要求

7.10　(1)$I_{ST}=718.9$ A,$T_{ST}=353.8$ N·m;(2)$I_{STY}=239.6$ A,$T_{STY}=117.9$ N·m;(3)可以启动

7.11　(1)该电动机 $U_N=380$ V,三角形接法;(2)(a)$s_N=1.3\%$;(b)$I_N=78.2$ A,$I_{ST}=469.2$ A;(c)$T_N=477.5$ N·m,$T_{ST}=859.5$ N·m,$T_m=955$ N·m

7.12　(1)电风扇由单相异步电动机驱动;(2)单相异步电动机由变压器副绕组供电;(3)副绕组电压 $U_2=\dfrac{N_2}{N_1}\times220$ V,由琴键开关改变 N_1 的匝数,控制电风扇的风速。N_1 匝数越少,风速越快;反之,风速越慢

第 8 章

8.1　$I_a=80$ A,$I_f=1.25$ A

8.2　$T_N=19.1$ N·m,$E=215$ V

8.3　$I_a=25$ A,$T_N=14$ N·m

8.4　275 A,1.8 Ω,28 N·m

8.5　四种情况下的电枢电流分别为 275 A、212.5 A、150 A、25 A。额定供电情况下,负载越

大,转速越低。若长期超载运行(电枢电流过大),易烧毁电机

8.6　不行。电枢电压一定,励磁电流一定,转速低于额定值,表明负载超载,电枢电流过大,长期运行电机易发热烧毁

8.7　$n' = 500$ r/min

8.8　提高了 13% , $n' = 1\ 130$ r/min

8.9　(1)转速下降,电枢电流不变,电动势减小;(2)转速上升,电枢电流上升,电动势减小;(3)转速下降,电枢电流不变,电动势减小

8.10　(1)$E \approx 215.68$ V;(2)$P_2 = 9.3$ kW

第9章

9.1　(a)能启动但不能停车;(b)只能点动;(c)一按下 SB_1 便短路。改正:将三个电路中的自锁触头改接到 SB_1 的两端

9.2　需要两套启动按钮和停车按钮,连接电路如图1

9.3　控制电路如图2,SB_1 是连续运行按钮,SB_2 是点动按钮

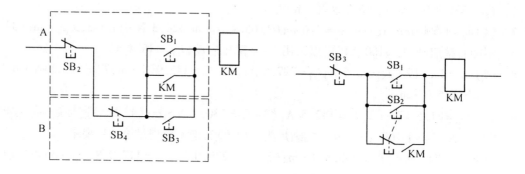

图1　　　　　　　　　　　　　　　　图2

9.4　(1)控制电路不通,检查控制电路各部件的接线;(2)主电路不通,检查主电路各部件的接线;(3)自锁触头未接好,重新连接自锁触头;(4)这是单相启动(主电路三根电源线中,有一根不通),检查三根火线的接线,检查三相电源的三个熔断器,看是否有缺相的情况;(5)接触器线圈电压太高,检查接触器线圈额定电压是否与电源额定电压一致

9.5　功能相同。(1)启动顺序:M_1 启动后 M_2 才能启动;(2)停车顺序:M_2 可单独停车,M_1 和 M_2 可同时停车

9.6　控制电路如图3

9.7　启动顺序:M_1 启动后 M_2 才能启动;停车顺序:M_2 停车后 M_1 才能停车

9.8　设 M_1 为油泵电动机,M_2 为主轴电动机,M_1 启动后 M_2 才能启动;M_2 能正反转并可单独停车;M_1 和 M_2 可同时停车;含三种保护。控制电路如图4

9.9　(1)M_1 启动后 M_2 才能启动,M_2 是用手动的闸刀开关 Q_2 启动;(2)M_1 和 M_2 同时停车;(3)M_1 和 M_2 中只要有一台电动机过载,两台电动机全都停车。失压保护是由接

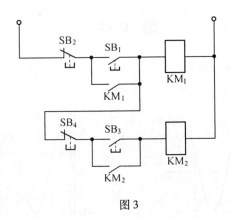

图 3

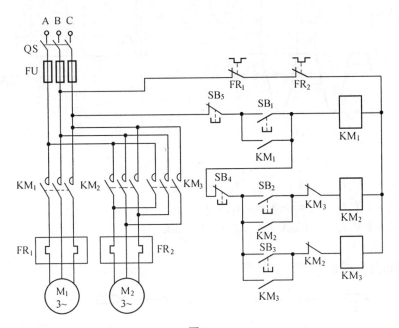

图 4

触器实现的;(4)首先闭合闸刀开关 Q_3,再闭合灯开关 S;(5)FU_1 是总熔断器,FU_2 是为电动机 M_2 而设置的熔断器,FU_3 是为照明系统而设置的熔断器

9.10 主电路可以实现 M_1 的正反转和 M_2 的正反转。控制电路可以操作四个复合按钮:

(1)按下 SB_1 不松手,电动机 M_1 正转,货物提升,在上限位置,撞开行程开关 ST_1,电动机 M_1 停车,松开按钮 SB_1;(2)按下 SB_2 不松手,电动机 M_1 反转,货物下降,至地面时松开按钮 SB_2,电动机 M_1 停转;(3)按下 SB_3 不松手,电动机 M_2 正转,货物向前移动,至前限位置,撞开行程开关 ST_2,电动机 M_2 停车,松开按钮 SB_3;(4)按下 SB_4 不松手,电动机 M_2 反转,货物向后移动,至后限位置,撞开行程开关 ST_3,电动机 M_2 停车,松开按钮 SB_4

第 10 章

10.1　（a）$U_o = 12$ V；（b）$U_o = -10$ V

10.2　波形如图 5

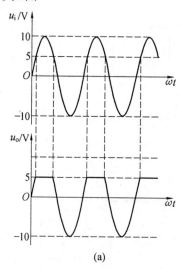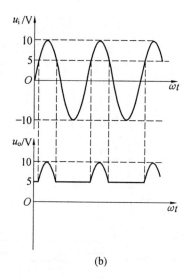

图 5

10.3　（1）$V_F = 0$ V，$I_R = 3.08$ mA，$I_{DA} = I_{DB} = 1.54$ mA；

　　　（2）$V_F = 0$ V，$I_R = I_{DB} = 3.08$ mA，$I_{DA} = 0$；

　　　（3）$V_F = 3$ V，$I_R = 2.3$ mA，$I_{DA} = I_{DB} = 1.153$ mA

10.4　$I_Z = 5$ mA

10.5　稳压电路如图 6

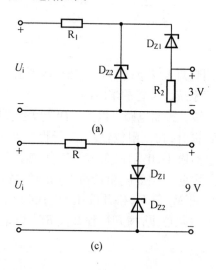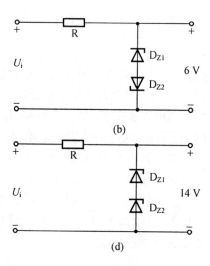

图 6

10.6　$U_o = 8$ V，$I = 12$ mA，$I_{Z1} = 6$ mA，$I_{Z2} = 6$ mA

10.7　(a)③脚电流为 0.03 mA,方向从 T_1 流出;①脚 C 极,②脚 E 极,③脚 B 极;(b)②脚电流为 2 mA,方向流入 T_2;①脚 B 极,②脚 C 级,③脚 E 极

10.8　NPN 型硅管　+9 V(C),+3.8 V(B),+3.2 V(E)

10.9　(a)N 沟道增强型绝缘栅场效应管,$U_{GS(th)} = 4$ V　(b)N 沟道耗尽型绝缘栅场效应管 $U_{GS(off)} = -3$ V

10.10　当输入信号为 0 V 时,D_1、D_2 截止,则 T_1 截止,T_2 截止,直流继电器线圈 KM 断电,其触点断开,负载 R_L 不能工作

　　当输入信号为 5 V 时,D_1、D_2 导通,则 T_1 导通,T_2 导通,KM 线圈通电,其触点闭合,负载 R_L 正常工作

　　D_1 是系统工作指示灯;D_2 与 T_1 构成光电耦合器,D_2 将输入电信号转换成光信号送入 T_1 管的基极,使 T_1 管导通;T_2 管放大电流,驱动 KM 线圈通电;D_3 保护 T_2 管,防止在 KM 线圈断电后,T_2 上出现高电压

第 11 章

11.1　(a)缺基极电阻 R_B,使静态基极电流 I_B 过大,烧坏晶体管的发射结;同时使放大电路输入端交流短路。所以不能放大交流信号;(b)能放大交流信号;(c)直流电源的极性接反,电容 C_1、C_2 的极性接反,不能放大交流信号;(d)缺集电极电阻 R_C,集电极电位恒定不变(12 V),即放大电路的输出端交流短路,不能放大交流信号

11.2　(1)$I_B = 50$ μA,$I_C = 2$ mA,$U_{CE} = 6$ V;(2)$A_u = -109$;(3)$A_u = -163.7$

11.3　(1)$I_B = 20$ μA,$I_C = 1.2$ mA,$U_{CE} = 6$ V;(2)略;(3)$A_u = -78.8$;(4) $r_i = 1.38$ kΩ,$r_0 = R_C = 3$ kΩ

11.4　题图 11.2 电路采用固定式偏置电路,它结构简单,静态工作点易于调整,但 U_{CC}、R_B 一旦确定,I_B 的大小就基本固定了,当外部因素变化(如温度变化)时,静态工作点易发生偏移,而使放大电路无法正常工作

　　题图 11.3 电路采用分压式偏置电路。I_B 的大小能随外部因素的变化而自动调整,使静态工作点不随之变化而稳定,电阻 R_{B2} 的作用是与 R_{B1} 一起对电源电压 U_{CC} 分压,使 $V_B = \left(\dfrac{R_{B2}}{R_{B1} + R_{B2}} U_{CC} \right)$ 不受温度影响;电阻 R_E 起取样和反馈作用,把输出电流 I_C 受外部因素(如温度)影响的变化,转化为 R_E 上电压的变化,并反馈到输入回路,使输入电流 I_B 变化,从而调整 I_B,使 I_C 不变,即静态工作点稳定。电容 C_E 起旁路作用。它使电阻 R_E 对交流分量不起作用,保证了电压放大倍数不受 R_E 的影响而下降

11.5　(1)$I_B \approx 0.02$ mA,$I_C = 0.8$ mA,$U_{CE} = 5.52$ V;(2)$A_i = -41$,$A_u = 0.993$,$r_i = 118$ kΩ,$r_o = 260$ Ω

11.6　$r_i = 5$ kΩ,$r_o = 4$ kΩ,$A_u = -16.4$;$R'_E = 0$ 时,$r_i = 1$ kΩ,$r_o = 4$ kΩ,$A_u = -100$,两组结果说明,交流负反馈使电压放大倍数下降,输入电阻提高

11.7　$r_{be} = 963$ Ω,$A_u = -78$,$r_i = 963$ Ω,$r_o = 3$ kΩ;欲提高 A_u,可调整静态工作点 Q 使 I_E 增大,则 r_{be} 减小,A_u 升高。为此,在 U_{CC}、R_C 等电路参数不变的情况下,应减小基极电阻 R_B,此时 I_B、I_C 及 I_E 将随之增大

11.8 (1)$I_B = 77$ μA,$I_C = 2.3$ mA,$U_{CE} = 5.1$ V;$A_u = -46.2$,$r_i = 483$ Ω,$r_o = 2$ kΩ;(2)$A_u = -2.13$

11.9 (1)略;(2)调电位器 R_P,当输出电压波形达到最大且不失真时,工作点就调好了
(3)输出电压上半波失真为截止失真,下半波失真为饱和失真,调 R_P 使工作点上移
或下移即可消除失真

11.10 (1)输入信号太大;(2)电容的容抗随频率减小而增加,信号电压全部降落在电容两
端,故无信号电压输出;(3)电容 C_E 开路;(4)电容 C_2 短路

11.11 (1)$U_{o1} = 57.96$ mV,$U_{o2} = 9.27$ mV,$U_o = |\dot{U}_{o1} - \dot{U}_{o2}| = 66.8$ mV
(2)波形如图7

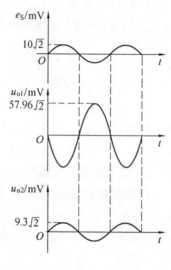

图7

11.12 (1)$R_B = 250$ kΩ,$R_C = 2.5$ kΩ,$R_L = 3.75$ kΩ;(2)最大不失真输出电压幅度约为 3 V,
与之对应的 I_B 变化幅度略小于 40 μA,故 $U_{iM} \approx 34.5$ mV;(3)因为静态工作相对靠
近截止区,所以加大输入信号幅值时,首先出现截止失真。适当减小 R_B,使 I_B 增加,
抬高静态工作点 Q 可消除截止失真;(4)将 R_L 电阻调大,对直流负载线不产生影
响,但题图 11.8(b)中的 α' 会减小;(5)I_B 不变,I_C 减小近一半,U_{CE} 增大,$|A_u|$ 减小
一半

11.13 (1)$r_{i1} = 1$ kΩ,$r_{01} = 15$ kΩ,$r_{i2} = 1.6$ kΩ,$r_{o2} = 7.5$ kΩ;(2)$A_{u1} = -50$,$A_{u2} = -163$,$A_u = 8\,150$;(3)$U_o = 41$ mV

11.14 (1)$I_{B1} = 23$ μA,$I_{C1} = 1.135$ mA,$U_{CE1} = 4$ V;$I_{B2} = 41.7$ μA,$I_{C2} = 2$ mA,$U_{CE2} = 6$ V;(2)
略;(3)$A_{u1} = -101$,$A_{u2} = 0.98$,$A_u = -99.3$;(4)$r_i = 1.18$ kΩ,$r_o = \dfrac{R'_S + r_{be2}}{\beta_2} = 77$ Ω

11.15 $r_i = 320$ kΩ,$r_o = 10$ kΩ,$A_u = -18$

11.16 证明略

11.17 $I_{B1} = 0.1$ mA,$I_{C1} = 4.5$ mA,$I_{B2} = 0.45$ mA,$I_{C2} = 18$ mA,$U_{C1} = 4.7$ V,$U_{C2} = 11$ V。静态
时,输出电压 $U_o = 15$ V,当 I_{C1} 增加1%,$I_{C1} = 4.545$ mA,$I_{B2} = 0.405$ mA,$I_{C2} = 16.2$
mA,此时 $U_o = U_{C2} = 15.9$ V,比原来升高 0.9 V,约升高6%

11.18 （a）两级之间存在电流并联负反馈,每级还存在电流串联负反馈;（b）两级之间存在电流串联正负馈,每级还存在电流串联负反馈;（c）电压并联负反馈

11.19 （1）电压串联负反馈;（2）电流串联负反馈;（3）电压串联负反馈

11.20 该放大电路可由三级组成:第一、三级采用射极输出器,第二级采用分压式偏置电压放大电路

第 12 章

12.1 （a）$u_o = -ku_i$;（b）$u_o = ku_i$;（c）$u_o = -(u_{i1} + u_{i2})$;（d）$u_o = u_{i2} - u_{i1}$

12.2 $u_o = 10$ V,$R_2 = 6.7$ kΩ,$R_3 = 16.7$ kΩ

12.3 $u_o = 2\dfrac{R_F}{R_1}u_i$

12.4 $u_o = 7$ V

12.5 $u_{o1} = 4$ V,$u_{o2} = -4.5$ V,$u_{o3} = -13$ V

12.6 $u_o \approx 10$ V

12.7 $u_o = u_{i1} + u_{i2}$

12.8 $u_o = 1$ V

12.9 （1）$t = 1$ s;（2）$u_i = 0.25$ V

12.10 u_o 上升到 6 V

12.11 如图 9

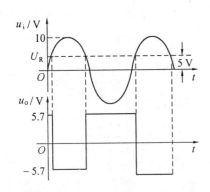 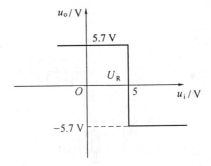

图 9

12.12 S 打开时,$u_o = -6$ V;S 闭合时,$u_o = -1.2$ V

12.13 如图 10

12.14 $u_o = 0.02\dfrac{\mathrm{d}(u_{i1} + u_{i2})}{\mathrm{d}t}$

12.15 如图 11

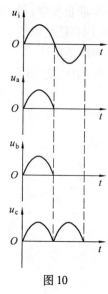

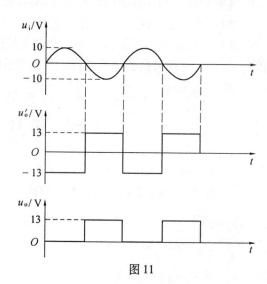

图 10

图 11

12.16　如图 12

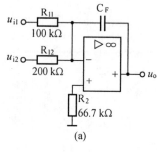

(a)

(b)

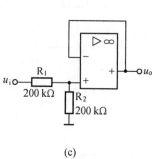

(c)

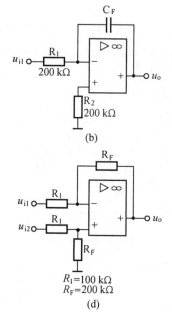

$R_1 = 100$ kΩ
$R_F = 200$ kΩ

(d)

图 12

12.17　$u_o = u_{i4} - (u_{i1} + u_{i2} + u_{i3})$

12.18　如图 13

12.19　$u_o = -4.5(1 - e^{-\frac{2}{RC}})$ mV

12.20　$R_1 = 1$ kΩ, $R_2 = 9$ kΩ, $R_3 = 90$ kΩ

12.21　$u_o = \dfrac{R_3}{R_1 C_F (R_2 + R_3)} \int u_i \, dt + \dfrac{R_3}{R_2 + R_3} u_i$

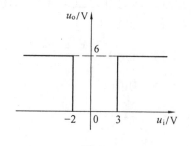

图 13

第 13 章

13.1　1.38 A, 4.33 A, 244.4 V

13.2　(1)9 mA, 30 mA, 21 mA;(3)0.3 ~ 2.25 kΩ

13.3　(1)u_o 的极性为上"+"下"−",C 的极性为上"+"下"−"

　　　(2)此电路是单相全波整流电路

　　　(3)无滤波电容 C 时,U_o = 0.9 U;有电容滤波时,U_o = 1.2 U

　　　(4)无滤波电容 C 时,U_{DRM} = $2\sqrt{2}U$;有电容时 U_{DRM} = $2\sqrt{2}U$

　　　(5)D_2 虚焊,U_o 是正常情况下的一半;变压器副边中心抽头虚焊,U_o = 0

　　　(6)D_2 的极性接反,电路不能正常工作,变压器副绕组在输入信号的正半波时短路

　　　(7)情况同(6)

　　　(8)情况同(6)

　　　(9)D_1 和 D_2 反接仍有整流作用,输出负电压

13.4　(1) U_o = 14.4 V,I_0 = 18 mA;(2) I_D = 9 mA,U_{DRM} = 22.6 V,选用二极管 2AP2(16 mA, 30 V)

13.7　U_o = 19.2 V,I_o = 24 mA

13.9　图示振荡电路不能起振的原因是,没有满足相位条件——即无正反馈

13.10　f_0 的变化范围为 919 ~ 2 907 kHz

13.11　(1)13.16(a)电路不能产生振荡;(2)13.16(b)不能产生振荡

13.12　题图 13.7 所示电路是一个方波振荡器。电容器 C_3 起隔直作用

13.13　555 定时器接成了方波振荡器

13.14　(1)输出电压 u_o 的幅值为±8 V,振荡周期为 $T \approx 12.1$ ms;(2)占空比的调节范围为 0.045 ~ 0.95

13.15　T = 4 ms,f = 250 Hz

第 14 章

14.1　如图 14

14.2　如图 15

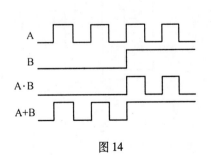

图 14

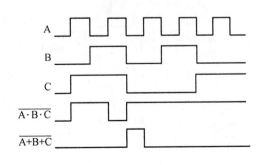

图 15

14.3 （1）逻辑图如图16；（2）逻辑图如图17

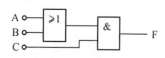

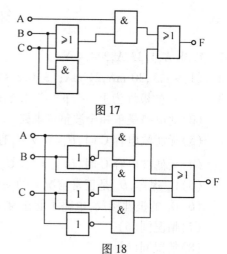

图16

图17

（3）逻辑图如图18

（4）略

14.4 $F=ABC+\overline{A}\,\overline{B}\,\overline{C}$，判一致电路

14.5 $X=A\overline{B}+\overline{A}B$，$Y=AB$，半加器

14.6 $F=A\overline{B}+\overline{A}B$，异或门

14.7 （1）$F=\overline{\overline{A}+B+C}=\overline{\overline{A}\cdot\overline{B}\cdot\overline{C}}$；（2）$F=$

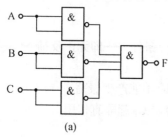

$\overline{A+B+C}=\overline{\overline{\overline{A}\cdot\overline{B}\cdot\overline{C}}}$，逻辑图如图19（a）和19（b）

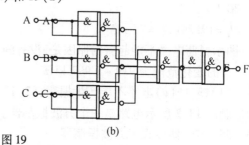

图18

（a）

图19

（b）

（3）$F=\overline{\overline{AB+BC+CA}}=\overline{\overline{AB}\cdot\overline{BC}\cdot\overline{CA}}$

（4）$F=\overline{A}\,\overline{B}+(\overline{A\cdot B})=\overline{\overline{\overline{A}\,\overline{B}\cdot\overline{\overline{AB}}}}$

14.8 （1）$\overline{C}+AB$；（2）$\overline{A}+B$；（3）$AB\overline{C}+CD+BD+AD$　（4）$\overline{A}BD+\overline{B}\,\overline{C}\,\overline{D}+AB\overline{D}$

14.10 逻辑图如图20

14.11 $F=\overline{\overline{AB+BC+CA}}=\overline{\overline{AB}\cdot\overline{BC}\cdot\overline{CA}}$，逻辑图如图21

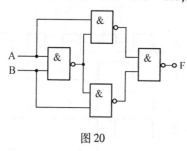

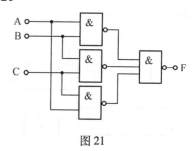

图20

图21

14.12　$F=A\oplus B\oplus C$,逻辑图如图22

14.13　$F=\overline{A}\ \overline{B}\ \overline{C}+ABC$

14.16　$F=AB+BC+CA+\overline{A}\ \overline{B}\ \overline{C}$

14.17　$F=A+BC$

14.18　$F=AB+AC+AD+BCD$,卡诺图及逻辑图
　　　　如图23(a)、(b)

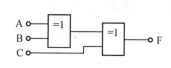

图22

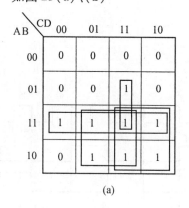

(a)

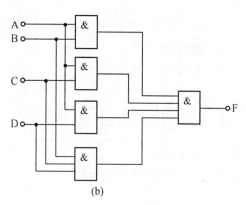

(b)

图23

第15章

15.1　波形如图24

15.2　波形如图25

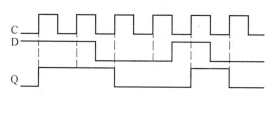

图24

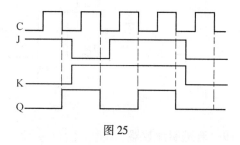

图25

15.3　波形如图26

15.4　波形图如图27

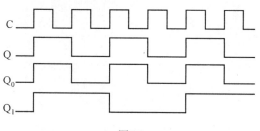

图26

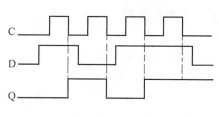

图27

15.5 波形如图28

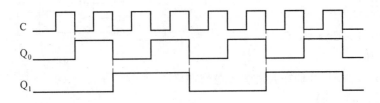

图28

15.6 波形如图29

15.7 波形如图30

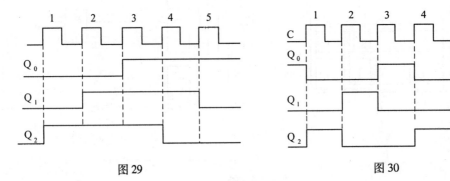

图29   图30

15.8 波形如图31

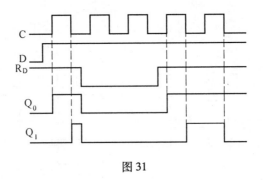

图31

15.9 五进制计数器

15.10 七进制计数器

15.11 (3)绿灯亮2 s,黄灯亮1 s,红灯亮3 s

15.12 波形如图32

15.13 波形如图33

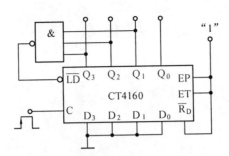

图 32

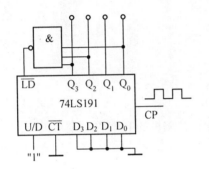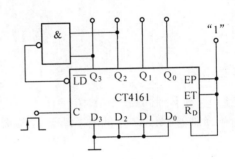

图 33

15.14　波形如图 34

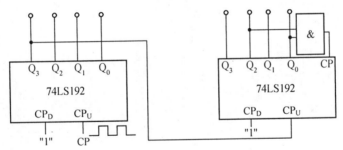

图 34

15.15　波形如图 35

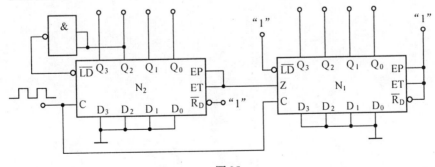

图 35

第16章

16.1　$U_o = -3.44$ V

16.2　$U_o = -3.105$ V, -2.598 V, -0.137 V

16.3　$U_o = \dfrac{10}{2^{10}-1}$ V

16.4　$Q_3 Q_2 Q_1 Q_0 = 1101$

16.5　选用十位的 A/D 转换器

第17章

17.1　$R_4 = 2.06$ kΩ

17.2　电容 C_1 和 C_3 起滤波作用，$U_{C1} = 18$ V，$U_{C3} = 36$ V

17.3　由于译码器 74LS47 是低电平译码，所以要配接共阳极的 LED 数码管

参 考 文 献

[1] 秦曾煌主编.电工学(第六版)[M].北京:高等教育出版社,2004.

[2] 荣西林主编.电工与电子技术[M].北京:冶金工业出版社,2001.

[3] 岳怡主编.数字电路与数字电子技术[M].西安:西北工业大学出版社,2001.

[4] 张建华主编.数字电子技术[M].北京:机械工业出版社,2001.

[5] 叶云岳编著.直线电机原理与应用[M].北京:机械工业出版社,2002.

[6] 颜伟中主编.电工学[M].北京:高等教育出版社,2002.

[7] 姚海彬主编.电工技术[M].北京:高等教育出版社,2004.

[8] 肖景和编著.集成运算放大器应用精粹[M].北京:人民邮电出版社,2006.

[9] 阎石主编.数字电子技术基础(第五版)[M].北京:高等教育出版社,2006.